科学出版社"十四五"普通高等教育本科规划教材

泛 函 分 析

窦芳芳 编著

科 学 出 版 社
北 京

内 容 简 介

本书是作者结合在电子科技大学为数学专业本科生、研究生及工科各专业的硕士和博士研究生讲授泛函分析课程近十年的教学经验，编写的一本泛函分析教材. 本书从最基本的概念出发介绍泛函分析的知识，借助常见"平凡"的例子帮读者更好地理解泛函分析的概念. 内容涵盖泛函分析的基本原理及其在偏微分方程理论、数值计算方法和最优化分析等领域的应用实例. 全书共九章，包括度量空间、Banach 空间、Hilbert 空间、对偶空间理论、紧算子和 Fredholm 算子、有界线性算子的谱理论、Hilbert 空间上的无界算子、广义函数与 Sobolev 空间、L^p 空间插值.

本书可作为高等院校数学类专业本科生、研究生及对数学要求较高的理工科专业研究生的泛函分析教材，同时也适合其他相关领域的研究者阅读.

图书在版编目(CIP)数据

泛函分析 / 窦芳芳编著. -- 北京：科学出版社, 2025.3. -- (科学出版社"十四五"普通高等教育本科规划教材). -- ISBN 978-7-03-080831-8

I. O177

中国国家版本馆 CIP 数据核字第 2024UR7623 号

责任编辑：胡海霞 李 萍 / 责任校对：杨聪敏
责任印制：师艳茹 / 封面设计：无极书装

科 学 出 版 社 出版
北京东黄城根北街 16 号
邮政编码：100717
http://www.sciencep.com

北京华宇信诺印刷有限公司印刷
科学出版社发行 各地新华书店经销

*

2025 年 3 月第 一 版 开本：720×1000 1/16
2025 年 3 月第一次印刷 印张：22 3/4
字数：458 000
定价：89.00 元
(如有印装质量问题，我社负责调换)

前　　言

　　19 世纪末，数学家为突破积分与微分方程研究中的有限维障碍，创立无穷维空间与算子理论，这形成了泛函分析的主要理论，历经发展，泛函分析已成为现代数学的核心框架．线性泛函分析的核心研究对象是各类无穷维空间及其上的映射，在几何、拓扑、微分方程、函数论、概率论、群表示论，以及计算数学、最优化理论、控制理论等数学分支中都有重要应用．其研究方法和观点在物理学和许多工程技术学科中也有广泛应用．例如：在物理学中，泛函分析被用于描述量子力学和场论中的状态和算符；在工程学和经济学中，泛函分析被用于优化问题和建模分析等方面．因此，泛函分析对于从事数学工作和某些自然科学领域研究的工作者来说，是必备的知识．近年来，泛函分析已成为众多高校数学及相关理工科专业研究生的必修或选修课程．

　　近十年来，作者一直在电子科技大学为数学专业本科生及理工科专业硕士和博士研究生讲授泛函分析课程．在授课过程中，作者与课程组的同事对教学内容进行了反复研讨，并借鉴了国内外许多优秀泛函分析教材的思想，形成了本书的构思和基本框架．函数是数学中最重要的研究对象之一，在无穷维空间中，我们不再局限于研究函数的取值，而是将函数本身及其上的映射作为研究对象．这种立足于研究函数及其关系整体性质的方法，为泛函分析的发展奠定了基础，也有助于人们理解和解决各种数学和科学问题．一般赋范线性空间概念的产生和局部凸空间上的对偶理论的建立使得泛函分析成为一门结合了代数、分析、几何等观点和方法的学科．我们认为，作为一本泛函分析教材，不应仅仅停留在泛函分析的基本概念、定理及证明的叙述上，更重要的是帮助学生理解这些基本概念和定理．基于这样的理念，本书的编写特点如下．

　　(1) 本书将从最基本的概念开始介绍泛函分析的知识．我们通过给出一些来源于线性代数的"平凡"例子，帮助读者更好地理解线性泛函分析的概念．为了避免简单地将泛函分析看作有限维线性空间的简单推广，我们也会举一些常见的非平凡的无穷维空间作为例子．同时又涵盖了较深刻的更高层次内容，以照顾不同基础的学生．

　　(2) 为了帮助读者更好地理解和应用泛函分析，我们特别注重实例的引入和分析，同时尽量以数学各个分支的应用为例，展示泛函分析思想在解决实际问题中的应用．

(3) 本书还配备了大量的习题, 以帮助读者加深对泛函分析理论的理解和探索, 提高读者解决问题的能力.

泛函分析作为现代数学的重要分支, 既是数学基础研究的重要组成部分, 也是应用数学的重要工具. 本书编写过程中, 注重理论与应用的融合, 以培养学生的学术素养与创新能力. 党的二十大报告指出, 必须坚持科技是第一生产力、人才是第一资源、创新是第一动力, 深入实施科教兴国战略、人才强国战略、创新驱动发展战略, 开辟发展新领域新赛道, 不断塑造发展新动能新优势. 希望本书能够帮助学生夯实基础、提升解决实际问题的能力, 将数学理论与国家战略需求相结合, 以严谨的学术态度和开放的创新思维推动学科发展, 助力人才培养.

本书共九章, 旨在全面介绍线性泛函分析的基本内容及其在数学各个分支的应用. 在前三章中, 我们分别介绍度量空间、Banach 空间和 Hilbert 空间, 以及这些空间的基本定理. 在第 4 章中, 我们介绍对偶空间理论, 通过对线性空间的对偶性质的研究, 帮助读者更好地理解和应用线性泛函分析的概念. 第 5 章介绍紧算子的概念和性质, 这是泛函分析中一个重要的研究方向. 在第 6 章和第 7 章中, 我们分别介绍有界算子和无界算子的谱理论, 深入研究这些算子的特征和性质. 在第 8 章和第 9 章中, 我们介绍广义函数与 Sobolev 空间以及 L^p 空间插值, 为读者提供更多的泛函分析的应用场景.

本书得到了电子科技大学数学科学学院理科提升计划项目和研究生院研究生精品课程项目的资助. 电子科技大学数学科学学院王玉霞老师对本书初稿的校对提供了很多建设性意见, 科学出版社胡海霞和李萍编辑为本书的出版付出了辛勤劳动, 真诚表示感谢!

本书的编写过程经历了多次试用和修改, 但囿于编者的学识, 难免存在疏漏, 希望同行专家读者给予批评和指正.

窦芳芳

2025 年 1 月

目 录

前言
第 1 章　度量空间 ··· 1
　1.1　度量空间的定义和基本性质 ·· 1
　　　1.1.1　度量空间的定义 ·· 1
　　　1.1.2　完备性 ··· 5
　1.2　度量空间中的开集和闭集 ··· 15
　1.3　纲与 Baire 纲定理 ·· 17
　1.4　可分的度量空间 ··· 20
　1.5　列紧性和紧性 ·· 22
　1.6　Arzelà-Ascoli 定理 ·· 25
　1.7　Banach 压缩映像原理 ··· 29
　习题 1 ·· 35
第 2 章　Banach 空间 ·· 41
　2.1　Banach 空间的定义及重要例子 ··· 41
　　　2.1.1　线性空间 ··· 41
　　　2.1.2　半范数与范数 ·· 43
　　　2.1.3　赋范线性空间与 Banach 空间 ····································· 46
　　　2.1.4　有限维赋范线性空间与 Riesz 引理 ······························ 48
　2.2　有界线性算子和有界线性泛函 ··· 51
　2.3　开映射定理 ··· 59
　2.4　有界线性算子的逆算子 ·· 62
　2.5　闭图像定理与共鸣定理 ·· 68
　2.6　Hahn-Banach 定理 ··· 73
　2.7　Hahn-Banach 定理的应用 ·· 80
　　　2.7.1　Hahn-Banach 定理的几何形式 ···································· 80
　　　2.7.2　凸集分离定理 ·· 82
　　　2.7.3　测度问题 ·· 83
　　　2.7.4　最佳逼近问题 ·· 86
　　　2.7.5　凸集上的最佳逼近元 ··· 87

    2.7.6 矩量问题 ··· 91
  2.8 Korovkin 定理 ·· 94
  习题 2 ··· 101
第 3 章 Hilbert 空间 ·· 110
  3.1 内积空间与 Hilbert 空间的定义 ·································· 110
  3.2 正交系和正交基 ··· 113
  3.3 Riesz 表示定理与 Lax-Milgram 定理 ····························· 120
  3.4 Hilbert 空间上的共轭算子 ·· 125
  3.5 投影定理 ·· 129
  3.6 投影算子的性质 ·· 133
  3.7 投影算子与不变子空间 ·· 141
  习题 3 ··· 142
第 4 章 对偶空间理论 ·· 151
  4.1 几类重要 Banach 空间的对偶空间 ······························· 151
    4.1.1 l^p 的对偶空间 ·· 151
    4.1.2 $L^p(a,b)$ 的对偶空间 ···································· 154
    4.1.3 连续函数空间的对偶空间 ································· 158
    4.1.4 可分 Banach 空间的对偶空间的可分性 ················· 163
  4.2 自反的 Banach 空间 ·· 163
  4.3 赋范线性空间上的共轭算子 ······································· 166
  4.4 零化子空间与直和分解 ·· 168
  4.5 弱收敛与弱* 收敛 ··· 170
  4.6 算子序列的收敛性 ··· 174
  习题 4 ··· 178
第 5 章 紧算子和 Fredholm 算子 ·· 182
  5.1 紧算子 ·· 182
    5.1.1 紧算子的定义与基本性质 ································· 182
    5.1.2 有限秩算子 ··· 189
  5.2 Hilbert-Schmidt 算子 ·· 196
  5.3 Fredholm 算子 ·· 198
  习题 5 ··· 203
第 6 章 有界线性算子的谱理论 ·· 206
  6.1 有界线性算子谱的定义和基本性质 ······························· 206
    6.1.1 有界线性算子谱的定义 ··································· 206
    6.1.2 预解集的性质 ··· 208

6.1.3 抽象解析函数与谱集的非空性	211
6.1.4 谱半径公式	214
6.2 紧算子的谱理论	215
6.3 Hilbert 空间上自伴紧算子的谱理论	220
6.3.1 对弦振动问题的应用	225
6.3.2 迹类算子	230
6.4 谱测度、谱系和谱积分	234
6.4.1 谱测度	237
6.4.2 谱系	243
6.4.3 谱系和谱测度的关系	246
6.5 酉算子的谱分解	247
6.5.1 酉算子的定义	247
6.5.2 酉算子的谱分解	249
6.5.3 L^2-Fourier 变换	257
6.6 有界自伴算子的谱分解	259
习题 6	266
第 7 章 Hilbert 空间上的无界算子	272
7.1 对称算子和自伴算子	273
7.1.1 稠定算子的共轭算子	273
7.1.2 对称算子和自伴算子的定义	275
7.1.3 酉等价	277
7.1.4 算子的图像	279
7.1.5 对称算子为自伴算子的条件	280
7.2 自伴算子的谱	282
7.2.1 自伴算子的谱的基本性质	283
7.2.2 Cayley 变换	284
7.2.3 无界函数的谱积分	287
7.2.4 自伴算子的谱分解定理	290
习题 7	293
第 8 章 广义函数与 Sobolev 空间	295
8.1 辅助材料	295
8.1.1 记号	296
8.1.2 半范数	296
8.2 具紧支集的光滑函数	300
8.3 广义函数	304

- 8.4 缓增分布与 Fourier 变换 ··· 312
  - 8.4.1 Fourier 变换 ··· 312
  - 8.4.2 Schwartz 函数类 ·· 313
  - 8.4.3 缓增分布 ·· 317
- 8.5 Hölder 空间 ·· 320
- 8.6 整数阶 Sobolev 空间 ·· 321
- 8.7 Sobolev 嵌入定理 ··· 326
- 8.8 实指数 Sobolev 空间 ·· 335
- 8.9 迹定理 ··· 338
- 习题 8 ··· 340

第 9 章 L^p 空间插值 ·· 344
- 9.1 函数插值 ··· 344
- 9.2 算子插值 ··· 347
- 9.3 几个重要的不等式 ··· 352
- 习题 9 ··· 354

参考文献 ··· 355

第 1 章 度量空间

极限运算是分析学中的重要运算之一, 其基础是实数集上两点之间有适当的距离的定义. M. Fréchet (弗雷歇) 将该事实推广到抽象集合, 提出了度量空间的概念. 度量空间是现代分析学中的重要概念, 在相关学科中有广泛应用. 本章将学习度量空间的概念和基本性质.

1.1 度量空间的定义和基本性质

1.1.1 度量空间的定义

定义 1.1 设 X 是一个非空集合. 如果映射 $\mathbf{d}: X \times X \to [0, +\infty)$ 满足下面三条性质:

(i) (非负性与唯一性) $\mathbf{d}(x,y) \geqslant 0$, $\mathbf{d}(x,y) = 0 \Leftrightarrow x = y$, $\forall x, y \in X$;

(ii) (对称性) $\mathbf{d}(x,y) = \mathbf{d}(y,x)$, $\forall x, y \in X$;

(iii) (三角不等式) $\mathbf{d}(x,y) \leqslant \mathbf{d}(x,z) + \mathbf{d}(z,y)$, $\forall x, y, z \in X$,

则称 $\mathbf{d}(\cdot, \cdot)$ 为 X 上的距离函数或度量函数, 称 $(X, \mathbf{d})$ 为距离空间或度量空间.

在不引起混淆的情况下, 有时简记 $(X, \mathbf{d})$ 为 X. X 中的元素称为点.

结合度量函数的对称性与三角不等式, 容易得到以下不等式:

$$|\mathbf{d}(x,y) - \mathbf{d}(y,z)| \leqslant \mathbf{d}(x,z). \tag{1.1}$$

设 $Y \subseteq X$, 定义 Y 上的度量 $\mathbf{d}_Y(\cdot, \cdot)$ 为

$$\mathbf{d}_Y(x,y) = \mathbf{d}(x,y), \quad \forall x, y \in Y,$$

则 $(Y, \mathbf{d}_Y)$ 是一个度量空间.

下面给出一些度量空间的例子.

例 1.1 记 $\mathbb{Q}$ 为全体有理数组成的集合. 定义 $\mathbb{Q}$ 上的度量 $\mathbf{d}(\cdot, \cdot) : \mathbb{Q} \times \mathbb{Q} \to [0, +\infty)$ 为

$$\mathbf{d}(x,y) = |x - y|, \quad \forall x, y \in \mathbb{Q},$$

则 $(\mathbb{Q}, \mathbf{d})$ 是一个度量空间.

例 1.2 定义 $\mathbf{d}(\cdot,\cdot):\mathbb{R}\times\mathbb{R}\to[0,+\infty)$ 为

$$\mathbf{d}(x,y)=|x-y|,\quad\forall x,y\in\mathbb{R},$$

则 $\mathbf{d}(\cdot,\cdot)$ 是 $\mathbb{R}$ 上的度量, $(\mathbb{R},\mathbf{d})$ 是一个度量空间.

例 1.2 中的度量空间即为实直线. 事实上, 一般的度量空间都是实直线的推广. 其中最直接的推广就是 n 维 Euclid (欧几里得) 空间 $\mathbb{R}^n$.

例 1.3 设 $n\in\mathbb{N}$, 定义 $\mathbf{d}:\mathbb{R}^n\times\mathbb{R}^n\to[0,+\infty)$ 上的函数 $\mathbf{d}(\cdot,\cdot)$ 为

$$\mathbf{d}(x,y)=\sqrt{\sum_{j=1}^n(x_j-y_j)^2},\quad\forall x=(x_1,\cdots,x_n),y=(y_1,\cdots,y_n)\in\mathbb{R}^n,\quad(1.2)$$

则 $\mathbf{d}(\cdot,\cdot)$ 是 $\mathbb{R}^n$ 上的度量, $(\mathbb{R}^n,\mathbf{d})$ 为度量空间.

更一般地, 对集合 $\mathbb{R}^n$ 赋予不同于式 (1.2) 中的度量, 则得到不同的度量空间.

例 1.4 设 $n\in\mathbb{N}$, $p\geqslant 1$, 定义 $\mathbb{R}^n$ 上的度量 $\mathbf{d}:\mathbb{R}^n\times\mathbb{R}^n\to[0,+\infty)$ 为

$$\mathbf{d}(x,y)=\left[\sum_{j=1}^n|x_j-y_j|^p\right]^{\frac{1}{p}},\quad\forall x=(x_1,\cdots,x_n),y=(y_1,\cdots,y_n)\in\mathbb{R}^n,\quad(1.3)$$

则 $\mathbf{d}(\cdot,\cdot)$ 是 $\mathbb{R}^n$ 上的度量, $(\mathbb{R}^n,\mathbf{d})$ 为度量空间.

例 1.5 设 $n\in\mathbb{N}$, 定义 $\mathbb{R}^n$ 上的度量 $\mathbf{d}:\mathbb{R}^n\times\mathbb{R}^n\to[0,+\infty)$ 为

$$\mathbf{d}(x,y)=\max_{1\leqslant j\leqslant n}|x_j-y_j|,\quad\forall x=(x_1,\cdots,x_n),y=(y_1,\cdots,y_n)\in\mathbb{R}^n,\quad(1.4)$$

则 $\mathbf{d}(\cdot,\cdot)$ 是 $\mathbb{R}^n$ 上的度量, $(\mathbb{R}^n,\mathbf{d})$ 为度量空间.

此外, 将 n 推广到 ∞, 可得到下面的度量空间.

例 1.6 设 $1\leqslant p<\infty$, 令

$$\ell^p=\left\{x=(x_1,x_2,\cdots,x_n,\cdots)\,\bigg|\,\sum_{k=1}^\infty|x_k|^p<\infty\right\},$$

则 $(\ell^p,\mathbf{d}(\cdot,\cdot))$ 是度量空间, 其中 $\mathbf{d}(\cdot,\cdot)$ 定义为

$$\mathbf{d}(x,y)=\left(\sum_{k=1}^\infty|x_k-y_k|^p\right)^{1/p},\quad\forall x=(x_1,x_2,\cdots),y=(y_1,y_2,\cdots)\in\ell^p.$$

例 1.7 令

$$\ell^\infty=\left\{x=(x_1,x_2,\cdots,x_n,\cdots)\,\bigg|\,\sup_{n\in\mathbb{N}}|x_n|<\infty\right\}.$$

1.1 度量空间的定义和基本性质

则 $(\ell^\infty, \mathbf{d}(\cdot,\cdot))$ 是度量空间, 其中 $\mathbf{d}(\cdot,\cdot)$ 定义为

$$\mathbf{d}(x,y) = \sup_{k\in\mathbb{N}} |x_k - y_k|, \quad \forall x = (x_1, x_2, \cdots), y = (y_1, y_2, \cdots) \in \ell^\infty.$$

对于函数集合, 也可以赋予相应的度量使之成为度量空间, 进而对这些函数类在度量空间的框架下进行研究.

例 1.8 记 $C([a,b])$ 为 $[a,b]$ 上所有连续函数的集合. 在 $C([a,b])$ 上定义度量 $\mathbf{d}(\cdot,\cdot) : C([a,b]) \times C([a,b]) \to [0,+\infty)$ 为

$$\mathbf{d}(f,g) = \max_{a \leqslant x \leqslant b} |f(x) - g(x)|, \quad \forall f, g \in C([a,b]), \tag{1.5}$$

则 $(C([a,b]), \mathbf{d}(\cdot,\cdot))$ 是度量空间.

例 1.9 在 $C([a,b])$ 上定义度量 $\mathbf{d}(\cdot,\cdot) : C([a,b]) \times C([a,b]) \to [0,+\infty)$ 为

$$\mathbf{d}(f,g) = \left(\int_a^b |f(x) - g(x)|^2 \mathrm{d}x\right)^{1/2}, \quad \forall f, g \in C([a,b]), \tag{1.6}$$

则 $(C([a,b]), \mathbf{d}(\cdot,\cdot))$ 是度量空间.

例 1.10 记 $L^p(a,b), p \geqslant 1$ 为定义在 (a,b) 上的所有满足 $\int_a^b |f(x)|^p \mathrm{d}x < \infty$ 的 Lebesgue (勒贝格) 可积函数之集. 在此集合中按通常的加法和数乘规定运算, 并对几乎处处相等的函数不予区别. 定义 $L^p(a,b)$ 上度量为

$$\mathbf{d}(f,g) = \left(\int_a^b |f(x) - g(x)|^p \mathrm{d}x\right)^{1/p}, \quad \forall f, g \in L^p(a,b),$$

则 $(L^p(a,b), \mathbf{d}(\cdot,\cdot))$ 是度量空间.

例 1.11 记 $\mathbf{m}(E) = |E|$ 为 $\mathbb{R}$ 中 Lebesgue 可测集的 Lebesgue 测度. 设 $L^\infty(a,b)$ 为定义在 (a,b) 上的所有满足 $\inf_{|E|=0}\{\sup_{(a,b)\setminus E} |f(x)|\} < \infty$ 的 Lebesgue 可积函数的集合, 在此集合中按通常的加法和数乘规定运算, 并把几乎处处相等的函数不予区别. 定义 $L^\infty(a,b)$ 上度量为

$$\mathbf{d}(f,g) = \inf_{|E|=0} \left\{\sup_{(a,b)\setminus E} |f(x) - g(x)|\right\}, \quad \forall f, g \in L^\infty(a,b),$$

则 $(L^\infty(a,b), \mathbf{d}(\cdot,\cdot))$ 是度量空间.

例 1.12　设 X 为一个集合. 定义 X 上度量为

$$\mathbf{d}(x,y) = \begin{cases} 1, & x \neq y, \\ 0, & x = y, \end{cases}$$

则 $(X, \mathbf{d}(\cdot,\cdot))$ 是度量空间. 此空间称为离散度量空间, 经常用于构造反例.

度量空间的一个重要特性是其上可以定义极限运算. 下面给出极限的定义.

定义 1.2　设 $(X, \mathbf{d})$ 是度量空间, $\{x_n\}_{n=1}^\infty$ 是 X 中的点列. 如果存在 $x \in X$, 使得

$$\lim_{n \to \infty} \mathbf{d}(x_n, x) = 0,$$

则称 $\{x_n\}_{n=1}^\infty$ 按度量 $\mathbf{d}$ 收敛于 x, 或称 x 为 $\{x_n\}_{n=1}^\infty$ 的极限, 记为

$$\text{在}(X, \mathbf{d}) \text{ 中} \lim_{n \to \infty} x_n = x$$

或

$$x_n \to x.$$

思考题 1.1　请比较定义 1.2 和数学分析中极限定义的异同.

通常, $(X, \mathbf{d})$ 可以从上下文中确定. 因此, 在不引起混淆的前提下, 在下文中考虑极限时均不再强调空间.

定理 1.1　设 $\{x_n\}_{n=1}^\infty$ 是度量空间 $(X, \mathbf{d})$ 中的点列. 如果 $\{x_n\}_{n=1}^\infty$ 在 $(X, \mathbf{d})$ 中收敛, 则其极限唯一.

证明　设 x, y 都是 $\{x_n\}_{n=1}^\infty$ 的极限, 则由三角不等式可得

$$0 \leqslant \mathbf{d}(x,y) \leqslant \mathbf{d}(x, x_n) + \mathbf{d}(x_n, y) \to 0, \quad n \to \infty,$$

则 $\mathbf{d}(x,y) = 0$, 从而 $x = y$. □

定理 1.2　设 $\{x_n\}_{n=1}^\infty, \{y_n\}_{n=1}^\infty$ 在 $(X, \mathbf{d})$ 中分别收敛于 x_0, y_0, 则

$$\lim_{n \to \infty} \mathbf{d}(x_n, y_n) = \mathbf{d}(x_0, y_0), \quad n \to \infty.$$

证明　由式 (1.1) 可得

$$|\mathbf{d}(x_n, y_n) - \mathbf{d}(x_0, y_0)|$$

$$\leqslant |\mathbf{d}(x_n, y_n) - \mathbf{d}(x_0, y_n)| + |\mathbf{d}(x_0, y_n) - \mathbf{d}(x_0, y_0)|$$

$$\leqslant \mathbf{d}(x_n, x_0) + \mathbf{d}(y_n, y_0) \to 0.$$

□

定理 1.2 表明, 度量函数 $\mathbf{d}(x,y)$ 是度量空间 $(X,\mathbf{d})$ 上的二元连续函数.

定义 1.3 设 $(X,\mathbf{d})$ 是度量空间, $A \subset X$. 如果存在 $x_0 \in X$, 以及常数 $C \geqslant 0$ 使得对任意 $x \in A$ 有
$$\mathbf{d}(x, x_0) \leqslant C,$$
则称 A 是 $(X,\mathbf{d})$ 中的有界集.

思考题 1.2 证明: 如果 $\{x_n\}_{n=1}^{\infty}$ 在 X 中收敛, 则 $\{x_n\}_{n=1}^{\infty}$ 有界.

下面给出实数集上邻域的概念在一般度量空间上的推广.

定义 1.4 设 $(X,\mathbf{d})$ 是度量空间, $x_0 \in X$, $r > 0$ 是正实数. X 中的子集
$$B_X(x_0, r) = \{x \in X \mid \mathbf{d}(x, x_0) < r\}$$
称为以 x_0 为中心, 以 r 为半径的开球, 或 x_0 的 r 邻域.

在下文中, 如不需强调度量空间 X, 我们将 $B_X(x_0, r)$ 简记为 $B(x_0, r)$.

在一般的度量空间中, $B(x_0, r)$ 中有可能只含有 x_0 一个点. 例如, 对于任何非空集合 X, 定义 X 上度量为
$$\mathbf{d}(x, y) = \begin{cases} 1, & x \neq y, \\ 0, & x = y, \end{cases}$$
则对任何 $x_0 \in X$, 当 $r \leqslant 1$ 时, 有 $B(x_0, r) = \{x_0\}$.

定义 1.5 设 $(X,\mathbf{d})$, $(Y, \mathbf{d}_1)$ 是两个度量空间, 映射 $f: X \to Y$, $x_0 \in X$, $f(x_0) = y_0$. 如果对 y_0 的任意 ε 邻域 $B_Y(y_0, \varepsilon)$, 都有 x_0 的 δ 邻域 $B_X(x_0, \delta)$ 使得 $f(B_X(x_0, \delta)) \subset B_Y(y_0, \varepsilon)$, 则称 f 在 x_0 点连续. 如果 f 在 X 中的每一点连续, 则称 f 是从 X 到 Y 中的连续映射.

如果 $f: X \to Y$ 是 1-1 的, 并且 f, f^{-1} 都连续, 则称 f 是从 X 到 Y 的同胚映射, 并称 X 与 Y 同胚.

1.1.2 完备性

例 1.1 和例 1.2 分别给出了由全体有理数和全体实数构成的度量空间. 通过对数学分析的学习可知, 前者的性质很不好, 而后者是数学分析理论展开的舞台. 造成这一现象的最重要原因是前者对取极限运算不封闭而后者封闭. 因此, 引入度量空间的完备性这一重要概念是必要的.

定义 1.6 设 $\{x_n\}_{n=1}^{\infty}$ 为度量空间 $(X,\mathbf{d})$ 中的点列. 如果对任意 $\varepsilon > 0$, 都存在整数 N, 使得
$$\mathbf{d}(x_m, x_n) < \varepsilon, \quad \forall n, m > N,$$
则称 $\{x_n\}_{n=1}^{\infty}$ 为 Cauchy (柯西) 列.

由定义可知, 当 n,m 足够大时, Cauchy 列中两点 x_n, x_m 之间的距离非常小. 因而, 我们有理由要求在一个 "好" 的度量空间中 Cauchy 列收敛.

定义 1.7 如果度量空间 $(X,\mathbf{d})$ 中每一 Cauchy 列收敛, 则称 $(X,\mathbf{d})$ 为完备度量空间.

命题 1.1 例 1.8 中定义的空间 $C([a,b])$ 是完备的.

证明 设 $\{x_n\}_{n=1}^{\infty}$ 是 $C([a,b])$ 中的 Cauchy 列, 则任取 $\varepsilon > 0$, 存在正整数 N, 使得当 $n,m \geqslant N$ 时有

$$|x_n(t) - x_m(t)| < \varepsilon, \quad \forall t \in [a,b], \tag{1.7}$$

即对每个 $t \in [a,b]$, $\{x_n(t)\}_{n=1}^{\infty}$ 都是 Cauchy 列. 由 $\mathbb{R}$ 的完备性可知 $\{x_n(t)\}_{n=1}^{\infty}$ 收敛. 定义函数 $x : [a,b] \to \mathbb{R}$ 为

$$x(t) = \lim_{n \to \infty} x_n(t), \quad \forall t \in [a,b].$$

在式 (1.7) 中令 $m \to \infty$ 可得, 当 $n \geqslant N$ 时,

$$|x_n(t) - x(t)| \leqslant \varepsilon, \quad a \leqslant t \leqslant b. \tag{1.8}$$

所以 $\{x_n(t)\}_{n=1}^{\infty}$ 在 $[a,b]$ 上一致收敛到 $x(t)$. 因而 $x(t)$ 也是 $[a,b]$ 上的连续函数. 由式 (1.8) 可得当 $n \geqslant N$ 时,

$$\mathbf{d}(x_n, x) = \max_{a \leqslant t \leqslant b} |x_n(t) - x(t)| \leqslant \varepsilon, \tag{1.9}$$

即 $x_n \to x$. 故 $C([a,b])$ 是完备的. $\square$

命题 1.2 如果在 $C([0,1])$ 上定义度量

$$\mathbf{d}(x,y) = \int_0^1 |x(t) - y(t)| \mathrm{d}t, \quad \forall x, y \in C([0,1]),$$

则空间 $(C([0,1]), \mathbf{d})$ 不完备.

证明 定义函数

$$x_n(t) = \begin{cases} n, & 0 \leqslant t \leqslant \dfrac{1}{n^2}, \\ \dfrac{1}{\sqrt{t}}, & \dfrac{1}{n^2} < t \leqslant 1. \end{cases} \tag{1.10}$$

1.1 度量空间的定义和基本性质

显然, 对每一 $n \in \mathbb{N}$, x_n 都是 $[0,1]$ 上的连续函数. 当 $m < n$ 时,

$$
\begin{aligned}
&\mathbf{d}(x_n, x_m) \\
&= \int_0^1 |x_n(t) - x_m(t)| \mathrm{d}t \\
&= \int_0^{\frac{1}{n^2}} |x_n(t) - x_m(t)| \mathrm{d}t + \int_{\frac{1}{n^2}}^{\frac{1}{m^2}} |x_n(t) - x_m(t)| \mathrm{d}t + \int_{\frac{1}{m^2}}^1 |x_n(t) - x_m(t)| \mathrm{d}t \\
&= \frac{n-m}{n^2} + \int_{\frac{1}{n^2}}^{\frac{1}{m^2}} \left|\frac{1}{\sqrt{t}} - m\right| \mathrm{d}t \\
&= \frac{1}{m} - \frac{1}{n} \to 0, \quad m, n \to \infty.
\end{aligned}
\tag{1.11}
$$

从而, $\{x_n\}_{n=1}^\infty$ 是 $(C([0,1]), \mathbf{d})$ 中的 Cauchy 列. 下面用反证法证明 $\{x_n(t)\}_{n=1}^\infty$ 在 $C([0,1])$ 中不收敛.

假设 $\{x_n\}_{n=1}^\infty$ 在 $(C([0,1]), \mathbf{d})$ 中收敛到 x. 令

$$M = \max\left\{1, \max_{0 \leqslant t \leqslant 1} |x(t)|\right\}.$$

设 $n \geqslant 2M$, 则当 $0 \leqslant t \leqslant \dfrac{1}{M^2}$ 时, $x_n(t) \geqslant x(t)$. 因此

$$|x_n(t) - x(t)| = x_n(t) - x(t) \geqslant x_n(t) - M,$$

且有

$$
\begin{aligned}
\mathbf{d}(x_n, x) &\geqslant \int_0^1 |x_n(t) - M| \mathrm{d}t \\
&= \int_0^{\frac{1}{n^2}} |x_n(t) - M| \mathrm{d}t + \int_{\frac{1}{n^2}}^{\frac{1}{M^2}} |x_n(t) - M| \mathrm{d}t \\
&= \frac{n-M}{n^2} + \int_{\frac{1}{n^2}}^{\frac{1}{M^2}} \left|\frac{1}{\sqrt{t}} - M\right| \mathrm{d}t \\
&= \frac{1}{M} - \frac{1}{n} \geqslant \frac{1}{2M}.
\end{aligned}
\tag{1.12}
$$

由于 M 为正常数, 故 $\{x_n\}_{n=1}^\infty$ 在 $(X, \mathbf{d})$ 中并不收敛于 x, 矛盾. 从而 $(C([0,1]), \mathbf{d})$ 不完备. □

命题 1.3 $L^p(a,b)$ 是完备的.

证明 设 $\{f_n\}_{n=1}^\infty$ 是 $L^p(a,b)$ 中的 Cauchy 列. 则对任意 $\varepsilon > 0$, 存在 $N > 0$, 使得当 $n,m \geqslant N$ 时有

$$\left(\int_a^b |f_n(x) - f_m(x)|^p \mathrm{d}x\right)^{1/p} < \varepsilon. \tag{1.13}$$

取 $\varepsilon = \dfrac{1}{2^k}$, $k = 1, 2, \cdots$, 则存在 N_k 使得 $N_1 < N_2 < \cdots < N_k < \cdots$ 且

$$\left(\int_a^b |f_{N_{k+1}}(x) - f_{N_k}(x)|^p \mathrm{d}x\right)^{1/p} < \frac{1}{2^k}.$$

由 Hölder (赫尔德) 不等式可得

$$\int_a^b |f_{N_{k+1}}(x) - f_{N_k}(x)| \mathrm{d}x$$

$$\leqslant \left(\int_a^b |f_{N_{k+1}}(x) - f_{N_k}(x)|^p \mathrm{d}x\right)^{1/p} \cdot \left(\int_a^b 1 \mathrm{d}x\right)^{1/q}$$

$$= |b-a|^{\frac{1}{q}} \left(\int_a^b |f_{N_{k+1}}(x) - f_{N_k}(x)|^p \mathrm{d}x\right)^{1/p},$$

其中 $\dfrac{1}{p} + \dfrac{1}{q} = 1$. 因此

$$\sum_{k=1}^\infty \int_a^b |f_{N_{k+1}}(x) - f_{N_k}(x)| \mathrm{d}x$$

$$\leqslant |b-a|^{\frac{1}{q}} \sum_{k=1}^\infty \left(\int_a^b |f_{N_{k+1}}(x) - f_{N_k}(x)|^p \mathrm{d}x\right)^{1/p}$$

$$\leqslant |b-a|^{\frac{1}{q}} \cdot \sum_{k=1}^\infty \frac{1}{2^k} < \infty.$$

则 $\sum_{k=1}^\infty |f_{N_{k+1}}(x) - f_{N_k}(x)|$ 在 (a,b) 上几乎处处收敛, 从而 $\sum_{k=1}^\infty [f_{N_{k+1}}(x) - f_{N_k}(x)]$ 在 (a,b) 上几乎处处收敛. 于是

$$\lim_{k\to\infty} f_{N_k}(x) = f_{N_1}(x) + \lim_{k\to\infty} \sum_{j=1}^{k-1} [f_{N_{j+1}}(x) - f_{N_j}(x)]$$

1.1 度量空间的定义和基本性质

在 (a,b) 上几乎处处收敛.

设
$$f(x) = \lim_{k\to\infty} f_{N_k}(x), \quad \text{a.e. } x \in (a,b),$$

则 $f(x)$ 在 (a,b) 上可测. 由 Fatou (法图) 引理可得

$$\int_a^b |f_{N_k}(x) - f(x)|^p dx \leqslant \varliminf_{j\to\infty} \int_a^b |f_{N_k}(x) - f_{N_j}(x)|^p dx \leqslant \left(\frac{1}{2^k}\right)^p.$$

因此 $f_{N_k} - f \in L^p(a,b)$. 由 $f_{N_k} \in L^p(a,b)$ 即有 $f \in L^p(a,b)$.

对任意 $\varepsilon > 0$, 只需在式 (1.13) 中取 $m = N_k$, 由 Fatou 引理可得

$$\mathbf{d}(f_n, f)^p \leqslant \varliminf_{k\to\infty} \int_a^b |f_n(x) - f_{N_k}(x)|^p dx \leqslant \varepsilon^p.$$

因此, 当 $n \to \infty$ 时, $\mathbf{d}(f_n, f) \to 0$. □

命题 1.4 $L^\infty(a,b)$ 是完备的.

证明 设 $\{f_n\}_{n=1}^\infty$ 是 $L^\infty(a,b)$ 中的 Cauchy 列, $E_{n,m}$ 是 (a,b) 的零测度子集使得

$$\mathbf{d}(f_n, f_m) = \sup_{x \in (a,b) \setminus E_{n,m}} |f_n(x) - f_m(x)|.$$

令 $E = \bigcup_{n=1}^\infty \bigcup_{m=1}^\infty E_{n,m}$, 则 $\mathbf{m}(E) = 0$ (可列个零测度集的并还是零测度集). 显然, 对任何 $x \in (a,b) \setminus E$, 则 $\{f_n(x)\}_{n=1}^\infty$ 是 (a,b) 中 Cauchy 列. 因此, $\{f_n(x)\}_{n=1}^\infty$ 收敛, 记其极限为 $f(x)$. 由于对任意 $\varepsilon > 0$, 存在 N, 当 $n, m \geqslant N$ 时有

$$\mathbf{d}(f_n, f_m) = \sup_{x \in (a,b) \setminus E} |f_n(x) - f_m(x)| < \varepsilon.$$

令 $m \to \infty$, 有

$$\sup_{x \in (a,b) \setminus E} |f_n(x) - f(x)| \leqslant \varepsilon.$$

所以 $f \in L^\infty(a,b)$, 并且 $\{f_n\}_{n=1}^\infty$ 在 $L^\infty(a,b)$ 中收敛于 f. □

注记 1.1 1.1.1 节中给出的度量空间除例 1.1 和例 1.9 外都是完备的.

如同有理数构成的度量空间可以完备化为实数构成的度量空间, 一般的不完备度量空间总可以完备化为完备度量空间. 下面详细介绍这一过程.

首先简单回忆一下如何将有理数完备化为实数. 设 $\{x_n\}_{n=1}^\infty$ 是 $\mathbb{Q}$ 中的 Cauchy 列. 记

$$X = \{\{x_n\}_{n=1}^\infty | \{x_n\}_{n=1}^\infty \text{ 是 } \mathbb{Q} \text{ 中的 Cauchy 列}\}.$$

在 X 中的元素之间定义等价关系 "$\sim$" 为
$$\{x_n\}_{n=1}^\infty \sim \{y_n\}_{n=1}^\infty \Leftrightarrow \lim_{n\to\infty}(x_n - y_n) = 0.$$

设 $\widetilde{X}$ 是由上述等价类构成的集合, 即
$$\widetilde{X} = \{\widetilde{\{x_n\}_{n=1}^\infty} \mid \{x_n\}_{n=1}^\infty \in X\}.$$

(1) 在 $\widetilde{X}$ 中定义四则运算为
$$\widetilde{\{x_n\}}_{n=1}^\infty + \widetilde{\{y_n\}}_{n=1}^\infty = \widetilde{\{x_n + y_n\}}_{n=1}^\infty;$$
$$\widetilde{\{x_n\}}_{n=1}^\infty \cdot \widetilde{\{y_n\}}_{n=1}^\infty = \widetilde{\{x_n \cdot y_n\}}_{n=1}^\infty.$$

当 $\widetilde{\{y_n\}} \neq \widetilde{\{0\}}$ 时,
$$\frac{\widetilde{\{x_n\}}_{n=1}^\infty}{\widetilde{\{y_n\}}_{n=1}^\infty} = \widetilde{\left\{\frac{x_n}{y_n}\right\}}_{n=1}^\infty.$$

(2) 在 $\widetilde{X}$ 中定义元素的序为
$$\widetilde{\{x_n\}}_{n=1}^\infty \leqslant \widetilde{\{y_n\}}_{n=1}^\infty \Leftrightarrow \exists N > 0,\ x_n \leqslant y_n, \forall n \geqslant N.$$

按照上面方式得到的 $\widetilde{X}$ 即为实数空间 $\mathbb{R}$.

思考题 1.3 证明上面定义的四则运算和序关系与等价类中代表元的选择无关.

利用从有理数域向实数域扩张的思想方法, 可以将不完备度量空间扩张, 并使扩张后的度量空间自然是完备的.

定义 1.8 设 $(X, \mathbf{d})$, $(Y, \mathbf{d}_1)$ 为度量空间, 映射 $T: X \to Y$. 如果对任何 $x, y \in X$, 有
$$\mathbf{d}_1(Tx, Ty) = \mathbf{d}(x, y),$$
则称映射 $T: X \to Y$ 是等距的. 进一步, 如果 T 还是同胚的, 则称 T 是等距同构 (映射). 此时, 称 $(X, \mathbf{d})$, $(Y, \mathbf{d}_1)$ 是等距同构的.

定义 1.9 设 $(X, \mathbf{d})$, $(Y, \mathbf{d}_1)$ 是度量空间. 如果下列条件成立:

(i) $(Y, \mathbf{d}_1)$ 是完备的;

(ii) 存在 Y 中的稠密子空间 Y_1, 使得 $(X, \mathbf{d})$ 与 $(Y_1, \mathbf{d}_1)$ 是等距同构的,

则称 $(Y, \mathbf{d}_1)$ 是 $(X, \mathbf{d})$ 的完备化空间.

将有理数完备化的过程推广, 可得如下结果.

定理 1.3 任何一个度量空间 $(X, \mathbf{d})$ 都可以进行完备化, 并且在等距同构的意义下, 其完备化空间是唯一的.

证明 第一步, 完备化度量空间的构造.

设
$$Z = \{\{x_n\}_{n=1}^\infty \mid \{x_n\}_{n=1}^\infty \text{ 是 } X \text{ 中的 Cauchy 点列}\}.$$

在 Z 中的元素之间定义等价关系 "$\sim$" 为
$$\{x_n\}_{n=1}^\infty \sim \{y_n\}_{n=1}^\infty \Leftrightarrow \lim_{n\to\infty} \mathbf{d}(x_n, y_n) = 0. \tag{1.14}$$

很显然, "$\sim$" 是 Z 中的元素之间的等价关系. 对于每一个 $\{x_n\}_{n=1}^\infty \in Z$, 记 $\widetilde{\{x_n\}}_{n=1}^\infty$ 为 $\{x_n\}_{n=1}^\infty$ 按这个等价关系所代表的类. 记
$$Y = Z/\sim = \left\{\widetilde{\{x_n\}}_{n=1}^\infty \mid \{x_n\}_{n=1}^\infty \text{ 是 } X \text{ 中的 Cauchy 列}\right\}.$$

定义 Y 上的度量. 对于任何 $\widetilde{\{x_n\}}_{n=1}^\infty, \widetilde{\{y_n\}}_{n=1}^\infty \in Y$, 设 $\{x_n\}_{n=1}^\infty$ 和 $\{y_n\}_{n=1}^\infty$ 分别为这两个等价类中元素. 令
$$\mathbf{d}_1\left(\widetilde{\{x_n\}}_{n=1}^\infty, \widetilde{\{y_n\}}_{n=1}^\infty\right) \triangleq \lim_{n\to\infty} \mathbf{d}(x_n, y_n). \tag{1.15}$$

因为 $\{x_n\}_{n=1}^\infty$ 和 $\{y_n\}_{n=1}^\infty$ 是 $(X, \mathbf{d})$ 中的 Cauchy 列, 由三角不等式可得
$$|\mathbf{d}(x_n, y_n) - \mathbf{d}(x_m, y_m)| \leqslant \mathbf{d}(x_n, x_m) + \mathbf{d}(y_n, y_m),$$

所以 $\{\mathbf{d}(x_n, y_n)\}_{n=1}^\infty$ 是 $\mathbb{R}$ 中的 Cauchy 列, 从而式 (1.15) 右边有意义.

不等式 (1.15) 不依赖于代表元 $\{x_n\}_{n=1}^\infty, \{y_n\}_{n=1}^\infty$ 的选择. 事实上, 对任何 $\{x'_n\}_{n=1}^\infty \sim \{x_n\}_{n=1}^\infty$, $\{y'_n\}_{n=1}^\infty \sim \{y_n\}_{n=1}^\infty$, 由式 (1.14) 有
$$\lim_{n\to\infty} \mathbf{d}(x_n, x'_n) \to 0, \quad \lim_{n\to\infty} \mathbf{d}(y_n, y'_n) \to 0.$$

注意到 $|\mathbf{d}(x_n, y_n) - \mathbf{d}(x'_n, y'_n)| \leqslant \mathbf{d}(x_n, x'_n) + \mathbf{d}(y_n, y'_n)$, 从而
$$\lim_{n\to\infty} \mathbf{d}(x_n, y_n) = \lim_{n\to\infty} \mathbf{d}(x'_n, y'_n).$$

下证 $(Y, \mathbf{d}_1)$ 是度量空间. 容易验证 $\mathbf{d}_1$ 满足度量函数的条件 (i) 和 (ii), 只需验证 $\mathbf{d}_1$ 满足三角不等式. 对 $\widetilde{\{x_n\}}_{n=1}^\infty, \widetilde{\{y_n\}}_{n=1}^\infty, \widetilde{\{z_n\}}_{n=1}^\infty \in Y$, 经过计算可知
$$\mathbf{d}_1\left(\widetilde{\{x_n\}}_{n=1}^\infty, \widetilde{\{y_n\}}_{n=1}^\infty\right) = \lim_{n\to\infty} \mathbf{d}(x_n, y_n) \leqslant \lim_{n\to\infty} \mathbf{d}(x_n, z_n) + \lim_{n\to\infty} \mathbf{d}(z_n, y_n)$$

$$= \mathbf{d}_1\left(\widetilde{\{x_n\}}_{n=1}^\infty, \widetilde{\{z_n\}}_{n=1}^\infty\right) + \mathbf{d}_1\left(\widetilde{\{y_n\}}_{n=1}^\infty, \widetilde{\{z_n\}}_{n=1}^\infty\right).$$

第二步, 证明在 Y 中存在与 X 等距同构的稠密子空间 Y_1.

对任意 $x \in X$, $\{x, x, \cdots\}$ 显然是 X 中的 Cauchy 列, 把它的等价类记为 $\widetilde{x}$. 因此, $\widetilde{x} \in Y$. 令
$$Y_1 \triangleq \{\widetilde{x} \mid x \in X\}.$$

定义映射 $T: X \to Y_1$ 为
$$T(x) = \widetilde{x},$$

则 $\mathbf{d}_1(T(x), T(y)) = \mathbf{d}(x, y)$, 并且 T 是双射. 故 X 与 Y 等距同构.

另一方面, 对任何 $\widetilde{\{x_n\}}_{n=1}^\infty \in Y$, 取 $\widetilde{x}_k \in Y_1, k = 1, 2, \cdots$, 则
$$\mathbf{d}_1(\widetilde{\{x_n\}}_{n=1}^\infty, \widetilde{x}_k) = \lim_{n \to \infty} \mathbf{d}(x_k, x_n).$$

由于 $\{x_n\}$ 是 X 中的 Cauchy 列, 故
$$\lim_{k \to \infty} \mathbf{d}_1(\widetilde{\{x_n\}}_{n=1}^\infty, \widetilde{x}_k) = 0.$$

因此, Y_1 在 Y 中稠密.

第三步, 证明 $(Y, \mathbf{d}_1)$ 是完备的.

设 $\{\xi_n\}_{n=1}^\infty$ 是 Y 中的 Cauchy 列. 由于 Y_1 在 Y 中稠密, 故对每一个 ξ_n, 都有 $\widetilde{x}_n \in Y_1$ 使得
$$\mathbf{d}_1(\widetilde{x}_n, \xi_n) < \frac{1}{n}, \quad n = 1, 2, \cdots.$$

由于
$$\mathbf{d}(x_n, x_m) = \mathbf{d}_1(\widetilde{x}_n, \widetilde{x}_m)$$
$$\leqslant \mathbf{d}_1(\widetilde{x}_n, \xi_n) + \mathbf{d}_1(\xi_n, \xi_m) + \mathbf{d}_1(\xi_m, \widetilde{x}_m)$$
$$\leqslant \frac{1}{n} + \mathbf{d}_1(\xi_n, \xi_m) + \frac{1}{m},$$

所以, $\{x_n\}$ 是 X 中 Cauchy 列, 从而 $\xi = \widetilde{\{x_n\}}_{n=1}^\infty \in Y$. 注意到
$$\mathbf{d}_1(\xi_n, \xi) \leqslant \mathbf{d}_1(\xi_n, \widetilde{x}_n) + \mathbf{d}_1(\widetilde{x}_n, \xi)$$
$$< \frac{1}{n} + \lim_{k \to \infty} \mathbf{d}(x_n, x_k),$$

故当 $n \to \infty$ 时, $\mathbf{d}_1(\xi_n, \xi) \to 0$. 从而 $(Y, \mathbf{d}_1)$ 是完备度量空间.

第四步, 唯一性.

设 $(Y', \mathbf{d}_2)$ 是 $(X, \mathbf{d})$ 的另一个完备化空间, 其中 Y_1' 与 X 等距同构. 则 Y_1' 与 Y_1 也等距同构. 因此, 存在等距同构映射 Y_1 到 Y_1' 的等距同构 T. 对任何 $\xi \in Y$, 由于 Y_1 在 Y 中稠密, 故有 $\xi_n \in Y_1$, 使得当 $n \to \infty$ 时 $\xi_n \to \xi$. 延拓 T 为 Y 到 Y' 的映射 $\widetilde{T}$. 令

$$\widetilde{T}(\xi) = \lim_{n\to\infty} T(\xi_n).$$

由于 T 是等距同构, 故 $\{T(\xi_n)\}_{n=1}^{\infty}$ 是 Cauchy 列. 再由 Y' 的完备性可知 $\lim_{n\to\infty} T(\xi_n)$ 存在. 所以 $\widetilde{T}$ 的定义有意义, 并且是从 Y 到 Y' 的等距同构. $\square$

如果度量空间 $(X, \mathbf{d})$ 具有线性空间结构, 并且线性结构与度量函数 $\mathbf{d}$ 相容, 即: X 是实数域或复数域 $\mathbb{F}$ 上的线性空间, 并且当 $\{\alpha_n\}_{n=1}^{\infty}, \{\beta_n\}_{n=1}^{\infty} \subset \mathbb{F}, \alpha, \beta \in \mathbb{F}, \{x_n\}_{n=1}^{\infty}, \{y_n\}_{n=1}^{\infty} \subset X, x, y \in X$ 满足 $\lim_{n\to\infty} \alpha_n = \alpha$, $\lim_{n\to\infty} \beta_n = \beta$, $\lim_{n\to\infty} x_n = x$, $\lim_{n\to\infty} y_n = y$ 时, 有

$$\lim_{n\to\infty}(\alpha_n x_n + \beta_n y_n) = \alpha x + \beta y,$$

则称 $(X, \mathbf{d})$ 是线性度量空间.

例 1.2—例 1.11 中的度量空间都是线性空间, 而且在这些空间上所定义的度量和线性结构是相容的. 然而, 并非所有的度量都与线性结构相容. 下面给出一个与线性结构不相容的度量空间.

例 1.13 定义 $\mathbb{R}$ 上度量为

$$\mathbf{d}(x,y) = \begin{cases} 0, & x = y, \\ \max\{|x|, |y|\}, & x \neq y. \end{cases} \tag{1.16}$$

易见 $\mathbf{d}$ 是 $\mathbb{R}$ 上的一个度量. 取 $x_n = 1, y_n = -\dfrac{1}{n}, n = 1, 2, \cdots$, 则

$$\lim_{n\to\infty} x_n = 1, \quad \lim_{n\to\infty} y_n = 0.$$

因对任意正整数 n, $\mathbf{d}\left(1 - \dfrac{1}{n}, 1\right) = 1$, 故

$$\lim_{n\to\infty}(x_n + y_n) \neq 1,$$

从而 $\lim_{n\to\infty}(x_n + y_n) \neq \lim_{n\to\infty} x_n + \lim_{n\to\infty} y_n$.

对于线性度量空间 $(X, \mathbf{d})$, 它的完备化度量空间 $(Y, \mathbf{d}_1)$ 仍然具有线性空间结构, 并且线性结构与度量函数 $\mathbf{d}_1$ 是相容的. 事实上, 只需在定理 1.3 的证明中引入线性结构

$$\alpha \widetilde{\{x_n\}} + \beta \widetilde{\{y_n\}} = \widetilde{\{\alpha x_n + \beta y_n\}},$$

并验证这个线性结构与 $\mathbf{d}_1$ 是相容的.

思考题 1.4 试证明例 1.9 中的度量空间的完备化空间是 $L^2(a, b)$.

直线上的闭区间套定理可以推广到完备度量空间中, 证明方法也是类似的.

引理 1.1 (闭球套定理) 设 X 是完备度量空间,

$$S_n \triangleq \overline{B(x, \varepsilon_n)} = \overline{\{x \in X \mid \mathbf{d}(x, x_n) \leqslant \varepsilon_n\}}, \quad n = 1, 2, \cdots$$

是 X 中的闭球套:

$$S_1 \supset S_2 \supset \cdots \supset S_n \supset \cdots. \tag{1.17}$$

令球的半径 $\varepsilon \to 0$, 则必存在唯一的点 $x \in \bigcap_{n=1}^{\infty} S_n$.

证明 存在性. 对任意 $\varepsilon > 0$, 取 $N > 0$, 使得当 $n \geqslant N$ 时, $\varepsilon_n < \varepsilon$. 于是当 $m, n \geqslant N$ 时,

$$\mathbf{d}(x_n, x_m) < \varepsilon. \tag{1.18}$$

所以 $\{x_n\}_{n=1}^{\infty}$ 是 Cauchy 列. 由空间 X 的完备性可得点列 $\{x_n\}_{n=1}^{\infty}$ 收敛于 X 中的一点 x. 在式 (1.18) 中令 $m \to \infty$, 由度量的连续性可得

$$\mathbf{d}(x_n, x) \leqslant \varepsilon_n, \quad n = 1, 2, \cdots, \tag{1.19}$$

即 $x \in S_n, n = 1, 2, \cdots$. 因此 $x \in \bigcap_{n=1}^{\infty} S_n$.

唯一性. 如果存在 X 中的点 $y \in \bigcap_{n=1}^{\infty} S_n$, 那么

$$\mathbf{d}(x_n, y) \leqslant \varepsilon_n, \quad n = 1, 2, \cdots. \tag{1.20}$$

令 $n \to \infty$, 即得 $\mathbf{d}(x, y) = \lim_{n \to \infty} \mathbf{d}(x_n, y) = 0$, 所以 $y = x$, 即 $\bigcap_{n=1}^{\infty} S_n$ 中只有一点. $\square$

如果引理 1.1 中条件 $\varepsilon_n \to 0$ 不满足, 那么 $\bigcap_{n=1}^{\infty} S_n$ 可能是空的.

例 1.14 令 $x_n = \left(0, 0, \cdots, 0, \dfrac{n+1}{n}, 0, \cdots\right)$, $X = \{x_n\}_{n=1}^{\infty}$, 则 X 是 l^2 的子空间. 当 $n \neq m$ 时,

$$\mathbf{d}(x_n, x_m) = \sqrt{\left(\frac{n+1}{n}\right)^2 + \left(\frac{m+1}{m}\right)^2} \geqslant \sqrt{2}. \tag{1.21}$$

因此 X 中没有 Cauchy 列, X 是完备度量空间. 取 $\varepsilon_n = \sqrt{2}\dfrac{n+1}{n}$, 在 X 中作闭球

$$S_n = \{x \mid \mathbf{d}(x, x_n) \leqslant \varepsilon_n\}, \quad n = 1, 2, \cdots. \tag{1.22}$$

显然 S_n 中仅含点 $x_n, x_{n+1}, \cdots$, 所以 $S_1 \supset S_2 \supset \cdots$. 但 $\bigcap_{n=1}^{\infty} S_n = \varnothing$.

正如区间套定理与 $\mathbb{R}$ 的完备性等价, 闭球套定理与度量空间的完备性等价.

引理 1.2 设 X 是度量空间. 如果在 X 上闭球套定理成立, 那么 X 必是完备的.

证明 设 $\{x_n\}_{n=1}^{\infty}$ 是 X 中的 Cauchy 列, 则存在 $n_1 < n_2 < \cdots < n_k < \cdots$, 使得当 $n, m \geqslant n_k$ 时,

$$\mathbf{d}(x_n, x_m) < \frac{1}{2^{k+1}}. \tag{1.23}$$

在 X 中作一列闭球 $\overline{B\left(x_{n_k}, \dfrac{1}{2^k}\right)}$, $k = 1, 2, \cdots$. 当 $y \in \overline{B\left(x_{n_{k+1}}, \dfrac{1}{2^{k+1}}\right)}$, $k = 1, 2, \cdots$ 时, 由 $\mathbf{d}(x_{n_k}, y) \leqslant \mathbf{d}(x_{n_k}, x_{n_{k+1}}) + \mathbf{d}(x_{n_{k+1}}, y) < \dfrac{1}{2^k}$ 可得

$$\overline{B\left(x_{n_{k+1}}, \frac{1}{2^{k+1}}\right)} \subset \overline{B\left(x_{n_k}, \frac{1}{2^k}\right)}, \quad k = 1, 2, \cdots.$$

当 $k \to \infty$ 时, $\overline{B\left(x_{n_k}, \dfrac{1}{2^k}\right)}$ 的半径 $\dfrac{1}{2^k} \to 0$. 因而存在唯一一点 $x \in \bigcap_{n=1}^{\infty} S\left(x_{n_k}, \dfrac{1}{2^k}\right)$, 并且当 $k \to \infty$ 时, 有 $\mathbf{d}(x, x_{n_k}) \to 0$. 因为 $\{x_n\}_{n=1}^{\infty}$ 是 X 中的 Cauchy 列, 所以当 $n \to \infty$ 时, $\mathbf{d}(x, x_n) \to 0$. $\square$

1.2 度量空间中的开集和闭集

本节讨论度量空间的一些基本性质, 如连通性、可分性、列紧性等. 这些性质在现代分析理论及其应用的研究中非常重要.

定义 1.10 设 $(X, \mathbf{d})$ 是度量空间, $A \subset X$, $x_0 \in A$. 如果存在 $r > 0$ 使得 $B(x_0, r) \subset A$, 则称 x_0 为 A 的内点. A 的内点的全体称为 A 的内部, 记为 $\mathring{A}$ 或者 $\text{Int} A$. 进一步, 如果 $A = \mathring{A}$, 则称 A 是 X 中的开集.

对于任何度量空间 X, 任意 $B(x_0, r)$ 是 X 中的开集. 事实上, 如果 $y \in B(x_0, r)$, 那么, $\mathbf{d}(y, x_0) < r$. 取正数 ε 满足 $\varepsilon < r - \mathbf{d}(y, x_0)$, 则当 $z \in X$, 并且 $\mathbf{d}(y, z) < \varepsilon$ 时, 有

$$\mathbf{d}(z, x_0) \leqslant \mathbf{d}(z, y) + \mathbf{d}(y, x_0) < \varepsilon + d(y, x_0) < r.$$

因此, $z \in B(x_0, r)$. 所以 $B(y,\varepsilon) \subset B(x_0,r)$, 从而 y 是 $B(x_0,r)$ 的内点. 由 y 的任意性可知, $B(x_0,r)$ 中的每一个点都是其内点.

定理 1.4 设 $(X, \mathbf{d})$ 是度量空间. 则下列结论成立:

(i) 空集和全空间是开集;

(ii) 任意一族开集的并是开集;

(iii) 有限多个开集的交是开集.

证明 设 $A = \varnothing$, 则 $\mathring{A} = \varnothing$, 从而 $\varnothing$ 是开集. 另外, 显然 X 是开集. 因此 (i) 成立. 下面证明 (ii) 和 (iii).

证明 (ii). 设 $\mathcal{I}$ 为指标集 (不必可数), $\{A_i|\ i \in \mathcal{I}\}$ 是 X 中的任意一族开集, 下证 $A = \bigcup_{i \in \mathcal{I}} A_i$ 仍然是 X 中的开集. 事实上, 对任意 $x \in A$, 一定存在某个 $i \in \mathcal{I}$, 使得 $x \in A_i$. 由于 A_i 是开集, 从而存在 $r > 0$, 使得 $B(x,r) \subset A_i \subset A$. 这表明 x 是 A 的内点. 因此 A 是开集.

证明 (iii). 设 $A_1, A_2, \cdots, A_n$ 是 X 的开子集, 任取 $x \in \bigcap_{i=1}^n A_i$, 则对每一个 $i, 1 \leqslant i \leqslant n$, 有 $x \in A_i$. 故存在 $r_i > 0$, 使得 $B(x, r_i) \subset A_i, i = 1, 2, \cdots, n$. 取 $r = \min\limits_{1 \leqslant i \leqslant n} \{r_i\}$, 则 $r > 0$, 并且 $B(x,r) \subset B(x, r_i) \subset A_i, i = 1, 2, \cdots, n$. 因此, $B(x,r) \subset \bigcap_{i=1}^n A_i$. 所以 x 是 $\bigcap_{i=1}^n A_i$ 的内点. 由 x 的任意性可知, $\bigcap_{i=1}^n A_i$ 仍然是 X 中的开集. □

定义 1.11 设 $(X, \mathbf{d})$ 是度量空间, A 是 X 的子集, $x_0 \in X$. 如果对 x_0 的任何 r 邻域 $B(x_0, r)$, 都含有 A 中不同于 x_0 的点, 即 $(B(x_0, r) \setminus \{x_0\}) \cap A \neq \varnothing$, 则称 $x_0 \in X$ 为 A 的极限点.

A 的极限点的全体称为 A 的导集, 记为 A'. A 的导集与 A 自身的并称为 A 的闭包, 记为 $\bar{A}$, 即 $\bar{A} = A' \cup A$. 进一步, 如果 $A = \bar{A}$, 则称 A 是 X 中的闭集.

定理 1.5 设 A 是度量空间 $(X, \mathbf{d})$ 中的子集, 则 $x \in \bar{A}$ 的充要条件是存在 A 中的点列 $\{x_n\}_{n=1}^\infty$ 使得 $x_n \to x, n \to \infty$.

证明 必要性. 对于 $x \in \bar{A} = A \cup A'$, 如果 $x \in A$, 则取 $x_n \equiv x$ 即可; 如果 $x \notin A$, 则 $x \in A'$. 根据极限点的定义, 对任何 $r_n = \dfrac{1}{n}, n = 1, 2, \cdots$ 都有 $x_n \in (B(x, r_n) \setminus \{x\}) \cap A$. 这表明 $\mathbf{d}(x_n, x) < r_n \to 0 (n \to \infty)$, 并且 $x_n \in A$.

充分性. 对于任何 $x \in X$, 如果存在点列 $\{x_n\}_{n=1}^\infty \subset A$ 使得 $x_n \to x$, 要证 $x \in \bar{A}$. 如果 $x \in A$, 自然有 $x \in \bar{A}$; 如果 $x \notin A$, 则对 x 的任何 r 邻域 $B(x, r)$, 让 n 适当大, 则有 $\mathbf{d}(x_n, x) < r$. 因此, x_n 是 $B(x, r)$ 中不同于 x 的点, 并且 $x_n \in A$. 因此 $x \in A' \subset \bar{A}$. 总之, $x \in \bar{A}$. □

推论 1.1 度量空间 $(X, \mathbf{d})$ 中的子集 A 为闭集的充分必要条件是: A 中任何收敛的点列其极限必在 A 中.

定理 1.6　度量空间 $(X,\mathbf{d})$ 中的子集 A 为闭集的充分必要条件是：它的余集 $A^c = X \setminus A$ 是开集.

证明　如果 A 是闭集，则对任何 $x \in A^c$, $x \notin \bar{A} = A$. 故存在 x 的某个 r 邻域 $B(x,r)$，使得 $B(x,r) \cap A = \varnothing$. 因此，$B(x,r) \subset A^c$，即 x 是 A^c 的内点. 由 x 的任意性可知，A^c 中的每一点都是 A^c 的内点，因此，A^c 是开集.

如果 A^c 是开集，对于 A 中的任何收敛点列 $\{x_n\}_{n=1}^{\infty}$，不妨设 $x_n \to x_0 \in X$. 由推论 1.1 可知，只需证明 $x_0 \in A$ 即可. 如果 $x_0 \notin A$，则 $x_0 \in A^c$，即 x_0 是 A^c 的内点，从而存在 x_0 的 r 邻域 $B(x_0, r)$ 使得 $B(x_0, r) \subset A^c$. 因此，$B(x_0, r) \cap A = \varnothing$. 这与 $x_n \in A$, $\mathbf{d}(x_n, x_0) \to 0$ 相矛盾! □

结合定理 1.4、定理 1.6 以及集合运算的基本性质，我们很容易得到下面的结果.

定理 1.7　设 $(X,\mathbf{d})$ 是度量空间，则

(i) 空集和全空间是闭集;

(ii) 任意一族闭集的交是闭集;

(iii) 有限多个闭集的并是闭集.

下面借助开集的概念给出度量空间上连续映射的等价刻画.

定理 1.8　设 $(X,\mathbf{d})$, $(Y,\mathbf{d}_1)$ 是两个度量空间，$f: X \to Y$ 是连续映射的充分必要条件是：对于 Y 中的任何开集 V, $f^{-1}(V) = \{x \in X \mid f(x) \in V\}$ 是 X 中的开集.

证明　必要性. 设 $f: X \to Y$ 连续. 对于 Y 中的任何开集 V，以及对任意的 $x_0 \in f^{-1}(V)$，要证 x_0 是 $f^{-1}(V)$ 的内点. 由于 $f(x_0) = y_0 \in V$，以及 V 是开集，故 y_0 是 V 的内点. 因此，存在 y_0 的 ε 邻域 $B(y_0, \varepsilon)$ 使得 $B(y_0, \varepsilon) \subset V$，再由于 f 在 x_0 处连续，故存在 x_0 的 δ 邻域 $B(x_0, \delta)$，使得 $f(B(x_0, \delta)) \subset B(y_0, \varepsilon) \subset V$，从而可推出 $B(x_0, \delta) \subset f^{-1}(V)$. 这表明 x_0 是 $f^{-1}(V)$ 的内点. 由 x_0 的任意性可知，$f^{-1}(V)$ 是开集.

充分性. 对任何给定的 $x_0 \in X$，记 $y_0 = f(x_0)$，则 $f^{-1}(B_Y(y_0, \varepsilon))$ 是 X 中的开集. 由于 $x_0 \in f^{-1}(B_Y(y_0, \varepsilon))$，因此，$x_0$ 是 $f^{-1}(B_Y(y_0, \varepsilon))$ 的内点，从而存在 x_0 的 δ 邻域 $B_X(x_0, \delta)$，使得 $B_X(x_0, \delta) \subset f^{-1}(B_Y(y_0, \varepsilon))$. 所以 $f(B_X(x_0, \delta)) \subset B_Y(y_0, \varepsilon)$. 即 f 在 x_0 处连续. □

1.3　纲与 Baire 纲定理

定义 1.12　设 X 是度量空间，$S \subset X$. 如果 $\overline{S}$ 的内部是空集，则称 S 无处稠密.

如果 $\bar{S} = X$, 则称 S 在 X 中稠密. 由定义可知, 如果 S 是无处稠密的, 则 S 不在 X 中任何球内稠密. 下面给出几个无处稠密集:

例 1.15 (i) $X = [0,1]$, $E = \left\{1, \dfrac{1}{2}, \dfrac{1}{3}, \cdots\right\}$ 是 X 的无处稠密集;

(ii) 设 $\{r_1, r_2, \cdots\}$ 是有理数集的一个排列. 令

$$E = \bigcup_{n=1}^{\infty} \left(r_n - \frac{1}{2^n}, r_n + \frac{1}{2^n}\right),$$

则 $\mathbb{R} \setminus E$ 是 $\mathbb{R}$ 的无处稠密集; 特别地, 注意到 $\mathbf{m}(E) \leqslant 2$, 所以无处稠密集的 Lebesgue 测度可能很大.

定义 1.13 在度量空间 X 中, 如果 $E = \bigcup_{n=1}^{\infty} S_n$, 其中每个 S_n 都无处稠密, 则称 E 为第一纲集. X 中非第一纲集的子集称为第二纲集.

例 1.16 第一纲集的例子:

(i) $\mathbb{Q}$ 是 $\mathbb{R}$ 中的第一纲集;

(ii) 定义在 $[a,b]$ 上的全体多项式是 $C([a,b])$ 中的第一纲集.

由第一纲集的定义, 容易得到下面结果.

命题 1.5 (i) 第一纲集的子集是第一纲的;

(ii) 第一纲集的可数并是第一纲的.

定理 1.9 (Baire (贝尔) 纲定理, 1899) 完备度量空间 X 必是第二纲的.

证明 用反证法. 假设 X 是第一纲的, 则存在无处稠密的 S_n ($n \in \mathbb{N}$) 使得 $X = \bigcup_{n=1}^{\infty} S_n$. 因为 S_1 无处稠密, 必有 $x_1 \notin \bar{S}_1$, 从而有非空球 $B(x_1, r_1)$ 使得 $\overline{B(x_1, r_1)} \cap \bar{S}_1 = \varnothing$. 由于 S_2 无处稠密, 在 $B(x_1, r_1)$ 中必有 $x_2 \notin \bar{S}_2$. 从而有非空球 $B(x_2, r_2)$ 使得 $\overline{B(x_2, r_2)} \subset B(x_1, r_1)$ 且 $\overline{B(x_2, r_2)} \cap \bar{S}_2 = \varnothing$. 不失一般性, 可假设 $r_2 < 1/2$. 由归纳法可得对每个自然数 $n \geqslant 2$, 有非空球 $B(x_n, r_n)$, 使得

$$\overline{B(x_n, r_n)} \subset B(x_{n-1}, r_{n-1}), \quad \overline{B(x_n, r_n)} \cap \bar{S}_n = \varnothing, \quad r_n < \frac{1}{2^{n-1}}.$$

于是当 $m \geqslant n$ 时, $x_m \in \overline{B(x_n, r_n)}$. 因而

$$\mathbf{d}(x_n, x_m) \leqslant \frac{1}{2^{n-1}}.$$

由此可得 $\{x_n\}_{n=1}^{\infty}$ 是 X 中的 Cauchy 列. 由 X 完备知, 存在 $x \in X$ 使得 $x_n \to x$. 由于当 $m \geqslant n$ 时 $x_m \in \overline{B(x_n, r_n)}$, 所以 $x \in B(x_n, r_n) \subset B(x_{n-1}, r_{n-1})$. 故 $x \notin S_{n-1}, n = 2, 3, \cdots$. 这与 $X = \bigcup_{n=1}^{\infty} S_n$ 相矛盾. □

1.3 纲与 Baire 纲定理

Baire 纲定理的逆命题不真. 例如, 设 X 为全体无理数构成的集合, 其上赋予度量

$$\mathbf{d}(x,y) = |x-y|, \quad \forall x, y \in X,$$

则 $(X, \mathbf{d})$ 是一个不完备的第二纲的度量空间. 证明留给读者.

作为 Baire 纲定理的推论, 对于完备度量空间下列结果成立.

推论 1.2 (i) 完备度量空间中可列个稠密开子集的交是第二纲集;
(ii) 完备度量空间中的第一纲集不包含任何非空开集.

例 1.17 设 $\{r_n\}_{n=1}^{\infty}$ 是全体有理数. 令

$$E = \bigcap_{m=1}^{\infty} \bigcup_{n=1}^{\infty} \left(r_n - \frac{2^{-n}}{m}, r_n + \frac{2^{-n}}{m} \right),$$

则 E 是实直线上可数个稠开集的交, 因此是稠的、第二纲的. 但 $\mathbf{m}(E) = 0$. 所以第二纲集的测度可能很小甚至为零.

下面给出 Baire 纲定理的一个简单应用.

例 1.18 在 $[0,1]$ 上存在处处连续但处处不可微的函数.

设 E 是所有周期为 1 的连续函数组成的集合, 在其上赋予范数

$$\|f\| = \max_{0 \leqslant x \leqslant 1} |f(x)|, \quad f \in E.$$

与证明命题 1.1 的方法类似, 可证明 E 构成完备赋范线性空间. 令

$$N_n = \left\{ f \in E \,\bigg|\, \text{存在 } x \in [0,1] \text{ 使得} \left| \frac{f(x+h) - f(x)}{h} \right| \leqslant n, \forall h > 0 \right\}. \tag{1.24}$$

任取 $f \in E$, 只要在 $[0, I]$ 中一点可微, 便一定在某个 N_n 中.

设 $\{f_k\}_{k=1}^{\infty} \subset N_n$ 且 $\{f_k\}_{k=1}^{\infty}$ 在 $[0,1]$ 上一致收敛于 f_0. 由式 (1.24) 可知存在 $x_k \in [0,1]$ 使得

$$\left| \frac{f_k(x_k + h) - f_k(x_k)}{h} \right| \leqslant n, \quad \forall h > 0. \tag{1.25}$$

由 $\{x_k\}_{k=1}^{\infty} \subset [0,1]$ 知, 其有收敛子列 $\{x_{k_j}\}_{j=1}^{\infty}$. 不妨设当 $j \to \infty$ 时, $x_{k_j} \to x_0 \in [0,1]$. 由 $\{f_{k_j}\}_{j=1}^{\infty}$ 的一致收敛性、式 (1.25) 以及

$$\left| f_{k_j}(x_{k_j} + h) - f_0(x_0 + h) \right|$$

$$\leqslant \left| f_{k_j}(x_{k_j} + h) - f_0(x_{k_j} + h) \right| + \left| f_0(x_{k_j} + h) - f_0(x_0 + h) \right|,$$

可得
$$\left|\frac{f_0(x_0+h)-f_0(x_0)}{h}\right| \leqslant n, \quad \forall k > 0.$$

故 $f_0 \in N_n$. 因此对任意 $n \in \mathbb{N}$, N_n 是 E 中闭集.

下证 N_n 无处稠密. 反证法.

假设存在 $\varepsilon > 0$ 使得 $B(f_0, \varepsilon) \subset N_n$. 容易构造一个折线函数 $\varphi(\cdot)$, 使得
$$\|\varphi - f_0\| = \max_{0 \leqslant x \leqslant 1} |\varphi(x) - f_0(x)| < \varepsilon,$$

并且 φ 之每段斜率的绝对值都大于 n. 于是 $\varphi \in E$, 但 $\varphi \notin N_n$, 矛盾.

综上可得对任意 $n \in \mathbb{N}$, N_n 是内部为空集的闭集. 所以 $\bigcup_{n=1}^{\infty} N_n$ 是第一纲的. 另一方面, 根据 Baire 纲定理, E 是第二纲的. 故必有 $\psi \in E \setminus \bigcup_{n=1}^{\infty} N_n$. 此 ψ 便是处处连续且处处不可微的函数.

注记 1.2　从上述证明可得到连续且至少在一点可微的函数在连续函数空间中构成第一纲集, 因而从拓扑的角度来说这样的函数是很少的. 换句话说, 处处连续处处不可微的函数在连续函数空间中"占绝大多数".

思考题 1.5　是否存在 $[0,1]$ 上的函数在 $[0,1]$ 中的有理点连续而在无理点间断?

1.4　可分的度量空间

可分的度量空间是一类重要的度量空间. 对于该类空间, 考察其是否具有某种性质时, 通常只需要考虑其一个特殊的可数子集即可.

定义 1.14　设度量空间 $(X, \mathbf{d})$ 中存在可数的稠密子集, 则称其为可分的.

例 1.19　n 维 Euclid 空间 $\mathbb{R}^n$ 是可分的. 它的一个可数稠子集是
$$\mathbb{Q}^n = \{(r_1, \cdots, r_n) \mid r_i \text{ 是有理数}\}.$$

例 1.20　l^p 是可分的, 其中 $1 \leqslant p < \infty$.

证明　设
$$S_0 \triangleq \{x \in l^p \mid x = (r_1, r_2, \cdots, r_n, 0, \cdots), n \in \mathbb{N}, r_j \in \mathbb{Q}, j = 1, \cdots, n\},$$

则 S_0 是可数的. 任取 $\varepsilon > 0$, 对任何 $\xi = (\xi_1, \xi_2, \cdots) \in l^p$ 都存在正整数 n 使得
$$\sum_{j=n+1}^{\infty} |\xi_j|^p < \frac{\varepsilon^p}{2}.$$

1.4 可分的度量空间

另一方面, 可选有理数 $r_j, j = 1, \cdots, n$, 使得

$$\sum_{i=1}^{n} |\xi_j - r_j|^p < \frac{\varepsilon^p}{2}.$$

令 $x_0 = (r_1, r_2, \cdots, r_n, 0, 0, \cdots)$, 则 $x_0 \in S_0$ 且

$$\mathbf{d}(\xi, x_0)^p = \sum_{j=1}^{n} |\xi_j - r_j|^p + \sum_{i=n+1}^{\infty} |\xi_j|^p < \varepsilon^p,$$

所以 $\mathbf{d}(\xi, x_0) < \varepsilon$. 由此可得 S_0 在 l^p 中稠密. 因而空间 l^p 是可分的. □

数学分析中 Weierstrass (魏尔斯特拉斯) 定理表明, 定义在 $[a, b]$ 上的多项式在 $C([a, b])$ 中是稠密的. 借助这一事实还可以证明 $C([a, b])$ 是可分的. 证明思路与证明 l^p 是可分的非常类似, 请读者自行完成.

命题 1.6 设 $1 \leqslant p < \infty$, 则 $L^p(a, b)$ 是可分的.

证明 由 Lusin (鲁金) 定理可得 $C([a, b])$ 在 $L^p(a, b)$ 中稠密. 因此, 由 $C([a, b])$ 的可分性可得 $L^p(a, b)$ 的可分性. □

定理 1.10 如果度量空间 $(X, \mathbf{d})$ 中有不可数的子集 B, 以及某个常数 $\varepsilon_0 > 0$, 使得对任何 $x, y \in B$, 当 $x \neq y$ 时 $d(x, y) \geqslant \varepsilon_0$, 则 X 是不可分的.

证明 如果 X 是可分的, 则存在可数的子集 A 使得 $\bar{A} = X$. 特别 $\bar{A} \supset B$. 因此, 对任何 $x, y \in B$, 存在 $x', y' \in A$, 使得 $\mathbf{d}(x, x') < \frac{\varepsilon_0}{3}$, $\mathbf{d}(y, y') < \frac{\varepsilon_0}{3}$.

当 $x, y \in B$ 并且 $x \neq y$ 时, 由三角不等式,

$$\varepsilon_0 \leqslant \mathbf{d}(x, y) \leqslant \mathbf{d}(x, x') + \mathbf{d}(x', y)$$

$$\leqslant \mathbf{d}(x, x') + \mathbf{d}(x', y') + \mathbf{d}(y', y) < \mathbf{d}(x', y') + \frac{2}{3}\varepsilon_0,$$

所以 $\mathbf{d}(x', y') > \frac{1}{3}\varepsilon_0$. 因而 $x' \neq y'$. 由此给出了不可数集 B 与 A 的子集的一一对应, 而 A 是可数的, 它的子集也是可数的. 矛盾! □

例 1.21 l^∞ 空间是不可分的.

证明 令 $B = \{\{x_n\}_{n=1}^{\infty} | x_n = 0 \text{ 或} 1\}$, 则当 $x = \{x_n\}_{n=1}^{\infty}, y = \{y_n\}_{n=1}^{\infty} \in B$, 且 $x \neq y$ 时, 有 $\mathbf{d}(x, y) = \sup_{n \in \mathbb{N}} |x_n - y_n| = 1$. 由于 B 与 $[0, 1]$ 的二进制小数是一一对应的, 因此 B 是不可数的. 由定理 1.10 可得, l^∞ 空间是不可分的. □

例 1.22 如果 X 是不可数集合, 则离散度量空间 $(X, \mathbf{d})$ 是不可分的.

1.5 列紧性和紧性

实数集 $\mathbb{R}$ 中任何有界数列都有收敛的子列. 这是一个很有用的性质. 遗憾的是, 一般的度量空间不具备此性质. 例如, 设 X 是含有无穷个点的离散度量空间, 则 X 中有界点列不一定有收敛的子列.

定义 1.15 设 $(X, \mathbf{d})$ 是度量空间, $A \subset X$. 如果 A 中的任何点列都含有在 X 中收敛的子列, 则称 A 为列紧的; 如果 A 是列紧的闭子集, 则称 A 为紧的 (自列紧的).

从上述定义很容易得到以下性质.

命题 1.7 (1) 有限点集是列紧集 (紧集);

(2) 有限个列紧集 (紧集) 的并集是列紧集 (紧集);

(3) 列紧集的子集是列紧集;

(4) 列紧集的闭包是紧集;

(5) 紧集中的 Cauchy 列收敛;

(6) 列紧的度量空间是完备的, 因而也是紧的.

例 1.23 $\mathbb{R}^n$ 中的有界集是列紧的.

如果集合 A 中存在点列 $\{x_n\}_{n=1}^\infty$ 以及某个 $\varepsilon_0 > 0$, 使得当 $n \neq m$ 时, 有 $\mathbf{d}(x_n, x_m) \geqslant \varepsilon_0$, 则 A 一定不是列紧的. 受此启发, 人们给出以下概念.

定义 1.16 设 $(X, \mathbf{d})$ 是度量空间, A 是 X 的子集. 如果对任意 $\varepsilon > 0$, 都存在 A 中的有限个点 $\{x_1, \cdots, x_n\}$ (点的个数依赖于 ε) 使得 $A \subset \bigcup_{i=1}^n B(x_i, \varepsilon)$, 则称 A 具有有限的 ε-网. 此时也称 A 是完全有界的.

利用有限的 ε-网去描述或验证子集的列紧性非常方便.

定理 1.11 (1) 度量空间中的列紧集具有有限的 ε-网;

(2) 完备度量空间中的子集是列紧的当且仅当它具有有限的 ε-网.

证明 (1) 反证法. 设 A 是度量空间 X 中的列紧集, 并且不具有有限的 ε-网, 则存在某个 $\varepsilon_0 > 0$, 使得对 A 中的任何有限个元素, A 都不能以这有限个元素为中心, 以 ε_0 为半径的开球所覆盖. 因此, 取 $x_1 \in A$, 则存在 $x_2 \in A \setminus B(x_1, \varepsilon_0)$, 存在 $x_3 \in A \setminus \bigcup_{i=1}^2 B(x_i, \varepsilon_0), \cdots$, 存在 $x_n \in A \setminus \bigcup_{i=1}^{n-1} B(x_i, \varepsilon_0), n = 1, 2, \cdots$. 这样, 我们选出了点列 $\{x_n\}_{n=1}^\infty \subset A$ 满足 $n \neq m$ 时 $\mathbf{d}(x_n, x_m) \geqslant \varepsilon_0$. 对于这样的点列, 它的任何子列都不收敛. 此与 A 的列紧性相矛盾!

(2) 由于度量空间是完备的, 只需证明如果 A 具有有限的 ε-网, 则 A 中的任何点列 $\{x_n\}_{n=1}^\infty$ 都有一个 Cauchy 子列.

令 $\varepsilon_n = \dfrac{1}{n}, n = 1, 2, \cdots$. 首先对 ε_1, 由于 A 具有有限的 ε_1-网, 故存在

$y_1^1, y_2^1, \cdots, y_{n_1}^1$, 使得

$$A \subset \bigcup_{i=1}^{n_1} B(y_i^1, \varepsilon_1).$$

因此, 必有某个 i_1, $1 \leqslant i_1 \leqslant n_1$, 使得 $B(y_{i_1}^1, \varepsilon_1)$ 中含有 $\{x_n\}_{n=1}^\infty$ 中的无限多项; 对于 ε_2, 同样道理, 存在 $y_1^2, \cdots, y_{n_2}^2$, 使得

$$A \subset \bigcup_{i=1}^{n_2} B(y_i^2, \varepsilon_2).$$

因此, 必有某个 i_2, $1 \leqslant i_2 \leqslant n_2$, 使得 $B(y_{i_1}^1, \varepsilon_1) \cap B(y_{i_2}^2, \varepsilon_2)$ 中包含 $\{x_n\}_{n=1}^\infty$ 中的无限多项. 如此进行下去, 对每一个 k, $k = 1, 2, \cdots$, $\bigcap_{j=1}^k B(y_{i_j}^j, \varepsilon_j)$ 中都含有 $\{x_n\}_{n=1}^\infty$ 中无限多项. 因此, 可以选取点列 $\{x_n\}_{n=1}^\infty$ 的子列 $\{x_{n_k}\}_{k=1}^\infty$ 满足 $x_{n_k} \in \bigcap_{j=1}^k B(y_{i_j}^j, \varepsilon_j)$, $k = 1, 2, \cdots$, 并且 $n_k < n_{k+1}$. 当 $i, k \geqslant m$ 时, 有 $x_{n_i}, x_{n_k} \in B(y_{i_m}^m, \varepsilon_m)$. 从而

$$\mathbf{d}(x_{n_i}, x_{n_k}) \leqslant \mathbf{d}(x_{n_i}, y_{i_m}) + \mathbf{d}(y_{i_m}, x_{n_k}) < 2\varepsilon_m = \frac{2}{m}.$$

因此 $\{x_{n_k}\}_{k=1}^\infty$ 是 Cauchy 列. $\square$

推论 1.3 列紧的度量空间是可分的.

下面给出紧集的刻画. 这是 Heine-Borel (海涅-博雷尔) 有限覆盖定理在度量空间中紧集上的推广.

定理 1.12 A 是度量空间 $(X, \mathbf{d})$ 的紧子集的充分必要条件是对于 A 的任何一族开覆盖都存在有限的子覆盖.

证明 必要性. 设 A 是度量空间 $(X, \mathbf{d})$ 的紧子集, $\{O_i\}_{i \in \mathcal{I}}$ 是 A 的一族开覆盖, 我们要证明存在 $\{O_i\}_{i \in \mathcal{I}}$ 中有限个开集覆盖 A.

任取 $x \in A$, 存在 $O_i \in \{O_i\}_{i \in \mathcal{I}}$ 使得 $x \in O_i$. 由于 O_i 是开集, 因此存在开球 $B(x, \rho)$ 使得 $B(x, \rho) \subset O_i$. 令

$$\rho(x) = \sup \left\{ \rho \in (0, +\infty) \big| \text{ 存在 } i \in \mathcal{I} \text{ 以及 } \rho > 0 \text{ 使得 } B(x, \rho) \subset O_i \right\},$$

则 $\rho(x) > 0$. 令

$$\rho_0 = \inf_{x \in A} \rho(x).$$

称 ρ_0 为 A 相对于覆盖 $\{O_i\}_{i \in \mathcal{I}}$ 的 Lebesgue 数. 下面证明 $\rho_0 > 0$.

由下确界的定义, 存在 $\{x_n\}_{n=1}^\infty \subset A$, 使得 $\rho(x_n) \to \rho_0$. 由 A 的紧性可知, $\{x_n\}_{n=1}^\infty$ 有收敛子列 $\{x_{n_k}\}_{k=1}^\infty$ 并且 $x_{n_k} \to x_0 \in A$. 由于 $\{O_i\}_{i \in \mathcal{I}}$ 是 A 的覆盖, 所以存在 $i_0 \in \mathcal{I}$, 使得 $x_0 \in O_{i_0}$. 从而有 $B(x_0, \rho)$ 使得 $x_0 \in B(x_0, \rho) \subset O_{i_0}$.

由于 $x_{n_k} \to x_0$, 存在 $k_0 > 0$ 使得当 $k \geqslant k_0$ 时, 有 $\mathbf{d}(x_{n_k}, x_0) < \dfrac{\rho}{2}$. 因此, $B\left(x_{n_k}, \dfrac{\rho}{2}\right) \subset B(x_0, \rho)$. 由此可得当 $k \geqslant k_0$ 时有 $\rho(x_{n_k}) \geqslant \dfrac{\rho}{2}$, 所以 $\rho_0 \geqslant \dfrac{\rho}{2} > 0$. 因为 A 是列紧的, 故具有有限的 $\dfrac{\rho_0}{2}$-网, 即存在 $x_1, \cdots, x_n \in A$, 使得 $A \subset \bigcup_{k=1}^{n} B\left(x_k, \dfrac{\rho_0}{2}\right)$, 这里 ρ_0 是上面定义的 Lebesgue 数. 由 ρ_0 的定义知 $\rho(x_k) \geqslant \rho_0 > \dfrac{\rho_0}{2}$. 再根据 $\rho(x_k)$ 的定义, 存在 $i_k \in \mathcal{I}$, $k = 1, 2, \cdots, n$, 使得 $B\left(x_k, \dfrac{\rho_0}{2}\right) \subset O_{i_k}$. 于是 $A \subset \bigcup_{k=1}^{n} O_{i_k}$, 即 $\{O_{i_k}\}_{k=1}^{n}$ 是 A 的有限覆盖.

充分性. 即证 A 中的任何点列 $\{x_n\}_{n=1}^{\infty}$ 在 A 中都具有收敛的子列. 反证法. 如果 $\{x_n\}_{n=1}^{\infty}$ 的任何子列都不收敛, 则对任何 $y \in A$, 都存在 $\delta_y > 0$, 使得 $B(y, \delta_y)$ 中至多只含 $\{x_n\}_{n=1}^{\infty}$ 中的有限项. 显然, $\{B(y, \delta_y), y \in A\}$ 是 A 中的一族开覆盖, 从而具有有限覆盖, 即存在 $y_1, \cdots, y_n \in A$, 使得 $A \subset \bigcup_{i=1}^{n} B(y_i, \delta_{y_i})$. 由于 $\{x_n\}_{n=1}^{\infty} \subset A$, 因此, 一定存在某个 i, 使得 $B(y_i, \delta_{y_i})$ 包含 $\{x_n\}_{n=1}^{\infty}$ 的无限多项. 这与 $B(y_i, \delta_{y_i})$ 的定义相矛盾! □

度量空间中的紧子集与 $\mathbb{R}^n$ 中的有界闭集有许多类似的性质. 例如, 紧集上的连续函数一定取到最大值、最小值. 下面把闭区间上的连续函数的基本性质拓广到度量空间的紧集上来.

命题 1.8 度量空间 X 上的连续映射必然把列紧集映射成列紧集.

证明 设 D 是 X 中的列紧集, D 在 f 下的像为 E. 设 $\{y_n\}_{n=1}^{\infty} \subset E$, 则存在 D 中的点列 $\{x_n\}_{n=1}^{\infty}$ 使得 $y_n = f(x_n)$, $n = 1, 2, \cdots$. 因为 D 是紧集, 所以存在 $\{x_n\}$ 的收敛子列 $\{x_{n_k}\}_{k=1}^{\infty}$, 设其极限为 x_0. 由 f 的连续性可得 $f(x_0) = \lim\limits_{k \to \infty} f(x_{n_k}) = \lim\limits_{k \to \infty} y_{n_k}$. 因此, E 中任意点列有收敛的子列. 所以 E 是列紧集. □

定理 1.13 设 D 是紧集, f 是 D 上的连续映射, 那么 D 的像 $E = f(D)$ 也是紧集.

证明 由命题 1.8 知 E 是列紧集. 显然 $f(x_0) = y_0 \in E$. 所以 E 是闭集. □

思考题 1.6 通过定理 1.12 给出定理 1.13 的一个证明.

命题 1.9 度量空间 X 中紧集 D 上的连续函数 f 必有最大值和最小值.

证明 由于 $f(D)$ 是实数直线上的紧集, 所以 $f(D)$ 有界. 又因为 $f(D)$ 是有界闭集, 其上确界 y_1 及下确界 y_0 也在 $f(D)$ 中. 于是存在 D 中点 x_0, x_1 使得 $f(x_0) = y_0$, $f(x_1) = y_1$. □

命题 1.10 紧集上的连续双射必是同胚.

证明 设 f 是紧集 D 到 E 的连续双射, 则逆映射 f^{-1} 存在. 设 A 是 D 的闭子集. 因为 D 是紧集, 所以 A 也是紧集. 由定理 1.13 知 $f(A)$ 也是紧集. 所以 f^{-1} 的逆映射 f 把 D 的任何闭子集 A 映射成闭集. 因而逆映射 f^{-1} 是连续的. 所以 f 是同胚. $\square$

注记 1.3 仿照闭区间上的函数的性质, 可以定义度量空间上函数的一致连续性并证明紧集上的连续函数是一致连续的. 细节留给读者.

1.6 Arzelà-Ascoli 定理

由上节可知, 度量空间中的列紧集有很好的性质. 遗憾的是, 一般的度量空间中的有界集很可能不是列紧的. 本节讨论一个特殊的度量空间—— $C([a,b])$ 中有界子集的列紧性.

定义 1.17 设 $A \subset C([a,b])$. 如果对任意 $\varepsilon > 0$, 存在 $\delta > 0$, 使得当 $t, t' \in [a,b], |t-t'| < \delta$ 时, 对 A 中的任何元素 x, 都有

$$|x(t) - x(t')| < \varepsilon,$$

则称 A 具有等度的连续性.

定理 1.14 (Arzelà-Ascoli (阿尔泽拉–阿斯科利), 1889) $C([a,b])$ 中的子集 A 是列紧的当且仅当 A 是有界集并且具有等度的连续性.

证明 必要性. 设 A 是 $C([a,b])$ 中的列紧集. 由定理 1.11, A 具有有限的 ε-网, 取 $\varepsilon = 1$, 则存在 A 中的有限个点 $x_1, x_2, \cdots, x_n$ 使得

$$A \subset \bigcup_{i=1}^{n} B(x_i, 1).$$

由于有限个有界集的并集是有界集, 可知 A 是有界集.

下面证明 A 具有等度的连续性. 对任何 $\varepsilon > 0$, 由定理 1.11, A 具有有限的 $\varepsilon/3$-网, 故存在 $y_1, y_2, \cdots, y_m \in A$, 使得对任何 $x \in A$, 存在某个 y_i, $1 \leqslant i \leqslant m$, 满足

$$\mathbf{d}(x, y_i) = \max_{t \in [a,b]} |x(t) - y_i(t)| < \frac{\varepsilon}{3}. \tag{1.26}$$

由于 y_i, $1 \leqslant i \leqslant m$ 是 $[a,b]$ 上的连续函数, 因此, y_i 在 $[a,b]$ 上一致连续. 所以存在 $\delta > 0$, 使得当 $t, t' \in [a,b], |t-t'| < \delta$ 时,

$$|y_i(t) - y_i(t')| < \frac{\varepsilon}{3}, \quad i = 1, 2, \cdots, m. \tag{1.27}$$

由式 (1.26) 和 (1.27) 可得

$$|x(t) - x(t')| \leqslant |x(t) - y_i(t)| + |y_i(t) - y_i(t')| + |y_i(t') - x(t')| < \varepsilon.$$

这就证明了 A 中的元素具有等度连续性.

充分性. 根据定理 1.11, 只需证明 A 具有有限的 ε-网.

对任何 $\varepsilon > 0$, 由于 A 具有等度连续性, 故存在 $\delta > 0$, 使得当 $t, t' \in [a, b]$, $|t - t'| < \delta$ 时, 对任何 $x \in A$, 有

$$|x(t) - x(t')| < \varepsilon. \tag{1.28}$$

将 $[a, b]$ 分成 n 等份, 使得每一个小区间的长度小于 δ, 记分点依次为 $t_0, t_1, \cdots, t_n$. 设

$$B = \{(x(t_0), x(t_1), \cdots, x(t_n)) \mid x \in A\},$$

由于 A 是 $C([a, b])$ 中的有界集, 故 B 是 $\mathbb{R}^{n+1}$ 中的有界集. 由例 1.23 可知, B 具有有限的 $\varepsilon/3$-网. 故存在 B 中有限个元素和与其相对应的 A 中的有限个元素 $x_1, x_2, \cdots, x_m$, 使得对任何 $x \in A$, 对应到 B 中的元素 $(x(t_0), x(t_1), \cdots, x(t_n))$, 一定有某个 $i, 1 \leqslant i \leqslant m$, 使得按 $\mathbb{R}^{n+1}$ 中的度量有

$$\left[\sum_{k=0}^{n}(x(t_k) - x_i(t_k))^2\right]^{1/2} < \varepsilon/3. \tag{1.29}$$

于是, 对任何 $t \in [a, b]$, 存在某个 $k, 0 \leqslant k \leqslant n$, 使得 $|t - t_k| < \delta$. 结合式 (1.28), (1.29) 可得

$$|x(t) - x_i(t)| \leqslant |x(t) - x(t_k)| + |x(t_k) - x_i(t_k)| + |x_i(t_k) - x_i(t)| < \varepsilon.$$

从而, 有

$$\max_{t \in [a,b]} |x(t) - x_i(t)| < \varepsilon.$$

这表明 $x_1, x_2, \cdots, x_m$ 构成 A 的 ε-网. $\square$

注记 1.4 对一般的度量空间也可以像在闭区间上一样地定义等度连续函数族, 并且把 Arzelà-Ascoli 定理推广到度量空间中的紧集上去. 这些证明几乎和在闭区间上的一模一样, 留给读者自行完成.

定义 1.18 设 $\alpha \in (0, 1]$ 是常数. 对 $[a, b]$ 上的连续函数 $x(t)$, 如果存在常数 $C > 0$ 使得对任何 $t, t' \in [a, b], t \neq t'$, 有

$$|x(t) - x(t')| \leqslant C|t - t'|^\alpha,$$

则称其为 α 次 Hölder 连续的. 特别当 $\alpha = 1$ 时, 称 x 为 Lipschitz (利普希茨) 连续的.

记 $C^\alpha([a,b])$ 为 $[a,b]$ 上所有 α 次 Hölder 连续函数的全体. 在其上赋予度量

$$\mathbf{d}(x,y) = \max_{t\in[a,b]}|x(t)-y(t)| + \sup_{\substack{t,t'\in[a,b]\\ t\neq t'}}\frac{|x(t)-y(t)-x(t')+y(t')|}{|t-t'|^\alpha},$$

它称为 α 次 Hölder 空间.

思考题 1.7 试证明 $C^\alpha([a,b])$ 是可分的完备度量空间.

思考题 1.8 试证明 $C^\alpha([a,b])$ 中的任何有界集 A 在 $C([a,b])$ 中是列紧的.

设
$$C([a,b];\mathbb{R}^n) \triangleq \{x:[a,b]\to\mathbb{R}^n \mid x \text{ 连续}\}.$$

对任意 $x=(x_1,\cdots,x_n), y=(y_1,\cdots,y_n)\in C([a,b];\mathbb{R}^n)$, 令

$$\mathbf{d}(x,y) = \max_{t\in[a,b]}|x(t)-y(t)|_{\mathbb{R}^n} = \max_{t\in[a,b]}\left(\sum_{i=1}^n|x_i(t)-y_i(t)|^2\right)^{\frac{1}{2}}, \tag{1.30}$$

与 $C([a,b])$ 类似, 可验证 $C([a,b];\mathbb{R}^n)$ 在上述度量下是一个可分的完备度量空间. 请读者将定理 1.14 推广到 $C([a,b];\mathbb{R}^n)$ 上.

应用: 常微分方程解的存在性 (Euler (欧拉) 折线法)

下面给出具有连续源项的常微分方程解的存在性定理.

定理 1.15 (Peano (佩亚诺)) 给定微分方程

$$\frac{\mathrm{d}y}{\mathrm{d}x} = f(x,y). \tag{1.31}$$

如果在 $\mathbb{R}^2$ 的某一有界闭区域 G 中函数 f 连续, 那么过区域 G 的任一内点 (x_0,y_0), 方程 (1.31) 至少有一个局部解.

证明 因为函数 f 在有界闭区域中连续, 故存在 $M>0$ 使得

$$|f(x,y)| < M, \quad \forall (x,y)\in G. \tag{1.32}$$

过点 (x_0,y_0) 我们分别引斜率为 M 与 $-M$ 的直线, 并引铅垂线 $x=a$ 及 $x=b$, 使得由它们截出的具有公共顶点 (x_0,y_0) 的两个三角形完全包含在 G 中.

现在我们用下面的方法构造 Euler 折线:

从点 (x_0,y_0) 引斜率为 $f(x_0,y_0)$ 的直线. 在这条直线上选取某一点 (x_1,y_1), 并通过该点引斜率为 $f(x_1,y_1)$ 的直线, 在这条直线上选取某一点 (x_2,y_2), 并通过该点引斜率为 $f(x_2,y_2)$ 的直线. 重复上述过程. 考察通过点 $f(x_0,y_0)$ 的 Euler 折

线序列 $L_1, L_2, \cdots, L_n, \cdots$, 使得当 $n \to \infty$ 时折线 L_n 中最大的线段长趋于零. 设 φ_n 是以折线 L_n 为其图像的函数. 函数 $\varphi_1, \varphi_2, \cdots, \varphi_n, \cdots$ 具有以下性质:

(i) 它们定义在同一闭区间 $[a, b]$ 上;

(ii) 它们是一致有界的;

(iii) 它们是等度连续的.

根据 Arzelà-Ascoli 定理, 从序列 $\{\varphi_n\}_{n=1}^{\infty}$ 中可选出一致收敛的序列 $\{\varphi_{n_k}\}_{k=1}^{\infty}$. 令 $\varphi(x) = \lim\limits_{k \to \infty} \varphi_{n_k}(x)$. 显然, $\varphi(x_0) = y_0$. 剩下验证 φ 在闭区间 $[a, b]$ 上满足给定的微分方程.

因为 f 在区域 G 中连续, 所以对任意 $\varepsilon > 0$, 可找到 $\eta > 0$, 使得当 $|x - x'| < 2\eta$ 及 $|y - y'| < 4M\eta$ 时有

$$f(x', y') - \varepsilon < f(x, y) < f(x', y') + \varepsilon \quad (y' = \varphi(x')).$$

当 $|x'' - x'| < 2\eta$ 时, 对于 $k > K$ 的一切 Euler 折线 φ_{n_k} 成立

$$\varphi_{n_k}(a_1) - \varphi_{n_k}(x') = f(a_0, b_0)(a_1 - x'),$$

$$\varphi_{n_k}(a_{i+1}) - \varphi_{n_k}(a_i) = f(a_i, b_i)(a_{i+1} - a_i), \quad i = 1, 2, \cdots, n - 1,$$

$$\varphi_{n_k}(x'') - \varphi_{n_k}(a_n) = f(a_n, b_n)(x'' - a_n).$$

由此可得当 $|x'' - x'| < \eta$ 时,

$$[f(x', y') - \varepsilon](a_1 - x') < \varphi_{n_k}(a_1) - \varphi_{n_k}(x') < [f(x', y') + \varepsilon](a_1 - x'),$$

$$[f(x', y') - \varepsilon](a_{i+1} - a_i) < \varphi_{n_k}(a_{i+1}) - \varphi_{n_k}(a_i)$$
$$< [f(x', y') + \varepsilon](a_{i+1} - a_i), \quad i = 1, \cdots, n - 1,$$

$$[f(x', y') - \varepsilon](x'' - a_n) < \varphi_{n_k}(x'') - \varphi_{n_k}(a_n) < [f(x', y') + \varepsilon](x'' - a_n).$$

把上面不等式相加可得

$$[f(x', y') - \varepsilon](x'' - x') < \varphi_{n_k}(x'') - \varphi_{n_k}(x') < [f(x', y') + \varepsilon](x'' - x').$$

因而当 $|x'' - x'|$ 充分小时, 对充分大的 k 有

$$\left| \frac{\varphi_{n_k}(x'') - \varphi_{n_k}(x')}{x'' - x'} - f(x', \varphi_{n_k}(x')) \right| < \varepsilon. \tag{1.33}$$

另一方面, 取 K 充分大使得对于一切 $k > K$, 当 $|x - x'| < 2\eta$ 时, 有

$$|\varphi(x) - \varphi_{n_k}(x)| < 2M\eta. \tag{1.34}$$

并且折线 L_k 中的一切线段的长都小于 η.

由式 (1.33) 和 (1.34) 可得对任意 $\varepsilon > 0$, 当 $|x'' - x'|$ 充分小时有

$$\left|\frac{\varphi(x'') - \varphi(x')}{x'' - x'} - f(x', \varphi(x'))\right| < \varepsilon.$$

因而 φ 在闭区间 $[a, b]$ 上满足给定的微分方程, 同时 $y_0 = \varphi(x_0)$. 所以 φ 是方程 (1.31) 过 (x_0, y_0) 的局部解. □

Euler 折线不同的子序列可能收敛于方程 (1.31) 不同的解. 所以通过点 (x_0, y_0) 所得到的方程 $y' = f(x, y)$ 的解很可能不唯一.

1.7　Banach 压缩映像原理

许多代数方程、微分方程、积分方程以及泛函微分方程的求解问题都可以化归为求映射的不动点问题. 因此, Banach (巴拿赫) 压缩映像原理是应用最广泛的不动点定理之一. 它不仅给出了一类映射的不动点的存在性和唯一性, 而且还给出了寻求不动点的迭代方法以及误差估计.

定义 1.19　设 $(X, \mathbf{d})$ 是度量空间, 映射 $T: X \to X$. 如果 $Tx = x$, 则称 $x \in X$ 为 T 的不动点.

定义 1.20　设 $(X, \mathbf{d})$ 是度量空间, $T: X \to X$. 如果存在常数 α, $0 \leqslant \alpha < 1$, 使得对所有的 $x, y \in X$, 有

$$\mathbf{d}(Tx, Ty) \leqslant \alpha \mathbf{d}(x, y),$$

则称映射 T 为压缩的. 通常称常数 α 为压缩映射 T 的压缩系数.

注记 1.5　上述定义中 α 不依赖于 x 和 y 的选择.

由于

$$\mathbf{d}(Tx_n, Tx_0) \leqslant \alpha \mathbf{d}(x_n, x_0),$$

故当 $n \to \infty$ 时, 由 $\mathbf{d}(x_n, x_0) \to 0$ 可得 $\mathbf{d}(Tx_n, Tx_0) \to 0$. 所以压缩映射是连续的.

记 T 的 n 次复合 $\overbrace{T \circ T \circ \cdots \circ T}^{n \uparrow}$ 为 T^n, $n = 1, 2, \cdots$. 由于 T 是从 X 到自身的映射, 故 T 的 n 次复合有意义.

定理 1.16 (Banach 压缩映像原理)　设 $(X, \mathbf{d})$ 是完备度量空间. $T: X \to X$ 是压缩映射, 其压缩系数为 α, 则 T 有唯一的不动点 x^*; 进一步, 任取初始点 $x_0 \in X$, 让 $x_{n+1} = Tx_n = T^{n+1}x_0$, $n = 0, 1, 2, \cdots$, 则 $x_n \to x^*$, 并且满足

$$\mathbf{d}(x_n, x^*) \leqslant \frac{\alpha^n}{1-\alpha}\mathbf{d}(Tx_0, x_0).$$

证明 首先证明不动点的唯一性. 如果 T 有两个不同的不动点 x^*, y^*, 则

$$0 < \mathbf{d}(x^*, y^*) = \mathbf{d}(Tx^*, Ty^*) \leqslant \alpha \mathbf{d}(x^*, y^*).$$

矛盾!

下证不动点的存在性. 只需证明 T 的迭代序列 $\{x_n\}_{n=1}^\infty$ 收敛. 由

$$\mathbf{d}(x_{n+1}, x_n) = \mathbf{d}(Tx_n, Tx_{n-1}) \leqslant \alpha \mathbf{d}(x_n, x_{n-1})$$

可得

$$\mathbf{d}(x_{n+1}, x_n) \leqslant \alpha^n \mathbf{d}(Tx_0, x_0), \quad n = 1, 2, \cdots.$$

所以

$$\mathbf{d}(x_{n+k}, x_n) \leqslant \sum_{i=1}^k \mathbf{d}(x_{n+i}, x_{n+i-1}) \leqslant \sum_{i=1}^k \alpha^{n+i-1} \mathbf{d}(Tx_0, x_0)$$

$$\leqslant \left(\sum_{i=0}^\infty \alpha^i\right) \alpha^n \mathbf{d}(Tx_0, x_0) = \frac{\alpha^n}{1-\alpha} \mathbf{d}(Tx_0, x_0). \tag{1.35}$$

由 $\alpha \in [0, 1)$ 可得 $\{x_n\}_{n=1}^\infty$ 是 X 中的 Cauchy 列. 由于 X 完备, $\{x_n\}_{n=1}^\infty$ 在 X 中收敛, 并且

$$x^* = \lim_{n\to\infty} x_{n+1} = \lim_{n\to\infty} Tx_n = Tx^*,$$

即 $\{x_n\}_{n=1}^\infty$ 收敛到 T 的不动点.

在式 (1.35) 中令 $k \to \infty$ 可得

$$\mathbf{d}(x^*, x_n) \leqslant \frac{\alpha^n}{1-\alpha} \mathbf{d}(Tx_0, x_0). \qquad \square$$

Banach 压缩映像原理的条件中空间的完备性以及映射 T 的压缩性都是必需的. 很容易举出反例说明以上两个条件之一不成立时, 即使有 $\mathbf{d}(Tx, Ty) < \mathbf{d}(x, y)$ 也未必有不动点.

例 1.24 令 X 为 $[0, 1]$ 中所有无理数构成的集合, 其上赋予由绝对值诱导的度量. 定义映射 $T: X \to X$ 为 $Tx = \dfrac{x}{2}$. 显然 T 压缩, 但其没有不动点.

例 1.25 令 $X = [0, \infty)$, 其上赋予由绝对值诱导的度量. $T: X \to X$ 定义为 $T(x) = x + \dfrac{1}{1+x}$, 则 $\mathbf{d}(Tx, Ty) < \mathbf{d}(x, y)$. 但映射 T 没有不动点.

对于具体问题, 有可能 T 不压缩但其复合若干次之后压缩, 因此定理 1.16 有如下推广.

1.7 Banach 压缩映像原理

定理 1.17 设 $(X, \mathbf{d})$ 是完备度量空间, $T: X \to X$ 为连续映射. 如果存在 $n \in \mathbb{N}$ 使得 $T^n: X \to X$ 是压缩映射, 则 T 有唯一的不动点 x^*.

证明留给读者.

Banach 压缩映像原理有许多重要的应用. 下面列举一些常见的并且也是重要的应用结果.

在线性代数方程组求解中的应用

例 1.26 解方程
$$Ax = b, \tag{1.36}$$
其中
$$A = \begin{pmatrix} a_{11} & a_{12} & \cdots & a_{1n} \\ a_{21} & a_{22} & \cdots & a_{2n} \\ \vdots & \vdots & & \vdots \\ a_{n1} & a_{n2} & \cdots & a_{nn} \end{pmatrix}, \quad x = \begin{pmatrix} x_1 \\ x_2 \\ \vdots \\ x_n \end{pmatrix}, \quad b = \begin{pmatrix} b_1 \\ b_2 \\ \vdots \\ b_n \end{pmatrix}.$$

方程 (1.36) 可写为等价形式
$$x - Ax + b = x. \tag{1.37}$$

令 $Tx = x - Ax + b$, 则求解方程 $Ax = b$ 等价于寻找映射 T 的不动点.

令 $\alpha_{ij} = -a_{ij} + \delta_{ij}$, 其中
$$\delta_{ij} = \begin{cases} 1, & i = j, \\ 0, & i \neq j. \end{cases}$$

对 $x = (x_1, x_2, \cdots, x_n)^{\mathrm{T}}$, $x' = (x'_1, x'_2, \cdots, x'_n)^{\mathrm{T}}$,

$$\begin{aligned} \mathbf{d}(Tx, Tx') &= \sup_{1 \leqslant i \leqslant n} \left\| \sum_{j=1}^{n} \alpha_{ij} x_j + b_i - \sum_{j=1}^{n} \alpha_{ij} x'_j - b_i \right\| \\ &= \sup_{1 \leqslant i \leqslant n} \left\| \sum_{j=1}^{n} \alpha_{ij}(x_j - x'_j) \right\| \\ &= \sup_{1 \leqslant i \leqslant n} \sum_{j=1}^{n} |\alpha_{ij}||x_j - x'_j| \\ &\leqslant \sup_{1 \leqslant j \leqslant n} |x_j - x'_j| \sup_{1 \leqslant i \leqslant n} \sum_{j=1}^{n} |\alpha_{ij}| \end{aligned}$$

$$\leqslant k \sup_{1\leqslant j\leqslant n} |x_j - x'_j|.$$

如果对 $i = 1, 2, \cdots, n$, $\sum_{j=1}^n |\alpha_{ij}| \leqslant k < 1$, 有 $\mathbf{d}(x, x') = \sup_{1\leqslant j\leqslant n} |x_j - x'_j|$, 则 $\mathbf{d}(Tx, Tx') \leqslant k\mathbf{d}(x, x')$, $0 \leqslant k < 1$, 即 T 是 $\mathbb{R}^n$ 到其自身的压缩映射. 因此, 由定理 1.16 知 T 在 $\mathbb{R}^n$ 中存在唯一不动点 x^*, 该不动点是方程 (1.36) 的唯一解.

常微分方程的初值问题解的正则性: Picard (皮卡) 定理

考虑常微分方程的初值问题:

$$\begin{cases} \dfrac{\mathrm{d}x}{\mathrm{d}t} = f(t, x), \\ x(t_0) = x_0, \end{cases} \tag{1.38}$$

其中 $f : \mathbb{R} \times [x_0 - \delta, x_0 + \delta] \to \mathbb{R}$ 连续, 并且关于变元 x 是 Lipschitz 的, 即存在常数 $L > 0$ 使得对任意 $t \in (t_0 - \delta, t_0 + \delta)$, $x, y \in \mathbb{R}$ 有

$$|f(t, x) - f(t, y)| \leqslant L|x - y|. \tag{1.39}$$

在上面的假设下, 初值问题 (1.38) 的解是存在且唯一的.

定理 1.18 (Picard, 1893) 假设 f 满足上面的假设, 则初值问题 (1.38) 在区间 $[t_0 - \beta, t_0 + \beta]$ 上有唯一的连续解, 其中 $0 < \beta < \min\{\delta, 1/L\}$.

证明 由于初值问题 (1.38) 等价于积分方程

$$x(t) = x_0 + \int_{t_0}^t f(x(s), s)\mathrm{d}s, \tag{1.40}$$

所以, 仅需考虑积分方程 (1.40) 解的存在唯一性.

令 $X = C([t_0 - \beta, t_0 + \beta]; \mathbb{R})$. 定义映射 $T : X \to X$ 为

$$(Tx)(t) = x_0 + \int_{t_0}^t f(x(s), s)\mathrm{d}s,$$

则积分方程 (1.40) 等价于映射 T 的不动点. 因此, 利用空间 $C([t_0 - \beta, t_0 + \beta]; \mathbb{R})$ 的完备性以及 Banach 压缩映像原理, 只需证明 T 是压缩映射.

对任何 $x, y \in C([t_0-\beta, t_0+\beta]; \mathbb{R})$,

$$\begin{aligned}
\mathbf{d}(Tx, Ty) &= \max_{t \in [t_0-\beta, t_0+\beta]} |(Tx)(t) - (Ty)(t)| \\
&= \max_{t \in [t_0-\beta, t_0+\beta]} \left| \int_{t_0}^{t} f(s, x(s)) - f(s, y(s)) \mathrm{d}s \right| \\
&\leqslant \max_{t \in [t_0-\beta, t_0+\beta]} \int_{t_0}^{t} |f(s, x(s)) - f(s, y(s))| \mathrm{d}s \\
&\leqslant L\beta \max_{t \in [t_0-\beta, t_0+\beta]} |x(t) - y(t)| \\
&= L\beta \mathbf{d}(x, y).
\end{aligned}$$

根据 β 的假设, 有 $L\beta < 1$. 故 T 是压缩的. $\square$

积分方程解的存在唯一性

定理1.19 设 $f(x)$ 是 $[a, b]$ 上的连续函数, $K(x, y)$ 是正方形区域 $\{(x, y) \mid a \leqslant x \leqslant b, a \leqslant y \leqslant b\}$ 上的二元连续函数, 并且存在常数 $C > 0$, 使得当 $x \in [a, b]$ 时,

$$\int_a^b |K(x, y)| \mathrm{d}y \leqslant C,$$

则当 $|\lambda| < \dfrac{1}{C}$ 时, 必存在唯一的 $u \in C([a, b])$ 满足如下形式的积分方程:

$$u(x) = f(x) + \lambda \int_a^b K(x, y) u(y) \mathrm{d}y. \tag{1.41}$$

证明 在连续函数空间 $C([a, b])$ 上定义映射 T 为

$$(Tu)(x) = f(x) + \lambda \int_a^b K(x, y) u(y) \mathrm{d}y.$$

对任何 $u, v \in C([a, b])$, 有

$$\begin{aligned}
\mathbf{d}(Tu, Tv) &= \max_{x \in [a, b]} |(Tu)(x) - (Tv)(x)| \\
&= \max_{x \in [a, b]} |\lambda| \left| \int_a^b K(x, y)(u(y) - v(y)) \mathrm{d}y \right| \\
&\leqslant |\lambda| \max_{x \in [a, b]} \int_a^b |K(x, y)| |(u(y) - v(y))| \mathrm{d}y \\
&\leqslant C|\lambda| \max_{y \in [a, b]} |(u(y) - v(y))| \\
&= C|\lambda| \mathbf{d}(u, v).
\end{aligned}$$

因此, 当 $|\lambda| < \dfrac{1}{C}$ 时, T 是压缩映射, 从而由 Banach 压缩映像原理可得, T 有唯一的不动点. 该不动点即为积分方程 (1.41) 的唯一解. □

半线性二阶常微分方程的两点边值问题

考虑如下半线性二阶常微分方程的两点边值问题:

$$\begin{cases} -\dfrac{\mathrm{d}^2 u}{\mathrm{d}x^2} = g(u(x), x), & x \in (0, 1), \\ u(0) = u(1) = 0. \end{cases} \tag{1.42}$$

此问题可以化归为如下形式的积分方程进行求解:

$$u(x) = \int_0^1 K(x, y) g(u(y), y) \mathrm{d}y, \tag{1.43}$$

其中

$$K(x, y) = \begin{cases} x(1-y), & 0 \leqslant x \leqslant y \leqslant 1, \\ y(1-x), & 0 \leqslant y \leqslant x \leqslant 1. \end{cases}$$

称 $K(x, y)$ 为二阶微分算子 $-\dfrac{\mathrm{d}^2}{\mathrm{d}x^2}$ 在零边界条件下的 Green (格林) 函数.

定理 1.20 设 $g: \mathbb{R} \times [0, 1] \to \mathbb{R}$ 连续, 并且当 $x, x_1 \in \mathbb{R}, y \in [0, 1]$ 时,

$$|g(x, y) - g(x_1, y)| \leqslant L|x - x_1|,$$

则当 $L < 8$ 时, 方程 (1.42) 存在解 $u \in C^2([0, 1])$.

证明 取 $X = C([0, 1])$, 对任何 $u \in X$, 令

$$(Tu)(x) = \int_0^1 K(x, y) g(u(y), y) \mathrm{d}y,$$

则 Tu 在 $(0, 1)$ 中两次连续可微并且 $(Tu)(0) = (Tu)(1) = 0$. 进一步,

$$-\dfrac{\mathrm{d}^2 (Tu)(x)}{\mathrm{d}x^2} = g(u(x), x).$$

因此, T 的不动点就是 (1.42) 的解. 下面我们证明 T 是压缩映射.

直接计算可得

$$|(Tu)(x) - (Tv)(x)| = \left| \int_0^1 K(x,y)\left(g(u(y),y) - g(v(y),y)\right) \mathrm{d}y \right|$$

$$\leqslant \int_0^1 |K(x,y)||g(u(y),y) - g(v(y),y)|\mathrm{d}y$$

$$\leqslant L \left(\int_0^1 K(x,y)\mathrm{d}y \right) \max_{y \in [0,1]} |u(y) - v(y)|$$

$$\leqslant L \int_0^1 |K(x,y)|\mathrm{d}y \cdot \mathbf{d}(u,v).$$

而 $\max\limits_{x \in [0,1]} \int_0^1 |K(x,y)|\mathrm{d}y = \dfrac{1}{8}$, 因此,

$$\mathbf{d}(Tu, Tv) = \max_{x \in [0,1]} |Tu(x) - (Tv)(x)| \leqslant \frac{L}{8}\mathbf{d}(u,v).$$

故 T 是压缩映射. □

以上是在很特殊的条件下证明了 (1.42) 的解的存在性. 对于一般的情况如何考虑, 要用到非线性泛函分析的一些理论和方法, 有兴趣的读者可以以此为背景, 作进一步学习与探索.

习 题 1

如无特别说明, $(X, \mathbf{d})$ 表示一个度量空间.

1. 设 S 是 $\mathbb{R}^3$ 中一球面. 定义 S 上函数为

$$\mathbf{d}(x,y) = \text{过 } x, y \text{ 两点的大圆上以 } x, y \text{ 为端点的劣弧弧长}, \quad \forall x, y \in S.$$

证明: (1) $\mathbf{d}(\cdot, \cdot)$ 是 S 上的距离但不是欧氏距离.

(2) S 中点列 $\{x_n\}_{n=1}^\infty$ 按距离 $\mathbf{d}(x,y)$ 收敛于 x 的充要条件是按坐标收敛于 x.

2. 在复平面的开单位圆盘 $\mathbb{D}$ 上定义度量为

$$\mathbf{d}(z,w) = \left| \frac{z-w}{1-\bar{z}w} \right|, \quad z, w \in \mathbb{D}.$$

证明: $(\mathbb{D}, \mathbf{d})$ 是完备的一个度量空间 (通常称为伪双曲度量).

3. 设 $\{x_n\}_{n=1}^\infty \subset L^p(a,b)$ $(p \geqslant 1)$ 满足条件

$$\lim_{n \to \infty} x_n(t) \to x_0(t), \quad \text{a.e. } t \in [a,b],$$

以及
$$\lim_{n\to\infty}\int_a^b |x_n(t)|^p \mathrm{d}t = 0.$$

证明: $x_0(t) = 0$, a.e. $t \in [a,b]$.

4. 设 $\{x_n\}_{n=1}^\infty \subset C[0,1]$ 等度连续, $x_0 \in C[0,1]$. 证明: 如果对 $p_0 \geqslant 1$ 有
$$\lim_{n\to\infty}\int_0^1 |x_n(t) - x_0(t)|^{p_0} \mathrm{d}t = 0,$$
则必有 $\lim_{n\to\infty} \max_{t\in[a,b]} |x_n(t) - x_0(t)| = 0$.

5. 设 $\{x_n\}_{n=1}^\infty, \{y_n\}_{n=1}^\infty$ 是 $(X,\mathbf{d})$ 中的两个 Cauchy 列. 证明: $\{\mathbf{d}(x_n, y_n)\}_{n=1}^\infty$ 是 Cauchy 列.

6. 设 S 是 $(X,\mathbf{d})$ 中的点集, 如果存在 X 中某个球 $B(x_0, r) \supset S$, 则称 S 为有界的. 证明: 度量空间中任何 Cauchy 列都是有界的.

7. 证明: 对任意 $x_0 \in X$, 函数 $x \mapsto \mathbf{d}(x_0, \cdot)$ 是 X 上的连续函数.

8. 证明: 没有孤立点的完备度量空间是不可数的.

9. 证明:
$$\tilde{\mathbf{d}}(x,y) = \frac{\mathbf{d}(x,y)}{1+\mathbf{d}(x,y)}, \quad x,y \in X$$
是 X 上的距离, 且按 $\tilde{\mathbf{d}}$ 收敛等价于按 $\mathbf{d}$ 收敛.

10. 设 A 是 X 的子集. 如果 $x_0 \notin A'$, 称 $x_0 \in A$ 为 A 的孤立点. A 的孤立点的全体构成的集合有没有极限点? 并说明原因.

11. 设 $(X,\mathbf{d})$ 是度量空间. A, B 是 X 的两个闭子集, 并且 $A \cap B = \varnothing$. 证明一定存在 X 中的两个开子集 O_1 与 O_2 使得 $A \subset O_1$, $B \subset O_2$, 并且 $O_1 \cap O_2 = \varnothing$.

12. 设 $A, B \subset X$, 定义 A 与 B 之间的距离为
$$\mathbf{d}(A,B) = \inf_{\substack{x \in A \\ y \in B}} \mathbf{d}(x,y).$$

(i) 证明: $\mathbf{d}(x, A)$ 是 x 的连续函数.

(ii) 如果 A, B 是两个闭子集, 且 $A \cap B = \varnothing$, 是否一定有 $\mathbf{d}(A,B) > 0$?

13. 设 A 是 $(X,\mathbf{d})$ 中的点集, $\alpha > 0$. 证明:
$$O(A,\alpha) \triangleq \{x | \mathbf{d}(x,A) < \alpha\}$$
是开集. $\{x | \mathbf{d}(x,A) \leqslant \alpha\}$ 是否为闭集?

14. 给出度量空间上一致连续函数的定义, 并证明度量空间上的一致连续函数可唯一地延拓到其完备化空间.

15. 设 $C^\infty(\mathbb{R})$ 是 $\mathbb{R}$ 上无限可微的函数空间. 记 $K_n = [-n, n]$. 对 $f \in C^\infty(\mathbb{R})$, 令
$$\|f\|_n = \max_{x \in K_n} \{|f(x)|, |f'(x)|, \cdots, |f^{(n)}(x)|\}.$$

定义 $C^\infty(\mathbb{R})$ 上度量为

$$\mathbf{d}(f,g) = \max_n \frac{1}{2^n} \frac{\|f-g\|_n}{1+\|f-g\|_n}.$$

证明: $(C^\infty(\mathbb{R}), \mathbf{d})$ 是完备度量空间.

16. 设

$$S \triangleq \{\varphi \in C^\infty(\mathbb{R}^n) | \exists a > 0 \text{ s.t. } \varphi(x) = 0, |x| \geqslant a\}.$$

令

$$\mathbf{d}(\varphi, \psi) = \sum_{p \in \mathbb{N}^n} \frac{1}{N(p)} \frac{\max\limits_{x \in \mathbb{R}^n} |\partial^p(\varphi-\psi)|}{1+\max\limits_{x \in \mathbb{R}^n} |\partial^p(\varphi-\psi)|}, \quad \varphi, \psi \in S,$$

其中 $\partial^p = \dfrac{\partial^{N(p)}}{\partial x_1^{p_1} \cdots \partial x_n^{p_n}}$, $N(p) = p_1 + \cdots + p_n$, $p = (p_1, p_2, \cdots, p_n)$, $p_1, p_2, \cdots, p_n \geqslant 0$ 都是整数. 证明: S 是度量空间, 在 S 中点列 $\{\varphi_n\}_{n=1}^\infty$ 收敛等价于 φ_n 及其各阶偏导数 $\partial^p \varphi_n$ 一致收敛.

17. 设 $B \subset [a,b]$. 证明:

(i) 度量空间 $C([a,b])$ 中的集合

$$\{x | x(t) = 0, t \in B\}$$

是 $C([a,b])$ 中的闭集.

(ii) 集合

$$\{x | |x(t)| < a, t \in B\} \quad (a > 0)$$

为开集的充要条件是 B 是闭集.

18. 设 A 是 $(X, \mathbf{d})$ 的子集. 称 $\bar{A} \setminus \mathring{A}$ 为 A 的边界, 记为 ∂A. 证明: ∂A 是闭集.

19. 设 A 是 $(X, \mathbf{d})$ 的子集. 如果 $(A, \mathbf{d})$ 也是度量空间, 称 $(A, \mathbf{d})$ 为 X 的子空间. 证明 $V \subset A$ 是 A 中的开子集当且仅当存在 X 中的开子集 U 使得 $V = A \cap U$.

20. 对于 $(X, \mathbf{d})$ 上的实值函数 f, 如果有

$$\lim_{r \to 0} \sup_{\mathbf{d}(x, x_0) \leqslant r} f(x) \leqslant f(x_0), \quad x_0 \in X,$$

则称 f 在 x_0 是上半连续的. 如果 f 在 X 中每点都上半连续, 则称 f 是 X 上的上半连续函数. 证明: f 是 X 上的上半连续函数当且仅当集合

$$E(f(x) \geqslant a) = \{x | f(x) \geqslant a\}, \quad \forall a \in \mathbb{R}$$

是闭集.

21. 证明: 从列紧集 A 到 $\mathbb{R}$ 的上半连续函数必可取到最大值.

22. 设 $(X, \mathbf{d})$ 是紧度量空间, $f: X \to X$ 是等距映射. 证明: f 是满射.

23. 设 $(X, \mathbf{d})$ 是完备度量空间, E 是 X 的闭子集. 证明: $(E, \mathbf{d})$ 也是完备度量空间.

24. 给定 X 的任一非空闭子集序列 $\{A_n\}_{n=0}^\infty$, 如果对任意 $n \geqslant 0$, $A_n \supset A_{n+1}$ 且 $\lim\limits_{n \to \infty} \operatorname{diam} A_n = 0$, 则其交集 $\bigcap_{n=0}^\infty A_n$ 非空. 证明: $(X, \mathbf{d})$ 是完备的.

25. 给定两个度量空间 $(X_1, \mathbf{d}_1)$ 和 $(X_2, \mathbf{d}_2)$. 在积空间 $X_1 \times X_2 = \{(x,y) : x \in X_1, y \in X_2\}$ 上定义度量 $\mathbf{d}_1 \times \mathbf{d}_2$ 为

$$\mathbf{d}_1 \times \mathbf{d}_2((x_1,y_1),(x_2,y_2)) = \sqrt{\mathbf{d}_1^2(x_1,x_2) + \mathbf{d}_2^2(y_1,y_2)}, \quad (x_1,y_1),(x_2,y_2) \in X_1 \times X_2.$$

证明: $\mathbf{d}_1 \times \mathbf{d}_2$ 完备当且仅当 $\mathbf{d}_1$ 和 $\mathbf{d}_2$ 完备.

26. 设 $(X, \mathbf{d})$ 是完备度量空间. 证明: $(X, \mathbf{d})$ 的完备子空间是 $(X, \mathbf{d})$ 中的闭子集.

27. 设 $(X, \mathbf{d})$ 是完备度量空间, $\{O_n\}_{n=1}^\infty$ 是 $(X, \mathbf{d})$ 中一列稠密开集. 证明: $\bigcap_{n=1}^\infty O_n$ 也是稠密集.

28. 设 $(X, \mathbf{d})$ 是列紧的度量空间. 证明 X 是可分的.

29. 证明: 紧度量空间上的实值连续函数一定有最大值和最小值.

30. 设 $(X, \mathbf{d})$ 是完备度量空间. 证明: X 的子集的闭包是紧的当且仅当它是完全有界的.

31. 证明: $(X, \mathbf{d})$ 中紧集一定是有界闭集.

32. 定理 1.11 (2) 中完备性假设能否去掉?

33. 设 $\{A_n\}$ 是完备度量空间 X 中的一列非空闭子集, 满足

(i) $A_n \supset A_{n+1}, n = 1, 2, \cdots$;

(ii) $\mathbf{d}_n = \sup_{x,y \in A_n} \mathbf{d}(x,y) \to 0$.

证明 $\bigcap_{n=1}^\infty A_n$ 含有且仅只含有一个点.

34. 设 A 是 X 中的闭集. 证明: 必存在 X 中一列开集 $\{A_n\}_{n=1}^\infty \supset B$ 且 $\bigcap_{n=1}^\infty A_n = A$.

35. 设 $(X, \mathbf{d})$ 是可分度量空间. 证明: 对 X 中的任何一族开覆盖都存在可列的子覆盖.

36. 证明: 紧集上的连续映射必一致连续.

37. 证明: 在连续映射下, 紧集的象还是紧集.

38. 给出一个完全有界集不列紧的度量空间的例子.

39. 实直线上的有理数集能否表为可列个开集之交?

40. 设 $(X, \mathbf{d})$ 是一个完备度量空间, $\mathcal{F}$ 是 $(X, \mathbf{d})$ 上连续函数族. 对每个 $x \in X$, 存在常数 M_x 使得 $|f(x)| \leqslant M_x$. 证明: 存在非空开集 O 和常数 M, 满足对任意 $f \in \mathcal{F}$ 和 $x \in O$, $|f(x)| \leqslant M$.

41. 设 $S \neq \varnothing$, $\rho(\cdot, \cdot)$ 是 S 上满足如下条件的二元非负函数:

(i) $\rho(x,x) = 0, x \in S$;

(ii) $\rho(x,y) \leqslant \rho(x,z) + \rho(y,z), x, y, z \in S$,

则称 ρ 是 S 上的拟距离. 规定 $x \sim y$ 当且仅当 $\rho(x,y) = 0$. 证明: $\sim$ 是 S 上的一个等价关系.

42. 按上题中符号. 设商集 (即等价类全体) 为 $Q = S/\sim$. 在 Q 上定义二元函数 $\tilde{\rho}$ 为

$$\tilde{\rho}(\tilde{x}, \tilde{y}) = \rho(x,y), \quad x \in \tilde{x}, y \in \tilde{y}.$$

证明: $\tilde{\rho}$ 是 Q 上的距离 (通常称 $(Q, \tilde{\rho})$ 为 S 按拟距离 ρ 导出的商度量空间).

43. 设 $\mathcal{R}$ 是 $[0,1]$ 上多项式全体. 当 $P, Q \in \mathcal{R}$ 时, 记 $P - Q = \sum_{i=0}^n \alpha_i x^i$. 在 $\mathcal{R}$ 上定义三个函数为

$$\rho_1(P,Q) = \max_{x \in [0,1]} |P(x) - Q(x)|, \quad P, Q \in \mathcal{R},$$

$$\rho_2(P,Q) = \sum_{i=1}^n |\alpha_i|, \quad P, Q \in \mathcal{R},$$

$$\rho_3(P,Q) = |\alpha_0|, \quad P,Q \in \mathcal{R}.$$

证明:
    (i) ρ_1, ρ_2 都是 $\mathcal{R}$ 上的距离;
    (ii) 按 ρ_1 收敛等价于多项式一致收敛于某一多项式;
    (iii) 按 ρ_2 收敛可以推出按 ρ_1 收敛, 但反之不真;
    (iv) ρ_3 是拟距离, 并且按 ρ_3 导出的商度量空间 $(\mathcal{D}, \tilde{\rho})$ 与 $\mathcal{R}$ 等距同构.

44. 证明: $C^1([a,b])$ 是 $C^\alpha([a,b]), \alpha \in (0,1]$ 中的稠密子空间.

45. 设 X 是紧度量空间, $T: X \to X$ 使得当 $x, y \in X, x \neq y$ 时, 有
$$\mathbf{d}(Tx, Ty) < \mathbf{d}(x,y).$$
证明: T 在 X 中有唯一的不动点.

46. 设 f 是区间 $[a,b]$ 上的连续函数, K 是三角形区域 $\{(x,y)|\ a \leqslant x \leqslant b, a \leqslant y \leqslant x\}$ 上的连续函数. 证明: 对任意 $\lambda \in \mathbb{R}$, 积分方程
$$u(x) = f(x) + \lambda \int_a^x K(x,y)u(y)\mathrm{d}y$$
在 $C([a,b])$ 中有唯一的解.

47. 设 $T: \mathbb{R} \to \mathbb{R}$ 定义为 $Tu = u^2$. 求 T 的不动点.

48. 求度量空间 $(X, \mathbf{d})$ 上恒等映射的不动点.

49. 验证 Banach 压缩映像原理对不完备度量空间不成立.

50. 设 $X = \{x \in \mathbb{R} | x \geqslant 1\} \subset \mathbb{R}$, 令 $T: X \to X$ 定义为 $Tx = (1/2)x + x^1$. 证明 T 是 $(X, \mathbf{d})$ 上的压缩映射, 其中 $\mathbf{d}(x,y) = |x-y|$.

51. 设 $T: \mathbb{R}^+ \to \mathbb{R}^+, Tx = x + \mathrm{e}^x$, 其中 $\mathbb{R}^+$ 为正实数集. 证明: T 不是压缩映射.

52. 设 $T: \mathbb{R}^2 \to \mathbb{R}^2$ 定义为 $T(x_1, x_2) = (x_2^{1/3}, x_1^{1/3})$. 求 T 的不动点, 并验证 T 在每一象限内连续.

53. 设 $S \subset \mathbb{R}^n, C(S)$ 表示 S 上有界连续函数全体按逐点定义的加法和数乘形成的线性空间. 对 $f, g \in C(S)$, 定义距离
$$\mathbf{d}(f,g) = \sup_{x \in S} |f(x) - g(x)|.$$
证明: $C(S)$ 是完备的线性度量空间.

54. 证明: $S \subset l^p (1 \leqslant p < \infty)$ 列紧的充要条件是
(i) 存在 $M > 0$, 使得对任意 $x = \{\xi_n\}_{n=1}^\infty \in S$ 有 $\sum_{n=1}^\infty |\xi_n|^p \leqslant M$.
(ii) 任取 $\varepsilon > 0$, 存在 $N \in \mathbb{N}$, 使得当 $k \geqslant N$ 时, 对任意 $x = \{\xi_n\}_{n=1}^\infty \in S$, $\sum_{n=k}^\infty |\xi_n|^p \leqslant \varepsilon$.

55. 设 $\mathbf{d}(x,y)$ 为空间 X 上的距离, 证明
$$\widetilde{\mathbf{d}}(x,y) = \frac{\mathbf{d}(x,y)}{1+\mathbf{d}(x,y)}$$
满足距离的条件 (i) 和 (ii), 并且按 $\widetilde{\mathbf{d}}$ 收敛等价于按 $\mathbf{d}$ 收敛 (注意, X 按 $\mathbf{d}$ 可能是无界的, 但按 $\widetilde{\mathbf{d}}$ 是有界的, 由 $\mathbf{d}$ 作 $\widetilde{\mathbf{d}}$ 是把无界的 X 变成有界的 X 而又保持收敛性等价的常用办法之一).

56. 对任意 $x=(x_1,\cdots,x_n), y=(y_1,\cdots,y_n)\in\mathbb{R}^n$, 定义

$$\mathbf{d}(x,y)=\sum_{i=1}^n \lambda_i\,|x_i-y_i|,$$

其中 $\{\lambda_j\}_{j=1}^n$ 均为正数. 证明: $\mathbf{d}$ 是 $\mathbb{R}^n$ 中的度量, 按度量收敛等价于按坐标收敛.

57. 设 X 是度量空间, $C(X)$ 表示 X 上的连续函数全体, 给定 $\mathcal{F}\subset C(X)$, 如果对 $\forall \varepsilon>0, \exists \delta>0$, 当 $\mathbf{d}(x,y)<\delta$ 时, 成立

$$|f(x)-f(y)|<\varepsilon,\quad \forall f\in\mathcal{F},$$

那么称 $\mathcal{F}$ 为一致等度连续的. 将 Arzelà-Ascoli 定理推广到紧度量空间上的连续函数.

58. 设 X 为完备度量空间. A 是 X 到 X 中的映射, 记

$$\alpha_n=\sup_{x\neq x'}\frac{\mathbf{d}(A^n x, A^n x')}{\mathbf{d}(x,x')}.$$

(i) 如果级数 $\sum_{n=1}^\infty \alpha_n<\infty$, 则对任何一个初值 x_0, 迭代序列 $\{A^n x_0\}$ 必收敛于映射 A 的唯一不动点, 并求出第 n 次近似解与准确解 $Ax=x$ 的逼近程度.

(ii) 证明: 如果 $\inf_n \alpha_n<1$, 则 A 有唯一的不动点. 给出一种收敛于精确解 $Ax=x$ 的迭代序列以及 n 次近似解与精确解的误差.

59. 设 $f\in C[0,\infty)$, 用压缩映像原理证明方程

$$\varphi(x)=\lambda\int_0^x \mathrm{e}^{x-s}\varphi(s)\mathrm{d}s+f(x) \tag{1.44}$$

有唯一的连续解

$$\varphi(x)=f(x)+\lambda\int_0^x \mathrm{e}^{(\lambda+1)(x-s)}f(s)\mathrm{d}s. \tag{1.45}$$

60. 试用压缩映像原理考虑 Newton (牛顿) 迭代法的收敛性, 并给出满足收敛的条件.

第 2 章　Banach 空间

2.1　Banach 空间的定义及重要例子

2.1.1　线性空间

除非特别指出, 本章及以后所提到的线性空间均指实数域 $\mathbb{R}$ 或复数域 $\mathbb{C}$ 上的线性空间. 当不需要特别指明是复数域或实数域时, 用 $\mathbb{F}$ 来代表数域.

首先回忆线性空间的定义.

定义 2.1　设 X 是非空集合, 如果在 X 上定义加法运算和数乘运算, 即对任意 $x, y \in X$ 都对应 X 中一个元素 z(记为 $z = x + y$); 对任意 $\alpha \in \mathbb{F}$ 和 $x \in X$ 都对应 X 中的一个元素 u(记为 $u = \alpha x$), 且满足

(1) $x + y = y + x$;

(2) $x + (y + z) = (x + y) + z$;

(3) X 中存在零元, 记为 0, 对每个 $x \in X, x + 0 = x$, 且零元唯一;

(4) 对任意 $x \in X$, 都存在 X 中唯一元素, 用 $-x$ 表示, 使得 $x + (-x) = 0$;

(5) $\alpha(x + y) = \alpha x + \alpha y$;

(6) $(\alpha + \beta)x = \alpha x + \beta x$;

(7) $\alpha(\beta x) = (\alpha \beta)x$;

(8) X 中存在单位元, 记为 1, 对每个 $x \in X$ 有 $1x = x$, 且单位元唯一,

则称 X 按上述加法和数乘成为复 (当 $\mathbb{F}$ 是复数域) 或实 (当 $\mathbb{F}$ 是实数域) 线性空间. 通常又称为线性空间, 空间中的元素又称为向量或点.

今后如不特别指明, X 表示线性空间, 它既可以是复的, 也可以是实的. 任何实线性空间自然也是复线性空间.

为方便起见, 我们将 $x + (-y)$ 记为 $x - y$.

定义 2.2　设 X_1 为 X 中的一个非空子集, 如果对任意 $x, y \in X_1$ 与 $\alpha \in \mathbb{F}$, 都有 $x + y, \alpha x \in X_1$, 则称 X_1 为 X 的线性子空间.

设 $\{x_k\}_{k=1}^n \subset X, \{\alpha_k\}_{k=1}^n \subset \mathbb{F}$, 形如 $\alpha_1 x_1 + \cdots + \alpha_n x_n$ 的元素称为 $x_1, x_2, \cdots, x_n$ 的线性组合.

设 S 是线性空间 X 的非空子集, 令 X_1 为 S 中元素的所有线性组合的集合, 则 X_1 是 X 的一个线性子空间. 称 X_1 为由 S 张成的线性子空间, 记为 $X_1 = \text{span}\{S\}$. 容易验证下述论断为真:

(1) X_1 是 X 中包含 S 的所有的线性子空间的交;

(2) X_1 是 X 中包含 S 的最小线性子空间, 即如果 X_2 是 X 中包含 S 的线性子空间, 则 X_2 也包含 X_1.

定义 2.3 设 $\{x_k\}_{k=1}^n \subset X$, 如果存在不全为零的数 $\{\alpha_k\}_{k=1}^n \subset \mathbb{F}$ 使得 $\alpha_1 x_1 + \cdots + \alpha_n x_n = 0$, 则称 $\{x_k\}_{k=1}^n \subset X$ 是线性相关的; 否则, 就称 $\{x_k\}_{k=1}^n \subset X$ 为线性无关的. 如果一个无穷的向量集合 S 的每个有限子集都是线性无关的, 则称其是线性无关的; 否则称其为线性相关的.

定义 2.4 设 $n \in \mathbb{N}$, 如果 X 包含由 n 个向量组成的线性无关集, 而且 X 中任意 $n+1$ 个向量的集合都是线性相关的, 则称 X 是 n 维的, 也称为有限维空间; 只有零向量的线性空间称为零维的; 如果 X 不是有限维的, 就称其为无穷维的.

记 $\dim X$ 为 X 的维数; 如果 X 是无穷维的, 则记 $\dim X = \infty$.

定义 2.5 设 S 是 X 的有限子集, 如果 S 是线性无关的而且 S 张成的线性子空间是 X_1, 则称 S 为 X_1 的基.

有限维空间 X 的任意一个线性子空间 X_1 也是有限维的, 而且 $\dim X_1 \leqslant \dim X$.

定义 2.6 给定 X 的两个线性子空间 X_1, X_2, 称

$$X_1 + X_2 \triangleq \{x_1 + x_2 | x_1 \in X_1, x_2 \in X_2\}$$

为 X_1 与 X_2 的和. 如果 $X_1 \cap X_2 = \{0\}$, 即 X_1 与 X_2 有唯一公共元 0, 则称 $X_1 + X_2$ 为 X_1 与 X_2 的直和, 记为 $X_1 \oplus X_2$.

如果 $X = X_1 \oplus X_2$, 则称 X_1 与 X_2 是代数互补的线性子空间, X_2 是 X_1 在 X 中的一个代数补.

定理 2.1 设 X_1, X_2 是 X 的线性子空间, 则 $X = X_1 \oplus X_2$ 当且仅当对任意 $x \in X$, 存在唯一的 $x_1 \in X_1, x_2 \in X_2$ 使得

$$x = x_1 + x_2. \tag{2.1}$$

证明 必要性. 设 $X = X_1 \oplus X_2$, 则每个 $x \in X$ 可以表为

$$x = x_1 + x_2, \quad x_1 \in X_1, \quad x_2 \in X_2.$$

如果另有 $\tilde{x}_1 \in X_1, \tilde{x}_2 \in X_2$, 使得

$$x = \tilde{x}_1 + \tilde{x}_2,$$

则

$$x_1 + x_2 = \tilde{x}_1 + \tilde{x}_2. \tag{2.2}$$

因而
$$x_1 - \tilde{x}_1 = \tilde{x}_2 - x_2 \in X_1 \cap X_2. \tag{2.3}$$

由于假设 $X_1 \cap X_2 = \{0\}$, 故
$$x_1 - \tilde{x}_1 = \tilde{x}_2 - x_2 = 0. \tag{2.4}$$

充分性. 只需证明 $X_1 \cap X_2 = \{0\}$. 设 $x \in X_1 \cap X_2$, 则存在 $x \in X_1$ 和 $0 \in X_2$ 以及 $0 \in X_1$ 和 $x \in X_2$ 使得
$$x = x + 0 = 0 + x.$$

由上述表达式唯一可知 $x = 0$. 从而 $X_1 \cap X_2 = \{0\}$. □

定理 2.2 如果 $X = X_1 \oplus X_2$, 则
$$\dim X = \dim X_1 + \dim X_2.$$

证明 如果 X_1 和 X_2 有一个是无穷维的, 则 X 也是无穷维的, 结论自然成立. 故不妨设 X_1 和 X_2 都是有限维的.

设 $\{x_j\}_{j=1}^m$ 是 X_1 的基, $\{y_k\}_{k=1}^n$ 是 X_2 的基. 因为 $X = X_1 \oplus X_2$, 故 $\{x_1, \cdots, x_m, y_1, \cdots, y_n\}$ 张成 X. 由 $X_1 \cap X_2 = \{0\}$ 可得 $\{x_1, \cdots, x_m, y_1, \cdots, y_n\}$ 线性无关, 因此 $\{x_1, \cdots, x_m, y_1, \cdots, y_n\}$ 是 X 的一个基. 由此可得
$$\dim X = \dim X_1 + \dim X_2.$$
□

2.1.2 半范数与范数

定义 2.7 设 X 是线性空间, 如果函数 $p: X \to \mathbb{R}$ 满足
(i) (次可加性) $p(x + y) \leqslant p(x) + p(y), \forall x, y \in X$;
(ii) $p(\alpha x) = |\alpha| p(x), \forall \alpha \in \mathbb{F}, \forall x \in X$,
则称 p 为 X 上的半范数.

命题 2.1 设 $p: X \to \mathbb{R}$ 是线性空间 X 上的半范数, 则
(i) $p(0) = 0, p(x) \geqslant 0, \forall x \in X$;
(ii) $|p(x) - p(y)| \leqslant p(x - y), \forall x, y \in X$.

证明 (i) $p(0) = p(0x) = 0 \cdot p(x) = 0$.
由于 $p(0) = 0$, 因此, 对任意 $x \in X$, 有
$$0 = p(0) = p(x - x) \leqslant p(x) + p(-x) = 2p(x),$$

从而 $p(x) \geqslant 0$.

(ii) 由次可加性可得 $p(x) = p(x - y + y) \leqslant p(x - y) + p(y)$, 即
$$p(x) - p(y) \leqslant p(x - y).$$
同理由 $p(y) \leqslant p(y - x) + p(x) = p(x - y) + p(x)$ 有
$$p(y) - p(x) \leqslant p(x - y).$$
因此,
$$|p(x) - p(y)| \leqslant p(x - y). \qquad \square$$

定义 2.8 设 $M \subset X$. 如果当 $x, y \in M, 0 \leqslant \alpha \leqslant 1$ 时, 有 $\alpha x + (1 - \alpha)y \in M$, 则称 M 为凸的; 如果当 $x \in M, |\alpha| \leqslant 1$ 时, 有 $\alpha x \in M$, 则称 M 是平衡的; 如果对任意 $x \in X$, 存在 $\varepsilon_x > 0$, 使得当 $0 < |\alpha| \leqslant \varepsilon_x$ 时, 有 $\alpha^{-1} x \in M$, 则称 M 是吸收的.

定理 2.3 设 $p(x)$ 是线性空间 X 上的半范数, C 是正常数. 则集合
$$M_C = \{x \in X | \, p(x) \leqslant C\}$$
具有如下性质:

(i) $0 \in M_C$;

(ii) M_C 是 X 中的凸子集;

(iii) M_C 是平衡的;

(iv) M_C 是吸收的;

(v) $p(x) = \inf\{\alpha C | \, \alpha > 0, \alpha^{-1} x \in M_C\}$.

证明 由定义 2.7 和命题 2.1 可得 (i), (ii) 和 (iii).

(iv) 对任意 $x \in X$, 如果 $p(x) = 0$, 则对任意 $\alpha \neq 0$ 都有 $p(\alpha^{-1} x) = |\alpha|^{-1} p(x) = 0$, 故 $x \in M_C$; 如果 $p(x) \neq 0$, 取
$$\alpha = \frac{p(x)}{C},$$
则 $p(\alpha^{-1} x) = \alpha^{-1} p(x) = \dfrac{C}{p(x)} p(x) = C$. 所以 (iv) 成立.

(v) 一方面, 如果 $\alpha^{-1} x \in M_C, \alpha > 0$, 有 $p(\alpha^{-1} x) \leqslant C$. 因此 $p(x) \leqslant \alpha C$. 所以有
$$p(x) \leqslant \inf\{\alpha C | \, \alpha > 0, \alpha^{-1} x \in M_C\}. \tag{2.5}$$
另一方面, 如果 $p(x) \neq 0$, 则 $p(\alpha^{-1} x)$ 关于 $\alpha \in (0, +\infty)$ 连续且严格单调. 故存在唯一的 $\alpha_0 > 0$ 使得 $p(\alpha_0^{-1} x) = C$. 所以有
$$p(x) = \alpha_0 C \geqslant \inf\{\alpha C | \, \alpha > 0, \alpha^{-1} x \in M_C\}. \tag{2.6}$$

如果 $p(x) = 0$, 则对任意 $\alpha > 0$, 都有 $\alpha^{-1}x \in M_C$. 令 $\alpha \to 0$ 可得

$$p(x) \geqslant \inf\{\alpha C|\ \alpha > 0, \alpha^{-1}x \in M_C\}. \tag{2.7}$$

由 (2.5)—(2.7) 可得 (v). □

由定理 2.3 可知, 从一个半范数出发可定义出一族平衡且吸收的凸集. 下面考虑反过来的情形, 即在平衡且吸收的凸集上定义半范.

定义 2.9 设 M 是线性空间 X 中的平衡且吸收的凸子集, 定义由 M 诱导出的 Minkowski (闵可夫斯基) 泛函 $p_M : X \to [0, +\infty)$ 如下:

$$p_M(x) = \inf\{\alpha|\ \alpha > 0, \alpha^{-1}x \in M\}.$$

Minkowski 泛函是研究凸集有效且重要的工具.

定理 2.4 设 M 是线性空间 X 中的吸收且平衡的凸子集, 则由 M 诱导出的 Minkowski 泛函 $p_M(\cdot)$ 是 X 上的半范数.

证明 首先证明 $p_M(\cdot)$ 是次可加的. 由 $p_M(\cdot)$ 的定义可知, 对任意 $\varepsilon > 0$, 存在 $\alpha > 0$, $\alpha^{-1}x \in M$, 使得

$$p_M(x) + \varepsilon > \alpha.$$

由 M 的凸性和吸收性可知

$$\frac{\alpha}{p_M(x) + \varepsilon} \cdot \alpha^{-1}x = \frac{x}{p_M(x) + \varepsilon} \in M.$$

因此, 对任意 $x, y \in X$ 以及 $\varepsilon > 0$, 由 M 的凸性可得

$$\frac{p_M(x) + \varepsilon}{p_M(x) + p_M(y) + 2\varepsilon} \cdot \frac{x}{p_M(x) + \varepsilon} + \frac{p_M(y) + \varepsilon}{p_M(x) + p_M(y) + 2\varepsilon} \cdot \frac{y}{p_M(y) + \varepsilon} \in M,$$

所以

$$p_M(x + y) \leqslant p_M(x) + p_M(y) + 2\varepsilon.$$

令 $\varepsilon \to 0$ 可得

$$p_M(x + y) \leqslant p_M(x) + p_M(y).$$

对任意 $x \in X$ 及任意非零常数 β, 由 M 的平衡性可知

$$\alpha^{-1}x \in M \Leftrightarrow \frac{\beta}{|\beta|}\alpha^{-1}x = (\alpha|\beta|)^{-1}\beta x \in M.$$

因此

$$p_M(x) = \inf\{\alpha|\alpha > 0, \alpha^{-1}x \in M\} = \frac{1}{|\beta|}\inf\{\alpha|(\alpha|\beta|)^{-1}\beta x \in M\} = \frac{1}{|\beta|}p_M(\beta x),$$

即
$$p_M(\beta x) = |\beta| p_M(x).$$
这就证明了半范数的性质 (定义 2.7) (ii). □

2.1.3 赋范线性空间与 Banach 空间

定义 2.10 设 $p: X \to \mathbb{R}$ 是线性空间 X 上的半范数, 如果 $p(x) = 0$ 当且仅当 $x = 0$, 则称 p 为 X 上的范数, 记为 $\|\cdot\|_X$.

不需强调 X 时简记上述范数为 $\|\cdot\|$.

注记 2.1 任取线性空间总可以赋予范数使之成为赋范线性空间 (见文献 [11] 第二章的例 9).

定义 2.11 称赋有范数 $\|\cdot\|$ 的线性空间 X 为赋范线性空间.

一般记赋范线性空间为 $(X, \|\cdot\|)$. 有时候为了方便起见, 直接把 $(X, \|\cdot\|)$ 简记为 X. 如果 $(X, \|\cdot\|)$ 是赋范线性空间, $x \in X$, 则称 $\|x\|$ 为 x 的范数.

设 $(X, \|\cdot\|)$ 是赋范线性空间, 对任意 $x, y \in X$, 令
$$\mathbf{d}(x, y) = \|x - y\|,$$
则有

(i) $\mathbf{d}(x, y) \geqslant 0$, 并且 $\mathbf{d}(x, y) = 0 \Leftrightarrow x = y$;

(ii) $\mathbf{d}(x, y) = \|x - y\| = \|(-1)(y - x)\| = \|y - x\| = \mathbf{d}(y, x)$;

(iii) $\mathbf{d}(x, y) = \|x - z + z - y\| \leqslant \|x - z\| + \|z - y\| = \mathbf{d}(x, z) + \mathbf{d}(z, y)$.

因此, $\mathbf{d}$ 是 X 上的度量, 称它为由范数诱导出的度量. 也就是说, 赋范线性空间都是度量空间. 因此, 度量空间中定义的概念和证明的结论对赋范线性空间都成立. 特别地, 此度量还满足如下性质:

(i) $\mathbf{d}(x + z, y + z) = \mathbf{d}(x, y)$, $\forall x, y, z \in X$;

(ii) $\mathbf{d}(\alpha x, \alpha y) = |\alpha| \mathbf{d}(y, x)$, $\forall x, y \in X$, $\alpha \in \mathbb{C}$.

由上面讨论可知任何赋范线性空间一定是度量空间, 但反之不对. 如在 $\mathbb{R}$ 上定义度量 $\mathbf{d}$ 为
$$\mathbf{d}(x, y) = \frac{1}{2} \frac{|x - y|}{1 + |x - y|}, \quad \forall x, y \in \mathbb{R}.$$

容易验证, $(\mathbb{R}, \mathbf{d})$ 不是赋范线性空间.

定义 2.12 设 X 是赋范线性空间, $\{x_n\}_{n=1}^{\infty} \subset X$, 如果存在 $x \in X$ 使得
$$\lim_{n \to \infty} \|x_n - x\| = 0,$$
则称 $\{x_n\}_{n=1}^{\infty}$ 依范数收敛于 x, 记为 $\lim\limits_{n \to \infty} x_n = x$ 或 $x_n \to x$.

2.1 Banach 空间的定义及重要例子

定理 2.5 线性空间 X 上的范数诱导出的度量与 X 的线性结构相容, 即当 $\alpha_n \to \alpha, \beta_n \to \beta, x_n \to x, y_n \to y$ 时, 有
$$\alpha_n x_n + \beta_n y_n \to \alpha x + \beta y,$$
其中 α_n, α, β_n, β 是实数或复数, x_n, x, y_n, $y \in X$.

证明 由范数的次可加性可得, 当 $n \to \infty$ 时有
$$\|\alpha_n x_n + \beta_n y_n - (\alpha x + \beta y)\|$$
$$\leqslant \|\alpha_n x_n - \alpha x\| + \|\beta_n y_n - \beta y\|$$
$$\leqslant \|\alpha_n x_n - \alpha_n x\| + \|\alpha_n x - \alpha x\| + \|\beta_n y_n - \beta_n y\| + \|\beta_n y - \beta y\|$$
$$= |\alpha_n|\|x_n - x\| + |\alpha_n - \alpha|\|x\| + |\beta_n|\|y_n - y\| + |\beta_n - \beta|\|y\| \to 0. \qquad \square$$

推论 2.1 设 M 是线性空间 X 中的平衡且吸收的凸子集, 并且满足对任意 $x \in X \setminus \{0\}$, 都有 $\alpha > 0$ 使得 $\alpha^{-1}x \notin M$, 则由 M 诱导出的 Minkowski 泛函是 X 上的范数.

定义 2.13 完备的赋范线性空间称为 Banach 空间.

注记 2.2 由任何度量空间都可以完备化可知, 任何赋范线性空间都可以 (唯一地) 完备化为一个 Banach 空间.

对于任意 $f, g \in L^p(a, b)$ $(1 \leqslant p < \infty)$ 以及任何常数 α, 定义其上加法和数乘为
$$(f + g)(x) = f(x) + g(x),$$
$$(\alpha f)(x) = \alpha f(x),$$
则 $L^p(a, b)$ 是线性空间. 在 $L^p(a, b)$ 中引入范数如下:
$$\|f\| = \left(\int_a^b |f(x)|^p \mathrm{d}x\right)^{1/p}, \quad \forall f \in L^p(a, b). \tag{2.8}$$

借助 Minkowski 不等式可验证 (2.8) 是一个范数. 因此, $L^p(a, b)$ 是赋范线性空间. 此范数诱导出在第 1 章中定义的 $L^p(a, b)$ 空间的度量. 由命题 1.4 可知 $L^p(a, b)$ 是 Banach 空间. 同理可对 l^p, l^∞, $L^\infty(a, b)$ 等赋予范数并证明它们都是 Banach 空间. 细节留给读者.

从上面的论述可见, 范数 $\|\cdot\|$ 的作用类似绝对值, 因此, 许多标量级数的结果大都可以推广到 Banach 空间中. 但也不总是如此. 例如, 数学分析中对于标量级数成立命题: 无条件收敛当且仅当绝对收敛. 但在无穷维空间, 该命题是不成立的. 事实上, 这一命题正是空间为有限维的特征.

例 2.1 设 $V[a,b]$ 是区间 $[a,b]$ 上的实 (或复) 有界变差函数的全体. 依照通常的线性运算, 它是一个线性空间. 定义 $V[a,b]$ 上范数如下:

$$\|f\| = |f(a)| + V_a^b(f), \quad \forall f \in V[a,b], \tag{2.9}$$

其中 $V_a^b(f)$ 为 f 的全变差. 容易验证上面确实定义了一个范数, $V[a,b]$ 按该范数是赋范线性空间. 令

$$V_0[a,b] = \{f \in V[a,b] \mid f \text{ 在}(a,b) \text{ 中每点右连续且 } f(a) = 0\}. \tag{2.10}$$

它是 $V[a,b]$ 的线性子空间. 在 $V_0[a,b]$ 上, 范数 $\|f\|$ 等于全变差 $V_a^b(f)$.

例 2.2 设 $C^m(\Omega)(m \in \mathbb{N})$ 是 $\mathbb{R}^n$ 中有界闭区域 Ω 上具有直到 m 阶连续偏导数的函数 $u(x_1, \cdots, x_n)$, 并满足

$$\|u\|_m = \sum_{N(p) \leqslant m} \sup_{x \in \Omega} |D^p u(x)| < \infty \tag{2.11}$$

的全体构成的集合, 其中 $x = (x_1, \cdots, x_n)$, $p = (p_1, \cdots, p_n)$, $N(p) = p_1 + \cdots + p_n$, $D^p u = \dfrac{\partial^{N(p)} u}{\partial x_1^{p_1} \cdots \partial x_n^{p_n}}$. 那么 $C^m(\Omega)$ 是线性空间, 并且 $\|u\|_m$ 是 $C^m(\Omega)$ 上范数, 在此范数下 $C^m(\Omega)$ 是一个 Banach 空间.

设 $m \in \mathbb{N}$, $0 < \alpha < 1$, 设 $C^m(\Omega)$ 中满足如下条件的全体函数 u 构成的集合记为 $C^{m,\alpha}(\Omega)$: 存在常数 K, 使得当 $P, Q \in \Omega$ 时成立

$$|D^p u(P) - D^p u(Q)| \leqslant K|P - Q|^\alpha, \quad N(p) = m. \tag{2.12}$$

$C^{m,\alpha}(\Omega)$ 按通常的线性运算成为线性空间. 如果记 $H_{\alpha,m}[u]$ 为条件 (2.12) 中常数 K 的最小值, 并在 $C^{m,\alpha}(\Omega)$ 上定义范数如下:

$$\|u\|_{m,\alpha} = \|u\|_m + H_{\alpha,m}[u], \tag{2.13}$$

则 $C^{m,\alpha}(\Omega)$ 是一个 Banach 空间.

2.1.4 有限维赋范线性空间与 Riesz 引理

本节重点讨论有限维赋范线性空间的性质.

定理 2.6 设 X 是 n 维赋范线性空间, $\{e_1, e_2, \cdots, e_n\}$ 是 X 上的一组基, 则对任意 $x = \sum_{i=1}^n x_i e_i \in X$, 一定存在正常数 C_1, C_2, 使得

$$C_1 \left(\sum_{i=1}^n |x_i|^2 \right)^{1/2} \leqslant \|x\| \leqslant C_2 \left(\sum_{i=1}^n |x_i|^2 \right)^{1/2}.$$

2.1 Banach 空间的定义及重要例子

证明 由范数的次可加性和 Cauchy 不等式可得

$$\|x\| \leqslant \sum_{i=1}^n |x_i|\|e_i\| \leqslant \left(\sum_{i=1}^n |x_i|^2\right)^{1/2}\left(\sum_{i=1}^n \|e_i\|^2\right)^{1/2} = C_2 \left(\sum_{i=1}^n |x_i|^2\right)^{1/2},$$

其中 $C_2 \triangleq \left(\sum_{i=1}^n \|e_i\|^2\right)^{1/2}$.

设

$$S = \left\{(x_1, x_2, \cdots, x_n) \,\bigg|\, \sum_{i=1}^n |x_i|^2 = 1\right\}.$$

定义 S 上的实函数

$$f(x) = f(x_1, x_2, \cdots, x_n) = \left\|\sum_{i=1}^n x_i e_i\right\|, \quad \forall x = (x_1, x_2, \cdots, x_n) \in S.$$

则

$$|f(x_1, x_2, \cdots, x_n) - f(y_1, y_2, \cdots, y_n)|$$

$$= \left|\left\|\sum_{i=1}^n x_i e_i\right\| - \left\|\sum_{i=1}^n y_i e_i\right\|\right|$$

$$\leqslant \left\|\sum_{i=1}^n (x_i - y_i) e_i\right\| \leqslant C_2 \left(\sum_{i=1}^n |x_i - y_i|^2\right)^{1/2},$$

即 f 是 S 上的连续函数. 注意到对任意 $x \in S$, $f(x) > 0$, 以及 S 是 $\mathbb{R}^n$ 中的紧子集, 则有

$$C_1 \triangleq \inf_{x \in S} f(x) > 0.$$

对于 X 中的任何非零向量 $x = \sum_{i=1}^n x_i e_i$, 令

$$y_i = \left(\sum_{i=1}^n x_i^2\right)^{-1/2} x_i, \quad i = 1, 2, \cdots, n,$$

则 $y = \sum_{i=1}^n y_i e_i \in S$. 因此,

$$C_1 \leqslant f(y) = \left(\sum_{i=1}^n |x_i|^2\right)^{-1/2} \left\|\sum_{i=1}^n x_i e_i\right\|,$$

即
$$C_1\bigg(\sum_{i=1}^n |x_i|^2\bigg)^{1/2} \leqslant \|x\|. \qquad \Box$$

定义 2.14 线性空间 X 上的两个范数 $\|\cdot\|_1, \|\cdot\|_2$ 称为等价的, 如果存在正常数 C_1, C_2, 使得对任意 $x \in X$, 有
$$C_1\|x\|_1 \leqslant \|x\|_2 \leqslant C_2\|x\|_1.$$

推论 2.2 有限维赋范线性空间上的任何两个范数都是等价的.

推论 2.3 有限维赋范线性空间是完备可分的.

推论 2.4 赋范线性空间的有限维线性子空间是闭子空间.

推论 2.5 有限维赋范线性空间的任何有界集都是列紧的.

推论 2.6 n 维实 (复) 赋范线性空间 X 与 $\mathbb{R}^n(\mathbb{C}^n)$ 线性等距同构.

推论 2.2—推论 2.6 的证明很容易, 请读者自行完成.

定理 2.7 (Riesz (里斯) 引理, 1918) 设 M 是赋范线性空间 X 的闭子空间, 并且 $M \neq X$, 则对任意正数 $\varepsilon < 1$, 存在 $x_\varepsilon \in X$ 满足 $\|x_\varepsilon\| = 1$ 和
$$\mathbf{d}(x_\varepsilon, M) \triangleq \inf_{x \in M} \|x - x_\varepsilon\| \geqslant \varepsilon.$$

证明 设 $x_0 \in X \setminus M$. 由于 M 是闭子集, 故 $\mathbf{d}(x_0, M) > 0$. 由 $\mathbf{d}(x_0, M)$ 的定义可知, 存在 $y_0 \in M$ 使得
$$\mathbf{d}(x_0, M) \leqslant \|x_0 - y_0\| < \frac{\mathbf{d}(x_0, M)}{\varepsilon}.$$

令 $x_\varepsilon = \dfrac{x_0 - y_0}{\|x_0 - y_0\|}$, 则 $\|x_\varepsilon\| = 1$, 并且当 $x \in M$ 时, 有
$$\|x_\varepsilon - x\| = \frac{1}{\|x_0 - y_0\|} \|x_0 - (y_0 + \|x_0 - y_0\|x)\|.$$

注意到 $y_0 + \|x_0 - y_0\|x \in M$, 从而
$$\|x_\varepsilon - x\| \geqslant \frac{\mathbf{d}(x_0, M)}{\|x_0 - y_0\|} > \varepsilon. \qquad \Box$$

推论 2.7 任何无穷维赋范线性空间的单位球都不是列紧的.

证明 设 X 是无穷维赋范线性空间. 取 $x_1 \in X$, $\|x_1\| = 1$, 并记 M_1 为由 x_1 张成的线性子空间, 即 $M_1 = \text{span}\{x_1\}$. 由 Riesz 引理, 存在 $x_2 \in X \setminus M_1$, $\|x_2\| = 1$ 使得 $\mathbf{d}(x_2, M_1) \geqslant \frac{1}{2}$. 特别地, $\mathbf{d}(x_2, x_1) \geqslant \frac{1}{2}$.

令 $M_2 = \text{span}\{x_1, x_2\}$, 同样由 Riesz 引理可知, 存在 $x_3 \in X \setminus M_2$, $\|x_3\| = 1$ 使得 $\mathbf{d}(x_3, M_2) \geqslant \frac{1}{2}$. 特别地, $\mathbf{d}(x_3, x_2) \geqslant \frac{1}{2}$, $\mathbf{d}(x_3, x_1) \geqslant \frac{1}{2}$.

由于有限维子空间都是闭子空间, 由归纳法可得到点列 $\{x_n\}_{n=1}^{\infty}$, $\|x_n\| = 1$, 且当 $n \neq m$ 时, 有 $\mathbf{d}(x_m, x_n) = \|x_n - x_m\| \geqslant \frac{1}{2}$. 这样的点列没有收敛的子列. 因此, X 的单位球不是列紧的. $\square$

2.2 有界线性算子和有界线性泛函

定义 2.15 设 X, Y 是赋范线性空间. D 是 X 的线性子空间. 如果 $A: D \to Y$ 满足下列性质:

(i) A 是线性的, 即对 $\forall \alpha, \beta \in \mathbb{F}$, $x, y \in D$, 有

$$A(\alpha x + \beta y) = \alpha A x + \beta A y;$$

(ii) 存在 $M > 0$, 使得当 $x \in D$ 时, 有

$$\|Ax\| \leqslant M\|x\|,$$

则称其为有界线性算子, 称 D 为 A 的定义域, 有时记为 $\mathcal{D}(A)$. 而称 $A(D) = \{Ax \mid x \in D\}$ 为 A 的值域, 记为 $\mathcal{R}(A)$. 特别地, 当 $Y = \mathbb{F}$ 时称 (有界) 线性算子为 (有界) 线性泛函.

注记 2.3 以后如无特别说明, 总假定 $\mathcal{D}(A) = X$, 并将从 X 到 Y 中的有界线性算子的全体组成的集合记为 $\mathcal{L}(X, Y)$. 如果 $Y = X$, 记 $\mathcal{L}(X, X)$ 为 $\mathcal{L}(X)$; 如果 $Y = \mathbb{F}$, 记 $\mathcal{L}(X, Y)$ 为 X'.

例 2.3 设 X, Y 分别为 n, m 维赋范线性空间, $e_1, e_2, \cdots, e_n$ 是 X 的一个基底, $\tilde{e}_1, \tilde{e}_2, \cdots, \tilde{e}_m$ 是 Y 的一个基底. 如果 $A: X \to Y$ 是线性映射, 则存在 $n \times m$ 矩阵 $(a_{jk})_{1 \leqslant j, k \leqslant n}$ 使得

$$Ae_j = \sum_{k=1}^{m} a_{jk} \tilde{e}_k, \quad i = 1, 2, \cdots, n.$$

并且对 $\forall x \in X$, $x = \sum_{j=1}^{n} \alpha_j e_j$, 有

$$Ax = \sum_{j=1}^{n} \alpha_j A e_j,$$

$$\|Ax\| \leqslant \sum_{j=1}^{n} |\alpha_j| \|Ae_j\| \leqslant \left(\sum_{j=1}^{n} |\alpha_j|^2\right)^{1/2} \left(\sum_{j=1}^{n} \|Ae_j\|^2\right)^{1/2} \leqslant M \cdot \left(\sum_{n=1}^{n} |\alpha_j|^2\right)^{1/2},$$

其中 $M = \left(\sum_{i=1}^{n} \|Ae_i\|^2\right)^{1/2}$. 根据定理 2.6, 存在 $m > 0$ 使得当 $x = \sum_{i=1}^{n} \alpha_i e_i \in X$ 时, 有

$$\|x\| \geqslant m \left(\sum_{j=1}^{n} |\alpha_j|^2\right)^{1/2}.$$

因此, $\|Ax\| \leqslant \dfrac{M}{m}\|x\|$. 所以 A 是有界线性算子. 反之, 任取 $n \times m$ 矩阵 $A = (a_{jk})_{1 \leqslant j,k \leqslant n}$, 由上述讨论可知 A 定义了有界线性算子.

例 2.4 设 $X = l^p$ $(1 < p < \infty)$, $y = \{y_n\}_{n=1}^{\infty} \in l^q$, 其中 $\dfrac{1}{p} + \dfrac{1}{q} = 1$. 定义 X 上线性泛函如下:

$$f(x) = \sum_{n=1}^{\infty} x_n y_n, \quad x = \{x_n\}_{n=1}^{\infty} \in X,$$

则 f 是 X 上的线性泛函, 并且由 Hölder 不等式可知

$$|f(x)| = \left|\sum_{n=1}^{\infty} x_n y_n\right| \leqslant \left(\sum_{n=1}^{\infty} |y_n|^q\right)^{\frac{1}{q}} \left(\sum_{n=1}^{\infty} |x_n|^p\right)^{\frac{1}{p}}.$$

因此, $f \in X'$.

例 2.5 设 $X = L^1(a,b)$, $v \in L^{\infty}(a,b)$. 定义 X 上线性泛函如下:

$$f(u) = \int_a^b u(x)v(x)\mathrm{d}x, \quad \forall u \in L^1(a,b),$$

则 f 是 X 上的线性泛函, 并且

$$|f(u)| \leqslant \int_a^b |u(x)v(x)|\mathrm{d}x \leqslant \|v\|_{L^{\infty}(a,b)} \cdot \|u\|_{L^1(a,b)}.$$

因此, f 是 X 上的线性有界泛函.

2.2 有界线性算子和有界线性泛函

例 2.6 对给定 $\alpha \in \mathbb{F}$, 定义 X 上线性映射如下:
$$Ax = \alpha x, \quad \forall x \in X,$$
则 A 是 X 上的线性算子, 记作 αI. 当 $\alpha = 1$ 时, 称 A 为单位算子或恒等算子, 记作 I.

例 2.7 设 $K \in L^2((0,1) \times (0,1))$ ($L^2((0,1) \times (0,1))$ 的定义类似于 $L^2(0,1)$, 请读者自己给出). 由 Cauchy 不等式可得
$$(Ax)(s) \triangleq \int_0^1 K(s,t)x(t)\mathrm{d}t$$
是 $L^2(0,1)$ 上的有界线性算子. 通常称之为 Hilbert-Schmidt (希尔伯特–施密特) 型积分算子.

例 2.8 定义 $L^1(\mathbb{R})$ 到 $C(\mathbb{R})$ 的算子如下:
$$(Ax)(\xi) = \int_{\mathbb{R}} \mathrm{e}^{\mathrm{i}\xi t} x(t)\mathrm{d}t, \quad \forall x \in L^1(\mathbb{R}).$$
容易验证这是一个有界线性算子. 特别地, 对任意固定的 $\xi_0 \in (\mathbb{R})$,
$$f : x(t) \to (Ax)(\xi_0)$$
是 $L^1(\mathbb{R})$ 上的有界线性泛函.

例 2.9 令 X 是 $[0,1]$ 上的所有多项式构成的赋范线性空间, 记为 $\mathbb{P}([0,1])$. 对 $\forall x \in X$, 其范数定义为 $\|x\| = \max\limits_{t \in [0,1]} |x(t)|$. 定义 X 上算子 A 如下:
$$(Ax)(t) = \frac{\mathrm{d}x(t)}{\mathrm{d}t}, \quad \forall x \in X.$$
该算子是线性但无界的. 事实上, 令 $x_n(t) = t^n$, 其中 $n \in \mathbb{N}$. 则 $\|x_n\| = 1$ 且
$$Ax_n(t) = x_n'(t) = nt^{n-1}.$$
所以 $\|Ax_n\| = n$ 并且 $\|Ax_n\|/\|x_n\| = n$. 由于 $n \in \mathbb{N}$ 是任意的, 这就证明了不存在固定的数 C, 使得 $\|Ax_n\|/\|x_n\| \leqslant C$. 从而 A 是无界的.

定理 2.8 设 X, Y 是赋范线性空间, $A : X \to Y$ 是线性算子, 则下面三条性质互相等价:
  (i) A 是有界的;
  (ii) A 在零点连续;
  (iii) A 在 $\mathcal{D}(A)$ 中的任何一点连续.

证明　(i)⇒(ii). 由 A 的线性性知 $A0 = 0$. 因此当 $\|x\| \to 0$ 时有

$$\|Ax\| = \|Ax - A0\| \leqslant M\|x\| \to 0.$$

故 A 在零点连续.

(ii)⇒(iii). 设 A 在 $x = 0$ 处连续, 则对任意 $\varepsilon > 0$ 存在 $\delta > 0$, 使得当 $\|x\| < \delta$ 时, 有

$$\|Ax - A0\| = \|Ax\| < \varepsilon.$$

对任意 $x_0 \in X$, 当 $y \in X$ 满足 $\|y - x_0\| < \delta$ 时有

$$\|A(y - x_0)\| < \varepsilon.$$

所以

$$\|Ay - Ax_0\| < \varepsilon,$$

即 A 在 x_0 处连续.

(iii)⇒(i). 由于 A 在 X 中的每一点连续, 故 A 在 $x = 0$ 处连续. 因此, 对任意 $\varepsilon > 0$, 存在 $\delta > 0$, 当 $\|x\| < \delta$ 时有

$$\|Ax\| < \varepsilon. \tag{2.14}$$

对 $\forall y \in X \setminus \{0\}$, 令 $x = \dfrac{y}{\|y\|} \cdot \dfrac{\delta}{2}$. 由 (2.14) 可得

$$\left\|A\left(\dfrac{\delta}{2}\dfrac{y}{\|y\|}\right)\right\| < \varepsilon,$$

即有

$$\|Ay\| \leqslant \dfrac{2\varepsilon}{\delta}\|y\|.$$

因此 A 是有界线性算子.　□

对同一个空间可以定义不同的范数. 由此引入以下概念.

定义 2.16　设 $\|\cdot\|_1$ 与 $\|\cdot\|_2$ 都是 X 上的范数, 如果对 X 中任意点列 $\{x_n\}_{n=1}^{\infty}$, $\|x_n\|_1 \to 0$ 蕴含 $\|x_n\|_2 \to 0$, 则称范数 $\|\cdot\|_1$ 强于范数 $\|\cdot\|_2$. 如果两个范数都强于对方, 则称它们是等价范数.

命题 2.2　(i) X 上的范数 $\|\cdot\|_1$ 强于范数 $\|\cdot\|_2$ 的充要条件是存在正数 C_1 使得

$$\|x\|_2 \leqslant C_1\|x\|_1, \quad \forall x \in X.$$

(ii) X 上的范数 $\|\cdot\|_1$ 等价于范数 $\|\cdot\|_2$ 的充要条件是存在正数 C_1, C_2 使得

$$C_1 \leqslant \frac{\|x\|_2}{\|x\|_1} \leqslant C_2, \quad \forall 0 \neq x \in X.$$

证明 充分性显然. 现证必要性. 令 $(X, \|\cdot\|_1)$ 和 $(X, \|\cdot\|_2)$ 分别为 X 上赋予范数 $\|\cdot\|_1$ 和 $\|\cdot\|_2$ 后得到的赋范线性空间. 定义映射 $I : (X, \|\cdot\|_1) \to (X, \|\cdot\|_2)$ 如下:

$$Ix = x, \quad \forall x \in X.$$

显然 I 是线性算子. 因为 $\|\cdot\|_1$ 强于 $\|\cdot\|_2$, 故 I 是连续的. 因此 I 是有界线性算子, 从而存在 $C_1 > 0$ 使得

$$\|x\|_2 = \|Ix\|_2 \leqslant C_1 \|x\|_1, \quad \forall x \in X.$$

由 (i) 及等价范数的定义可得 (ii). □

定义 2.17 设 X, Y 是赋范线性空间. 如果存在 $A \in \mathcal{L}(X, Y)$ 使得

$$\|Ax\| = \|x\|, \quad \forall x \in X,$$

则称 X 与 Y 等价, 称 A 为等价映射.

由定义可得一个等价映射必是一个双方连续的线性算子. 因此, 两个等价的赋范线性空间必是线性同胚的. 反之则未必成立.

例 2.10 设 $C^1([a,b])$ 是 $[a,b]$ 上具有连续导函数的函数全体. 引入如下两个范数:

$$\|x\|_1 = \max_{a \leqslant t \leqslant b} |x(t)| + \max_{a \leqslant t \leqslant b} |x'(t)|, \quad \forall x \in C^1([a,b]),$$

$$\|x\|_2 = |x(a)| + \max_{a \leqslant t \leqslant b} |x'(t)|, \quad \forall x \in C^1([a,b]).$$

那么 $C^1([a,b])$ 以范数 $\|\cdot\|_1$ 与范数 $\|\cdot\|_2$ 所成的两个赋范线性空间是线性同胚的, 但不是等价的.

从范数定义可知对任意 $x \in C^1([a,b])$, $\|x\|_2 \leqslant \|x\|_1$. 所以

$$\lim_{n \to \infty} \|x_n\|_1 = 0 \Rightarrow \lim_{n \to \infty} \|x_n\|_2 = 0.$$

另一方面, 如果函数列 $\{x_n\}_{n=1}^{\infty} \subset C^1([a,b])$ 满足

$$\lim_{n \to \infty} \|x_n\|_2 = \lim_{n \to \infty} \left(|x_n(a)| + \max_{a \leqslant t \leqslant b} |x_n'(t)| \right) = 0,$$

则必有
$$\lim_{n\to\infty} x_n(a) = 0$$

及
$$\lim_{n\to\infty}(x_n(t) - x_n(a)) = \lim_{n\to\infty}\int_a^t x_n'(\xi)\mathrm{d}\xi = 0, \quad \forall t \in [a,b].$$

由此可得
$$\lim_{n\to\infty}\|x_n\|_1 = \lim_{n\to\infty}\left(\max_{a\leqslant t\leqslant b}|x_n(t)| + \max_{a\leqslant t\leqslant b}|x_n'(t)|\right) = 0.$$

因而
$$\lim_{n\to\infty}\|x_n\|_2 = 0 \Rightarrow \lim_{n\to\infty}\|x_n\|_1 = 0, \quad \forall\{x_n\}\subset C^1([a,b]).$$

这样即得 $C^1([a,b])$ 对于上述两种范数所构成的赋范线性空间是线性同胚的.

由于对任意 $x \in C^1([a,b])$, $\|x\|_1 \neq \|x\|_2$, 所以这两个赋范线性空间不等价.

可以证明, 对于 $[a,b]$ 上任意导函数 Riemann (黎曼) 可积的函数 x, 存在正数 α, 使得
$$\alpha\left(\sup_{a\leqslant t\leqslant b}|x(t)| + \sup_{a\leqslant t\leqslant b}|x'(t)|\right) \leqslant |x(a)| + \sup_{a\leqslant t\leqslant b}|x'(t)|.$$

结合上面的反例, 即有
$$\alpha\|x\|_1 \leqslant \|x\|_2 \leqslant \|x\|_1, \quad \forall x \in C^1([a,b]).$$

因此, 虽然 $C^1([a,b])$ 在范数 $\|\cdot\|_1, \|\cdot\|_2$ 下所成的两空间不等价, 但这两个范数等价.

例 2.11 在 l^p 空间中, 定义右平移算子 A 如下:
$$A: (\xi_1, \xi_2, \xi_3, \cdots, \xi_n, \cdots) \to (0, \xi_1, \xi_2, \xi_3, \cdots, \xi_n, \cdots),$$

则该算子使得 l^p 等价于它的一个真子空间.

对于 $A, B \in \mathcal{L}(X,Y)$, $\alpha, \beta \in \mathbb{F}$, 定义 $\alpha A + \beta B$ 如下:
$$(\alpha A + \beta B)(x) = \alpha Ax + \beta Bx, \quad \forall x \in X.$$

易证 $\alpha A + \beta B \in \mathcal{L}(X,Y)$. 因此 $\mathcal{L}(X,Y)$ 是线性的.

对任意 $A \in \mathcal{L}(X,Y)$, 令
$$\|A\| = \sup_{\substack{x \in X \\ x \neq 0}} \frac{\|Ax\|}{\|x\|} = \sup_{\substack{x \in X \\ \|x\|\leqslant 1}} \|Ax\|. \tag{2.15}$$

2.2 有界线性算子和有界线性泛函

从式 (2.15) 可得 $\|A\| \geqslant 0$ 并且 $\|A\| = 0$ 当且仅当 $A = 0$. 进一步,

$$\|\alpha A\| = \sup_{\substack{x \in X \\ x \neq 0}} \frac{\|\alpha A x\|}{\|x\|} = \sup_{\substack{x \in X \\ x \neq 0}} \frac{|\alpha|\|A x\|}{\|x\|} = |\alpha| \sup_{\substack{x \in X \\ x \neq 0}} \frac{\|A x\|}{\|x\|} = |\alpha|\|A\|,$$

$$\|A + B\| = \sup_{\substack{x \in X \\ \|x\| \leqslant 1}} \|(A+B)x\| \leqslant \sup_{\substack{x \in X \\ \|x\| \leqslant 1}} (\|Ax\| + \|Bx\|) \leqslant \|A\| + \|B\|.$$

因此, 它满足范数的三条性质. 从而 $\mathcal{L}(X, Y)$ 是赋范线性空间, $\|A\|$ 是算子 A 的范数.

例 2.12 定义算子 $A : L^1(a, b) \to C([a, b])$ 如下:

$$(Af)(x) = \int_a^x f(t) \mathrm{d}t, \quad \forall f \in L^1(a, b). \tag{2.16}$$

任取 $f \in L^1(a, b)$ 满足 $\|f\|_{L^1(a,b)} = 1$. 由

$$\|Af\|_{C([a,b])} = \max_{x \in [a,b]} |(Af)(x)| = \max_{x \in [a,b]} \left| \int_a^x f(t) \mathrm{d}t \right|$$

$$\leqslant \max_{x \in [a,b]} \int_a^x |f(t)| \mathrm{d}t \leqslant \int_a^b |f(t)| \mathrm{d}t = 1,$$

可知 $\|A\| \leqslant 1$. 另一方面, 取 $f_0 = \dfrac{1}{b-a}$, 则

$$\|A\| = \sup_{\|f\|=1} \|Af\| \geqslant \|Af_0\| = \max_{a \leqslant x \leqslant b} \int_a^x \frac{1}{b-a} \mathrm{d}t = \int_a^b \frac{1}{b-a} \mathrm{d}t = 1.$$

由此可得 $\|A\| \geqslant 1$. 所以有 $\|A\| = 1$.

例 2.13 定义算子 $A : L^1(a, b) \to L^1(a, b)$ 为

$$(Af)(x) = \int_a^x f(t) \mathrm{d}t, \quad \forall f \in L^1(a, b). \tag{2.17}$$

任取 $f \in L^1(a, b)$ 满足 $\|f\|_{L^1(a,b)} = 1$. 由

$$\|Af\|_{L^1(a,b)} = \int_a^b \left| \int_a^x f(t) \mathrm{d}t \right| \mathrm{d}x \leqslant \int_a^b \int_a^x |f(t)| \, \mathrm{d}t \mathrm{d}x$$

$$\leqslant \int_a^b \int_a^b |f(t)| \mathrm{d}t \mathrm{d}x = \int_a^b 1 \mathrm{d}x = b - a,$$

可得 $\|A\| \leqslant b-a$. 另一方面, 对任意满足 $a+\dfrac{1}{n}<b$ 的 $n\in\mathbb{N}$, 定义 $f_n\in L^1(a,b)$ 为

$$f_n(x)=\begin{cases} n, & x\in\left[a,a+\dfrac{1}{n}\right], \\ 0, & x\in\left(a+\dfrac{1}{n},b\right]. \end{cases}$$

则 $\|f_n\|_{L^1(a,b)}=1$, 且

$$\|Af_n\|_{L^1(a,b)}=\int_a^b\left|\int_a^x f_n(t)\mathrm{d}t\right|\mathrm{d}x=\int_a^{a+\frac{1}{n}}n(x-a)\mathrm{d}x+\int_{a+\frac{1}{n}}^b 1\mathrm{d}x$$
$$=(b-a)-\dfrac{1}{2n}.$$

所以有 $\|A\|\geqslant\sup\limits_{n\in\mathbb{N}}\|Af_n\|_{L^1(a,b)}=b-a$. 从而 $\|A\|=b-a$.

以上两个例子给出了算子范数的计算方法. 然而一般情况下, 求出具体算子的范数的值并不容易.

定理 2.9 设 X 和 Y 分别是赋范线性空间和 Banach 空间, 则 $\mathcal{L}(X,Y)$ 是 Banach 空间.

证明 设 $\{A_n\}_{n=1}^\infty$ 是 $\mathcal{L}(X,Y)$ 中的 Cauchy 列. 对 $\forall\varepsilon>0$ 存在 $N>0$, 当 $m,n\geqslant N$ 时有

$$\|A_n-A_m\|<\varepsilon.$$

因此, 对任意 $x\in X$ 有

$$\|A_nx-A_mx\|\leqslant\|A_n-A_m\|\|x\|\leqslant\varepsilon\|x\|. \tag{2.18}$$

从而 $\{A_nx\}_{n=1}^\infty$ 是 Y 中的 Cauchy 列. 由 Y 的完备性知 $\lim\limits_{n\to\infty}A_nx\in Y$ 存在. 定义 $A:X\to Y$ 如下:

$$Ax=\lim_{n\to\infty}A_nx.$$

在 (2.18) 中令 $m\to\infty$ 可得

$$\|A_nx-Ax\|\leqslant\varepsilon\|x\|. \tag{2.19}$$

因而

$$\sup_{\substack{x\in X \\ \|x\|\leqslant 1}}\|Ax\|\leqslant\sup_{\substack{x\in X \\ \|x\|\leqslant 1}}\|A_nx-Ax\|+\sup_{\substack{x\in X \\ \|x\|\leqslant 1}}\|A_nx\|\leqslant\varepsilon+\|A_n\|.$$

所以有 $A \in \mathcal{L}(X,Y)$. 由 (2.19) 可得

$$\|A_n - A\| = \sup_{\substack{x \in X \\ \|x\| \leqslant 1}} \|A_n x - Ax\| \leqslant \varepsilon.$$

因此, $\lim_{n \to \infty} \|A_n - A\| = 0$. $\square$

设 X 为线性空间. 如果 X 上还可以定义乘法运算:

$$(x,y) \in X \times X \to xy \in X,$$

且该运算满足下列性质: 对一切 $x,y,z \in X$ 和 $\alpha, \beta \in \mathbb{F}$,

$$(xy)z = x(yz),$$

$$x(y+z) = xy + yz, (x+y)z = xz + yz,$$

$$(\alpha x)(\beta y) = (\alpha\beta)(xy),$$

则称 X 为一个代数. 当 $\mathbb{F} = \mathbb{R}$ 或 $\mathbb{F} = \mathbb{C}$ 时, 相应地称 X 为实代数或复代数. 如果 X 为 Banach 空间, 则称其为 Banach 代数.

设 X, Y 和 Z 是三个赋范线性空间, $A \in \mathcal{L}(Y,Z), B \in \mathcal{L}(X,Y)$, 则可定义 A 与 B 的乘积 AB 如下:

$$(AB)x \triangleq A(Bx), \quad \forall x \in X.$$

由 $\|(AB)x\| \leqslant \|A\|\|B\|\|x\|$ 可得 $AB \in \mathcal{L}(X,Z)$ 且 $\|AB\| \leqslant \|A\|\|B\|$.

如果 X 为 Banach 空间, 容易验证 $\mathcal{L}(X)$ 是一个 Banach 代数.

2.3 开映射定理

定理 2.10 (开映射定理)   设 X, Y 为 Banach 空间. 如果 $A \in \mathcal{L}(X,Y)$ 是一个满射, 则 A 是开映射.

证明   证明分为三步.

第一步. 用 $B_X(x_0, a)$ 表示 X 中以 $x_0 \in X$ 为心, a 为半径的开球, 用 $B_Y(y_0, b)$ 表示 Y 中以 $y_0 \in Y$ 为心, b 为半径的开球. 首先证明存在 $\delta > 0$, 使得 $\overline{AB_X(0,1)} \supset B_Y(0, 3\delta)$.

因为

$$Y = AX = \bigcup_{n=1}^{\infty} AB_X(0,n),$$

且 Y 完备, 所以至少存在一个 $n\in\mathbb{N}$, 使得 $\overline{AB_X(0,n)}$ 非无处稠密集. 即 $\overline{AB_X(0,n)}$ 至少含有一个内点. 从而存在 $B_Y(y_0,r) \subset \overline{AB_X(0,n)}$. 注意到 $AB_X(0,n)$ 是一个对称凸集, 因此有 $B_Y(-y_0,r) \subset \overline{AB_X(0,n)}$, 从而

$$B_Y(0,r) \subset \frac{1}{2}B_Y(y_0,r) + \frac{1}{2}B_Y(-y_0,r) \subset \overline{AB_X(0,n)}.$$

取 $\delta = \dfrac{r}{3n}$, 由 A 的线性性可得 $\overline{AB_X(0,1)} \supset B_Y(0,3\delta)$.

第二步. 证明 $AB_X(0,1) \supset B_Y(0,\delta)$. 只需证明任取 $y_0 \in B_Y(0,\delta)$, 方程 $Ax = y_0$ 在 $B_X(0,1)$ 内存在解 x_0.

对 $y_0 \in B_Y(0,\delta)$, 由 $\overline{AB_X(0,1)} \supset B_Y(0,3\delta)$ 知存在 $x_1 \in B_X\left(0,\dfrac{1}{3}\right)$ 使得

$$\|y_0 - Ax_1\| < \frac{\delta}{3}.$$

对 $y_1 = y_0 - Ax_1 \in B_Y\left(0,\dfrac{\delta}{3}\right)$, 由 $\overline{AB_X(0,1)} \supset B_Y(0,3\delta)$ 知, 存在 $x_2 \in B_X\left(0,\dfrac{1}{3^2}\right)$ 使得

$$\|y_1 - Ax_2\| < \frac{\delta}{3^2}.$$

一般地, 任取 $n \in \mathbb{N}$, 由归纳法可得对 $y_n = y_{n-1} - Ax_n \in B_Y\left(0,\dfrac{\delta}{3^n}\right)$, 存在 $x_{n+1} \in B_X\left(0,\dfrac{1}{3^{n+1}}\right)$ 使得

$$\|y_n - Ax_{n+1}\| < \frac{\delta}{3^{n+1}}.$$

于是 $\sum_{n=1}^\infty \|x_n\| \leqslant \dfrac{1}{2}$, 令 $x_0 \triangleq \sum_{n=1}^\infty x_n$, 则 $x_0 \in B_X(0,1)$. 由

$$\|y_n\| = \|y_{n-1} - Ax_n\| = \cdots = \|y_0 - A(x_1 + x_2 + \cdots + x_n)\| < \frac{\delta}{3^n}, \quad \forall n \in \mathbb{N},$$

可得

$$\lim_{n\to\infty}\left\|\sum_{i=1}^n x_i - x_0\right\| = 0, \quad \lim_{n\to\infty}\left\|A\sum_{i=1}^n x_i - y_0\right\| = 0.$$

因为 A 是连续的, 所以 $Ax_0 = y_0$.

2.3 开映射定理

第三步. 证 A 是一个开映射. 设 $O \subset X$ 为开集. 对任意 $y_0 \in A(O)$, 存在 $x_0 \in O$ 使得 $y_0 = Ax_0$. 因为 O 是开集, 所以存在 $B_X(x_0, r) \subset O$. 取 $\varepsilon = r\delta$, 则有
$$B_Y(Ax_0, r\delta) \subset AB_X(x_0, r) \subset A(O),$$
即 $y_0 = Ax_0$ 是 $A(O)$ 的内点. 所以 $A(O)$ 为开集. □

在上述证明中构造了一个赋范线性空间中的级数 x_0. 下面将给出这一概念.

定义 2.18 设 X 为赋范线性空间, $\{x_n\}_{n=1}^\infty \subset X$. 称记号 $\sum_{n=1}^\infty x_n$ 为一个级数. 对任意 $k \in \mathbb{N}$, 称
$$s_k \triangleq \sum_{n=1}^k x_n$$
为级数 $\sum_{n=1}^\infty x_n$ 的前 k 项的部分和. 如果序列 $\{s_k\}_{k=1}^\infty$ 在 X 中收敛, 则称级数 $\sum_{n=1}^\infty x_n$ 为收敛的. 此时, 称
$$s \triangleq \lim_{k \to \infty} s_k$$
为级数的和.

注意, 当级数收敛时, 记号 $\sum_{n=1}^\infty x_n$ 同时表示级数自身及其和.

在赋范线性空间 X 中, 如果 $\{x_n\}_{n=1}^\infty \subset X$ 满足
$$\sum_{n=1}^\infty \|x_n\| < \infty,$$
则称级数 $\sum_{n=1}^\infty x_n$ 为绝对收敛的. 下面结果表明 Banach 空间中的任何绝对收敛的级数都是收敛的.

定理 2.11 (Banach 空间中级数的收敛性) 设 X 为 Banach 空间, $\sum_{n=1}^\infty x_n$ 为一个级数. 如果
$$\sum_{n=1}^\infty \|x_n\| < \infty,$$
则级数 $\sum_{n=1}^\infty x_n$ 收敛, 其和满足
$$\left\| \sum_{n=1}^\infty x_n \right\| \leqslant \sum_{n=1}^\infty \|x_n\|.$$

证明 记 $\sigma_k \triangleq \sum_{n=1}^k \|x_n\|$. 序列 $\{\sigma_k\}_{k=1}^\infty$ 是 $\mathbb{R}$ 中的 Cauchy 序列. 对 $k \geqslant 1$, 设 $s_k = \sum_{k=1}^\infty x_n$. 对任意 $k \geqslant l+1$,
$$\|s_k - s_l\| = \left\| \sum_{n=l+1}^k x_n \right\| \leqslant \sum_{n=l+1}^k \|x_n\| = \sigma_k - \sigma_l,$$

故而序列 $\{s_k\}_{k=1}^\infty$ 是 Banach 空间 X 中的 Cauchy 序列, 所以在 X 中收敛. 同时, 极限 s 满足

$$\|s\| = \lim_{k\to\infty} \|s_k\| \leqslant \sum_{n=1}^\infty \|x_n\|. \qquad \square$$

定理 2.12 设 X 为赋范线性空间, 如果其中绝对收敛级数均收敛, 则 X 为 Banach 空间.

证明 设 $\{x_n\}_{n=1}^\infty \subset X$ 为 X 中的 Cauchy 列, 则存在子列 $\{x_{n_j}\}_{j=1}^\infty$ 使得当 $j \geqslant 1$ 时 $\|x_{n_{j+1}} - x_{n_j}\| \leqslant \dfrac{1}{2^n}$. 从而 $\sum_{j=1}^\infty \|x_{n_{j+1}} - x_{n_j}\| < \infty$. 所以存在 $x \in X$ 使得

$$x = \lim_{k\to\infty} \sum_{j=1}^k (x_{n_{j+1}} - x_{n_j}) = \lim_{k\to\infty}(x_{n_{k+1}} - x_{n_1}).$$

因此, 子列 $\{x_{n_j}\}_{j=1}^\infty$ 收敛. 因为包含收敛子列的 Cauchy 列是收敛的, 所以 $\{x_n\}_{n=1}^\infty \subset X$ 在 X 中收敛. $\qquad \square$

2.4 有界线性算子的逆算子

引理 2.1 设 X, Y 是赋范线性空间, $A: X \to Y$ 是线性映射并且 A^{-1} 存在, 则 $A^{-1}: Y \to X$ 也是线性映射.

证明 对任意 $\alpha, \beta \in \mathbb{F}$ 以及 $y_1, y_2 \in Y$, 存在唯一的 $x_1, x_2 \in X$ 使得

$$Ax_1 = y_1, \quad Ax_2 = y_2.$$

因此

$$A(\alpha x_1 + \beta x_2) = \alpha A x_1 + \beta A x_2 = \alpha y_1 + \beta y_2.$$

所以有

$$A^{-1}(\alpha y_1 + \beta y_2) = \alpha x_1 + \beta x_2 = \alpha A^{-1} y_1 + \beta A^{-1} y_2,$$

即 A^{-1} 是线性的. $\qquad \square$

引理 2.2 设 X, Y 是 $\mathbb{F}$ 上的赋范线性空间. $A \in \mathcal{L}(X, Y)$ 具有有界逆算子的充分必要条件是存在 $B \in \mathcal{L}(Y, X)$, 使得

$$BA = I_X, \quad AB = I_Y. \tag{2.20}$$

2.4 有界线性算子的逆算子

证明 如果 A^{-1} 存在且有界, 则令 $B = A^{-1}$ 即可. 下证充分性. 如果存在 $B \in \mathcal{L}(Y,X)$ 使得式 (2.20) 成立. 则对任意 $x,y \in X, x \neq y$, 由

$$B(Ax - Ay) = BA(x-y) = x - y \neq 0$$

可得

$$Ax \neq Ay.$$

所以 A 是单射.

对任意 $y \in Y$, 令 $x = By$, 则

$$Ax = ABy = I_Y(y) = y.$$

因此, A 是满射. 从而 A^{-1} 存在, 并且 $A^{-1} = B$ 是有界线性算子. $\square$

命题 2.3 设 X,Y 是赋范线性空间, $A: X \mapsto Y$ 是线性映射. 那么 A 是单射且定义在 $\mathcal{R}(A)$ 上的算子 A^{-1} 连续的充要条件是存在常数 $c > 0$ 使得

$$\|Ax\| \geqslant c\|x\|, \quad \forall x \in X. \tag{2.21}$$

证明 充分性. 由式 (2.21) 可得如果 $Ax = 0$, 则 $x = 0$, 故 A 是单射. 从而 A^{-1} 是定义在 $\mathcal{R}(A)$ 上的线性映射. 设 $y = Ax$, 则 $x = A^{-1}y$. 由 (2.21) 可得 $\|y\| \geqslant c\|A^{-1}y\|$, 所以 A^{-1} 是有界的.

必要性. 如果式 (2.21) 不成立, 则对任意 $n \in \mathbb{N}$, 有 $x_n \in X$ 使得

$$\|Ax_n\| < \frac{1}{n}\|x_n\|.$$

设 $y_n = Ax_n$, 则

$$\|y_n\| < \frac{1}{n}\|A^{-1}y_n\|.$$

所以 A^{-1} 不是有界的, 与 A^{-1} 连续相矛盾. $\square$

定理 2.13 设 X,Y,Z 是赋范线性空间. 如果 $A \in \mathcal{L}(X,Y), B \in \mathcal{L}(Y,Z)$ 具有有界逆, 则 $BA \in \mathcal{L}(X,Z)$ 具有有界逆并且 $(BA)^{-1} = A^{-1}B^{-1}$.

证明 由于

$$BAA^{-1}B^{-1} = BB^{-1} = I_Z,$$
$$A^{-1}B^{-1}BA = A^{-1}I_YA = A^{-1}A = I_X,$$

由引理 2.2 可得 AB 具有有界逆. $\square$

下面定理是公式
$$\frac{1}{1-z} = \sum_{n=0}^{\infty} z^n,$$

其中 $|z| < 1$, $z \in \mathbb{C}$ 在一般 Banach 空间中的推广, 对有界线性算子逆的研究有重要应用.

定理 2.14 (Neumann (诺伊曼) 级数的收敛)　设 X 为 Banach 空间, $A \in \mathcal{L}(X)$ 满足 $\|A\| < 1$, 则连续线性算子 $(I - A) : X \to X$ 是双射, 其逆 $(I - A)^{-1} : X \to X$ 也是连续线性算子. 此外,

$$(I - A)^{-1} = \sum_{n=0}^{\infty} A^n \text{ 且 } \|(I-A)^{-1}\| \leqslant \frac{1}{1 - \|A\|}.$$

证明　由不等式 $\|A\| < 1$ 可得

$$\sum_{n=0}^{\infty} \|A^n\| \leqslant \sum_{n=0}^{\infty} \|A\|^n < \infty.$$

因为 $\mathcal{L}(X)$ 为 Banach 空间, 由定理 2.11 知级数 $\sum_{n=0}^{\infty} A^n$ 在 $\mathcal{L}(X)$ 中收敛. 记

$$B = \sum_{n=0}^{\infty} A^n = \lim_{k \to \infty} B_k, \quad \text{其中 } B_k \triangleq \sum_{n=0}^{k} A^n.$$

则 $B \in \mathcal{L}(X)$, 且

$$AB = \lim_{k \to \infty} AB_k = \lim_{k \to \infty} (B_{k+1} - I) = B - I,$$

$$BA = \lim_{k \to \infty} B_k A = \lim_{k \to \infty} (B_{k+1} - I) = B - I.$$

所以

$$I = B(I - A) = (I - A)B.$$

因此, $(I - A) \in \mathcal{L}(X)$ 是双射且

$$(I - A)^{-1} = B = \sum_{n=0}^{\infty} A^n.$$

此外, 由定理 2.11,

$$\|(I - A)^{-1}\| \leqslant \sum_{n=0}^{\infty} \|A^n\| \leqslant \sum_{n=0}^{\infty} \|A\|^n = \frac{1}{1 - \|A\|}. \quad \square$$

2.4 有界线性算子的逆算子

作为定理 2.14 的一个应用, 以下建立从 Banach 空间到赋范线性空间上具有连续逆的连续线性算子的一个重要性质.

定理 2.15 设 X 为 Banach 空间, Y 为赋范线性空间, 则集合

$$\mathcal{U} \triangleq \{A \in \mathcal{L}(X,Y) | A: X \to Y \text{为双射,} \text{且} A^{-1} \in \mathcal{L}(Y,X)\}$$

是赋范线性空间 $\mathcal{L}(X,Y)$ 中的开集.

又设 $A \in \mathcal{U}$, 如果

$$\|B - A\| < \frac{1}{\|A^{-1}\|},$$

则 $B \in \mathcal{U}$. 此时

$$\|B^{-1}\| \leqslant \frac{\|A^{-1}\|}{1 - \|A^{-1}(B-A)\|} \leqslant \frac{\|A^{-1}\|}{1 - \|A^{-1}\|\|B-A\|},$$

$$\|B^{-1} - A^{-1}\| \leqslant \frac{\|A^{-1}\|^2 \|B-A\|}{1 - \|A^{-1}(B-A)\|} \leqslant \frac{\|A^{-1}\|^2 \|B-A\|}{1 - \|A^{-1}\|\|B-A\|}.$$

因而映射 $A \in \mathcal{U} \to A^{-1} \to \mathcal{U}$ 是连续的.

证明 设 $A \in \mathcal{U}$. 如果

$$\|B - A\|_{\mathcal{L}(X,Y)} < \frac{1}{\|A^{-1}\|_{\mathcal{L}(Y,X)}},$$

则 $\|A^{-1}(B-A)\|_{\mathcal{L}(X)} < 1$. 因为 $\mathcal{L}(X)$ 是 Banach 空间, 由定理 2.14 知 $(I_X + A^{-1}(B-A)) \in \mathcal{L}(X)$ 是具有连续逆的双射. 因此, 当 $\|B-A\| < (\|A^{-1}\|)^{-1}$ 时,

$$B = A(I_X + A^{-1}(B-A)) \in \mathcal{L}(X,Y)$$

也是具有连续逆的双射, 且其逆为

$$B^{-1} = (I_X + A^{-1}(B-A))^{-1} A^{-1} \in \mathcal{L}(Y,X).$$

所以 $\mathcal{U}$ 是 $\mathcal{L}(X,Y)$ 中的开集. 另外, 由 B^{-1} 的上述表达式和定理 2.14 知, 当 $\|B-A\| < \dfrac{1}{\|A^{-1}\|}$ 时,

$$\|B^{-1}\| \leqslant \frac{\|A^{-1}\|}{1 - \|A^{-1}(B-A)\|} \leqslant \frac{\|A^{-1}\|}{1 - \|A^{-1}\|\|B-A\|}.$$

又当 $\|B - A\| < \dfrac{1}{\|A^{-1}\|}$ 时, 由等式 $B^{-1} - A^{-1} = B^{-1}(A-B)A^{-1}$ 可得

$$\|B^{-1} - A^{-1}\| \leqslant \frac{\|A^{-1}\|^2 \|B-A\|}{1 - \|A^{-1}\|\|B-A\|}. \qquad \square$$

例 2.14 设 $X = C([a,b])$, 定义 X 上的算子 A 如下:
$$(Af)(t) = \int_a^t f(s)\mathrm{d}s.$$

设
$$Y = \{g \in C([a,b]) \,|\, g'(t) \text{ 连续}, \text{且 } g(a) = 0\},$$

则 $A: X \to Y$ 是有界线性算子, 并且 A 是一一到上的. 但容易验证 $A^{-1} = \dfrac{\mathrm{d}}{\mathrm{d}t}$ 是无界算子.

命题 2.4 设 X, Y 都是赋范线性空间, 则线性算子 $A: X \to Y$ 是有界的充分必要条件是 $A^{-1}\{y \in Y : \|y\| \leqslant 1\}$ 的内部为非空集.

证明 必要性是显然的. 下面证明充分性. 设 $A^{-1}\{y \in Y : \|y\| \leqslant 1\}$ 含有球 $B_X(x_0, \varepsilon)$. 对任意 $x \in X$, $\|x\| < \varepsilon$ 有 $x + x_0 \in B(x_0, \varepsilon)$, 从而

$$\|Ax\| \leqslant \|A(x + x_0)\| + \|Ax_0\| \leqslant 1 + \|Ax_0\|.$$

进而, 对 $\forall x \in X$, $x \neq 0$ 有 $\left\|\dfrac{\varepsilon}{2\|x\|}x\right\| < \varepsilon$. 因此

$$\left\|A\left(\dfrac{\varepsilon}{2\|x\|}x\right)\right\| \leqslant 1 + \|Ax_0\|.$$

从而有

$$\|Ax\| \leqslant \dfrac{2}{\varepsilon}(1 + \|Ax_0\|)\|x\|.$$

所以 A 是有界的. □

定理 2.16 (Banach 逆算子定理) 设 X, Y 是 Banach 空间, $A \in \mathcal{L}(X, Y)$ 并且 A 是双射, 则 $A^{-1} \in \mathcal{L}(Y, X)$.

证明 根据开映射定理, 对 X 中的任意开集 O, $(A^{-1})^{-1}(O) = A(O)$ 是开的. 由命题 2.4 可得 A^{-1} 连续. □

由 Banach 逆算子定理可得如果 $A \in \mathcal{L}(X, Y)$ 是双射, 则 A 必有界可逆, 即 $A^{-1} \in \mathcal{L}(Y, X)$.

例 2.15 设 $p_1, \cdots, p_{k-1} \in C([a,b])$, 考虑如下 k 阶线性常微分方程:

$$\begin{cases} x^{(k)}(t) + p_1(t)x^{(k-1)}(t) + \cdots + p_{k-1}(t)x(t) = y(t), \quad t \in [a,b], \\ x(a) = x'(a) = \cdots = x^{(k-1)}(a) = 0. \end{cases} \quad (2.22)$$

2.4 有界线性算子的逆算子

由常微分方程理论可知, 对任意 $y \in C([a,b])$, 上述方程存在唯一的 k 阶连续可微解 x. 下面我们利用逆算子定理证明方程的解 x 连续地依赖于函数 y.

记

$$C_0^{(k)}([a,b]) = \{x | x \in C^{(k)}[a,b], x(a) = x'(a) = \cdots = x^{(k-1)}(a) = 0\}.$$

因为 $C_0^{(k)}([a,b])$ 是 Banach 空间 $C^{(k)}([a,b])$ 的闭子空间, 所以也是 Banach 空间.

定义算子 $A : C_0^{(k)}([a,b]) \mapsto C([a,b])$ 如下:

$$Ax = x^{(k)} + p_1 x^{(k-1)} + \cdots + p_{k-1} x.$$

由 p_j $(j = 1, 2, \cdots, k)$ 的连续性可得

$$\|Ax\| = \max_{t \in [a,b]} |(Ax)(t)| \leqslant \left(1 + \sum_{j=1}^{k-1} \max |p_j(t)|\right) \cdot \sum_{j=0}^{k} \max_{t \in [a,b]} |x^{(j)}(t)|$$

$$= \left(1 + \sum_{j=1}^{k-1} \|p_j\|\right) \|x\|,$$

即 A 是有界算子. 由方程 (2.22) 解的存在唯一性知 A 是双射. 利用逆算子定理可知 A^{-1} 是 $C([a,b])$ 到 $C_0^{(k)}([a,b])$ 的有界线性算子, 因而 $x = A^{-1} y$ 连续依赖于 y.

命题 2.5 设在 X 上存在两个范数 $\|\cdot\|$ 与 $\|\cdot\|_1$, $(X, \|\cdot\|)$ 和 $(X, \|\cdot\|_1)$ 都是 Banach 空间. 如果 $\|\cdot\|$ 强于 $\|\cdot\|_1$, 则 $\|\cdot\|$ 与 $\|\cdot\|_1$ 等价.

证明 恒等算子 $Ix = x$ 是 $(X, \|\cdot\|)$ 到 $(X, \|\cdot\|)$ 的连续线性算子且为双射, 从而由 Banach 逆算子定理可得命题 2.5. □

下面的例子说明, 命题 2.5 中 X 为 Banach 空间这一条件不能减弱为一般的赋范线性空间.

例 2.16 存在某个线性空间上的强、弱两个范数, 使强范数完备而弱范数不完备.

设

$$\ell \triangleq \left\{ (\xi_1, \xi_2, \cdots) \Big| \xi_n \in \mathbb{C}, \forall n \in \mathbb{N}, \sum_{n=1}^{\infty} |\xi_n| < \infty \right\}.$$

对 $\forall x \in \ell$, 定义如下两个范数:

$$\|x\|_1 = \sum_{n=1}^{\infty} |\xi_n|, \quad \|x\|_2 = \sup_{n \in \mathbb{N}} |\xi_n|,$$

则赋范线性空间 $(\ell, \|\cdot\|_1)$ (即为之前定义的 ℓ^1) 完备而 $(\ell, \|\cdot\|_2)$ 不完备, 且

$$\|x\|_2 = \sup_{n \in \mathbb{N}} |\xi_n| \leqslant \sum_{n=1}^{\infty} \|\xi_n\| = |x|_1.$$

对任意 $n \in \mathbb{N}$, 令 $x_n = \left(\dfrac{1}{n}, \dfrac{1}{n}, \cdots, \dfrac{1}{n}, 0, 0, \cdots\right)$, 则 $\|x_n\|_1 = 1$, 而 $\|x_n\|_2 = \dfrac{1}{n}$, 故范数 $\|\cdot\|_1$ 与范数 $\|\cdot\|_2$ 不等价.

2.5 闭图像定理与共鸣定理

定义 2.19 设 X, Y 是赋范线性空间, $A : D(A) \subset X \to Y$ 是线性算子. 如果对任意 $\{x_n\}_{n=1}^{\infty} \subset D(A)$, 由

$$\lim_{n \to \infty} x_n = x_0, \quad \lim_{n \to \infty} A x_n = y_0,$$

可得 $x_0 \in D(A)$ 且 $Ax_0 = y_0$, 则称 A 为闭算子.

定义 2.20 设 X, Y 是赋范线性空间, $A : D(T) \subset X \to Y$ 是线性算子. 称

$$G(A) \triangleq \{(x, y) \in X \times Y \mid x \in D(A), y = Ax\}$$

为算子 A 的图像.

如果对 $(x, y) \in X \times Y$ 引入范数

$$\|(x, y)\| = \|x\| + \|y\|,$$

则 $X \times Y$ 是赋范线性空间. A 是闭算子等价于 A 的图形 $G(A)$ 是 $X \times Y$ 中的闭集.

定理 2.17 (闭图像定理, 1931) 设 X, Y 为 Banach 空间, $A : X \to Y$ 是处处有定义的闭算子, 则 A 有界.

证明 在 X 上引入新范数

$$\|x\|_1 \triangleq \|x\| + \|Ax\|, \quad \forall x \in X.$$

设 $\{x_n\}_{n=1}^{\infty}$ 按 $\|\cdot\|_1$ 是 Cauchy 列, 则 $\{x_n\}_{n=1}^{\infty}, \{Ax_n\}_{n=1}^{\infty}$ 分别是 X 和 Y 中的 Cauchy 列. 因为 X, Y 都是完备的, 所以存在 $x_0 \in X, y_0 \in Y$ 使得

$$\lim_{n \to \infty} x_n = x_0, \quad \lim_{n \to \infty} A x_n = y_0.$$

由于 A 是闭算子, 故 $y_0 = Ax_0$. 于是可得

2.5 闭图像定理与共鸣定理

$$\lim_{n\to\infty} \|x_n - x_0\|_1 = \lim_{n\to\infty} \|x_n - x_0\| + \lim_{n\to\infty} \|Ax_n - Ax_0\| = 0.$$

故 $(X, \|\cdot\|_1)$ 是 Banach 空间. 由 $\|\cdot\|_1$ 的定义可得

$$\|x\| \leqslant \|x\|_1, \quad \forall x \in X,$$

故 $\|\cdot\|_1$ 强于 $\|\cdot\|$. 因此 $\|\cdot\|$ 与 $\|\cdot\|_1$ 等价. 于是当

$$\lim_{n\to\infty} \|x_n - x_0\| = 0$$

时有

$$\lim_{n\to\infty} \|Ax_n - Ax_0\| \leqslant \lim_{n\to\infty} \|x_n - x_0\|_1 = 0.$$

从而 A 是连续的. □

例 2.17 设 $1 \leqslant p, p' \leqslant \infty$, $(a_{jk})_{j,k=1}^\infty$ 是无穷矩阵且满足如下两个条件:

(1) 对每 j 行均有

$$\sum_{k=1}^\infty |a_{jk}|^q < \infty, \quad \frac{1}{p} + \frac{1}{q} = 1;$$

(2) 定义 l^p 上线性算子 A 如下:

$$y = (\eta_1, \eta_2, \cdots, \eta_n, \cdots) = Ax, \quad \forall x = \{\xi_j\}_{j=1}^\infty \in l^p,$$

其中

$$\eta_j = \sum_{k=1}^\infty a_{jk} \xi_k, \quad j = 1, 2, \cdots,$$

则算子 $A: l^p \to l^{p'}$ 是连续线性算子.

由闭图像定理, 只要证明 A 是闭算子即可. 设 $\{x_n\}_{n=1}^\infty \subset l^p$ 使得

$$\lim_{n\to\infty} x_n = x_0, \quad \lim_{n\to\infty} Ax_n = y.$$

设 $x_n = \{\xi_j^{(n)}\}_{j=1}^\infty$, $Ax_n = \{\eta_j^{(n)}\}_{j=1}^\infty$ $(n=1,2,\cdots)$, $x_0 = \{\xi_j^{(0)}\}_{j=1}^\infty$, $y = \{\eta_j\}_{j=1}^\infty$. 由于 $l^{p'}$ 空间内元素的收敛可导出其按坐标收敛, 因而由 $\{Ax_n\}_{n=1}^\infty$ 收敛于 y 可得

$$\lim_{n\to\infty} \eta_j^{(n)} = \eta_j. \tag{2.23}$$

另一方面, 对 $Ax_0 = \{\eta_j^{(0)}\}_{j=1}^\infty$ 有

$$\lim_{n\to\infty} |\eta_j^{(n)} - \eta_j^{(0)}| = \lim_{n\to\infty} \left| \sum_{k=1}^\infty a_{jk}(\xi_k^{(n)} - \xi_k^{(0)}) \right|$$

$$\leqslant \lim_{n\to\infty} \left(\sum_{k=1}^\infty |a_{jk}|^q \right)^{\frac{1}{q}} \left(\sum_{k=1}^\infty |\xi_k^{(n)} - \xi_k^{(0)}|^p \right)^{\frac{1}{p}}$$

$$= \lim_{n\to\infty} \left(\sum_{k=1}^\infty |a_{jk}|^q \right)^{\frac{1}{q}} \|x_n - x_0\| = 0. \tag{2.24}$$

由此可得

$$\eta_j^{(n)} \to \eta_j^{(0)} \quad (n \to \infty).$$

由极限的唯一性及 (2.23), (2.24) 可得 $\eta_j = \eta_j^{(0)}, j = 1, 2, \cdots$, 即 $y = Ax_0$. 所以 A 是闭算子.

定理 2.18 (Hörmander (霍尔曼德) 定理) 设 X, X_1, X_2 均为 Banach 空间, A_1, A_2 分别是从 X 到 X_1 与 X_2 的闭线性算子, 且有 $D(A_1) \subset D(A_2)$, 则必存在整数 C, 使得

$$\|A_2 x\| \leqslant C(\|x\| + \|A_1 x\|), \quad \forall x \in D(A_1).$$

证明 在乘积空间 $X \times X_1$ 中引入范数

$$\|(x, x_1)\| = \|x\| + \|x_1\|.$$

由于 A_1 是闭线性算子, 故其图像 $G(A_1)$ 是 $X \times X_1$ 中的一个闭集. 由于 X, X_1 是完备的, 故而 $X \times X_1$ 是完备的, 因此 $G(A_1)$ 也是 Banach 空间.

作算子 $B : G(A_1) \to X_2$,

$$(x, A_1 x) \mapsto A_2 x, \quad (x, A_1 x) \in G(A_1),$$

则 B 是线性的. 下面证明 B 是闭的. 实际上, 如果有序列 $\{(x_n, A_1 x_n)\} \subset G(A_1)$, 使得

$$(x_n, A_1 x_n) \to (x, A_1 x),$$
$$A_2 x_n \to y \quad (n \to \infty),$$

那么, 由假设可知 $\{x_n\} \subset D(A_1) \subset D(A_2)$. 又由乘积空间中范数的定义可知

$$x_n \to x, \quad A_2 x_n \to y \quad (n \to \infty),$$

2.5 闭图像定理与共鸣定理

注意到 A_2 是闭算子, 从而

$$x \in D(A_2), \quad A_2 x = y,$$

于是

$$B(x, A_1 x) = A_2 x = y,$$

即 B 也是闭线性算子.

由于 $D(B) = G(A_1)$ 是 Banach 空间, X_2 也是 Banach 空间, 因此, 由闭图像定理, B 是从 $G(A_1)$ 到 X_2 的有界线性算子. 从而存在常数 C, 使得对一切 $x \in D(A_1)$, 有

$$\|A_2 x\| = \|B(x, A_1 x)\| \leqslant C\|(x, A_1 x)\| = C(\|x\| + \|A_1 x\|). \qquad \square$$

定理 2.19 (一致有界原理, 共鸣定理, 1927) 设 X 是 Banach 空间, Y 是赋范线性空间, $\{A_\tau\}$ 是 $\mathcal{L}(X, Y)$ 中的一族元素. 如果

$$\sup_\tau \|A_\tau x\| < \infty, \quad \forall x \in X, \tag{2.25}$$

则

$$\|A_\tau\| < \infty.$$

证明 设 $S_n = \{x \in X \mid \sup_\tau \|A_\tau x\| \leqslant n\}$, $n = 1, 2, \cdots$. 由式 (2.25) 可知, $X = \bigcup_{n=1}^\infty S_n$. 由于每个 A_τ 都连续, 故每个 S_n 都是闭的. 由 Baire 纲定理, X 是第二纲的, 所以必定存在 $N \in \mathbb{N}$, 使得 S_N 不是无处稠密的, 即 S_N 内部非空. 从而存在 $U = \{x \mid \|x - x_0\| < \varepsilon\} \subset S_N$. 设 $\|x\| < \varepsilon$, 则 $x + x_0 \in U$, 于是 $x + x_0, x_0 \in S_N$, 从而

$$\|A_\tau x\| \leqslant \|A_\tau (x + x_0)\| + \|A_\tau x_0\| \leqslant 2N, \quad \forall \tau.$$

设 $x \in X, x \neq 0$, 则 $\left\|\dfrac{\varepsilon}{2\|x\|} x\right\| < \varepsilon$. 故

$$\left\|A_\tau \left(\dfrac{\varepsilon}{2\|x\|} x\right)\right\| \leqslant 2N,$$

即

$$\|A_\tau x\| \leqslant \dfrac{4}{\varepsilon} N \|x\|.$$

当 $x = 0$ 时, 上述不等式显然成立. 总之,

$$\|A_\tau x\| \leqslant \frac{4}{\varepsilon} N \|x\|, \quad \forall x \in X.$$

所以, 对任意 τ 都有

$$\|A_\tau\| \leqslant \frac{4}{\varepsilon} N. \qquad \square$$

由证明可见, 只需假定式 (2.25) 在 X 中第二纲点集上成立, 即可保证定理成立.

例 2.18 (机械求积法)   在定积分的近似计算中, 通常以泛函

$$f_n(x) = \sum_{k=0}^{n} A_k^{(n)} x\bigl(t_k^{(n)}\bigr), \quad 0 \leqslant t_0^n < t_1^n < \cdots < t_n^n \leqslant 1 \qquad (2.26)$$

作为 x 的积分 $\int_0^1 x(t)\mathrm{d}t$ 的近似值. 那么, 对任意的 $x \in C([0,1])$, $f_n(x)$ 都收敛于 $\int_0^1 x(t)\mathrm{d}t$ 的充分必要条件是

(i) 存在常数 $M > 0$, 使得 $\sum_{k=0}^{n}|A_k^{(n)}| \leqslant M$;

(ii) 对任意多项式 x, $\lim_{n\to\infty} f_n(x) = \int_0^1 x(t)\mathrm{d}t.$

下面我们借助共鸣定理来证明上述结论.

证明   必要性. (ii) 显然成立. 由于对任意 $x \in C([0,1])$,

$$|f_n(x)| \leqslant \sum_{k=0}^{n} |A_k^{(n)}| |x(t_k^{(n)})| \leqslant \left(\sum_{k=0}^{n} |A_k^{(n)}|\right)\|x\|.$$

因此

$$\|f_n\| \leqslant \sum_{k=0}^{n} |A_k^{(n)}|. \qquad (2.27)$$

另一方面, 对任意 $n \in \mathbb{N}$, 取 $[0,1]$ 上的连续函数 x_n 使得

$$x_n\bigl(t_k^{(n)}\bigr) = \operatorname{sgn} A_k^{(n)}, \quad k = 0, 1, \cdots, n,$$

而且 $\|x_n\| = 1$. 于是,

$$|f_n(x_n)| = \sum_{k=0}^{n} |A_k^{(n)}|. \qquad (2.28)$$

由式 (2.27) 和式 (2.28) 可得

$$\|f_n\| = \sum_{k=0}^{n} |A_k^{(n)}|. \tag{2.29}$$

于是由共鸣定理原理知条件 (i) 成立.

充分性. 任取 $x \in C([0,1])$, 由 Weierstrass 定理, 存在多项式 x_1 使得

$$\|x - x_1\| < \frac{\varepsilon}{2(M+1)}.$$

根据条件 (ii), 存在 $N \in \mathbb{N}$ 使当 $n > N$ 时,

$$\left| f_n(x_1) - \int_0^1 x_1(t)\mathrm{d}t \right| < \frac{\varepsilon}{2}.$$

于是由 (i) 与式 (2.29) 知当 $n > N$ 时,

$$\left| f_n(x) - \int_0^1 x(t)\mathrm{d}t \right|$$

$$\leqslant |f_n(x) - f_n(x_1)| + \left| f_n(x_1) - \int_0^1 x_1(t)\mathrm{d}t \right| + \left| \int_0^1 x_1(t)\mathrm{d}t - \int_0^1 x(t)\mathrm{d}t \right|$$

$$\leqslant \|f_n\|\|x - x_1\| + \frac{\varepsilon}{2} + \|x_1 - x\|$$

$$\leqslant (M+1)\|x - x_1\| + \frac{\varepsilon}{2} < \varepsilon. \qquad \square$$

注记 2.4 共鸣定理中空间的完备性假设不能去掉 (见文献 [11] 第四章的例 8).

2.6　Hahn-Banach 定理

本节介绍 Hahn-Banach (哈恩–巴拿赫) 定理, 该定理回答了无穷维赋范线性空间上非平凡的连续线性函数的存在性问题, 进而解决了子空间上的连续线性泛函的延拓问题.

首先回忆偏序集的概念和 Zorn (佐恩) 引理.

定义 2.21　对一族元素 $\mathcal{X}$, 如果在某些元素对 (a,b) 上有二元关系, 记作 $a \prec b$, 具有性质:

(i) $a \prec a$;

(ii) 如果 $a \prec b$ 且 $b \prec a$, 则 $a = b$;

(iii) 如果 $a \prec b$ 且 $b \prec c$, 则 $a \prec c$,

则称 $\mathcal{X}$ 按照关系 $\prec$ 为偏序集.

例 2.19 设 $\mathcal{X}$ 是某个非空集合 E 所有子集组成的集合, 对 $A, B \in \mathcal{X}$, 定义 $A \prec B$ 为 $A \subset B$, 则 $\mathcal{X}$ 按照 $\prec$ 为偏序集.

定义 2.22 设 $\mathcal{X}$ 按 $\prec$ 为偏序集.

(i) 设 $\varphi \subset \mathcal{X}$, 如果 $p \in \mathcal{X}$ 使得对一切 $x \in \varphi$ 都有 $x \prec p$, 则称 p 为 φ 的上界;

(ii) 如果对 $\mathcal{X}$ 中的任何两个元素 x, y, 有 $x \prec y$ 或 $y \prec x$, 则称 $\mathcal{X}$ 是完全有序的;

(iii) 设 $m \in \mathcal{X}$, 如果对任意 $x \in \mathcal{X}$, 由 $m \prec x$ 可得 $x = m$, 则称 m 为 $\mathcal{X}$ 的极大元.

例 2.20 对复数 $z = x + \mathrm{i}y, w = u + \mathrm{i}v$, 如果 $x \leqslant u$ 且 $y \leqslant v$, 则规定 $z \prec w$. 在此序下复数集为偏序集, 而实轴、虚轴则是完全有序的子集.

定理 2.20 (Zorn 引理, 1935)   设 $\mathcal{X}$ 为非空的偏序集. 如果 $\mathcal{X}$ 的任何完全有序子集都有一个上界在 $\mathcal{X}$ 中, 则 $\mathcal{X}$ 中必含有极大元.

Zorn 引理与选择公理是等价的.

定理 2.21 (Banach 延拓定理)   设 X 是实线性空间, Y 是 X 的线性子空间, $p: X \to \mathbb{R}$ 满足

(i) $p(x+y) \leqslant p(x) + p(y), \forall x, y \in X$ (次可加性);

(ii) $p(tx) = tp(x), \forall x \in X, t \in \mathbb{R}^+$ (正齐次性).

假定 f 是 Y 上的实线性泛函且满足

$$f(x) \leqslant p(x), \quad \forall x \in Y, \tag{2.30}$$

则存在 X 上的实线性泛函 F 使得

(i) $F(x) = f(x), \forall x \in Y$;

(ii) $F(x) \leqslant p(x), \forall x \in X$.

如果 F 是 X 的线性子空间 $\mathcal{D}(F)$ 上的线性泛函, $\mathcal{D}(F) \supset Y$, 并且满足

(i) $F|_Y = f$;

(ii) $F(x) \leqslant p(x), \forall x \in \mathcal{D}(F)$,

则称 F 为 f 在 $\mathcal{D}(F)$ 上的由 $p(x)$ 控制的线性延拓.

下面证明定理 2.21.

证明   如果 $Y = X$, 则定理显然成立. 因此, 只需考虑 $Y \neq X$.

设 $x_0 \in X \setminus Y$, 先考虑 f 在子空间

$$Y_1 = \{x + tx_0 \mid x \in Y, t \in \mathbb{R}\}$$

上的线性延拓. 因此只需给出 F 在 x_0 的取值.

任取 $x', x'' \in Y$, 有

$$f(x' + x'') \leqslant p(x' + x'') = p(x' + x_0 + x'' - x_0) \leqslant p(x' + x_0) + p(x'' - x_0).$$

2.6 Hahn-Banach 定理

因此,
$$-p(x'' - x_0) + f(x'') \leqslant p(x' + x_0) - f(x').$$

由此可得
$$\sup_{x'' \in Y} \{-p(x'' - x_0) + f(x'')\} \leqslant \inf_{x' \in Y} \{p(x' + x_0) - f(x')\}.$$

取 $F_1(x_0)$ 为 $\left[\sup\limits_{x'' \in Y}\{-p(x'' - x_0) + f(x'')\}, \inf\limits_{x' \in Y}\{p(x' + x_0) - f(x')\}\right]$ 中任意给定的数. 此时
$$F_1(x + tx_0) = F_1(x) + tF_1(x_0) = f(x) + tF_1(x_0) \leqslant p(x + tx_0).$$

记
$$\mathcal{F} = \{F \mid F \text{ 是 } f \text{ 在 } \mathcal{D}(F) \text{ 上由 } p(x) \text{ 控制的线性延拓}\}.$$

由 F_1 的构造可知 $\mathcal{F}$ 非空.

对于 $F_1, F_2 \in \mathcal{F}$, 如果 $\mathcal{D}(F_1) \subset \mathcal{D}(F_2)$, 并且当 $x \in \mathcal{D}(F_1)$ 时有 $F_2(x) = F_1(x)$, 则称 $F_1 \prec F_2$. 由此给出 $\mathcal{F}$ 上的一个序关系, 且在此序关系下 $\mathcal{F}$ 是一个半序集. 对于 $\mathcal{F}$ 的任何全序子集 $\mathcal{F}^*$, 定义实线性泛函 F^* 如下:
$$\mathcal{D}(F^*) = \bigcup_{F \in \mathcal{F}^*} \mathcal{D}(F),$$
$$F^*(x) = F(x), \quad x \in \mathcal{D}(F), \quad F \in \mathcal{F}^*,$$

则 $F^* \in \mathcal{F}$, 并且对任意 $F \in \mathcal{F}^*$, 有 $F \prec F^*$. 即 F^* 是 $\mathcal{F}^*$ 的上界. 根据 Zorn 引理, 在 $\mathcal{F}$ 中有极大元 F_0. 当然 F_0 是 f 的由 $p(x)$ 控制的线性延拓. 很显然, $\mathcal{D}(F_0) = X$. 否则, 按前面构造 F_1 的方式, 可以将 F_0 再进行延拓. 此与 F_0 是极大元相矛盾! □

注记 2.5 当空间 X 可分时, 不需 Zorn 引理即可得到定理 2.21 的结论. 其证明如下: 由于 X 可分, 所以有点列 $\{x_n\}_{n=1}^{\infty}$ 在 X 中稠密. 作 Y 与 x_1 的线性和得到 Y_1, 再作 Y_1 与 x_2 的线性和得到 Y_2, 如此继续下去得到一列线性空间 $\{Y_n\}_{n=1}^{\infty}$ 满足
$$Y \subset Y_1 \subset Y_2 \subset \cdots \subset Y_n \subset \cdots.$$

依次将 f 延拓到 $Y_1, Y_2, \cdots$ 得到线性泛函序列 $f_1, f_2, \cdots$, 使得当 $m \leqslant n$ 时, f_n 是 f_m 的延拓. 令
$$Y_\omega = \prod_{n=1}^{\infty} Y_n.$$

定义 Y_ω 上泛函 f_ω 如下:
$$f_\omega(x) = f_n(x), \quad x \in Y_\omega.$$

易知 f_ω 是 Y_ω 上的有界线性泛函, 而且是 f_n 的延拓, 因此是 f 在 Y_ω 上的延拓. 由于 $\{x_n\} \subset Y_\omega$, 所以线性子空间 Y_ω 在 X 中稠密. 从而 f_ω 可以保范延拓成 X 上的有界线性泛函 F.

注记 2.6 定理 2.21 的证明和表述中都未用到空间 X 的拓扑性质, 因而其本质上是代数的.

定理 2.22 (Bohnenblust-Sobczyk) 设 X 是复线性空间, p 是 X 上的半范数, Y 是 X 的线性子空间, f 是 Y 上的满足如下条件的线性泛函:
$$|f(x)| \leqslant p(x), \quad \forall x \in Y,$$
则存在 X 上的线性泛函 $F(x)$ 使得

(i) $F(x) = f(x), x \in Y$;

(ii) $|F(x)| \leqslant p(x), x \in X$.

证明 设 $f(x)$ 的实部为 $f_1(x)$, 虚部为 $f_2(x)$. 由
$$f_1(x+y) + \mathrm{i}f_2(x+y) = f(x+y) = f(x) + f(y) = f_1(x) + f_1(y) + \mathrm{i}(f_2(x) + f_2(y)),$$
可得
$$f_1(x+y) = f_1(x) + f_1(y), \quad f_2(x+y) = f_2(x) + f_2(y).$$
同理, 对任意实数 α, 有
$$f_1(\alpha x) = \alpha f_1(x), \quad f_2(\alpha x) = \alpha f_2(x).$$
因此, f_1, f_2 是 X 上的实线性泛函. 另一方面, 由
$$f(\mathrm{i}x) = \mathrm{i}f(x) = \mathrm{i}f_1(x) - f_2(x), \quad f(\mathrm{i}x) = f_1(\mathrm{i}x) + \mathrm{i}f_2(\mathrm{i}x),$$
可得
$$f_2(x) = -f_1(\mathrm{i}x).$$
于是
$$f(x) = f_1(x) - \mathrm{i}f_1(\mathrm{i}x), \quad \forall x \in Y.$$
这表明 f 是由实部唯一确定的.

因为复线性空间也可以看成实线性空间, 故只需考虑 f_1 为 X 上的实线性泛函的情形. 注意到
$$f_1(x) \leqslant |f(x)| \leqslant p(x), \quad x \in Y.$$

由定理 2.21, 存在 X 上实线性泛函 F_1 使得当 $x \in Y$ 时, $F_1(x) = f_1(x)$, 并且当 $x \in X$ 时, 有 $F_1(x) \leqslant p(x)$. 令

$$F(x) = F_1(x) - \mathrm{i} F_1(\mathrm{i}x), \quad x \in X,$$

则 $F(x)$ 是 X 上的复线性泛函, 并且当 $x \in Y$ 时, $F(x) = f(x)$. 当 $x \in X$ 时, 如果 $F(x) = 0$, 则 $|F(x)| \leqslant p(x)$, 如果 $F(x) \neq 0$, 令 $\theta = \arg F(x)$, 有

$$|F(x)| = F(x)\mathrm{e}^{-\mathrm{i}\theta} = F(\mathrm{e}^{-\mathrm{i}\theta} x) = \operatorname{Re} F(\mathrm{e}^{-\mathrm{i}\theta} x)$$

$$= F_1(\mathrm{e}^{-\mathrm{i}\theta} x) \leqslant p(\mathrm{e}^{-\mathrm{i}\theta} x) = p(x). \qquad \square$$

定理 2.23 (Hahn-Banach 定理)　设 X 是赋范线性空间, Y 是 X 的线性子空间, f 是 Y 上的有界线性泛函, 则在 X 上存在 f 的保范线性延拓, 即 F 是 X 上的有界线性泛函, 且满足

(i) $F(x) = f(x), x \in Y$;

(ii) $\|F\| = \|f\|$.

证明　令

$$p(x) \triangleq \|f\| \|x\|, \quad x \in X,$$

则 $p(x)$ 是 X 上的半范数且

$$|f(x)| \leqslant p(x) = \|f\| \|x\|, \quad \forall x \in Y.$$

因此, 由定理 2.22, 存在 X 上的线性泛函 F 使得当 $x \in Y$ 时, 有

$$F(x) = f(x),$$

并且当 $x \in X$ 时, 有

$$|F(x)| \leqslant p(x) = \|f\| \|x\|.$$

因此 F 是 X 上的有界线性泛函, 而且

$$\|F\| \leqslant \|f\|.$$

另一方面, F 是 f 的延拓, 自然有 $\|F\| \geqslant \|f\|$. 从而有

$$\|F\| = \|f\|. \qquad \square$$

一般说来, Y 上的一个有界线性泛函在 X 上的保持范数不变的延拓不是唯一的. 一个典型的例子如下.

例 2.21 $X = \mathbb{R}^2$ 上的范数定义为

$$\|x\| = |x_1| + |x_2|, \quad \forall x = (x_1, x_2) \in \mathbb{R}^2.$$

设 $Y = \{(x_1, 0) | x_1 \in \mathbb{R}\}$, 定义 Y 上泛函 f 如下:

$$f(x_1, 0) = x_1, \quad \forall (x_1, 0) \in Y.$$

显然 f 是 Y 上的有界线性泛函, 且 $|f(x_1, 0)| = |x_1| = \|(x_1, 0)\|$. 所以 $\|f\| = 1$.

对任意满足 $|\beta| \leqslant 1$ 的实数 β, X 上的有界线性泛函 $F(x_1, x_2) = x_1 + \beta x_2$ 都是 f 的保范延拓.

推论 2.8 设 X 是赋范线性空间, 则对任意 $x_0 \in X \setminus \{0\}$, 总存在 X 上的有界线性泛函 f 满足

(i) $\|f\| = 1$;

(ii) $f(x_0) = \|x_0\|$.

证明 令 $Y = \{\alpha x_0 \mid \alpha \in \mathbb{F}\}$ 并且定义 Y 上的泛函 f_1 为

$$f_1(\alpha x_0) = \alpha \|x_0\|, \quad \alpha \in \mathbb{F}.$$

则 f_1 是 Y 上的有界线性泛函, 并且 $f_1(x_0) = \|x_0\|$, $\|f_1\| = 1$. 由 Hahn-Banach 定理, 存在 f_1 的保范线性延拓 f. □

推论 2.9 设 X 是赋范线性空间, Y 是 X 的闭线性子空间, $x_0 \in X \setminus Y$, 则存在 X 上的有界线性泛函 f 满足

(i) $f(x) = 0, x \in Y$;

(ii) $f(x_0) = d = \mathbf{d}(x_0, Y) = \inf_{x \in Y} \|x_0 - x\| > 0$;

(iii) $\|f\| = 1$.

证明 设 $Y_1 = \{x + \alpha x_0 \mid x \in Y, \alpha \in \mathbb{F}\}$. 定义 Y_1 上的线性泛函 f_1 为

$$f_1(x + \alpha x_0) = \alpha f(x_0) = \alpha d.$$

当 $x \in Y, \alpha \in \mathbb{F}$ 时,

$$|f_1(x + \alpha x_0)| = |\alpha| \cdot d \leqslant |\alpha| \left\|\frac{x}{\alpha} + x_0\right\| = \|x + \alpha x_0\|.$$

因此 $\|f_1\| \leqslant 1$.

另一方面, 对任意 $\varepsilon > 0$, 存在 $x \in Y$ 使得

$$\|x - x_0\| \leqslant d + \varepsilon = |f_1(x - x_0)| + \varepsilon.$$

2.6 Hahn-Banach 定理

于是
$$1 \leqslant \left| f_1\left(\frac{x-x_0}{\|x-x_0\|}\right) \right| + \frac{\varepsilon}{\|x-x_0\|} \leqslant \|f_1\| + \frac{\varepsilon}{d}.$$

令 $\varepsilon \to 0$ 可得
$$\|f_1\| \geqslant 1.$$

因此, $\|f_1\| = 1$.

由 Hahn-Banach 定理, 存在 f_1 的保范线性延拓 f 满足 (i), (ii) 和 (iii). □

定理 2.24 设 X 是赋范线性空间, f 是 X 上的有界线性泛函, 则 $N = \{x \in X \mid f(x) = 0\}$ 是 X 的闭子空间.

如果 $f \not\equiv 0$, 则对任意满足 $f(x_0) \neq 0$ 的 $x_0 \in X$ 有
$$X = N + \operatorname{span}\{x_0\}.$$

证明 设 $x, y \in N, \alpha, \beta \in \mathbb{F}$, 则
$$f(\alpha x + \beta y) = \alpha f(x) + \beta f(y) = 0.$$

从而 N 是 X 的线性子空间. 设 $\{x_n\}_{n=1}^\infty \subset N$ 为 X 中收敛点列, 其极限为 x, 由 f 的连续性有
$$f(x) = f\left(\lim_{n\to\infty} x_n\right) = \lim_{n\to\infty} f(x_n) = 0.$$

所以 N 是闭的.

如果 $f \not\equiv 0$, 取 $x_0 \in X$ 使得 $f(x_0) \neq 0$. 对任意 $x \in X$, 令
$$y = x - \frac{f(x)}{f(x_0)} \cdot x_0.$$

则
$$f(y) = f(x) - \frac{f(x)}{f(x_0)} \cdot f(x_0) = 0.$$

故 $y \in N$. 从而,
$$x = y + \frac{f(x)}{f(x_0)} x_0 \in N + \operatorname{span}\{x_0\}.$$

由 x 的任意性可得 $X \subset N + \operatorname{span}\{x_0\}$.

另一方面, $N + \operatorname{span}\{x_0\} \subset X$. 因此, $X = N + \operatorname{span}\{x_0\}$. □

2.7 Hahn-Banach 定理的应用

2.7.1 Hahn-Banach 定理的几何形式

首先给出 Hahn-Banach 定理的几何意义.

定义 2.23 设 f 为赋范线性空间 X 上的连续线性泛函, 称点集

$$\{x \in X \mid f(x) = \alpha (\alpha \text{ 为常数})\}$$

为 X 中的超平面.

设 X_1 是 X 的线性子空间, $x_0 \in X \backslash X_1$, 称点集

$$\mathcal{G} = x_0 + X_1 \triangleq \{x_0 + x : x \in X_1\}$$

为 X 中的线性簇.

定理 2.25 (Hahn-Banach 定理的几何形式) 设 X 是赋范线性空间. 如果 X 中的线性簇 $\mathcal{G}$ 与开球 B 不相交, 则有超平面 $\mathcal{K}$ 包含 $\mathcal{G}$ 而且与 B 不相交.

证明 不妨设 $B = \{x : \|x\| < 1\}$, $\mathcal{G} = x_0 + X_1$, 其中 X_1 是线性子空间, $x_0 \notin X_1$. 注意到 $\mathcal{G}$ 与 B 不相交, $\overline{X}_1$ 是 X 的子空间, 故对任意 $x \in X_1$ 都有 $\|x_0 + x\| \geqslant 1$. 于是 $\delta \triangleq \text{dist}\{x_0, \overline{X}_1\} \geqslant 1$. 由 Hahn-Banach 定理知, 存在 X 上线性泛函 f 使得

(1) $f(x) = 0, x \in X_1$;
(2) $f(x_0) = 1$;
(3) $\|f\| = 1/\delta \leqslant 1$.

定义超平面 $\mathcal{K}$ 为

$$\mathcal{K} = \{x \in X \mid f(x) = 1\},$$

则对任意 $x \in \mathcal{G}$ 都有 $x = x_0 + x_1$, 其中 $x_1 \in X_1$. 于是

$$f(x) = f(x_0) + f(x_1) = 1,$$

所以 $\mathcal{G} \subset \mathcal{K}$. 又当 $x \in B$ 时, $\|x\| < 1$, 所以

$$|f(x)| \leqslant \|f\| \|x\| < 1.$$

由此可得 $x \notin \mathcal{K}$. □

以上由 Hahn-Banach 定理的解析形式 (定理 2.23) 推出了 Hahn-Banach 定理的几何形式. 反之, 从 Hahn-Banach 定理的几何形式也能推出 Hahn-Banach 定理的解析形式. 下面给出证明.

证明 对 X 中任取的线性子空间 Y 及其上的非零连续线性泛函 $f(x)$，令

$$\mathcal{G} = \{x \in Y : f(x) = 1\}, \quad B = \{x \in X : \|x\| < \mu\},$$

其中 $\mu = \dfrac{1}{\|f\|}$.

设 $x_0 \in \mathcal{G}$，则 $f(x_0) = 1$. 令 $\mathcal{M} \triangleq \{x \in Y : f(x) = 0\}$，则 $\mathcal{G} = x_0 + \mathcal{M}$. 如果 $x \in \mathcal{G}$，则

$$1 = |f(x)| \leqslant \|f\|\|x\|,$$

故 $\|x\| \geqslant \mu$. 因为 B 是开球，所以 $\mathcal{G} \cap B = \varnothing$.

由定理 2.25 知，存在超平面

$$\mathcal{K} = \{x \in X \mid F(x) = c\},$$

使得

$$\mathcal{K} \supset \mathcal{G} \text{ 且 } \mathcal{K} \cap B = \varnothing.$$

由 $\mathcal{G} \cap B = \varnothing$ 可知 $c \neq 0$. 不失一般性，可设 $c = 1$. 否则以 $\dfrac{1}{c}F$ 代替 F 即可.

如果 $x \in Y$ 使得 $f(x) = a \neq 0$，则 $f\left(\dfrac{x}{a}\right) = 1$，从而 $F\left(\dfrac{x}{a}\right) = 1$，即有 $F(x) = a$. 如果 $f(x) = 0$，因取定 $x_0 \in \mathcal{G}$，故

$$f(x + x_0) = f(x_0) = 1.$$

于是

$$F(x + x_0) = F(x_0) = 1.$$

故 $F(x) = 0$. 由此可知 F 是 f 的扩张.

假设存在 $x_1 \in B$ 使得 $|F(x_1)| \geqslant 1$. 令 $x_2 = \dfrac{1}{F(x_1)}x_1$，则 $x_2 \in B$ 且 $F(x_2) = 1$，即 $x_2 \in \mathcal{K} \cap B$，矛盾. 由此可得

$$\{x : \|x\| < \mu\} \subset \{x : |F(x)| < 1\}.$$

因而有

$$\sup_{\|\frac{x}{\mu}\| < 1} \left|F\left(\dfrac{x}{\mu}\right)\right| \cdot \mu \leqslant 1.$$

从而

$$\|F\| = \sup_{\|x\| \leqslant 1} |F(z)| \leqslant \dfrac{1}{\mu} = \|f\|.$$

另一方面，已证明 F 是 f 的扩张，故 $\|F\| \geqslant \|f\|$. 所以有 $\|F\| = \|f\|$. □

2.7.2 凸集分离定理

定理 2.26 (Mazur) 设 K 是实赋范线性空间 X 的闭凸子空间, $x_0 \notin K$. 则存在常数 r 以及 X 上的有界线性泛函 f 使得

$$f(x_0) > r,$$
$$f(x) \leqslant r, \quad x \in K.$$

证明 我们不妨设 $0 \in K$. 否则取 $y_0 \in K$, 令

$$K_1 = K - y_0 = \{x - y_0 \mid x \in K\}, \quad x_1 = x_0 - y_0,$$

则对 K_1, x_1 证明定理的结论即可.

由于 $x_0 \notin K$ 以及 K 是闭集, 故 $\delta = \mathbf{d}(x_0, K) > 0$. 令

$$M = \overline{N_{\frac{\delta}{3}}(K)} = \overline{\left\{x \in X \,\middle|\, \mathrm{dist}(x, K) < \frac{\delta}{3}\right\}},$$

则 M 具有如下性质:

(i) M 是 X 的闭凸子集;

(ii) $B_{\frac{\delta}{3}}(0) = \left\{x \in X \,\middle|\, \|x\| < \dfrac{\delta}{3}\right\} \subset M$;

(iii) $x_0 \notin M$.

设 $x, y \in N_{\delta/3}(K)$, 则存在 $x_1, y_1 \in K$ 使得 $\|x_1 - x\| < \dfrac{\delta}{3}$, $\|y_1 - y\| < \dfrac{\delta}{3}$. 因此, 对任意 $\alpha \in (0, 1)$,

$$\|\alpha x_1 + (1-\alpha)y_1 - \alpha x - (1-\alpha)y\|$$

$$\leqslant \alpha\|x_1 - x\| + (1-\alpha)\|y_1 - y\| < \frac{\delta}{3}.$$

因为 K 是 X 的凸子集, 故 $\alpha x_1 + (1-\alpha)y_1 \in K$. 从而, $\alpha x + (1-\alpha)y \in N_{\delta/3}(K)$. 故 $N_{\delta/3}(K) = \left\{x \in X \,\middle|\, \mathrm{dist}(x, K) < \dfrac{\delta}{3}\right\}$ 是凸的. 根据范数与 X 的线性结构相容性可得, $\overline{N_{\delta/3}(K)}$ 仍是凸子集. 这就验证了性质 (i).

注意到 $0 \in K$, 从而当 $x \in X$, $\|x\| < \dfrac{\delta}{3}$ 时, 有 $\mathbf{d}(x, M) \leqslant \|x - 0\| < \dfrac{\delta}{3}$, 所以 $x \in M$. 因此性质 (ii) 成立.

对于任何 $x \in N_{\delta/3}(K)$, 取 $x_1 \in K$ 使得 $\|x_1 - x\| < \dfrac{\delta}{3}$. 由 δ 的定义有

$$\delta \leqslant \|x_0 - x_1\| \leqslant \|x_0 - x\| + \|x - x_1\| < \|x_0 - x\| + \frac{\delta}{3},$$

所以

$$\|x_0 - x\| \geqslant \frac{2}{3}\delta.$$

可得 $x_0 \notin M$. 根据 M 的性质 (i), (ii) 可知, M 是 X 中关于零点吸收的闭凸子集. 设 $p_M(\cdot)$ 为 M 的 Minkowski 泛函, 则

$$p(x_0) > 1, \quad p(x) \leqslant 1, \quad \forall\, x \in M.$$

特别地, 当 $x \in N_{\delta/3}(0)$ 时, 有 $p(x) \leqslant 1$. 令

$$Y = \{\lambda x_0 \mid \lambda \in \mathbb{R}\}, \quad f_1(\lambda x_0) = \lambda p(x_0).$$

f_1 是 Y 上的线性泛函, 并且当 $\lambda > 0$ 时, 利用 p 的正齐次性可知, $f_1(\lambda x_0) = p(\lambda x_0)$. 而当 $\lambda \leqslant 0$ 时, 有

$$f_1(\lambda x_0) = \lambda p(x_0) \leqslant 0 \leqslant p(\lambda x_0).$$

总之,

$$f_1(x) \leqslant p(x), \quad \forall\, x \in Y.$$

根据定理 2.21, 存在 X 上的线性泛函 f 使得对任意 $x \in X$, 有 $f(x) \leqslant p(x)$. 当 $x \in N_{\delta/3}(0)$ 时, 有

$$|f(x)| \leqslant \max\{p(x),\, p(-x)\} \leqslant 1.$$

从而 f 是 X 上的有界线性泛函. 对于这样的 f, 有

$$f(x) \leqslant 1,\ x \in M \quad \text{而} \quad f(x_0) > 1. \qquad \square$$

注记 2.7 Mazur 定理表明, 存在 X 中的超平面 $M = \{x \mid f(x) = r\}$, 使得 x 位于 M 的一侧, 而 K 位于 M 的另一侧. 即 M 把 x_0 与 K 分开来. 因此 Mazur 定理又称为凸集分离定理.

2.7.3 测度问题

本节中给出泛函延拓定理在经典分析问题——测度存在性上的应用.

从积分来看, 总希望可测集尽可能多 (意味着可积函数尽可能多). 遗憾的是, $\mathbb{R}$ 上存在大量的 Lebesgue 不可测集. 自然就有如下问题: 在 $\mathbb{R}$ 上是否存在一个满足如下性质的测度.

(i) 可列可加性;

(ii) 一切直线上子集都是可测的;

(iii) 平移不变的;

(iv) 非平凡的, 即对有限区间 (例如 $[0,1]$) 的测度是有限且非零的.

遗憾的是, 同时都满足 (i)—(iv) 的测度是不存在的. 这可以通过类似于构造 Lebesgue 不可测集的方法来证明. 事实上, 构造 Lebesgue 不可测集时只用了 Lebesgue 测度的平移不变、可列可加以及 $\mathbf{m}([0,1])$, $\mathbf{m}([-1,2])$ 是有限值.

如果把可列可加性要求降低成有限可加性, 则相应测度存在.

定理 2.27 存在定义在 $[0,1)$ 的所有子集上的非负函数 ν 满足下列条件:

(i) (有限可加性) 对任意 $E_1, E_2 \subset [0,1)$, $E_1 \cap E_2 = \varnothing$, $\nu(E_1 \cup E_2) = \nu(E_1) + \nu(E_2)$;

(ii) 当 E 是 $[0,1)$ 中 Lebesgue 可测集时, $\nu(E) = \mathbf{m}(E)$;

(iii) (平移不变性) 对任意 $E \subset [0,1)$, $\alpha \in [0,1)$ 都有 $\nu(E) = \nu(E+a)$, 其中 $E + a \triangleq \{x + a(\bmod 1) \mid x \in E\}$;

(iv) (反射不变性) 对任意 $E \subset [0,1)$, $\nu(E) = \nu(1-E)$, 其中 $1 - E \triangleq \{1 - x \mid x \in E\}$.

证明 记 $\mathcal{U}$ 为 $[0,1)$ 上有界实函数全体. 只需证明在实线性空间 $\mathcal{U}$ 上存在线性泛函 F 满足以下性质:

(i)′ 当 $f \in \mathcal{U}$, 并且 f 是 Lebesgue 可积时, $F(f) = \int_0^1 f(x) \mathrm{d}x$;

(ii)′ $F(f(x+a)) = F(f(x))$, 其中 $x+a$ 是 $x + a(\bmod 1)$ 的缩写;

(iii)′ $F(f(1-x)) = F(f(x))$;

(iv)′ 对 $\mathcal{U}$ 中任何非负函数 f 都有 $F(f) \geqslant 0$.

如果上述 F 存在, 只要令 $\nu(E) = F(\chi_E)$ (χ_E 是集合 E 在 $[0,1)$ 上的特征函数), 则 ν 便是所求测度.

对任意 $f \in \mathcal{U}$, 将 f 延拓为 $\mathbb{R}$ 上以 1 为周期的函数 $\tilde{f}$. 对任意 $\alpha_1, \cdots, \alpha_n \in \mathbb{R}$, 令

$$M(f; \alpha_1, \cdots, \alpha_n) \triangleq \sup_{x \in \mathbb{R}} \frac{1}{n} \sum_{i=1}^{n} f(x + \alpha_i),$$

$$p(f) \triangleq \inf_{\substack{a_1, \cdots, a_n \\ n = 1, 2, \cdots}} M(f; \alpha_1, \cdots, \alpha_n).$$

2.7 Hahn-Banach 定理的应用

由定义, 对任意 $\varepsilon > 0$, 存在 $\alpha_1, \cdots, \alpha_n, \beta_1, \cdots, \beta_m$, 使得

$$M(f; \alpha_1, \cdots, \alpha_n) \leqslant p(f) + \varepsilon, \quad M(g; \beta_1, \cdots, \beta_m) \leqslant p(g) + \varepsilon.$$

对 mn 个分点 $\alpha_j + \beta_k (j = 1, \cdots, n, k = 1, \cdots, m)$,

$$p(f+g) \leqslant M(f+g; \alpha_j + \beta_k) = \sup_{x \in \mathbb{R}} \frac{1}{nm} \sum_{i,j} (f+g)(x + \alpha_j + \beta_k)$$

$$= \sup_{x \in \mathbb{R}} \frac{1}{m} \sum_j \frac{1}{n} \sum_i f(x + \alpha_j + \beta_k) + \sup_{x \in \mathbb{R}} \frac{1}{n} \sum_i \frac{1}{m} \sum_j g(x + \alpha_j + \beta_k)$$

$$\leqslant p(f) + \varepsilon + p(g) + \varepsilon,$$

由 $\varepsilon > 0$ 的任意性知 $p(f)$ 在 $\mathcal{U}$ 上是次可加的.

记 $\mathcal{U}$ 中全体 Lebesgue 可积函数为 $\mathcal{U}_1$. 对 $f \in \mathcal{U}_1$, 用 $L(f)$ 表示 f 的 Lebesgue 积分. 对任意 $\alpha_1, \cdots, \alpha_n \in \mathbb{R}$,

$$L(f) = \frac{1}{n} \int_0^1 [f(x + \alpha_1) + \cdots + f(x + \alpha_n)] \, \mathrm{d}x \leqslant M(f; a_1, \cdots, \alpha_n).$$

因此有 $L(f) \leqslant p(f)$. 由此可得对任意 $f \in \mathcal{U}_1$ 都有 $L(f) \leqslant p(f)$.

设 L 在 $\mathcal{U}$ 上有延拓 L_1 使对任意 $f \in \mathcal{U}$, $L_1(f) \leqslant p(f)$. 显然 L_1 满足 (i)'.

下面证明 L_1 满足 (ii)'. 任取 $x_0 \in [0, 1)$, 对任意 $f \in \mathcal{U}$, 记 $g(x) = f(x + x_0) - f(x)$. 取

$$a_1 = 0, \quad \alpha_2 = x_0, \cdots, \alpha_n = (n-1)x_0,$$

则

$$\frac{1}{n}(g(x) + g(x + x_0) + \cdots + g(x + (n-1)x_0)) = \frac{1}{n}(f(x + nx_0) - f(x_0)).$$

记 $\|f\| = \sup_{x \in \mathbb{R}} |f(x)|$, 由此可知

$$L_1(g) \leqslant p(g) \leqslant \sup_{x \in \mathbb{R}} M(g; \alpha_1, \cdots, \alpha_n) \leqslant \frac{2\|f\|}{n}.$$

令 $n \to \infty$ 可得 $L_1(g) \leqslant 0$. 用 $-f$ 代替 f 可得 $L_1(-g) \leqslant 0$, 因此 $-L_1(g) \leqslant 0$. 因而对任意 $f \in \mathcal{U}$ 都有 $L_1(g) \leqslant 0$. 则 $L_1(f(x + x_0)) = L_1(f(x))$.

任取 $x \in [0, 1)$, 当 $f(x) \leqslant 0$ 时, $p(f) \leqslant 0$. 所以 $L_1(-f) = -L_1(f) \geqslant 0$. 这即是 (iv)'.

定义 $\mathcal{U}$ 上线性泛函如下:

$$F(f) = \frac{1}{2}[L(f(x)) + L(f(1-x))], \quad \forall f \in \mathcal{U}.$$

则 F 满足 (i)′—(iv)′. □

如果将 $[0,1)$ 上按定理 2.27 所得 ν 以周期方式延拓成 $\mathbb{R}$ 上测度, 便得到在 $\mathbb{R}$ 的一切子集上有定义, 具有有限可加性、平移不变性的测度, 并且在 Lebesgue 可测集 E 上, $\nu(E) = \mathbf{m}(E)$.

2.7.4 最佳逼近问题

先给出一个一般性定义.

定义 2.24 设 $(X, \mathbf{d})$ 为度量空间, $G \subset X$, $x_1 \in X$. 如果存在 $y_0 \in G$ 使得 $\mathbf{d}(x_1, y_0) = \inf\limits_{y \in G} \mathbf{d}(x_1, y)$, 则我们称 y_0 为 G 内对 x_1 的最佳近似元 (即 y_0 是 G 中与 x_1 的距离最近元).

记

$$\mathcal{A}_G(x_1) = \left\{ y_0 \in G \,|\, \mathbf{d}(x_1, y_0) = \inf_{y \in G} \mathbf{d}(x_1, y),\, y_0 \in G \right\}.$$

注记 2.8 从上面的定义不难看出, 当 $x_1 \in G$ 时有 $\mathcal{A}_G(x_1) = \{x_1\}$. 当 $x_1 \in \bar{G} \setminus G$ 时则有 $\mathcal{A}_G(x_1) = \varnothing$. 因而, 为了下面的讨论有意义, 我们总是避开上述两种平凡的情况, 约定 $x_1 \in X \setminus \bar{G}$.

定理 2.28 设 X 是赋范线性空间, X_0 是 X 的线性子空间, $x_1 \in X \setminus \bar{X}_0$. 那么, 对任意 $y_0 \in X_0$, $y_0 \in \mathcal{A}_{X_0}(x_1)$ 当且仅当存在一个泛函 $f_1 \in X'$ 使得

$$\|f_1\| = 1, f_1(y) = 0, \forall y \in X_0; \quad f_1(x_1 - y_0) = \|x_1 - y_0\|.$$

证明 先证必要性. 由 $y_0 \in \mathcal{A}_{X_0}(x_1) \subset X_0$, 而 $x_1 \in X \setminus \bar{X}_0$ 知

$$\|x_1 - y_0\| = d(x_1, X_0) = \inf_{y \in X_0} d(x_1, y) > 0.$$

于是由 Hahn-Banach 定理知存在 $f \in X'$ 使得

$$\|f\| = \frac{1}{\|x_1 - y_0\|}, \quad f(x) = \begin{cases} 1, & x = x_1, \\ 0, & x \in X_0. \end{cases}$$

泛函 $f_1 = \|x_1 - y_0\| f$ 即为所求泛函.

下证充分性. 如果泛函 $f_1 \in X'$ 满足定理条件, 那么对这样的 $y_0 \in X_0$, 由 f_1 的性质有

$$\|x_1 - y_0\| = |f_1(x_1 - y_0)| = |f_1(x_1) - f(y_0)| = |f_1(x_1)|$$
$$= |f_1(x_1 - y)| \leqslant \|f_1\| \cdot \|x_1 - y\|$$
$$= \|x_1 - y\|, \quad \forall y \in X_0.$$

由此可得

$$\|x_1 - y_0\| = \inf_{y \in X_0} \|x_1 - y\|,$$

也即 $y_0 \in \mathcal{A}_{X_0}(x_1)$. □

由 $\mathcal{A}_{X_0}(x_1)$ 的定义可知, 对任意 $y_0', y_0'' \in \mathcal{A}_{X_0}(x_1)$ 均有 $\|x_1 - y_0'\| = \|x_1 - y_0''\|$. 因此, 类似定理 2.28 的证明方法可得到下面的推论.

推论 2.10 设 X, X_0 如定理 2.28 所设, $x_1 \in X \setminus \bar{X}_0$. 又设 $X_0 \subset M_0$. $M_0 \subset \mathcal{A}_{X_0}(x_1)$ 当且仅当存在泛函 $f_1 \in X'$ 满足下列条件:
(1) $\|f_1\| = 1$;
(2) $f_1(y) = 0, \ \forall y \in X_0$;
(3) $f_1(x_1 - y_0) = \|x_1 - y_0\|, \ \forall y \in M_0$.

注记 2.9 由推论 2.10 可知, 即使线性子空间 X_0 对于 x_1 的最佳近似元的集合 $\mathcal{A}_{X_0}(x_1)$ 不止包含一个元素, 但满足定理 2.28 条件的有界线性泛函却可以是同一个.

例 2.22 设 $X = C([0,1])$, X_0 为 X 的一维闭线性子空间 $\{at | a \in \mathbb{R}\}$, $x_1 = x_1(t) \equiv 1, t \in [0,1]$.

任取 $y \in X_0$, 由于

$$\|x_1 - y\| = \max_{0 \leqslant t \leqslant 1} |1 - at| \begin{cases} > 1, & a < 0, \\ > 1, & a > 2, \\ = 1, & 0 \leqslant a \leqslant 2, \end{cases}$$

因此, 当 $y_0 \in \{at | 0 \leqslant a \leqslant 2\} \subset X_0$ 时, 均有 $\|x_1 - y_0\| = \inf_{y \in X_0} \|x_1 - y\| = 1$, 即

$$\mathcal{A}_{X_0}(x_1) = \{at | 0 \leqslant a \leqslant 2\}.$$

2.7.5 凸集上的最佳逼近元

下面把上一小节中 X 的线性子空间 X_0 推广到 X 的凸集 V. 为此, 先给出下面的引理.

引理 2.3 设 V 为实赋范线性空间 X 内的一个凸集, $x_1 \in X \setminus \bar{V}$. 令

$$V_1^* = \{f \in X' | f(x_1 - y)\} \geqslant 1, \forall y \in V\},$$

$$V_0^* = \{f \in X' | f(x_1 - y)\} \geqslant 0, \forall y \in V\}.$$

则有

$$\inf_{y \in V} \|x_1 - y\| = \max_{f \in V_1^*} \frac{1}{\|f\|} = \max_{\substack{f \in V_0^* \\ \|f\|=1}} \inf_{y \in V} f(x_1 - y). \tag{2.31}$$

证明 先证明 (2.31) 的前一个等式. 设

$$d = \inf_{y \in V} \|x_1 - y\|.$$

因为 $x_1 \notin \bar{V}$, 故 $d > 0$. 任取 $f \in V_1^*$, 由 V_1^* 的定义有

$$f(x_1 - y) \geqslant 1, \quad \forall y \in V.$$

由此可得

$$1 \leqslant \|f\| \cdot \|x_1 - y\|, \quad \forall y \in V.$$

因而有

$$1 \leqslant \|f\| \cdot \inf_{y \in V} \|x_1 - y\| = \|f\| \cdot d,$$

即 $\dfrac{1}{\|f\|} \leqslant d$. 由 $f \in V_1^*$ 的任意性可得

$$\sup_{f \in V_1^*} \frac{1}{\|f\|} \leqslant d. \tag{2.32}$$

记 X 中以 x_1 为中心, 以 d 为半径的球为 $B(x_1, d)$. 显然 $V \cap \mathring{B}(x_1, d) = \varnothing$. 由凸集分离定理可知, 存在 $f' \in X'$ 使得由其所定的某一闭超平面 $H_{f'} = \{x \in X | f'(x) = c'\}$ 将上两凸集 V 与 $B(x_1, d)$ 分离, 且有

$$f'(x) \begin{cases} \leqslant c', & x \in V, \\ \geqslant c', & x \in B(x_1, d), \\ > c', & x \in \mathring{B}(x_1, d). \end{cases}$$

由

$$f'(x_1 - x) = f'(x_1) - f'(x) = f'(x_1) - c' > 0, \quad \forall x \in H_{f'},$$

2.7 Hahn-Banach 定理的应用

可得有界线性泛函 $F' \triangleq \dfrac{f'}{f'(x_1) - c'}$ 使得

$$H_{f'} = H_{F'} = \{x \in X | F'(x_1 - x) = 1\},$$

$$F'(x_1 - y) \leqslant 1, \quad \forall x \in B(x_1, d)$$

及

$$F'(x_1 - y) \geqslant 1, \quad \forall y \in V.$$

从而可知 $F' \in V_1'$. 根据泛函 F' 范数的定义知

$$\frac{1}{\|F'\|} = \inf\{\|x\| | F'(x) = 1, x \in X\}.$$

注意到闭超平面 $H_{F'}$ 的定义, 则有

$$\frac{1}{\|F'\|} = \inf\{\|x_1 - x\| | x \in H_{F'}\} = d(x_1, H_{F'}).$$

因为闭超平面 $H_{F'}$ 不能包含凸集 $B(x_1, d)$ 的内点 x_1, 所以 $H_{F'}$ 只能包含球 $B(x_1, d)$ 的边界点或者全部在球的外面. 因此

$$\frac{1}{\|F'\|} = d(x_1, H_{F'}) \geqslant d. \tag{2.33}$$

由式 (2.32) 及 (2.33) 可得

$$\max_{f \in V_1^*} \frac{1}{\|f\|} = d = \inf_{y \in V} \|x_1 - y\|.$$

下面来证明式(2.31) 的后一个等式. 设

$$m(f) \triangleq \inf_{y \in V} f(x_1 - y), \quad \forall f \in V_1^*.$$

那么, 由泛函集 V_1^* 的定义可知

$$m(f) \geqslant 1, \quad \forall f \in V_1^*.$$

由此可得

$$\max_{f \in V_1^*} \frac{1}{\|f\|} = \max\left\{\frac{1}{\|f\|} \,\bigg|\, f(x_1 - y) \geqslant 1, \forall y \in V, f \in X'\right\}$$

$$= \max\left\{\frac{m(f)}{\|f\|} \,\Big|\, \frac{f(x_1-y)}{m(f)} \geqslant 1, \forall y \in V, f \in V_1^*\right\}$$

$$= \max\left\{\frac{m(f)}{\|f\|} \,\Big|\, \frac{f(x_1-y)}{\inf\limits_{y \in V} f(x_1-y)} \geqslant 1, \forall y \in V, f \in V_1^*\right\}$$

$$= \max\left\{\frac{m(f)}{\|f\|} \,\Big|\, f(x_1-y) \geqslant 0, \forall y \in V, f \in X'\right\}$$

$$= \max\left\{\inf_{y \in V}\frac{f(x_1-y)}{\|f\|} \,\Big|\, f(x_1-y) \geqslant 0, \forall y \in V, f \in X'\right\}$$

$$= \max_{\substack{f \in V_0^* \\ \|f\|=1}} \inf_{y \in V} f(x_1-y). \qquad \Box$$

上面的引理可以导出关于凸集内最佳近似元的存在定理.

定理 2.29 设 V 为实赋范线性空间 Z 内的一个凸集, 元素 $x_1 \in X \backslash \overline{V}$. 任取 $y_0 \in V$, $y_0 \in \mathcal{A}_V(x_1)$ 的充要条件是存在 $f_1 \in X'$ 使得

$$\|f_1\| = 1,$$

$$f_1(y_0 - y) \geqslant 0, \quad \forall y \in V,$$

以及

$$f_1(x_1 - y_0) = \|x_1 - y_0\|.$$

证明 必要性. 由引理 2.3 知存在 $f_1 \in X'$ 满足 $\|f_1\| = 1$ 和对任意 $y \in V$, $f_1(x_1 - y) \geqslant 0$, 并且使得

$$\|x_1 - y_0\| = \inf_{y \in V} \|x_1 - y\| = \inf_{y \in V} f_1(x_1 - y) \leqslant f_1(x_1 - y_0)$$

$$\leqslant \|f_1\|\|x_1 - y_0\| = \|x_1 - y_0\|. \qquad (2.34)$$

因而有

$$f_1(x_1 - y_0) = \|x_1 - y_0\|.$$

由于 $x_1 \notin \overline{V}$, 故 $\|x_1 - y_0\| > 0$. 令泛函 $f^* = \dfrac{f_1}{\|x_1 - y_0\|}$, 由式 (2.34) 可得

$$f^*(x_1 - y) = \frac{f_1(x_1-y)}{\|x_1-y_0\|} \geqslant \frac{\inf\limits_{y \in V} f_1(x_1-y)}{\|x_1-y_0\|} = \frac{\|x_1-y_0\|}{\|x_1-y_0\|} = 1, \quad \forall y \in V.$$

因而有

2.7 Hahn-Banach 定理的应用

$$f^*(y_0 - y) = f^*(x_1 - y) - f^*(x_1 - y_0) \geqslant 1 - \frac{f_1(x_1 - y_0)}{\|x_1 - y_0\|}$$

$$= 1 - 1 = 0, \quad \forall y \in V.$$

由此可得

$$f_1(y_0 - y) \geqslant 0, \quad \forall y \in V.$$

充分性. 由 $f_1 \in X'$ 可得

$$\|x_1 - y_0\| = f_1(x_1 - y_0) \leqslant f_1(x_1 - y_0) + f_1(y_0 - y) = f_1(x_1 - y)$$
$$\leqslant \|f_1\| \cdot \|x_1 - y\| = \|x_1 - y\|, \quad \forall y \in V,$$

即

$$\|x_1 - y_0\| = \inf_{y \in V} \|x_1 - y\|,$$

因此 $y_0 \in \mathcal{A}_V(x_1)$. □

与定理 2.28 一样,我们也可以得到下面的推论.

推论 2.11 X, V 如定理 2.29 所设,$x_1 \in X \setminus \bar{V}$. 对 $M_0 \subset V$,$M_0 \subset \mathcal{A}_V(x_1)$ 当且仅当存在 $f_1 \in X'$ 使得

$$\|f\|_1 = 1;$$

$$f_1(y_0 - y) \geqslant 0, \quad \forall y \in V, \ y_0 \in M_0;$$

$$f_1(x_1 - y_0) = \|x_1 - y_0\|, \quad \forall y_0 \in M_0.$$

推论 2.11 表明,即使凸集 V 对于 x_1 的最佳近似元的集合 $\mathcal{A}_V(x_1)$ 不止包含一个元素,但满足上面定理 2.29 条件的相应有界线性泛函是同一个.

注记 2.10 上面的结论不难推广到复的赋范线性空间,只需将 $f_1(y_0 - y) \geqslant 0$,$f_1(x_1 - y_0) = \|x_1 - y_0\|$ 换为 $\mathrm{Re}\, f_1(y_0 - y) \geqslant 0$ 与 $\mathrm{Re}\, f_1(x_1 - y_0) = \|x_1 - y_0\|$ 即可. 证明留给感兴趣的读者.

2.7.6 矩量问题

本节中我们讨论无穷维线性方程的解的存在问题,也称为矩量问题.

定理 2.30 设 X 为一赋范线性空间,设 $\mathcal{I}$ 为指标集,$\{x_l | l \in \mathcal{I}\} \subset X$,$\{\lambda_l | l \in \mathcal{I}\} \subset \mathcal{I}$,$\beta$ 为正实数.

存在泛函 $f \in X'$ 使得

(1) $f(x_l) = \lambda_l, \forall l \in \mathcal{I}$;

(2) $\|f\| \leqslant \beta$

的充要条件是对于任意 n 个指标 $l_1, l_2, \cdots, l_n \subset \mathcal{I}$ 及 n 个复数 $\xi_1, \xi_2, \cdots, \xi_n$, 均有

$$\left|\sum_{k=1}^n \xi_k \lambda_{lk}\right| \leqslant \beta \left|\sum_{k=1}^n \xi_k x_{lk}\right|.$$

证明 必要性. 由假设条件 (1), (2) 可得

$$\left|\sum_{k=1}^n \xi_k \lambda_{lk}\right| = \left|\sum_{k=1}^n \xi_k f(x_{lk})\right| = \left|f\left(\sum_{k=1}^n \xi_k x_{lk}\right)\right|$$

$$\leqslant \|f\| \cdot \left\|\sum_{k=1}^n \xi_k x_{lk}\right\| \leqslant \beta \cdot \left\|\sum_{k=1}^n \xi_k x_{lk}\right\|.$$

充分性. 设 $\{x_l^0 \in X | l \in \mathcal{I}_0\}$ 为 $\{x_l \in X | l \in \mathcal{I}\}$ 内的线性无关元素, 并设其张成的线性子空间为 X_0. 所以 $\{x_l | l \in \mathcal{I}\} \subset X_0$. 任取 $y \in X_0$, y 必为 $\{x_l^0 | l \in \mathcal{I}_0\}$ 中某有限个元的线性组合, 而该集中任意有限个元素均是线性无关的, 因而 y 的表示法是唯一的. 在 X_0 上定义泛函 f_0 如下:

$$f_0(y) = f_0\left(\sum_{k=1}^n \xi_k x_{lk}^0\right) = \sum_{k=1}^n \xi_k \lambda_{lk}^0, \quad \forall y = \sum_{k=1}^n \xi_k x_{lk}^0 \in X_0.$$

易得 f_0 是线性泛函, 并且注意到定理的假设条件还知 f_0 是 X_0 上的有界线性泛函. 由 Hahn-Banach 定理可将 f_0 延拓到 X 上得到满足条件 (1), (2) 的泛函. □

定理 2.31 (Helly (黑利) 定理) 设 X 为实赋范线性空间, $f_1, f_2, \cdots, f_n$ 为 X 上有界线性泛函, $\lambda_1, \lambda_2, \cdots, \lambda_n \in \mathbb{R}$, β 为正数. 对任意 $\varepsilon > 0$, 存在 $x_\varepsilon \in X$ 使得

(1) $f_k(x_\varepsilon) = \lambda_k$, $k = 1, 2, \cdots, n$;

(2) $\|x_\varepsilon\| \leqslant \beta + \varepsilon$

的充要条件是对于任意 $\xi_1, \xi_2, \cdots, \xi_n \in \mathbb{R}$, 均有

$$\left|\sum_{k=1}^n \xi_k \lambda_k\right| \leqslant \beta \left\|\sum_{k=1}^n \xi_k f_k\right\|.$$

证明 必要性. 从条件 (1), (2) 可得对任意 $\xi_1, \xi_2, \cdots, \xi_n \in \mathbb{R}$ 及 $x_\varepsilon \in X$, 都有

$$\left|\sum_{k=1}^n \xi_k \lambda_k\right| = \left|\sum_{k=1}^n \xi_k f_k(x_\varepsilon)\right| = \left|\left(\sum_{k=1}^n \xi_k f_k\right)(x_\varepsilon)\right|$$

$$\leqslant \left\|\sum_{k=1}^n \xi_k f_k\right\| \|x_\varepsilon\|$$

2.7 Hahn-Banach 定理的应用

$$\leqslant (\beta+\varepsilon)\Big\|\sum_{k=1}^{n}\xi_k f_k\Big\|.$$

由 ε 的任意性可得

$$\Big|\sum_{k=1}^{n}\xi_k \lambda_k\Big| \leqslant \beta\Big\|\sum_{k=1}^{n}\xi_k f_k\Big\|.$$

充分性. 当 $f_k(k=1,2,\cdots,n)$ 前 n_0 个向量线性无关, 而 $f_{n_0+1}, f_{n_0+2}, \cdots, f_n$ 均为其线性组合时, 我们只要对泛函 f_k $(k=1,2,\cdots,n_0)$ 推出上面定理条件 (1),(2), 则后 $n-n_0$ 个向量也满足 (1),(2). 因而不妨设 $f_k(k=1,2,\cdots,n)$ 线性无关.

考虑从空间 A 到 $\mathbb{R}^n$ 的线性算子 A:

$$x \to y = A(x) = (f_1(x), f_2(x), \cdots, f_n(x)), \quad \forall x \in X. \tag{2.35}$$

如果 A 的值域构成 $\mathbb{R}^n$ 上的一个 m 维 $(m<n)$ 子空间, 则有 n 个不同时为 0 的复数 $\alpha_k(k=1,2,\cdots,n)$ 使得

$$\Big(\sum_{k=1}^{n}\alpha_k f_k\Big)(x) = \sum_{k=1}^{n}\alpha_k f_k(x) = 0, \quad \forall x \in X,$$

所以 $\sum_{k=1}^{n}\alpha_k f_k = 0$. 这与 f_k $(k=1,2,\cdots,n)$ 之间是线性无关的假设矛盾.

当 $\varepsilon>0$ 时, 对于 X 中的球 $B(0,\beta+\varepsilon)$, 由开映射定理知 $A(B(0,\beta+\varepsilon))$ 必定包含着 $\mathbb{R}^n$ 中的一个以原点为心的球.

如果待证的结论不对, 那么必存在正数 ε_0 使得 X 中不存在满足定理条件 (1), (2) 的元素 x_{ε_0}. 此即 $\mathbb{R}^n$ 中的点 $b=(\lambda_1,\lambda_2,\cdots,\lambda_n) \notin A(B(0,\beta+\varepsilon))$. 注意到 $\{b\}$ 与 $A(B(0,\beta+\varepsilon))$ 为两不交凸集且 $A(B(0,\beta+\varepsilon))$ 内部非空. 由 Hahn-Banach 定理可得到 $\mathbb{R}^n$ 上有界线性泛函 f 使得

$$f(y) \leqslant f(b), \quad \forall y \in A(B(0,\beta+\varepsilon)), \quad 0 = g(0) < g(b). \tag{2.36}$$

由 $\mathbb{R}^n$ 上有界线性泛函的性质知, 存在不全为 0 的 n 个实数 $\mu_1, \mu_2, \cdots, \mu_n$ 使得

$$f(y) = \sum_{k=1}^{n}\mu_k y_k, \quad \forall y=(y_1,y_2,\cdots,y_n) \in \mathbb{R}^n.$$

由式 (2.35) 中的元素 y 以及 b 的假设可得

$$\sum_{k=1}^{n}\mu_k \cdot f_k(x) \leqslant \sum_{k=1}^{n}\mu_k \lambda_k (>0), \quad \forall x \in B(0,\beta+\varepsilon).$$

由 $B(0,\beta+\varepsilon)$ 的对称性及 f_k $(k=1,2,\cdots,n)$ 均为线性泛函可得

$$\left|\sum_{k=1}^{n}\mu_k f_k(x)\right| \leqslant \left|\sum_{k=1}^{n}\mu_k\lambda_k\right|(>0), \quad \forall x\in B(0,\beta+\varepsilon),$$

即

$$\left|\left(\sum_{k=1}^{n}\mu_k f_k\right)(x)\right| \leqslant \left|\sum_{k=1}^{n}\mu_k\lambda_k\right|, \quad \forall x\in B(0,\beta+\varepsilon).$$

由泛函范数的定义

$$\sup_{x\in B(0,\beta+\varepsilon)}\left|\left(\sum_{k=1}^{n}\mu_k f_k\right)(x)\right| = (\beta+\varepsilon_0)\left\|\sum_{k=1}^{n}\mu_k f_k\right\|.$$

由此可得

$$(\beta+\varepsilon_0)\left\|\sum_{k=1}^{n}\mu_k f_k\right\| \leqslant \left|\sum_{k=1}^{n}\mu_k\lambda_k\right|.$$

由于 f_k, $k=1,2,\cdots,n$ 线性无关，因此 $\left\|\sum_{k=1}^{n}\mu_k f_k\right\|\neq 0$. 从而可得

$$\beta\left\|\sum_{k=1}^{n}\mu_k f_k\right\| < \left|\sum_{k=1}^{n}\mu_k\lambda_k\right|.$$

此显然与定理假设矛盾. □

2.8　Korovkin 定理

给定紧的度量空间 $(K,\mathbf{d})$, 记其上所有连续函数 $f:K\to\mathbb{R}$ 组成的空间为 $C(K)$, 其上赋以范数如下:

$$\|f\|=\sup_{x\in K}|f(x)|, \quad f\in C(K).$$

可以证明在上述范数下 $C(K)$ 是一个 Banach 空间.

定理 2.32 (Korovlin (科罗夫金) 定理)　设 $\varphi\in C[0,\infty)$ 满足对所有的 $t>0$ 都有 $\varphi(t)>0$. 对 $x\in K$, 定义函数 $\psi_x\in C(K)$ 为

$$\psi_x(y)\triangleq \varphi(\mathbf{d}(x,y)), \quad y\in K.$$

设 $\{A_n\}_{n=1}^{\infty}\subset \mathcal{L}(C(K))$ 满足下述三个条件:

2.8 Korovkin 定理

(i) 对 $n \in \mathbb{N}$, 如果 $f \in C(K)$ 非负, 则 $A_n f$ 非负;

(ii) 如果 $f_0 \in C(K)$ 取值恒为 1, 则
$$\lim_{n \to \infty} \|f_0 - A_n f_0\| = 0;$$

(iii) $\displaystyle\lim_{n \to \infty} \left(\sup_{x \in K} |(A_n \psi_x)(x)| \right) = 0,$

则对任意 $f \in C(K)$ 有
$$\lim_{n \to \infty} \|f - A_n f\| = 0.$$

证明 只需证明对任意 $f \in C(K)$ 和 $\varepsilon > 0$, 存在 $n_0 = n_0(f, \varepsilon) \geqslant 0$, 使得当 $n \geqslant n_0$ 时, 有
$$\sup_{x \in K} |(A_n f)(x) - f(x)| \leqslant \varepsilon.$$

由 (ii), 序列 $(A_n f_0)_{n=0}^{\infty}$ 在 $C(K)$ 中收敛, 可知 $\sup\limits_{n \geqslant 0} \|A_n f_0\| < \infty$. 令
$$\tilde{\varepsilon} \triangleq \frac{\varepsilon}{2 \sup\limits_{n \geqslant 0} \|A_n f_0\|} > 0.$$

则存在常数 $C = C(f, \varepsilon)$, 使得对任意的 $x, y \in K$ 均有
$$|f(y) - f(x)| \leqslant \tilde{\varepsilon} + 2C \|f\| \psi_x(y). \tag{2.37}$$

事实上, 对任意 $f \in C(K)$ 和 $\varepsilon > 0$, 由集合 K 是紧的可知, 函数 $f \in C(K)$ 是一致连续的, 因而存在 $\delta = \delta(f, \varepsilon) > 0$ 使得当 $x, y \in K$ 满足 $\mathbf{d}(x, y) < \delta$ 时,
$$|f(y) - f(x)| \leqslant \tilde{\varepsilon}. \tag{2.38}$$

当 $x, y \in K$ 满足 $\mathbf{d}(x, y) \geqslant \delta$ 时, 由函数 $\mathbf{d}: X \times X \to \mathbb{R}$ 连续, 闭集 $[\delta, \infty)$ 在连续函数 $\mathbf{d}$ 下的原像
$$\mathcal{K} \triangleq \{(x, y) \in K \times K; \mathbf{d}(x, y) \geqslant \delta\}$$

是闭的, 从而在 $K \times K$ 中是紧的.

由 φ 连续, 且在 $[0, \infty)$ 上严格大于 0, 可知复合函数 $\varphi \circ \mathbf{d} : \mathcal{K} \to \mathbb{R}$ 连续, 且在 $\mathcal{K}$ 上严格大于 0, 因而在 $\mathcal{K}$ 上存在最小值. 令
$$C = C(\varphi, \delta) = C(\varphi, f, \varepsilon) \triangleq \frac{1}{\inf\limits_{(x,y) \in \mathcal{K}} \varphi(\mathbf{d}(x, y))} > 0.$$

则当 $x, y \in K$ 且 $\mathbf{d}(x,y) \geqslant \delta$ 时,

$$C\psi_x(y) \geqslant 1.$$

从而,
$$|f(y) - f(x)| \leqslant 2\|f\| \leqslant 2C\|f\|\psi_x(y). \tag{2.39}$$

由式 (2.38) 及 (2.39) 即得式 (2.37).

对任意 $x \in K$, 由式 (2.37) 可得

$$-\tilde{\varepsilon}f_0 - 2C\|f\|\psi_x \leqslant f - f(x)f_0 \leqslant \tilde{\varepsilon}f_0 + 2C\|f\|\psi_x.$$

由假设 (i), 对任意 $n \in \mathbb{N}$ 有

$$-\tilde{\varepsilon}A_nf_0 - 2C\|f\|A_n\psi_x \leqslant A_nf - f(x)A_nf_0 \leqslant \tilde{\varepsilon}A_nf_0 + 2C\|f\|A_n\psi_x,$$

或等价地, 对任意 $y \in K$,

$$|(A_nf)(y) - f(x)[(A_nf_0)(y)]| \leqslant \tilde{\varepsilon}(A_nf_0)(y) + 2C\|f\|A_n\psi_x(y).$$

在上述不等式中令 $y = x$, 即得对任意 $x \in K$ 和 $n \in \mathbb{N}$,

$$|(A_nf)(x) - f(x)[(A_nf_0)(x)]| \leqslant \tilde{\varepsilon}(A_nf_0)(x) + 2C\|f\|\psi_x(x). \tag{2.40}$$

由式 (2.40) 可知, 对任意 $x \in K$ 和 $n \in \mathbb{N}$,

$$|(A_nf)(x) - f(x)| \leqslant |(A_nf)(x) - f(x)[(A_nf_0)(x)]| + |f(x)[(A_nf_0 - f_0)(x)]|$$
$$\leqslant \tilde{\varepsilon}(A_nf_0)(x) + 2C\|f\|A_n\psi_x(x) + \|f\||(A_nf_0 - f_0)(x)|.$$

由 $\tilde{\varepsilon}$ 的定义可知, 对任意 $x \in K$ 和 $n \geqslant 0$,

$$\tilde{\varepsilon}(A_nf_0)(x) \leqslant \tilde{\varepsilon}\|A_nf_0\| \leqslant \frac{\varepsilon}{2}.$$

另一方面, 对任意 $x \in K$ 和 $n \geqslant 0$,

$$2C\|f\|(A_n\psi_x)(x) + \|f\||(A_nf_0 - f_0)(x)|$$
$$\leqslant 2C\|f\|\sup_{x \in K}|(A_n\psi_x)(x)| + \|f\|\|A_nf_0 - f_0\|.$$

这样, 由假设 (ii) 和 (iii) 可知, 存在 $n_0 = n_0(f, \varepsilon)$ 使得当 $n \geqslant n_0$ 时

$$2C\|f\|\sup_{x \in K}|(A_n\psi_x)| + \|f\|\|A_nf_0 - f_0\| \leqslant \frac{\varepsilon}{2}. \qquad \square$$

2.8 Korovkin 定理

Korovkin 定理是正线性算子序列逼近的基本定理. 以下给出 Korovkin 定理的几个应用.

定理 2.33(Bohman (曼海姆) 定理) 设线性算子序列 $\{A_n\}_{n=1}^{\infty} \subset \mathcal{L}(C([0,1]))$ 满足以下两个性质:

(i) 对 $n \geqslant 0$ 和非负的 $f \in C([0,1])$, $A_n f$ 是非负的;

(ii) 对
$$f_0(x) = 1, \quad f_1(x) = x, \quad f_2(x) = x^2, \quad 0 \leqslant x \leqslant 1,$$

成立
$$\lim_{n \to \infty} \|f_p - A_n f_p\| = 0, \quad p = 0, 1, 2,$$

则对任意 $f \in C([0,1])$,
$$\lim_{n \to \infty} \|f - A_n f\| = 0. \tag{2.41}$$

证明 设 $\varphi(t) = t^2$. 当 $0 \leqslant x \leqslant 1$ 时定义 $\psi_x \in C([0,1])$ 如下:

$$\psi_x(y) \triangleq \varphi(|x-y|) = |x-y|^2 = x^2 f_0(y) - 2x f_1(y) + f_2(y), \quad y \in [0,1]. \tag{2.42}$$

只需验证
$$\lim_{n \to \infty} \left(\sup_{0 \leqslant x \leqslant 1} |(A_n \psi_x)(x)| \right) = 0.$$

由式 (2.42) 有
$$A_n \psi_x = x^2 A_n f_0 - 2x A_n f_1 + A_n f_2$$

和
$$x^2 f_0(x) - 2x f_1(x) + f_2(x) = 0.$$

由此可得当 $0 \leqslant x \leqslant 1$ 时,
$$(A_n \psi_x)(x) = x^2 (A_n f_0 - f_0)(x) - 2x (A_n f_1 - f_1)(x) + (A_n f_2 - f_2)(x).$$

因此, 当 $n \geqslant 0$ 时
$$\sup_{0 \leqslant x \leqslant 1} |(A_n \psi_x)(x)| \leqslant \|A_n f_0 - f_0\| + 2\|A_n f_1 - f_1\| + \|A_n f_2 - f_2\|.$$

从而 $\lim\limits_{n \to \infty} \left(\sup\limits_{0 \leqslant x \leqslant 1} |(A_n \psi_x)(x)| \right) = 0$. 由 Korovkin 定理即得式 (2.41). □

注记 2.11 定理 2.33 只给出了收敛性, 为得到收敛速度, 需要假设 f 有更好的正则性.

下面我们考虑满足定理 2.33 假设的线性算子的例子.

例 2.23 (Bernstein (伯恩斯坦) 定理)　定义 Bernstein 算子列 $B_n : \mathcal{L}(C([0,1]))$, $n \geqslant 1$ 如下:

$$(B_n f)(x) = \sum_{k=0}^{n} \frac{n!}{(n-k)!k!} f\left(\frac{k}{n}\right) x^k (1-x)^{n-k}, \quad 0 \leqslant x \leqslant 1, \quad f \in C([0,1]).$$

易见 B_n 满足定理 2.33(i). 由简单的计算可知, 对 $p = 0, 1, 2$,

$$\lim_{n \to \infty} \|B_n f_p - f_p\| = 0,$$

其中 f_p 的定义见定理 2.33. 于是对任意 $f \in C([0,1])$,

$$\lim_{n \to \infty} \|f - B_n f\| = 0.$$

上例中定义的函数 $B_n f$, $n \geqslant 0$ 称为 f 的 n 次 Bernstein 多项式.

上例提供了数学分析中著名的 Weierstrass 逼近定理的一个构造证明. 用 $\mathcal{P}[0,1]$ 表示实系数的 $[0,1]$ 上实变量多项式全体组成的线性空间.

推论 2.12 (Weierstrass 多项式逼近定理)　$\mathcal{P}[0,1]$ 在 $C([0,1])$ 中稠密.

证明　对任意 $f \in C([0,1])$, 由上例可知由 Bernstein 多项式构成的序列 $\{B_n f\}_{n=1}^{\infty}$ 当 $n \to \infty$ 时一致收敛于 f. 因此, $\mathcal{P}[0,1]$ 在 $C([0,1])$ 中稠密. □

下面介绍 Korovkin 定理的第二个应用. 设 $\mathcal{C}_{2\pi}$ 表示周期为 2π 的连续函数全体按通常的线性运算所成的线性空间, 其上赋予范数:

$$\|x\| = \max_{0 \leqslant t \leqslant 2\pi} |x(t)|, \quad x \in \mathcal{C}_{2\pi}.$$

定理 2.34　设算子序列 $\{A_n\}_{n=1}^{\infty} \subset \mathcal{L}(\mathcal{C}_{2\pi})$ 满足以下两个性质:
(i) 对每个 $n \geqslant 0$, A_n 具有保持非负性, 如果 $g \in \mathcal{C}_{2\pi}$ 非负, 则 $A_n g$ 非负;
(ii) 设

$$g_0(\theta) = 1, \quad g_1(\theta) = \cos\theta, \quad g_2(\theta) = \sin\theta, \quad 0 \leqslant \theta \leqslant 2\pi.$$

对 $p = 0, 1, 2$,

$$\lim_{n \to \infty} \|g_p - A_n g_p\| = 0;$$

则对任意 $g \in \mathcal{C}_{2\pi}$,

$$\lim_{n \to \infty} \|g - A_n g\| = 0. \tag{2.43}$$

2.8 Korovkin 定理

证明 在集合

$$K \triangleq \{x = (x_1, x_2) \in \mathbb{R}^2; x^2 + x_2^2 = 1\}$$

上赋以 $\mathbb{R}^2$ 上范数导出的距离 $\mathbf{d}$, 则 $(K, \mathbf{d})$ 为紧度量空间. 对任意 $g \in \mathcal{C}_{2\pi}$, 定义函数 $g^\# : K \to \mathbb{R}$ 如下:

$$g^\#(x) \triangleq g(\theta), \quad x = (\cos\theta, \sin\theta), \quad 0 \leqslant \theta \leqslant 2\pi. \tag{2.44}$$

因为当 $|\theta - \varphi| \leqslant \dfrac{\pi}{2}$ 时,

$$\frac{1}{\sqrt{2}}|\theta - \varphi| \leqslant \mathbf{d}((\cos\theta, \sin\theta), (\cos\varphi, \sin\varphi)) \leqslant |\theta - \varphi|,$$

所以 $g^\# \in C(K)$. 又因为 g 以 2π 为周期, 所以当 $\theta \in [0, 2\pi]$ 且趋于 2π 时, $g(\theta)$ 趋于 $g(0)$. 因而映射

$$g \in C_{\mathrm{per}}[0, 2\pi] \to g^\# \in C(K)$$

是双射.

定义算子序列 $\{A_n^\#\}_{n=1}^\infty \subset \mathcal{L}(C(K))$ 如下:

$$A_n^\# g^\# = (A_n g)^\#, \quad g \in \mathcal{C}_{2\pi}.$$

下面我们证明 Korovkin 定理 (定理 2.32) 可以应用于空间 $C(K)$, 其上赋以 sup 范数, 也记作 $\|\cdot\|$, 相应的函数 $\varphi \in C[0, \infty]$ 定义为当 $t \geqslant 0$ 时 $\varphi(t) = t^2$(如同定理 2.33 证明中出现的), 相应的算子 $A_n^\# : C(K) \to C(K), n \geqslant 0$ 定义为

$$A_n^\# g^\# = (A_n g)^\#, \quad g \in \mathcal{C}_{2\pi}.$$

由式 (2.44) 知如果 $g^\#$ 非负, 则 g 非负. 由条件 (i) 知 $A_n g$ 非负. 再由式 (2.44) 知如果 $A_n^\# g^\#$ 非负, 对 $f_0(x) \equiv 1$, 因为 $f_0 = g_0^\#$, 故而 $\lim\limits_{n\to\infty} \|A_n^\# f_0 - f_0\| = 0$.

设 $\varphi(t) = t^2, t \in [0, \infty)$. 现在只要验证

$$\lim_{n\to\infty}\left(\sup_{x \in K} |(A_n^\# \psi_x^\#)(x)|\right) = 0, \tag{2.45}$$

其中对一切 $x = (\cos\theta, \sin\theta) \in K$, 函数 $\psi_x^\# \in C(K)$ 定义如下:

$$\psi_x^\#(y) = \varphi(\mathbf{d}(x, y)) = |\mathbf{d}(x, y)|^2 = 4\sin^2\frac{\theta - \varphi}{2}$$

$$= 2g_0(\varphi) - 2\cos\theta g_1(\varphi) - 2\sin\theta g_2(\varphi), \quad y = (\cos\varphi, \sin\varphi) \in K.$$

于是
$$A_n^\# \psi_x^\# = 2(A_n g_0 - \cos\theta(A_n g_1) - \sin\theta(A_n g_2))^\#.$$

因此, 对一切 $x = (\cos\theta, \sin\theta) \in K$,

$$\begin{aligned}(A_n^\# \psi_x^\#)(x) &= 2(A_n g_0 - \cos\theta(A_n g_1) - \sin\theta(A_n g_2))^\#(x) \\ &= 2A_n g_0(\theta) - 2\cos\theta(A_n g_1)(\theta) - 2\sin\theta(A_n g_2)(\theta).\end{aligned}$$

由此即得

$$\sup_{x \in K} |(A_n^\# \psi_x^\#)(x)| \leqslant 2(\|A_n g_0 - g_0\| + \|A_n g_1 - g_1\| + \|A_n g_2 - g_2\|),$$

故而可得式 (2.45). 由 Korovkin 定理即得式 (2.43). □

对任意 $n \in \mathbb{N}$, 定义 Fourier (傅里叶) 部分和算子 $S_n : g \in \mathcal{C}_{2\pi} \to S_n g \in \mathcal{C}_{2\pi}$ 如下:

$$(S_0 g)(\theta) \triangleq \frac{a_0}{2},$$

$$(S_n g)(\theta) \triangleq \frac{a_0}{2} + \sum_{k=1}^{n}(a_k \cos k\theta + b_k \sin k\theta),$$

其中 $n \geqslant 1$, $0 \leqslant \theta \leqslant 2\pi$,

$$a_k \triangleq \frac{1}{\pi} \int_0^{2\pi} g(\varphi) \cos k\varphi \, \mathrm{d}\varphi, \quad k \geqslant 0,$$

$$b_k \triangleq \frac{1}{\pi} \int_0^{2\pi} g(\varphi) \sin k\varphi \, \mathrm{d}\varphi, \quad k \geqslant 1.$$

对任意 $n \in \mathbb{N}$, 定义 Fejér (费耶) 算子 $F_n : \mathcal{C}_{2\pi} \to \mathcal{C}_{2\pi}$ 如下:

$$F_n g \triangleq \frac{1}{n}(S_0 g + S_1 g + \cdots + S_{n-1} g), \quad g \in \mathcal{C}_{2\pi}.$$

推论 2.13 (Fejér 定理) 对任意 $g \in \mathcal{C}_{2\pi}$,

$$\lim_{n \to \infty} \|g - F_n g\| = 0.$$

证明 Fejér 算子 F_n 显然是线性的. 对任意 $n \geqslant 1$, 直接计算可知

$$F_n g(\theta) = \frac{1}{2n\pi} \int_0^{2\pi} g(\theta + \varphi) \left(\frac{\sin\frac{n\varphi}{2}}{\sin\frac{\varphi}{2}}\right)^2 \mathrm{d}\varphi, \quad 0 \leqslant \theta \leqslant 2\pi, \tag{2.46}$$

$$\lim_{n\to\infty}\|F_n g_p - g_p\| = 0, \quad p = 0, 1, 2,$$

其中函数 $g_p, p = 0, 1, 2$ 的定义见定理 2.34. 由式 (2.46) 知

$$\|F_n g\| \leqslant \|g\| \left[\frac{1}{2n\pi}\int_0^{2\pi}\left(\frac{\sin\frac{n\varphi}{2}}{\sin\frac{\varphi}{2}}\right)^2 \mathrm{d}\varphi\right],$$

所以对任意 $n \geqslant 1, \|F_n\| \leqslant 1$. 再次利用式 (2.46) 知如果 g 非负, 则 $F_n g$ 非负. 从而满足定理 2.34 的所有假设. $\square$

对第 n 个 Fourier 部分和 $S_n g$ 而言, 当 $n \to \infty$ 时, $S_n g$ 甚至未必点态收敛于 g, 更不用说一致收敛 (除非 g 满足附加的条件). 算子 F_n 是算子 S_n 的 Cesaro (切萨罗) 平均 $F_n \triangleq \frac{1}{n}(S_0 + S_1 + \cdots + S_{n-1})$. 如同这里所见, "平均过程" 经常改善了收敛性质.

对任意 $n \in \mathbb{N}$, 用 $Q_n[0, 2\pi]$ 表示次数小于等于 n 的以 2π 为周期的实三角多项式构成的空间, 即 $\mathcal{C}_{2\pi}$ 中形如

$$\sum_{k=0}^n c_k \cos k\theta + \sum_{k=1}^n d_k \sin k\theta, \quad \theta \in [0, 2\pi]$$

的函数构成的空间, 其中系数 $\{c_k\}_{k=1}^\infty, \{d_k\}_{k=1}^\infty \subset \mathbb{R}$. 显然, $\dim Q_n[0, 2\pi] = 2n+1$. 设

$$Q[0, 2\pi] \triangleq \bigcup_{n=0}^\infty Q_n[0, 2\pi] \subset \mathcal{C}_{2\pi}.$$

定理 2.35 (Weierstrass 三角多项式逼近定理) $Q[0, 2\pi]$ 在 $\mathcal{C}_{2\pi}$ 中稠密.

证明 对任意 $g \in \mathcal{C}_{2\pi}$, 当 $n \to \infty$ 时, 序列 $(F_n g)_{n=1}^\infty$ 一致收敛于 g, 其中 F_n 表示 Fejér 算子 (定理 2.13). 因此 $Q[0, 2\pi]$ 在 $\mathcal{C}_{2\pi}$ 中稠密. $\square$

习 题 2

1. 令 $\|z\| = \max\{|x|, |y|\}, z = (x, y) \in \mathbb{R}^2$.

(i) 证明 $\|\cdot\|$ 是 $\mathbb{R}^2$ 中的一个范数.

(ii) $K \triangleq \{z | \|z\| < 1\}$ 是什么点集?

(iii) 设 $e_1 = (1, 0), e_2 = (0, 1)$. 证明以原点 $O = (0, 0)$ 及 e_1, e_2 为顶点的三角形在此范数所确定的距离之下是等边三角形.

2. 设 $X \triangleq \{x \in C([0, 1]) | x(0) = 0\}, X_0 \triangleq \left\{x \in E \,\bigg|\, \int_0^1 x(t)\mathrm{d}t = 0\right\}$. 证明:

(i) X_0 为 X 的闭线性子空间;

(ii) 在 X 的单位球面上不存在元素 x_0 使得 $\mathbf{d}(x_0, X_0) = \inf\limits_{y \in X_0} \|x_0 - y\| = 1$.

3. 设 $M([a,b])$ 是 $[a,b]$ 上全体有界函数按逐点定义的加法和数乘组成的线性空间, 定义 $M([a,b])$ 上的范数为

$$\|x\| = \sup_{a \leqslant t \leqslant b} |x(t)|, \quad x \in M([a,b]).$$

证明: $M([a,b])$ 是 Banach 空间.

4. 证明: 在线性同构的意义下, 对任意 $p, q \geqslant 1$, 只要 $p \leqslant q$, 就有

$$l^q \subset l^p, \quad L^q(a,b) \subset L^p(a,b).$$

5. 设 $AC_0[a,b] = \{f \in AC[a,b] \mid x(a) = 0\}$, 其中 AC 指绝对连续, 定义 $AC_0[a,b]$ 上的范数为

$$\|x\| = \int_a^b |f'(x)| \mathrm{d}x, \quad \forall f \in AC_0[a,b].$$

证明: $AC_0[a,b]$ 与 $L^1(a,b)$ 等价.

6. 设 A_ρ 表示在复平面内圆 $|z| \leqslant \rho$ 上连续, 在圆内解析的复变函数的全体. 加法、数乘运算如常定义. 定义范数如下:

$$\|f\| = \max_{|z| \leqslant \rho} |f(z)|, \quad \forall f \in A_\rho.$$

证明: A_ρ 按此范数构成一个 Banach 空间.

7. 设

$$\tilde{L}^2 \triangleq \left\{ f \text{ 在 } \mathbb{R} \text{ 上可测} \,\Big|\, \lim_{T \to \infty} \left(\frac{1}{2T} \int_{-T}^{T} |f(x)|^2 \mathrm{d}x \right)^{\frac{1}{2}} \text{ 存在} \right\}.$$

定义 $\tilde{L}^2$ 上范数为

$$\|f\| \triangleq \lim_{T \to \infty} \left(\frac{1}{2T} \int_{-T}^{T} |f(x)|^2 \mathrm{d}x \right)^{\frac{1}{2}}, \quad f \in \tilde{L}^2.$$

证明: $\tilde{L}^2$ 在此范数下是不可分的 Banach 空间.

8. 设 S 是 $\mathbb{R}^n$ 的子集, 用 $C(S)$ 表示 S 上有界连续函数全体按逐点定义的加法和数乘形成的线性空间. 对 $f \in C(S)$, 定义范数为

$$\|f\| = \sup_{x \in S} |f(x)|.$$

证明: $C(S)$ 是 Banach 空间.

9. 设 $C((0,1])$ 为在 $(0,1]$ 上处处连续并且有界的函数全体组成的集合. 令 $\|f\| = \sup\limits_{0 < x \leqslant 1} |f(x)|, f \in C((0,1])$. 证明:

(i) $C((0,1])$ 按 $\|\cdot\|$ 成一赋范线性空间;

(ii) $C((0,1])$ 中点列 $\{f_n\}_{n=1}^{\infty}$ 按范数 $\|\cdot\|$ 收敛于 f_0 的充要条件是 $\{f_n\}_{n=1}^{\infty}$ 在 $(0,1]$ 上一致收敛于 f_0;

(iii) l^∞ 与 $C((0,1])$ 的一个子空间是等距同构的.

10. 对闭区间 $[a,b]$ 上的一切复值连续函数所组成的集合上按逐点定义的加法和数乘形成的线性空间, 并赋予范数:
$$\|f\| = \left(\int_a^b |f(x)|^2 \mathrm{d}x\right)^{1/2}.$$

证明: 该空间构成一赋范线性空间但不是 Banach 空间.

11. 设 $C^k([a,b])$ 为定义在 $[a,b]$ 上有 k 阶连续导函数的函数的全体. 按逐点定义加法和数乘且定义范数如下:
$$\|f\| = \sum_{m=0}^k \max_{a \leqslant x \leqslant b} |f^{(m)}(x)| \quad (\text{这里令 "0 阶导数"} f^{(0)}(x) = f(x)).$$

证明: $C^k([a,b])$ 是 Banach 空间.

12. 在 $[a,b]$ 上有 k 阶连续导函数的函数的全体上定义范数如下:
$$\|f\| = \max_{a \leqslant x \leqslant b} |f(x)|.$$

证明: 此集合在该范数下构成一个不完备的赋范线性空间, 并找出其完备化空间.

13. 设 Ω 是 $\mathbb{R}^n$ 中区域. 试仿照 $L^p(a,b)$ ($p \in [1,\infty]$) 定义 $L^p(\Omega)$, 并证明 $L^p(\Omega)$ 是 Banach 空间.

14. 在空间 $L^1(\mathbb{R})$ 上定义算子 A 如下:
$$(A(f))(s) = \int_\mathbb{R} \mathrm{e}^{\mathrm{i}sx} f(x) \mathrm{d}x, \quad s \in \mathbb{R}, \quad f \in L^1(\mathbb{R}).$$

证明: $A \in \mathcal{L}(L^1(\mathbb{R}); C(\mathbb{R}))$.

15. 在 $L^1(0, 2\pi)$ 上定义算子 A 如下:
$$[A(f)](z) = \frac{1}{2\pi} \int_0^{2\pi} \frac{f(x)}{1 - z\mathrm{e}^{\mathrm{i}x}} \mathrm{d}x, \quad \forall f = f(x) \in L^1(0, 2\pi).$$

证明: A 将 $L^1(0, 2\pi)$ 上的函数映射为在复单位圆 $|z| < 1$ 内解析的函数.

16. 令 A_{ρ_0} ($\rho_0 < 1$) 表示在 $|z| \leqslant \rho_0$ 内解析的函数在通常加法和数乘下的线性空间, 其上赋予范数如下:
$$\|f\| = \max_{|z| \leqslant \rho_0} |f(z)|, \quad \forall f \in A_{\rho_0}.$$

证明: 上题中的 $A \in \mathcal{L}(L^1(0, 2\pi); A_{\rho_0})$.

17. 设 $C_b(\mathbb{R}^n)$ 表示 $\mathbb{R}^n$ 上有界连续函数全体按通常的线性运算所成的线性空间, 其上赋予范数:
$$\|f\| = \sup_{x \in \mathbb{R}^n} |f(x)|, \quad f \in C_b(\mathbb{R}^n).$$

证明: $C_b(\mathbb{R}^n)$ 是不可分赋范线性空间.

18. 设 $C_0(\mathbb{R}^n)$ 表示 $\mathbb{R}^n$ 上满足 $\lim\limits_{|x|\to\infty} f(x) = 0$ 的连续函数全体按通常的线性运算所成的线性空间, 其上赋予范数:
$$\|f\| = \sup_{x\in\mathbb{R}^n} |f(x)|, \quad f \in C_0(\mathbb{R}^n).$$
证明: $C_0(\mathbb{R}^n)$ 是可分的赋范线性空间.

19. 设 f 为在一有限区域外值为零的 $\mathbb{R}^n$ 上的函数, 则称 $f(x)$ 是具有界支集的. 设 f 为 $\mathbb{R}^n$ 上的函数, $\mathbb{R}^n$ 能分解成有限个或可列个互不相交的有限开长方体 $\{I_\nu\}$ 使得 f 在每个长方体 I_ν 上等于常数 k_ν, 那么称 f 是 $\mathbb{R}^n$ 上的阶梯函数.

设 $B^{(0)}(\mathbb{R}^n)$ 为 $\mathbb{R}^n$ 上具有有界支集的有界可测函数全体, $J_0(\mathbb{R}^n)$ 为 $\mathbb{R}^n$ 上具有有界支集的阶梯函数全体, $C_0^{(0)}(\mathbb{R}^n)$ 为 $\mathbb{R}^n$ 上具有有界支集的连续函数全体. 证明: $B^{(0)}(\mathbb{R}^n)$, $C_0^{(0)}(\mathbb{R}^n)$ 和 $J_0(\mathbb{R}^n)$ 在 $L^p(\mathbb{R}^n), p \in [1,\infty)$ 中稠密, 但都不在 $L^\infty(\mathbb{R}^n)$ 中稠密.

20. 设 $C_0^\infty(\mathbb{R}^n)$ 表示 $\mathbb{R}^n$ 上具有有界支集的无限次可微函数全体. 证明: $C_0^\infty(\mathbb{R}^n)$ 在 $L^p(\mathbb{R}^n), p \in [1,\infty)$ 中稠密.

21. 设 (Ω, Σ) 是可测空间, $V(\Omega, \Sigma)$ 是 (Ω, Σ) 上 (有限值) 实或复广义 (带符号) 测度全体. 在 $V(\Omega, \Sigma)$ 上定义加法和数乘如下:
$$(\mu + \nu)(A) = \mu(A) + \nu(A), \quad \mu, \nu \in V(\Omega, B), \quad A \in \Sigma,$$
$$(\alpha + \mu)(A) = \alpha\mu(A), \quad \mu \in V(\Omega, B), \quad A \in \Sigma,$$
并规定
$$\|\mu\| = \sup\left\{\sum_{i=1}^n |\mu(E_i)| \,\bigg|\, E_i \in \Sigma,\ E_i \cap E_j = \emptyset, i \neq j,\ \bigcup_{i=1}^n E_i = \Omega\right\}.$$
证明: 在上述规定下 $V(\Omega, \Sigma)$ 是赋范线性空间.

22. 设 $\mathcal{C}_{2\pi}$ 表示周期为 2π 的连续函数全体按通常的线性运算所成的线性空间, 其上赋予范数:
$$\|f\| = \max_{0 \leqslant x \leqslant 2\pi} |f(x)|, \quad x \in \mathcal{C}_{2\pi}.$$
证明:

(i) $\mathcal{C}_{2\pi}$ 是 Banach 空间;

(ii) $\mathcal{C}_{2\pi}$ 在 $L^p(0, 2\pi)$ $(1 \leqslant p < \infty)$ 中稠密, 但不在 $L^\infty(0, 2\pi)$ 中稠密;

(iii) 三角多项式全体 $\mathcal{T}_{2\pi}$ 在 $\mathcal{C}_{2\pi}$ 中稠密.

23. 符号同上题. 定义 $\mathcal{C}_{2\pi}$ 的算子如下:
$$(\sigma_n(x))(t) = \frac{1}{\pi}\int_0^{2\pi} x(t)\mathrm{d}t + \frac{1}{n\pi}\sum_{k=0}^{n-1}\left[\left(\int_0^{2\pi} x(s)\cos ks\,\mathrm{d}s\right)\cos nt\right.$$
$$\left. + \left(\int_0^{2\pi} x(s)\sin ks\,\mathrm{d}s\right)\sin nt\right], \quad \forall x \in \mathcal{C}_{2\pi}.$$

证明: σ_n 是 $\mathcal{C}_{2\pi}$ 上的连续线性算子.

24. 设 X 是赋范线性空间,如果三角不等式 $\|x+y\| \leqslant \|x\|+\|y\|$ 中等号成立当且仅当 $y=\alpha x\ (\alpha>0)$,则称 X 为严格赋范的. 证明: $L^p(a,b), p>1$ 是严格赋范的,并讨论 $C([a,b])$ 是否是严格赋范的.

25. 设 $\mathcal{R}$ 是 $[0,1]$ 上多项式全体,规定 $\|P\|=\sum_{i=0}^{n}|\alpha_i|, P(x)=\sum_{i=0}^{n}\alpha_i x^i \in \mathcal{R}$. 证明: $\|\cdot\|$ 是 $\mathcal{R}$ 上的范数. 问 $(\mathcal{R}, \|\cdot\|)$ 是否严格赋范?

26. 证明: Banach 空间 X 的闭线性子空间也是 Banach 空间.

27. 设 X 是赋范线性空间,$r>0$. 证明: 如果球 $B=\{x\in X: \|x\|<r\}$ 是列紧的,则 X 必是有限维的.

28. 证明:
(i) 无穷维赋范线性空间的每个紧集是无处稠密的;
(ii) 每个真闭子空间是无处稠密的.

29. 设 X 是无穷维 Banach 空间. 证明:
(i) X 不能表示成一列紧集的并;
(ii) X 不能表示成一列真闭子空间的并.

30. 设 X 是 Banach 空间. 证明:
(i) 如果 $\{x_n\}_{n=1}^{\infty}\subseteq X$ 且 $x_n\to 0$,则 $\{\sum_{n=1}^{\infty}\alpha_n x_n | |\alpha_n|\leqslant 1\}$ 是紧的;
(ii) 对 X 的每个紧子集 K,存在序列 $\{x_n\}_{n=1}^{\infty}\subseteq X$ 且 $x_n\to 0$ 使得
$$K\subseteq \left\{\sum_{n=1}^{\infty}\alpha_n x_n \,\bigg|\, \sum_{n=1}^{\infty}|\alpha_n|\leqslant 1\right\}.$$

31. 证明: $l^p, p\in[1,\infty)$ 中子集 S 列紧的充要条件是
(i) 存在常数 $M>0$,使对一切 $x=(\xi_1,\cdots,\xi_n,\cdots)\in S$ 有 $\sum_{n=1}^{\infty}|\xi_n|^p\leqslant M$;
(ii) 任取 $\delta>0$,存在 $N\in\mathbb{N}$ 使得当 $k\geqslant N$ 时,对一切 $x=(\xi_1,\cdots,\xi_n,\cdots)\in S$, $\sum_{n=k}^{\infty}|\xi_n|^p\leqslant\delta$.

32. 证明: Banach 空间不能表示为可数个真闭子空间的并.

33. 设 X 是赋范线性空间,$\{x_n\}_{n=1}^{\infty}\subset X$. 如果 $\left\{\sum_{n=1}^{k}x_n\right\}_{k=1}^{\infty}$ 是 X 中收敛序列,就称级数 $\sum_{n=1}^{\infty}x_n$ 收敛,如果 $\sum_{n=1}^{\infty}\|x_n\|$ 收敛,就称级数 $\sum_{n=1}^{\infty}x_n$ 绝对收敛. 证明: X 中任何绝对收敛的级数都收敛当且仅当 X 是 Banach 空间.

34. 设 $\{x_n\}$ 是赋范线性空间 X 中的任一给定元素列. 证明: 如果
$$\sum_{k=1}^{\infty}|f(x_k)|<\infty, \quad \forall f\in X',$$
则必存在 $M>0$ 使得
$$\sum_{k=1}^{\infty}|f(x_k)|\leqslant M\|f\|, \quad \forall f\in X'.$$

35. 设 X 为 Banach 空间,$\{f_k\}_{k=1}^{\infty}\subset X'$. 证明: 如果
$$\sum_{k=1}^{\infty}|f_k(x)|<\infty, \quad \forall x\in X,$$

则必有
$$\sum_{k=1}^{\infty}|F(f_k)|<\infty,\quad \forall F\in X''.$$

36. 设 X,Y 是赋范线性空间，A 是 X 到 Y 的线性算子. 证明: 如果 X 是有限维的，则 A 是有界的且 A 的值域 $\mathcal{R}(A)$ 也是有限维的.

37. 设 X,Y 是赋范线性空间，A 是 X 到 Y 的线性算子. 如果 A 是单射的，则 $\{x_1,x_2,\cdots,x_n\}\subset X$ 线性无关当且仅当 $\{Ax_1,Ax_2,\cdots,Ax_n\}\subset Y$ 线性无关.

38. 证明: 线性空间 X 中任何一族凸集的交仍然为凸集.

39. 设 A 是线性空间 X 到线性空间 Y 的线性算子，$R\subset\mathcal{D}(A)$ 是凸集，证明: $AR\subset Y$ 也是凸集.

40. 如果上题中 X,Y 是赋范线性空间，A 是有界线性算子. 问当 R 是凸闭集的时候，AR 是否为闭集?

41. 设 X 为线性空间. 证明: 对任意 $x_0\in X$ 和凸集 $\mathcal{A}\subset X$，$\mathcal{A}+x_0=\{y+x_0|y\in\mathcal{A}\}$ 仍是凸集.

42. 设 X 是赋范线性空间，M 是 X 的闭子空间，N 是 X 的有限维子空间. 证明: $M+N$ 是闭的.

43. 设 $A\in\mathcal{L}(L^2(0,1))$. 证明: 如果 A 把 $L^2(0,1)$ 中连续函数映射成连续函数，则 A 是 $C([0,1])$ 上有界线性算子.

44. 定义 $l^p,p\in[1,\infty)$ 上算子 A 为
$$Ax=\left(\sum_{j=1}^{\infty}t_{1j}x_j,\sum_{j=1}^{\infty}t_{2j}x_j,\cdots,\sum_{j=1}^{\infty}t_{nj}x_j,\cdots\right),\quad x=(x_1,x_2,\cdots,x_n,\cdots)\in l^p,$$
其中 $\{t_{kj}\}_{j,k=1}^{\infty}$ 满足 $\sum_{k=1}^{\infty}\left(\sum_{j=1}^{\infty}|t_{kj}|^q\right)^{\frac{p}{q}}<\infty$，$\frac{1}{p}+\frac{1}{q}=1$. 证明: A 是 l^p 上有界线性算子.

45. l^p 上有界线性算子是否都是上题所给出的形式.

46. 在 l^{∞} 上定义算子 A 如下:
$$A:(x_1,x_2,\cdots)\mapsto(x_2,x_3,\cdots),\quad (x_1,x_2,\cdots)\in l^{\infty}.$$
证明在 l^{∞} 上有连续线性泛函 F 满足下列条件:

(i) $FA(x)=F(x)$;

(ii) $\varliminf_{n\to\infty}\mathrm{Re}\ x_n\leqslant\mathrm{Re}\ F(x)\leqslant\varlimsup_{n\to\infty}\mathrm{Re}\ x_n,x\in l^{\infty}$.

47. 定义 $C([a,b])$ 上算子如下:
$$(Ax)(s)=\int_a^b K(s,t)x(t)\mathrm{d}t,\quad x\in C([a,b]),$$
其中 $K\in C([a,b]\times[a,b])$. 证明:
$$\|A\|=\max_{a\leqslant s\leqslant b}\int_a^b|K(s,t)|\mathrm{d}t.$$

48. 设 A 是 $C([a,b])$ 上的有界线性算子. 证明: A 完全由函数列 $\{At^n\}_{n=1}^\infty$ 唯一确定.

49. 计算算子 $\dfrac{\mathrm{d}}{\mathrm{d}x} : C^1([a,b]) \to C([a,b])$ 的范数.

50. 定义 $l^p, p \in (1,\infty)$ 上算子如下:
$$C(a_1, a_2, \cdots) = (s_1, s_2, \cdots), \quad (a_1, a_2, \cdots) \in l^p,$$
其中 $s_n = \dfrac{a_1 + a_2 + \cdots + a_n}{n}$. 证明算子 C 是有界的, 并求 $\|C\|$.

51. 设 $\{a_n\}_{n=1}^\infty \subset \mathbb{C}$. 令 $s_n = \sum_{k=1}^n a_k$.

(i) $\lim\limits_{n \to \infty} s_n = s$;

(ii) 对 $0 < r < 1$, 令 $f(r) = \sum_{n=1}^\infty a_n r^n$, 则 $\lim\limits_{r \to 1} f(r) = s$;

(iii) 存在常数 C 使得 $|na_n| \leqslant C$.

证明: (i)$\Rightarrow$(ii); (ii)+(iii)$\Rightarrow$(i).

52. 设 A 是赋范线性空间 X 到赋范线性空间 Y 的线性算子. 如果 A 的零空间 $\mathcal{N}(A) = \{x|Ax = 0\}$ 是闭集, 问 A 是否有界?

53. 设 X, Y 是 Banach 空间. 证明: $\{A \in \mathcal{L}(X,Y)|A$ 是满射$\}$ 是 $\mathcal{L}(X,Y)$ 中开子集.

54. 设 X 是线性空间, $\|\cdot\|_1, \|\cdot\|_2$ 是 X 上的两个范数. 如果任意关于 $\|\cdot\|_1$ 和 $\|\cdot\|_2$ 都收敛的序列 $\{x_n\}_{n=1}^\infty$ 都有相同的极限点, 那么称 $\|\cdot\|_1$ 和 $\|\cdot\|_2$ 是符合的. 证明: 如果 X 按 $\|\cdot\|_1$ 和 $\|\cdot\|_2$ 均成为 Banach 空间, 并且 $\|\cdot\|_1$ 和 $\|\cdot\|_2$ 是符合的, 那么 $\|\cdot\|_1$ 与 $\|\cdot\|_2$ 等价.

55. 设 X, Y 是赋范线性空间. 证明: 如果 $X \neq \{0\}$ 并且 $\mathcal{L}(X,Y)$ 是 Banach 空间, 那么 Y 是 Banach 空间.

56. 设 X 是线性空间, $\|\cdot\|_1, \|\cdot\|_2$ 分别是 X 上的范数. 设关于 $\|\cdot\|_1$ 连续的线性泛函也必关于 $\|\cdot\|_2$ 连续. 证明: 必存在 $\alpha > 0$ 使对任意 $x \in X$, $\|x\|_1 \leqslant \alpha \|x\|_2$.

57. 是否存在线性空间 X 及两个范数 $\|\cdot\|$ 与 $\|\cdot\|'$ 使得空间 $(X, \|\cdot\|)$ 与 $(X, \|\cdot\|')$ 都是完备的, 但两个范数不等价?

58. 设 X, Y, Z 及 $E \neq \{0\}$ 都是赋范线性空间, 并且 $Z = X + Y$. 证明:

(i) 任取线性算子 $A : Z \to E$, 存在线性算子 $A_X : X \to E$ 和 $A_Y : Y \to E$ 使得 $AZ = A_X x + A_Y y$, 其中 $z = x + y, x \in X, y \in Y$.

(ii) $A \in \mathcal{L}(Z,E)$ 等价于 $A_X \in \mathcal{L}(X,E)$ 及 $A_Y \in \mathcal{L}(Y,E)$ 同时成立的充要条件是: 存在 $\alpha > 0, \beta > 0$ 使得对任意 $z = x + y \in Z$,
$$\beta(\|x\| + \|y\|) \leqslant \|z\| \leqslant \alpha(\|x\| + \|y\|).$$

59. 记 $\mathcal{P}$ 为所有实多项式所组成的空间.

(i) 对 $p = \sum_{k=0}^m c_k x^k$, 令 $\|p\| = \max\limits_{0 \leqslant k \leqslant m} |c_k|$. 证明: $\|\cdot\|$ 定义了 $\mathcal{P}$ 的一个范数.

(ii) 证明: $(\mathcal{P}, \|\cdot\|)$ 是不完备的.

(iii) 对 $n \geqslant 0$, 定义线性算子 $A_n : \mathcal{P} \to \mathbb{R}$ 如下:
$$A_n p = \sum_{k=0}^{\min\{m,n\}} c_k, \quad p = \sum_{k=0}^m c_k x^k.$$

证明: 对 $n \geqslant 0$, A_n 是连续的.

(iv) 证明: 对任意 $p \in \mathcal{P}$, $\sup\limits_{n \geqslant 0} |A_n p| < \infty$.

(v) 证明: $\sup\limits_{n \geqslant 0} \|A_n\| = \infty$.

60. 对整数 $n \geqslant 0$, 给定 $n+1$ 个相异的点 $0 \leqslant x_0 < x_1 < \cdots < x_n \leqslant 1$.

(i) 证明: 给定 $f \in C^1([0,1])$, 存在唯一的多项式 $p_n = p_n(f) \in \mathcal{P}_{2n+1}[0,1]$ 使得

$$p_n(x_i) = f(x_i) \quad \text{且} \quad p_n'(x_i) = f'(x_i), \quad 0 \leqslant i \leqslant n.$$

(ii) 设 $f \in C^1([0,1])$, 令 $\|f\| \triangleq \max\{\|f\|, \|f'\|\}$. 证明: 在 (i) 中定义的映射 $f \in C^1([0,1]) \to p_n(f) \in C^1([0,1])$ 是有界线性算子, 而且对所有 $f \in \mathcal{P}_{2n+1}[0,1]$ 成立 $p_n(f) = f$.

(iii) 设 $f \in C^{2n+2}([0,1])$. 证明:

$$\|p_n(f) - f\| \leqslant \frac{1}{(2n+2)!} \|f^{(2n+2)}\| \sup\limits_{0 \leqslant x \leqslant 1} \left| \prod_{j=0}^{n} (x - x_j)^2 \right|.$$

61. 给定 $f \in C([0,1])$. 证明: 对任意非负整数 n, 存在唯一多项式 $A_n f \in \mathcal{P}_n[0,1]$ 使得

$$\|f - A_n f\| = \inf\limits_{p \in \mathcal{P}_n[0,1]} \|f - p\|.$$

62. 设 X 与 Y 是 Banach 空间, $A \in \mathcal{L}(X,Y)$ 是单射. 证明: $\mathcal{R}(A)$ 是 Y 中闭集的充要条件是: 存在常数 C 使得对所有 $x \in X$ 成立 $\|x\| \leqslant C\|Ax\|$.

63. 设 X 是 Banach 空间, Y, Z 是赋范线性空间, 双线性映射 $B : X \times Y \to Z$ 满足如下条件:

(i) 如果 $\lim\limits_{n \to \infty} x_n = x$, 则

$$\lim\limits_{n \to \infty} B(x_n, y) = B(x, y), \quad y \in Y;$$

(ii) 如果 $\lim\limits_{n \to \infty} y_n = y$, 则

$$\lim\limits_{n \to \infty} B(x, y_n) = B(x, y), \quad x \in X.$$

证明: B 是连续的.

64. 如果上题中 X 换为一般的赋范线性空间, 结论成立吗?

65. 设 L 是 X 的闭线性子空间, 并且存在 X 的 n 维子空间 E 使得 $E \cap L = \{0\}$, $X = L + E \triangleq \{e + l | e \in E, l \in L\}$. 证明: $\mathcal{N}_L \triangleq \{f \in X' | f(x) = 0, x \in L\}$ 是 X' 的闭线性子空间, 并且 $\dim \mathcal{N}_L = n$.

66. 设 X 是赋范线性空间, $x_1, \cdots, x_k \in X$, $a_1, \cdots, a_k \in \mathbb{F}$. 证明: 在 X 上存在线性泛函 f 满足

(i) $f(x_j) = a_j$, $j = 1, 2, \cdots, k$;

(ii) $\|f\| \leqslant M$

习 题 2

的充要条件是: 对任意 $t_1,\cdots,t_k \in \mathbb{F}$ 都有

$$\left|\sum_{j=1}^{k} t_j a_j\right| \leqslant M \left|\sum_{j=1}^{k} t_j x_j\right|.$$

67. 设 X 是赋范线性空间, $f \in X'$ 且 $f \neq 0$. 证明: 从原点 $x=0$ 到超平面 $L = \{x|f(x)=1\}$ 的度量 $\mathbf{d}$ 满足 $\mathbf{d} = \dfrac{1}{\|f\|}$.

68. 设 X 是赋范线性空间, Y 是 X 的真子空间. 又设 $l: Y \to \mathbb{F}$ 是连续线性泛函. 证明: 存在连续线性泛函 $\tilde{l}: X \to \mathbb{F}$ 满足

$$\tilde{l}(y) = l(y), \quad \forall y \in Y$$

且

$$\|\tilde{l}\|_{X'} > \|l\|_{Y'}.$$

69. 设 X 是赋范线性空间, Y 是 X 的子空间. 证明 $\overline{Y} = X$ 的充分必要条件如下: 设 $f \in X'$, 如果任取 $y \in Y$, $f(y) = 0 \Rightarrow y = 0$.

70. 设 X 是线性空间, 且 $\dim X \geqslant 2$.
(i) 证明: X 的子空间 Y 是一个超平面的充要条件是 $\dim X/Y = 1$.
(ii) 设 $f, \tilde{f} \in X'$ 非零. 证明: $\{x \in X : f(x) = 0\} = \{x \in X : \tilde{f}(x) = 0\}$ 的充分必要条件是存在 $\alpha \neq 0$ 使得 $l = \alpha \tilde{l}$.

71. 设 f 是实赋范线性空间 X 上的线性泛函, $c \in \mathbb{R}$. 证明:
(i) $\{x \in X | f(x) \geqslant c\}$, $\{x \in X | f(x) \leqslant c\}$, $\{x \in X | f(x) > c\}$ 及 $\{x \in X | f(x) < c\}$ 都是凸集;
(ii) 当 f 连续时, $\{x | f(x) \geqslant c\}$ 和 $\{x | f(x) \leqslant c\}$ 都是闭的, $\{x | f(x) > c\}$ 和 $\{x | f(x) < c\}$ 都是开的.

72. 设 $p \geqslant 1$, $(\Omega, \Sigma, \mathbb{P})$ 是概率空间. 又设 S 是 $L^p(\Omega)$ 的闭子空间且 $S \subseteq L^\infty(\Omega)$. 证明: $\dim S < \infty$.

73. 对任意数列 $\{\alpha_n\}_{n=1}^\infty$, $\{\beta_n\}_{n=1}^\infty$, 问在什么条件下存在一个 $[0, 2\pi]$ 上的有界可测函数 x 使得其相应 Fourier 系数为

$$\frac{1}{\pi}\int_0^{2\pi} f(x)\cos nt\, dt = \alpha_n, \quad \frac{1}{\pi}\int_0^{2\pi} f(x)\sin nt\, dt = \beta_n, \quad n = 1, 2, \cdots.$$

74. 计算例 2.23 中算子 B_n ($n \in \mathbb{N}$) 的范数.

75. 对 $n \in \mathbb{N}$, 计算 Fejér 算子的范数.

76. 设 $\mathcal{P}_n[0,1]$ 表示 $[0,1]$ 上所有次数小于等于 n 的多项式组成的空间. 给定数 $q > 1$. 证明:
(i) 对任意 $f \in C([0,1])$, 存在唯一的多项式 $f_n \in \mathcal{P}_n[0,1]$ 使得

$$\|f - f_n\|_{L^q(0,1)} = \inf_{g \in \mathcal{P}_n[0,1]} \|f - g\|_{L^q(0,1)}.$$

(ii) 映射 $P: C([0,1]) \to \mathcal{P}_n[0,1]$, $Pf = f_n$ 是线性的当且仅当 $q = 2$.

第 3 章　Hilbert 空间

前两章分别介绍了度量空间和赋范线性空间. 从几何意义上讲, 范数相当于向量的长度. 但是, 在赋范线性空间中还缺乏类似有限维 Euclid 空间中内积的概念. 因此也缺乏正交和正交投影等非常直观而重要的概念. 一个自然的问题是, 能否在无穷维线性空间中也引入内积的概念, 并揭示内积空间中的本质属性?

本章介绍内积空间这类特殊的赋范线性空间, 它保持了 Euclid 空间中的许多重要特征.

3.1　内积空间与 Hilbert 空间的定义

定义 3.1　设 H 是线性空间, 如果对任意 $x,y \in H$, 都对应着一个数 $(x,y) \in \mathbb{F}$ 满足如下条件:

(i) (正定性) 任给 $x \in H$, 有 $(x,x) \geqslant 0$, 并且 $(x,x) = 0$ 当且仅当 $x = 0$;

(ii) (共轭对称性) 对任意 $x,y \in H$, 有 $(x,y) = \overline{(y,x)}$;

(iii) (关于第一变元的线性性) 对任意 $x,y,z \in H$ 以及任何 $\alpha, \beta \in \mathbb{F}$, 有

$$(\alpha x + \beta y, z) = \alpha(x,z) + \beta(y,z),$$

则称 $(\cdot, \cdot)$ 为 H 中的内积, 并称 (x,y) 为 x 与 y 的内积. 当 $\mathbb{F} = \mathbb{R}(\mathbb{C})$ 时, 称定义了内积的 H 为实 (复) 内积空间. 一般地, 统称 H 为数域 $\mathbb{F}$ 上的内积空间.

对任意 $x, y, z \in H$ 以及任何 $\alpha, \beta \in \mathbb{F}$, 有

$$\begin{aligned}(z, \alpha x + \beta y) &= \overline{(\alpha x + \beta y, z)} = \overline{\alpha(x,z) + \beta(y,z)} \\ &= \overline{\alpha}\,\overline{(x,z)} + \overline{\beta}\,\overline{(y,z)} = \overline{\alpha}(z,x) + \overline{\beta}(z,y),\end{aligned}$$

因此内积关于第二个变元是共轭线性的.

例 3.1　设 X 是 n 维线性空间, $\{e_1, e_2, \cdots, e_n\}$ 是 X 的一组基, 对任意 $x = \sum_{j=1}^n x_j e_j$, $y = \sum_{j=1}^n y_j e_j$, 令 $(x,y) = \sum_{j=1}^n x_j \overline{y_j}$. 容易验证它是 X 上的内积. 事实上它与通常的 Euclid 空间 $\mathbb{C}^n$ 或 $\mathbb{R}^n$ 是同构的.

例 3.2　对 $x = (x_1, x_2, \cdots, x_n, \cdots)$, $y = (y_1, y_2, \cdots, y_n, \cdots) \in l^2$, 令

$$(x,y) = \sum_{n=1}^\infty x_n \overline{y_n}. \tag{3.1}$$

3.1 内积空间与 Hilbert 空间的定义

由 Hölder 不等式可得式 (3.1) 的右端小于无穷. 容易验证式 (3.1) 满足内积的所有条件. 因此, l^2 是内积空间.

例 3.3 对 $f, g \in L^2(a,b)$, 令

$$(f,g) = \int_a^b f(x)\overline{g(x)}\mathrm{d}x,$$

容易验证 $L^2(a,b)$ 是一个内积.

引理 3.1 (Schwarz (施瓦茨) 不等式) 设 H 是内积空间. 对任意 $x, y \in H$ 成立

$$|(x,y)|^2 \leqslant (x,x)(y,y). \tag{3.2}$$

证明 当 $y = 0$ 时, 式 (3.2) 显然成立. 下面考虑 $y \neq 0$ 的情形. 对任意 $\lambda \in \mathbb{F}$, 有

$$0 \leqslant (x + \lambda y, x + \lambda y)$$
$$= (x,x) + 2\mathrm{Re}\,\overline{\lambda}(x,y) + |\lambda|^2(y,y).$$

上式中取 $\lambda = -\dfrac{(x,y)}{(y,y)}$ 可得

$$(x,x) - 2\frac{|(x,y)|^2}{(y,y)} + \frac{|(x,y)|^2}{|(y,y)|^2}(y,y) \geqslant 0.$$

由此可得式 (3.2). □

命题 3.1 设 H 是内积空间. 对任意 $x \in H$, 令

$$\|x\| = \sqrt{(x,x)},$$

则 $\|\cdot\|$ 是 H 上的范数.

证明 由内积的正定性和关于第一个变元的线性以及第二个变元的共轭线性可得

(i) $\|x\| \geqslant 0$, 并且 $\|x\| = 0$ 当且仅当 $x = 0$;

(ii) $\|\alpha x\| = |\alpha|\|x\|$.

下面验证三角不等式. 由内积的定义有

$$\|x+y\|^2 = (x+y, x+y) = (x,x) + 2\mathrm{Re}\,(x,y) + (y,y). \tag{3.3}$$

由 Schwarz 不等式可得

$$|\mathrm{Re}\,(x,y)| \leqslant |(x,y)| \leqslant \|x\|\|y\|. \tag{3.4}$$

结合式 (3.3) 和 (3.4) 可得
$$\|x+y\|^2 \leqslant (\|x\|+\|y\|)^2.$$
所以有
$$\|x+y\| \leqslant \|x\|+\|y\|. \qquad \Box$$

由命题 3.1 可知内积空间上都有一个自然的范数 $\|x\| = (x,x)^{\frac{1}{2}}$. 下证在此范数下内积空间是一个赋范线性空间. 只需证明在此范数诱导的度量下内积 $(\cdot,\cdot)$ 是连续的.

命题 3.2 设 H 是内积空间, 赋予其内积诱导的范数, 则其内积 $(\cdot,\cdot)$ 是 H 上的二元连续函数.

证明 设 $x_n, y_n, x_0, y_0 \in H$ 并且 $x_n \to x_0, y_n \to y_0$, 则
$$|(x_n, y_n) - (x_0, y_0)| \leqslant |(x_n, y_n) - (x_0, y_n)| + |(x_0, y_n) - (x_0, y_0)|$$
$$= |(x_n - x_0, y_n)| + |(x_0, y_n - y_0)|$$
$$\leqslant \|x_n - x_0\|\|y_n\| + \|x_0\|\|y_n - y_0\|.$$

由 $\{\|x_n\|\}_{n=1}^\infty$ 和 $\{\|y_n\|\}_{n=1}^\infty$ 的有界性可知当 $n \to \infty$ 时, 上式极限为零. $\quad\Box$

今后在没有特别声明的情况下, 总把内积空间看成赋范线性空间, 其范数是由内积诱导出来的.

定义 3.2 完备的内积空间称为 Hilbert 空间.

例 3.1—例 3.3 给出的内积空间都是 Hilbert 空间. 证明留给读者 (只需证明这些空间的内积诱导出的度量为第 1 章中对它们引入的度量即可).

由任何度量空间都可以完备化可知任何内积空间必可完备化.

定理 3.1 设 H 是内积空间, $\|\cdot\|$ 是由内积诱导的范数, 则下面的平行四边形等式成立:
$$\|x+y\|^2 + \|x-y\|^2 = 2(\|x\|^2 + \|y\|^2), \quad \forall x, y \in H.$$

证明 对任意 $x, y \in H$, 有
$$\|x+y\|^2 + \|x-y\|^2 = (x+y, x+y) + (x-y, x-y)$$
$$= 2(x,x) + 2(y,y)$$
$$= 2(\|x\|^2 + \|y\|^2). \qquad \Box$$

由定理 3.1 可证明当 $p \neq 2$ 时, l^p 和 $L^p(a,b)$ 的范数不可能由某个内积诱导出来.

3.2　正交系和正交基

定义 3.3　设 H 是内积空间, $(\cdot,\cdot)$ 是其内积. 如果 $x,y \in H$ 使得 $(x,y)=0$, 则称 x 与 y 正交, 记为 $x \perp y$.

由向量的正交可给出下列概念.

定义 3.4　(i) 设 M 是 H 的子集, 如果 x 与 M 中的任何元素都正交, 则称 x 与 M 正交, 记为 $x \perp M$;

(ii) 设 M, N 是 H 中的两个子集, 如果对任意 $x \in M$ 以及任意 $y \in N$, 有 $x \perp y$, 则称 M 与 N 正交, 记为 $M \perp N$;

(iii) 设 M 是 H 的子集, 称 H 中的所有与 M 正交的元素的全体为 M 的正交系, 记为 $M^\perp$, 即
$$M^\perp = \{x \in H | x \perp M\}.$$

从上面的定义容易得到如下的性质:

(i) 设 $M \subset H, x \in H$, 则 $x \perp M$ 当且仅当 $x \perp \overline{M}$;

(ii) $x \perp H$ 当且仅当 $x=0$;

(iii) 当 $M \subset N \subset H$ 时, $N^\perp \subset M^\perp$;

(iv) 对任意 $M \subset H$, $M \cap M^\perp = \{0\}$;

(v) 勾股定理: 当 $x \perp y$ 时, $\|x+y\|^2 = \|x\|^2 + \|y\|^2$.

定理 3.2　设 H 是内积空间, $M \subset H$, 则 $M^\perp$ 是 H 的闭线性子空间, 并且
$$M^\perp = (\operatorname{span} M)^\perp = (\overline{\operatorname{span} M})^\perp, \tag{3.5}$$

其中 $\operatorname{span} M$ 表示由 M 张成的线性子空间.

证明　首先证明 (3.5). 由于 $M \subset \operatorname{span} M \subset \overline{\operatorname{span} M}$, 由正交的性质 (iii) 可得
$$\overline{\operatorname{span} M}^\perp \subset (\operatorname{span} M)^\perp \subset M^\perp.$$

因此, 只要证明 $M^\perp \subset \overline{\operatorname{span} M}^\perp$.

设 $x \in M^\perp$. 任给 $y \in \overline{\operatorname{span} M}$, 存在 $\{y_n\} \subset \operatorname{span} M$, 使得 $y_n \to y$. 由 $y_n \in \operatorname{span} M$ 知, 存在 $x_1^{(n)}, \cdots, x_{k_n}^{(n)} \in M$ 以及 $\alpha_1^{(n)}, \cdots, \alpha_{k_n}^{(n)} \in \mathbb{F}$ 使得
$$y_n = \sum_{j=1}^{k_n} \alpha_j^{(n)} x_j^{(n)}.$$

因为 $x \perp x_j^{(n)}$, $j=1,2,\cdots,k_n$, 所以 $(x, y_n)=0$. 从而 $(x,y)=0$. 根据 y 的任意性可得 $x \perp \overline{\operatorname{span} M}$, 即 $x \in \overline{\operatorname{span} M}^\perp$.

以下证明 $M^\perp$ 是 H 的闭线性子空间. 设 $\{x_n\}_{n=1}^\infty \subset M^\perp$ 收敛于 $x_0 \in H$. 根据内积的连续性, 对任意 $y \in M$ 有

$$(x_0, y) = \lim_{n \to \infty}(x_n, y) = 0.$$

所以, $x_0 \in M^\perp$. 因此, $M^\perp$ 是闭的.

设 $x_1, x_2 \in M^\perp$, 则对任意 $y \in M$, 有 $(x_1, y) = (x_2, y) = 0$. 从而对任意 $\alpha_1, \alpha_2 \in \mathbb{F}$, 有

$$(\alpha_1 x_1 + \alpha_2 x_2, y) = \alpha_1 (x_1, y) + \alpha_2 (x_2, y) = 0.$$

因此, $\alpha_1 x_1 + \alpha_2 x_2$ 与 y 正交. 由 y 的任意性可知 $\alpha_1 x_1 + \alpha_2 x_2 \in M^\perp$. 所以 $M^\perp$ 是 H 的线性子空间. □

定义 3.5 设 H 是内积空间, $\mathcal{I}$ 是一个指标集, $\{e_j\}_{j \in \mathcal{I}}$ 是 H 中的一族元素. 如果对任意 $j, k \in \mathcal{I}, j \neq k$ 有 $(e_j, e_k) = 0$, 则称 $\{e_j\}_{j \in \mathcal{I}}$ 是 H 中的正交集. 如果 $\{e_j\}_{j \in \mathcal{I}}$ 是 H 中的正交集, 并且对每一个 $j \in \mathcal{I}$, 有 $\|e_j\| = 1$, 则称 $\{e_j\}_{j \in \mathcal{I}}$ 是 H 中的标准正交系. 如果 $\{e_j\}_{j \in \mathcal{I}}$ 是 H 中的标准正交系, 并且 $\{e_j\}_{j \in \mathcal{I}}$ 的正交补为零向量, 则称 $\{e_j\}_{j \in \mathcal{I}}$ 为 H 中的完全标准正交系.

由定义立即可知, 如果 $\mathcal{F}$ 是内积空间 H 中的正交系 (标准正交系), 那么 $\mathcal{F}$ 的任何子集也是 H 中的正交系 (标准正交系).

数学分析定义了函数 $f \in L^2(0, 2\pi)$ 的 Fourier 级数, 其中

$$a_0 = \frac{1}{\pi} \int_0^{2\pi} f(x) \mathrm{d}x = (f, 1),$$

$$a_n = \frac{1}{\pi} \int_0^{2\pi} f(x) \cos nx \mathrm{d}x = (f, \cos nx),$$

$$b_n = \frac{1}{\pi} \int_0^{2\pi} f(x) \sin nx \mathrm{d}x = (f, \sin nx)$$

为函数 f 关于三角函数系的 Fourier 系数.

这个概念可以做如下的推广.

定义 3.6 设 H 是内积空间, $\{e_j\}_{j \in \mathcal{I}}$ 是 H 中的一个完全标准正交系. 对任意 $x \in H$, 称数集 $\{(x, e_j) | j \in \mathcal{I}\}$ 为 x 的 Fourier 系数集, 其元素称为 x 的 Fourier 系数.

例 3.4 记

$$\psi_0(x) = 1, \quad \psi_k(x) = \frac{\mathrm{d}^k}{\mathrm{d}x^k}(x^2 - 1)^k, \quad k = 1, 2, \cdots.$$

3.2 正交系和正交基

显然, ψ_k 是 k 次多项式. 下面证明 $\{\psi_0, \psi_1, \psi_2, \cdots\}$ 是 $L^2(-1,1)$ 中的正交系, 即当 $0 \leqslant m < n$ 时, $(\psi_m, \psi_n) = 0$.

当 $0 \leqslant m < n$ 时, 分部积分可得

$$\int_{-1}^{1} \frac{\mathrm{d}^n}{\mathrm{d}x^n}(x^2-1)^n \frac{\mathrm{d}^m}{\mathrm{d}x^m}(x^2-1)^m \mathrm{d}x$$

$$= -\int_{-1}^{1} \frac{\mathrm{d}^{n-1}}{\mathrm{d}x^{n-1}}(x^2-1)^n \cdot \frac{\mathrm{d}^{m+1}}{\mathrm{d}x^{m+1}}(x^2-1)^m \mathrm{d}x$$

$$= \cdots = (-1)^n \int_{-1}^{1} (x^2-1)^n \frac{\mathrm{d}^{m+n}}{\mathrm{d}x^{m+n}}(x^2-1)^m \mathrm{d}x. \tag{3.6}$$

由式 (3.6) 知当 $m < n$ 时, 被积函数为零, 因而积分为零; 而当 $m = n$ 时, 式 (3.6) 的右端为

$$(-1)^m \cdot (2m)! \int_{-1}^{1} (x^2-1)^m \mathrm{d}x = \frac{(m!)^2}{2m+1} 2^{2m+1}.$$

因此, $h_0(x) = \frac{1}{\sqrt{2}}$, $h_m(x) = \frac{1}{2^m m!} \sqrt{\frac{2m+1}{2}} \frac{\mathrm{d}^m}{\mathrm{d}x^m}(x^2-1)^m$ $(m=1,2,\cdots)$ 就是 $L^2(-1,1)$ 中的标准正交系. 进一步, 由 Weierstrass 定理知它是完全的.

由定义, 有限维空间上一个完全标准正交系可构成其上一组基. 一个自然的问题是, 这样的完全标准正交系能否构成无穷维内积空间 H 的一个基底? 换句话说, 是否每一个 x 都能表示为这个基底的 Fourier 级数的和?

在实 $L^2(0, 2\pi)$ 中, 记 $\mathcal{F} = \{\cos t, \sin t, \cos 2t, \sin 2t, \cdots, \cos nt, \sin nt\}$. 设 $f_0 = 1 + \sum_{n=1}^{\infty} \frac{1}{n}(\cos nt + \sin nt)$, 则 $f_0 \in L^2(0, 2\pi)$. 设 H 是由 $\{f_0\} \cup \mathcal{F}$ 所张成的线性子空间, 也就是说

$$H = \left\{ a_0 f_0 + \sum_{k=1}^{n} (a_k \cos kt + b_k \sin kt) \,\bigg|\, n \in \mathbb{N}, a_0, a_k, b_k \in \mathbb{R}, k = 1, 2, \cdots, n \right\}.$$

按照 $L^2(0, 2\pi)$ 的线性运算及内积, H 是一个内积空间. 显然 $\mathcal{F}$ 是 H 中的标准正交系, 且在 H 中是完全的. 设 $f \in H$, $f \perp \mathcal{F}$, 由 H 的定义有 a_0, a_k, b_k $(k=1,2,\cdots,n)$ 使得

$$f = a_0 f_0 + \sum_{k=1}^{n} (a_k \cos kt + b_k \sin kt).$$

取 $m > n$, 则有 $0 = (f, \cos mt) = \dfrac{\pi a_0}{m}$. 因此

$$f = \sum_{k=1}^{n}(a_k \cos kt + b_k \sin kt).$$

同样, 对于 $m \leqslant n$, $0 = (f, \cos mt) = \pi a_m$, $0 = (f, \sin mt) = \pi b_m$. 因而 $f = 0$. 所以 $\mathcal{F}$ 在 H 中是完全的. 但是

$$\|f_0\|^2 = 2\pi + \sum_{k=1}^{\infty}\frac{\pi}{k^2},$$

$$\sum_{k=1}^{n}\left(|(f_0, \cos kt)|^2 + |(f_0, \sin kt)|^2\right) = \sum_{k=1}^{n}\frac{\pi}{k^2}.$$

这两者不相等, 所以 $\mathcal{F}$ 在 H 中不构成一组基. 上例的主要问题是 H 仅是内积空间而非 Hilbert 空间. 因此, 讨论基的问题时需考虑 Hilbert 空间.

定理 3.3 设 $\{e_j\}_{j \in \mathcal{I}}$ 是 Hilbert 空间 H 中的完全标准正交系, 则对每一个 $x \in H$, 其 Fourier 系数集 $\{(x, e_j)|j \in \mathcal{I}\}$ 最多只有可数个不为零并且满足如下的 Bessel (贝塞尔) 不等式:

$$\sum_{j \in \mathcal{I}}|(x, e_j)|^2 \leqslant \|x\|^2, \tag{3.7}$$

上式左边是对至多可数个不为零的项进行求和.

证明 任给 $n \in \mathbb{N}$ 和 $j_1, j_2, \cdots, j_n \in \mathcal{I}$, 有

$$\left(x - \sum_{l=1}^{n}(x, e_{j_l})e_{j_l}, e_{j_k}\right) = (x, e_{j_k}) - (x, e_{j_k})(e_{j_k}, e_{j_k}) = 0.$$

因而

$$\begin{aligned}\|x\|^2 &= \left\|x - \sum_{k=1}^{n}(x, e_{j_k})e_{j_k} + \sum_{k=1}^{n}(x, e_{j_k})e_{j_k}\right\|^2 \\ &= \left\|x - \sum_{k=1}^{n}(x, e_{j_k})e_{j_k}\right\|^2 + \left\|\sum_{k=1}^{n}(x, e_{j_k})e_{j_k}\right\|^2 \\ &\geqslant \left\|\sum_{k=1}^{n}(x, e_{j_k})e_{j_k}\right\|^2 = \sum_{k=1}^{n}|(x, e_{j_k})|^2.\end{aligned} \tag{3.8}$$

下面证明 $\{(x, e_j)|j \in \mathcal{I}\}$ 至多只有可数个不为零.

设 $F_n = \left\{(x, e_j)\Big|\ |(x, e_j)|^2 \geqslant \dfrac{1}{n}\right\}$, 则

$$\bigcup_{n=1}^{\infty} F_n = \{(x, e_j)|(x, e_j) \neq 0, j \in \mathcal{I}\}.$$

由式 (3.8) 可知, 对任意 $n \in \mathbb{N}$, F_n 是有限集. 因为可数多个有限集的并至多是可数的, 则 $\{(x, e_j)|j \in \mathcal{I}, (x, e_j) \neq 0\}$ 至多是可数的, 将其排列为

$$(x, e_{j_1}), (x, e_{j_2}), \cdots, (x, e_{j_n}), \cdots.$$

由式 (3.8) 可得对任意 $n \in \mathbb{N}$ 都有

$$\sum_{k=1}^{n} |(x, e_{j_k})|^2 \leqslant \|x\|^2.$$

令 $n \to \infty$ 可得

$$\sum_{k=1}^{\infty} |(x, e_{j_k})|^2 \leqslant \|x\|^2.$$

因为当 $j \in \mathcal{I}$, $j \neq j_k$ 时有 $(x, e_j) = 0$, 所以

$$\sum_{j \in \mathcal{I}} |(x, e_j)|^2 \leqslant \|x\|^2. \qquad \square$$

定理 3.4 设 $\{e_j\}_{j \in \mathcal{I}}$ 是 Hilbert 空间 H 的完全标准正交系, 则对任意 $x \in H$ 都有

$$x = \sum_{j \in \mathcal{I}} (x, e_j) e_j, \tag{3.9}$$

并且有以下 Parseval (帕塞瓦尔) 等式:

$$\|x\|^2 = \sum_{j \in \mathcal{I}} |(x, e_j)|^2. \tag{3.10}$$

式 (3.9) 和 (3.10) 都是对 Fourier 系数不为零的全体进行求和.

证明 由定理 3.3, x 相对于 $\{e_j\}_{j \in \mathcal{I}}$ 的 Fourier 系数集 $\{(x, e_j)|j \in \mathcal{I}\}$ 至多有可数多个不为零. 将那些不为零的 Fourier 系数排列成

$$(x, e_{j_1}), (x, e_{j_2}), \cdots, (x, e_{j_n}), \cdots,$$

对 $n \in \mathbb{N}$, 令 $x_n = \sum_{k=1}^{n}(x, e_{j_k})e_{j_k}$, 则对任意 $p \in \mathbb{N}$,

$$\|x_{n+p} - x_n\|^2 \leqslant \sum_{k=n+1}^{n+p} |(x, e_{j_k})|^2 \leqslant \sum_{k=n+1}^{\infty} |(x, e_{j_k})|^2.$$

由 Bessel 不等式知 $\sum_{k=1}^{\infty} |(x, e_{j_k})|^2$ 收敛, 因此, $\{x_n\}_{n=1}^{\infty}$ 是 H 中的 Cauchy 列. 设 $\{x_n\}_{n=1}^{\infty}$ 收敛到 $x^* \in H$, 即 $x^* = \sum_{k=1}^{\infty}(x, e_{j_k})e_{j_k}$. 记 $y = x - x^*$, 则对任意 $n \in \mathbb{N}$ 都有

$$(y, e_{j_n}) = (x, e_{j_n}) - (x^*, e_{j_n}) = 0.$$

当 $j \in \mathcal{I}$, $j \neq j_n$ 时, 也有 $(y, e_j) = 0$. 由 $\{e_j\}_{j \in \mathcal{I}}$ 的完全性可得 $y = 0$, 从而 $x = x^*$. 由此可得式 (3.9).

由勾股定理可得

$$\|x\|^2 = \|x_n\|^2 + \|x - x_n\|^2 = \sum_{k=1}^{n} |(x, e_{j_k})|^2 + \|x - x_n\|^2.$$

令 $n \to \infty$ 可得

$$\|x\|^2 = \sum_{k=1}^{\infty} |(x, e_{j_k})|^2 = \sum_{j \in \mathcal{I}} |(x, e_{j_k})|^2. \qquad \Box$$

下面给出 Hilbert 空间中完全标准正交系的存在性.

定理 3.5 设 H 是 Hilbert 空间, $\{e_j\}_{j \in \mathcal{I}}$ 是 H 的一个标准正交系, 则存在 H 的完全标准正交系 $\{e_j\}_{j \in \mathcal{I}^*}$ 使得 $\{e_j\}_{j \in \mathcal{I}} \subset \{e_j\}_{j \in \mathcal{I}^*}$.

证明 记 $\mathcal{F}$ 为 H 中包含 $\{e_j\}_{j \in \mathcal{I}}$ 的所有标准正交系构成的集合. 由 $\{e_j\}_{j \in \mathcal{I}} \in \mathcal{F}$ 可得 $\mathcal{F} \neq \varnothing$. 定义 $\mathcal{F}$ 上偏序关系为

对任意 $\{e_j\}_{j \in \mathcal{I}_1}, \{e_j\}_{j \in \mathcal{I}_2} \in \mathcal{F}$, $\{e_j\}_{j \in \mathcal{I}_1} \prec \{e_j\}_{j \in \mathcal{I}_2}$ 当且仅当 $\mathcal{I}_1 \subset \mathcal{I}_2$.

在此偏序关系下 $\mathcal{F}$ 构成一个偏序集. 设 $\{\{e_j\}_{j \in \mathcal{I}_\lambda} | \lambda \in \mathbb{F}\}$ 是 $\mathcal{F}$ 的一个全序子集. 令 $\mathcal{I}' = \bigcup_{\lambda \in \mathbb{F}} \mathcal{I}_\lambda$, 则 $\{e_j\}_{j \in \mathcal{I}'}$ 是 $\{\{e_j\}_{j \in \mathcal{I}_\lambda} | \lambda \in \mathbb{F}\}$ 的一个上界. 由 Zorn 引理, $\mathcal{F}$ 有极大元 $\{e_j\}_{j \in \mathcal{I}^*}$, 此极大元就是 H 中完全标准正交系. $\qquad \Box$

今后称 Hilbert 空间中的完全标准正交系为正规正交基.

命题 3.3 $\dfrac{1}{\sqrt{2\pi}}, \dfrac{1}{\sqrt{\pi}}\cos x, \dfrac{1}{\sqrt{\pi}}\sin x, \dfrac{1}{\sqrt{\pi}}\cos 2x, \dfrac{1}{\sqrt{\pi}}\sin 2x, \cdots, \dfrac{1}{\sqrt{\pi}}\cos nx,$ $\dfrac{1}{\sqrt{\pi}}\sin nx, \cdots$ 组成 $L^2(0, 2\pi)$ 中的正规正交基.

3.2 正交系和正交基

证明 令 $\mathcal{T}$ 为 $L^2(0, 2\pi)$ 中三角多项式全体. 只需证明 $\mathcal{T}$ 在 $L^2(0, 2\pi)$ 中稠密. 事实上, 对任意 $f \in L^2(0, 2\pi)$ 及 $\varepsilon > 0$, 存在 $\varphi \in C([0, 2\pi])$ 使得

$$\|f - \varphi\| = \left(\int_0^{2\pi} |f - \varphi|^2 \mathrm{d}t \right)^{\frac{1}{2}} < \frac{\varepsilon}{2}. \tag{3.11}$$

对于给定的 $\varphi \in C([0, 2\pi])$ 及 $\varepsilon > 0$, 由 Weierstrass 逼近定理, 一定存在三角多项式 $g(t)$ 使得

$$\max_{0 \leqslant t \leqslant 2\pi} |g(t) - \varphi(t)| < \frac{\varepsilon}{4\pi}. \tag{3.12}$$

由式 (3.11) 和 (3.12) 可得

$$\|f - g\| \leqslant \|f - \varphi\| + \|\varphi - g\| < \varepsilon,$$

即三角多项式全体 $\mathcal{T}$ 在 $L^2(0, 2\pi)$ 中稠密. 所以 $\frac{1}{\sqrt{2\pi}}, \frac{1}{\sqrt{\pi}} \cos x, \frac{1}{\sqrt{\pi}} \sin x, \frac{1}{\sqrt{\pi}} \cos 2x,$ $\frac{1}{\sqrt{\pi}} \sin 2x, \cdots, \frac{1}{\sqrt{\pi}} \cos nx, \frac{1}{\sqrt{\pi}} \sin nx, \cdots$ 是 $L^2(0, 2\pi)$ 中的正规正交基. □

有上述讨论, 对任意 $f \in L^2(0, 2\pi)$ 都有

$$f = \frac{a_0}{\sqrt{2\pi}} + \frac{1}{\sqrt{\pi}} \sum_{n=1}^{\infty} (a_n \cos nt + b_n \sin nt). \tag{3.13}$$

上式右边级数正是数学分析中所说的 f 的 Fourier 级数. 该级数的部分和是按照 Hilbert 空间 $L^2(0, 2\pi)$ 中的范数收敛于 f. 换句话说, f 的 Fourier 级数的部分和平方平均收敛于 f. 从而有

$$\lim_{m \to \infty} \left[\frac{a_0}{\sqrt{2\pi}} + \frac{1}{\sqrt{\pi}} \sum_{n=1}^{m} (a_n \cos nt + b_n \sin nt) \right] = f(t), \quad \text{a.e. } t \in (0, 2\pi). \tag{3.14}$$

例 3.5 Legendre (勒让德) 多项式 $\{L_n(x) = \frac{1}{2^n n!} \sqrt{\frac{2n+1}{2}} \frac{\mathrm{d}^n}{\mathrm{d}x^n}(x^2-1)^n, n = 0, 1, 2 \cdots\}$, 构成 $L^2(-1, 1)$ 的一个标准正交基.

定理 3.6 设 H 是可分的 Hilbert 空间, 则 H 有可数的正规正交基.

证明 由 H 的可分性知存在 H 的可数稠子集 $\{x_n\}_{n=1}^{\infty}$. 由 Schmidt 正交化方法从 $\{x_n\}_{n=1}^{\infty}$ 出发构造一组正规正交基. 不妨假定 $x_1 \neq 0$, 否则, 用 x_2 替代 x_1 即可. 令 $e_1 = \frac{x_1}{\|x_1\|}$. 设 $l_2 = \min\{k \in \mathbb{N} \,|\, x_k$ 与 e_1 线性无关$\}$. 令

$$e_2 = \frac{x_{l_2} - (x_{l_2}, e_1)e_1}{\|x_{l_2} - (x_{l_2}, e_1)e_1\|}.$$

重复上述过程, 若 k 步结束, 则 H 是 k 维空间, 并且 $\{e_1,\cdots,e_k\}$ 是 H 的正规正交基. 若上述过程未在有限步之内结束, 则对任意 $j \in \mathbb{N}$, 可得到正规的正交系 $\{e_1,\cdots,e_j\}$, 并且

$$\mathrm{span}\{e_1,\cdots,e_j\} = \mathrm{span}\{x_1,\cdots,x_{n_j}\}.$$

下证 $\{e_j\}_{j=1}^{\infty}$ 是 H 的一组正规正交基. 设

$$x \perp e_j, \quad \forall j \in \mathbb{N},$$

则任给 $j \in \mathbb{N}$,

$$x \perp \mathrm{span}\{e_1,\cdots,e_j\},$$

即有 $x \perp \mathrm{span}\{x_1,\cdots,x_j\}$. 由于 $\{x_n\}_{n=1}^{\infty}$ 在 H 中稠密, 故对任意 $\varepsilon > 0$, 存在 $x_m \in \{x_n\}_{n=1}^{\infty}$ 使得

$$\|x - x_m\| < \frac{\varepsilon}{1+\|x\|}.$$

从而

$$\|x\|^2 = (x,x) = (x, x - x_m) \leqslant \|x\| \cdot \|x - x_m\| < \varepsilon.$$

由 $\varepsilon > 0$ 的任意性可得 $x = 0$. 所以 $\{e_j\}_{j=1}^{\infty}$ 是 H 的正规正交基. □

3.3 Riesz 表示定理与 Lax-Milgram 定理

定理 3.7 (Riesz 表示定理) 设 H 是 Hilbert 空间, 则对任意 $f \in H'$, 存在唯一的 $y \in H$ 使得

$$f(x) = (x,y), \quad \forall x \in H, \tag{3.15}$$

并且 $\|f\| = \|y\|$.

证明 先证存在性. 若 $f = 0$, 则取 $y = 0$ 即可. 下面考虑 $f \neq 0$ 的情形. 令 $N(f) = \{x \in H | f(x) = 0\}$. 由 $f \in H'$ 可得 $N(f)$ 是 H 的闭子空间而且 $N(f) \neq H$. 取 $x_0 \in N(f)^{\perp}$ 使得 $f(x_0) = 1$. 对任意 $x \in H$ 有

$$f(x - f(x)x_0) = f(x) - f(x)f(x_0) = 0.$$

所以 $x - f(x)x_0 \in N(f)$. 因而 $(x - f(x)x_0, x_0) = 0$. 由此可得对任意 $x \in H$, $f(x) = \left(x, \dfrac{x_0}{\|x_0\|^2}\right)$. 令 $y = \dfrac{x_0}{\|x_0\|^2}$ 即可.

3.3 Riesz 表示定理与 Lax-Milgram 定理

下证唯一性. 设 $y_1, y_2 \in H$ 使得对任意 $x \in H$, $f(x) = (x, y_1) = (x, y_2)$, 则对任意 $x \in H$, $(x, y_1 - y_2) = 0$. 因而 $y_1 = y_2$.

最后证 $\|f\| = \|y\|$. 由式 (3.15) 可得

$$|f(x)| = |(x, y)| \leqslant \|y\| \cdot \|x\|,$$

所以 $\|f\| \leqslant \|y\|$.

令 $x = \dfrac{y}{\|y\|}$, 则

$$f(x) = \left(\frac{y}{\|y\|}, y\right) = \|y\|.$$

从而 $\|f\| \geqslant \|y\|$. □

例 3.6 设 $\mathbb{T} = (0, 2\pi)$. 定义 Hardy (哈代) 空间 $H^2(\mathbb{T})$ 为

$$H^2(\mathbb{T}) = \left\{ f \in L^2(\mathbb{T}) \Big| \hat{f}(-n) = \frac{1}{2\pi} \int_0^{2\pi} f \mathrm{e}^{\mathrm{i}n\theta} \mathrm{d}\theta = 0,\ n = 1, 2, \cdots \right\}.$$

它是 $L^2(\mathbb{T})$ 的闭子空间. 对任意 $f \in H^2(\mathbb{T})$, f 有 Fourier 级数

$$f(\mathrm{e}^{\mathrm{i}\theta}) = \sum_{n=0}^{\infty} \hat{f}(n) \mathrm{e}^{\mathrm{i}n\theta} = \sum_{n=0}^{\infty} \langle f, \mathrm{e}^{\mathrm{i}n\theta}\rangle \mathrm{e}^{\mathrm{i}n\theta},$$

且 $\sum_{n=0}^{\infty} |\hat{f}(n)|^2 = \|f\|^2 < \infty$. 这允许在复平面中单位圆盘 $\mathbb{D}$ 上定义唯一的解析函数 (仍由 f 表示):

$$f(z) = \sum_{n=0}^{\infty} \hat{f}(n) z^n.$$

从不等式

$$|f(z)| \leqslant \left(\sum_{n=0}^{\infty} |\hat{f}(n)|^2\right)^{\frac{1}{2}} \cdot \left(\sum_{n=0}^{\infty} |z|^{2n}\right)^{\frac{1}{2}} = \frac{\|f\|}{\sqrt{1 - |z|^2}},$$

可得对每个 $w \in \mathbb{D}$, 泛函 $E_w : H^2(\mathbb{T}) \to \mathbb{C}$, $E_w(f) = f(w)$ 是连续的. 由 Riesz 表示定理, 存在唯一的 $g_w \in H^2(\mathbb{T})$ 使得

$$f(w) = \langle f, g_w\rangle.$$

g_w 称为 Hardy 空间在 w 点的再生核.

下面计算 g_w 的表达式. 设 $g_w = \sum_{n=0}^{\infty} a_n(w) \mathrm{e}^{\mathrm{i}n\theta}$, 那么

$$w^n = \langle e^{in\theta}, g_w \rangle = \sum_{k=0}^{\infty} \overline{a_k(w)} \langle e^{in\theta}, e^{ik\theta} \rangle = \overline{a_n(w)}, \quad n = 0, 1, \cdots.$$

因此, $a_n(w) = \overline{w}^n$. 于是

$$g_w = \sum_{n=0}^{\infty} \overline{w}^n e^{in\theta} = \frac{1}{1 - \overline{w}e^{i\theta}}.$$

作为上述结果的一个简单推论, 可以得到复变函数论中著名的 Cauchy 积分公式: 对 $f \in H^2(\mathbb{T})$, $w \in \mathbb{D}$, 有

$$f(w) = \frac{1}{2\pi} \int_0^{2\pi} \frac{f(e^{i\theta})}{1 - we^{-i\theta}} d\theta$$

$$= \frac{1}{2\pi i} \int_{\mathbb{T}} \frac{f(\xi)}{\xi - w} d\xi.$$

Hilbert 空间是自反的. 事实上, 设 H 是 Hilbert 空间, 定义映射 $T : H' \to H$ 为

$$f(x) = (x, T(f)), \quad \forall x \in H.$$

由 Riesz 表示定理, T 是双射, 并且 T 保持范数不变. 对任意 $\alpha, \beta \in \mathbb{F}$, $f, g \in H'$, 有

$$(x, T(\alpha f + \beta g)) = (\alpha f + \beta g)(x) = \alpha f(x) + \beta g(x)$$
$$= \alpha(x, T(f)) + \beta(x, T(g)) = (x, \overline{\alpha}T(f) + \overline{\beta}T(g)), \quad \forall x \in H.$$

所以有

$$T(\alpha f + \beta g) = \overline{\alpha}T(f) + \overline{\beta}T(g).$$

由此可得 $T : H' \to H$ 是共轭线性的保范同构.

定理 3.8 设 H 是 Hilbert 空间, $A : H \to H$ 是有界线性算子, 并且满足如下强制性条件:

存在 $\alpha > 0$, 使得对任意 $x \in H$ 有

$$(Ax, x) \geqslant \alpha \|x\|^2, \tag{3.16}$$

则 A 是双射.

证明 若 A 不是单射, 则存在非零的 $x \in H$ 使得 $Ax = 0$. 这与 (3.16) 矛盾.

3.3 Riesz 表示定理与 Lax-Milgram 定理

下面来证明 $\mathcal{R}(A)$ 是闭的. 设 $\{y_n\}_{n=1}^{\infty} \subset \mathcal{R}(A)$, 并且 $y_n \to y_0$. 设 $x_n \in H$, 使得 $Ax_n = y_n$. 由 A 的强制性可得

$$\|x_n - x_m\|^2 \leqslant \frac{1}{\alpha}(A(x_n - x_m), x_n - x_m)$$
$$\leqslant \frac{1}{\alpha}\|A(x_n - x_m)\| \cdot \|x_n - x_m\|$$
$$= \frac{1}{\alpha}\|y_n - y_m\| \cdot \|x_n - x_m\|.$$

因此, $\{x_n\}_{n=1}^{\infty}$ 是 H 中的 Cauchy 列. 故存在 $x_0 \in H$ 使得 $\lim\limits_{n \to \infty} x_n = x_0$. 由 A 的连续性可得

$$Ax_0 = \lim_{n \to \infty} Ax_n = \lim_{n \to \infty} y_n = y_0.$$

所以有 $y_0 \in \mathcal{R}(A)$.

最后通过反证法来证明 $\mathcal{R}(A) = H$. 如果 $\mathcal{R}(A) \neq H$, 则存在 $x_0 \in \mathcal{R}(A)^{\perp} \setminus \{0\}$. 因此有

$$(Ax_0, x_0) = 0 \geqslant \alpha\|x_0\|^2.$$

矛盾. □

定义 3.7 设 H 是 Hilbert 空间, $\varphi : H \times H \to \mathbb{C}$ 满足如下性质:
(i) $\varphi(\alpha x + \beta y, z) = \alpha\varphi(x, z) + \beta\varphi(y, z)$;
(ii) $\varphi(x, \alpha y + \beta z) = \overline{\alpha}\varphi(x, y) + \overline{\beta}\varphi(x, z)$,

其中 $x, y, z \in H$, $\alpha, \beta \in \mathbb{C}$, 则称 $\varphi(x, y)$ 为 H 上的共轭双线性泛函. 如果存在常数 $M > 0$, 使得当 $x, y \in H$ 时有

(iii) $|\varphi(x, y)| \leqslant M\|x\|\|y\|$,

则称 φ 是有界的共轭双线性泛函.

如果将上述性质 (ii) 换成

(ii)' $\varphi(x, \alpha y + \beta z) = \alpha\varphi(x, y) + \beta\varphi(x, z)$,

则称 φ 为 H 的双线性泛函.

显然, 如果共轭双线性泛函中的 $\varphi(\cdot, \cdot)$ 还满足

$$\varphi(x, y) = \overline{\varphi(y, x)}, \quad \varphi(x, x) \geqslant 0,$$

以及

$$\varphi(x, x) = 0 \Leftrightarrow x = 0,$$

则 φ 就是 H 上的内积.

定理 3.9　设 φ 是 Hilbert 空间 H 上有界的共轭双线性泛函, 则存在 H 上唯一的有界线性算子 A 使得

$$\varphi(x,y) = (Ax,y), \quad \forall x,y \in H.$$

证明　先证明唯一性. 若还有 H 上的有界线性算子 B 使得

$$\varphi(x,y) = (Bx,y), \quad \forall x,y \in H,$$

则有

$$((A-B)x,y) = 0, \quad \forall x,y \in H.$$

令 $y = (A-B)x$, 则

$$((A-B)x,(A-B)x) = \|(A-B)x\|^2 = 0.$$

所以有 $Ax = Bx$. 由 x 的任意性可得 $A = B$.

下面证明存在性. 对任意 $x \in H$, 令

$$f(y) = \overline{\varphi(x,y)}, \quad \forall y \in H,$$

则 $f \in H'$. 由 Riesz 表示定理知存在唯一的 $z \in H$ 使得

$$f(y) = \overline{\varphi(x,y)} = (y,z).$$

所以有

$$\varphi(x,y) = \overline{(y,z)} = (z,y).$$

令 $z = Ax$, 则

$$\varphi(x,y) = (Ax,y).$$

由 φ 关于 x 是线性的可得 A 是线性的. 因为

$$\|Ax\|^2 = (Ax,Ax) = \varphi(x,Ax) \leqslant M\|x\|\|Ax\|,$$

有 $\|Ax\| \leqslant M\|x\|$, 从而 A 是有界的. □

类似于定理 3.9, 可以证明如下结果.

定理 3.10　设 φ 是 Hilbert 空间上有界的共轭双线性泛函, 则存在 H 上唯一的有界线性算子 B 使得 $\varphi(x,y) = (x,By), \forall x,y \in H$.

定义 3.8　设 $\varphi(x,x)$ 是 H 上的共轭双线性泛函, 如果存在 $\alpha > 0$, 使得

$$\varphi(x,x) \geqslant \alpha\|x\|^2,$$

则称 φ 是强制的.

定理 3.11 (Lax-Milgram (拉克斯–密格拉蒙)) 设 φ 是 Hilbert 空间 H 上强制的有界共轭双线性泛函, 则对任意 $f \in H'$, 都存在唯一的 $y \in H$, 使得

$$f(x) = \varphi(x, y), \quad \forall x \in H.$$

证明 对任意 $f \in H'$, 由 Riesz 表示定理, 存在唯一的 $z \in H$ 使得

$$f(x) = (x, z), \quad \forall x \in H.$$

由定理 3.10, 存在 H 上的有界线性算子 B 使得

$$\varphi(x, y) = (x, By), \quad \forall x, y \in H.$$

由于 φ 是强制的, 故由定理 3.8 可知 B 是双射. 从而存在 $y \in H$ 使得 $By = z$. 因此,

$$f(x) = (x, z) = (x, By) = \varphi(x, y). \quad \square$$

3.4 Hilbert 空间上的共轭算子

定义 3.9 设 H_1, H_2 是 Hilbert 空间, $A \in \mathcal{L}(H_1, H_2)$, 如果 $B \in \mathcal{L}(H_2, H_1)$ 满足

$$(Ax, y) = (x, By), \quad \forall x \in H_1, \quad y \in H_2,$$

则称 B 为 A 的共轭算子或伴随算子, 记为 A^*.

例 3.7 设 X 是 n 维复内积空间, $\{e_1, \cdots, e_n\}$ 是 X 的标准正交基, $A: X \to X$ 是线性算子, 并且在基 $\{e_1, \cdots, e_n\}$ 上的矩阵表示为 $(a_{jk})_{1 \leqslant j, k \leqslant n}$. 按照共轭算子的定义有

$$(e_j, A^* e_k) = (Ae_j, e_k) = \left(\sum_{j=1}^n a_{kj} e_j, e_k\right) = a_{kj}, \quad k, j = 1, 2, \cdots, n.$$

因此

$$A^* e_k = \sum_{j=1}^n \bar{a}_{kj} e_j,$$

即 A^* 在基 $\{e_1, e_2, \cdots, e_n\}$ 上的表示矩阵为 $(\bar{a}_{jk})_{n \times n}^{\mathrm{T}}$.

下面定理保证了有界线性算子的共轭算子的存在性.

定理 3.12 设 H_1, H_2 是 Hilbert 空间, $A \in \mathcal{L}(H_1, H_2)$, 则必存在唯一的 $B \in \mathcal{L}(H_2, H_1)$ 使得

$$(Ax, y) = (x, By), \quad \forall x \in H_1, \quad y \in H_2, \tag{3.17}$$

其中上式左边 $(\cdot, \cdot)$ 表示 H_2 中的内积, 而右边的 $(\cdot, \cdot)$ 表示 H_1 的内积.

证明 先证唯一性. 设 $B_1, B_2 \in \mathcal{L}(H_2, H_1)$ 使得

$$(Ax, y) = (x, B_1 y) = (x, B_2 y), \quad \forall x \in H_1, \quad y \in H_2,$$

则有

$$(x, (B_1 - B_2)y) = 0, \quad \forall x \in H_1, \quad y \in H_2.$$

由此可得 $B_1 = B_2$.

下证 B 的存在性. 对任意给定的 $y \in H_2$, 定义泛函 $f_y : H_1 \to \mathbb{F}$ 为

$$f_y(x) = (Ax, y), \quad \forall x \in H_1.$$

由

$$|f_y(x)| = |(Ax, y)| \leqslant \|Ax\| \cdot \|y\| \leqslant \|A\| \|x\| \|y\|,$$

可得

$$\|f_y\| \leqslant \|A\| \|y\|, \tag{3.18}$$

因此 $f_y \in H_1'$.

由 Riesz 表示定理知存在唯一的 $z_y \in H_1$ 使得

$$f_y(x) = (Ax, y) = (x, z_y), \quad \forall x \in H_1. \tag{3.19}$$

定义 $B : H_2 \to H_1$ 为

$$By = z_y, \quad \forall y \in H_2.$$

对任意 $\alpha, \beta \in \mathbb{F}$, $y_1, y_2 \in H_2$, 以及任给的 $x \in H_1$, 由 B 的定义可得

$$\begin{aligned}(x, B(\alpha y_1 + \beta y_2)) &= (Ax, \alpha y_1 + \beta y_2) = \overline{\alpha}(Ax, y_1) + \overline{\beta}(Ax, y_2) \\ &= \overline{\alpha}(x, By_1) + \overline{\beta}(x, By_2) = (x, \alpha By_1 + \beta By_2).\end{aligned}$$

因此

$$B(\alpha y_1 + \beta y_2) = \alpha By_1 + \beta By_2.$$

所以 B 是线性算子.

由 Riesz 表示定理, $\|z_y\| = \|f_y\|$. 因此由 (3.18) 可得 $\|B\| \leqslant \|A\|$. 所以 B 是有界线性算子. □

3.4 Hilbert 空间上的共轭算子

定理 3.13 设 H_1, H_2 以及 H_3 是 Hilbert 空间, $A, B \in \mathcal{L}(H_1, H_2)$, $C \in \mathcal{L}(H_2, H_3)$, $\alpha, \beta \in \mathbb{F}$, 则

(1) $(A^*)^* = A$;

(2) $\|A^*\|^2 = \|A\|^2 = \|A^*A\|$;

(3) $(\alpha A + \beta B)^* = \overline{\alpha} A^* + \overline{\beta} B^*$;

(4) $(CA)^* = A^* C^*$;

(5) A 具有有界逆的充要条件是 A^* 具有有界逆并且 $(A^*)^{-1} = (A^{-1})^*$.

注记 3.1 性质 (3) 与 Banach 空间中有界线性算子的共轭算子的相对应性质有一点不同, 那里是线性的, 而这里是共轭线性的.

证明 (1) 对任意 $x \in H_1, y \in H_2$, 由于 $(Ax, y) = (x, A^*y)$, 所以 $(A^*y, x) = (y, Ax)$, 从而可得 $(A^*)^* = A$.

(2) 由于

$$|(x, A^*y)| = |(Ax, y)| \leqslant \|Ax\|\|y\| \leqslant \|A\|\|x\|\|y\|, \quad \forall x \in H_1$$

成立, 取 $x = A^*y$, 则有 $\|A^*y\|^2 \leqslant \|A\| \cdot \|A^*y\|\|y\|$. 于是 $\|A^*y\| \leqslant \|A\|\|y\|$. 另一方面, $\|A\| = \|(A^*)^*\| \leqslant \|A^*\|$. 由此可得 $\|A^*\| = \|A\|$.

对任意 $x \in H_1, \|x\| = 1$, 有

$$\|A\|^2 = (Ax, Ax) = (x, A^*Ax) \leqslant \|A^*Ax\| \cdot \|x\| \leqslant \|A^*A\|.$$

因此 $\|A\|^2 \leqslant \|A^*A\|$. 另一方面, 根据算子范数的定义 $\|A^*Ax\| \leqslant \|A^*\| \cdot \|Ax\| \leqslant \|A^*\| \cdot \|A\| \cdot \|x\| = \|A\|^2\|x\|$, 从而有 $\|A^*A\| \leqslant \|A\|^2$. 由此可得 $\|A^*A\| = \|A\|^2$.

(3) 对任意 $x \in H_1, y \in H_2$ 以及 $\alpha, \beta \in \mathbb{F}$, 有

$$((\alpha A + \beta B)x, y) = \alpha(Ax, y) + \beta(Bx, y) = \alpha(x, A^*y) + \beta(x, B^*y)$$
$$= (x, (\overline{\alpha}A^* + \overline{\beta}B^*)y).$$

所以 $(\alpha A + \beta B)^* = \overline{\alpha} A^* + \overline{\beta} B^*$.

(4) 对任意 $x \in H_1, y \in H_3$ 有

$$(CAx, y) = (Ax, C^*y) = (x, A^*C^*y),$$

因此 $(CA)^* = A^*C^*$.

(5) 如果 A 具有有界逆, 则

$$A^{-1}A = \mathrm{Id}_{H_1}, \quad AA^{-1} = \mathrm{Id}_{H_2}.$$

由 (4) 可得

$$A^*(A^{-1})^* = \mathrm{Id}_{H_1}{}^* = \mathrm{Id}_{H_1}, \quad (A^{-1})^* A^* = \mathrm{Id}_{H_2}{}^* = \mathrm{Id}_{H_2}^*.$$

因此, A^* 具有有界逆, 并且 $(A^*)^{-1} = (A^{-1})^*$. 反之, 若 A^* 具有有界逆, 则 $(A^*)^*$ 也具有有界逆. 而根据性质 (1), $(A^*)^* = A$. 因此, A 具有有界逆. □

下面介绍共轭算子 A^* 的零空间和值域空间与 A 的值域空间和零空间之间的联系.

定理 3.14 设 H_1, H_2 是 Hilbert 空间, $A \in \mathcal{L}(H_1, H_2)$. 则下面的结论成立:
(1) $N(A) = \mathcal{R}(A^*)^\perp$;
(2) $N(A^*) = \mathcal{R}(A)^\perp$;
(3) $\overline{\mathcal{R}(A)} = N(A^*)^\perp$;
(4) $\overline{\mathcal{R}(A^*)} = N(A)^\perp$.

证明 利用正交补的性质, 如果对性质 (1) 中的等式两边取正交补, 则可得到性质 (4). 如果对性质 (2) 中的等式两边取正交补, 则可得到性质 (3). 另外, 如果在性质 (1) 中, 以 A^* 代替 A, 利用 $(A^*)^* = A$ 的结论可直接得到性质 (2), 因此, 只需证明性质 (1).

对任意 $x \in N(A)$, 由于对任意 $y \in H_2$, $(Ax, y) = (x, A^*y) = 0$, 所以 $x \in \mathcal{R}(A^*)^\perp$. 由此可得 $N(A) \subset \mathcal{R}(A^*)^\perp$.

反之, 如果 $x \in \mathcal{R}(A^*)^\perp$, 则对任意 $y \in H_2$ 有 $(x, A^*y) = 0$. 因此 $(Ax, y) = (x, A^*y) = 0$. 取 $y = Ax$, 则有 $\|Ax\|^2 = 0$. 从而 $Ax = 0$, 即 $x \in N(A)$. 由此可得 $\mathcal{R}(A^*)^\perp \subset N(A)$.

综合上面两方面的结果可得 $\mathcal{R}(A^*)^\perp = N(A)$. □

如果算子的定义域和值域是同一个 Hilbert 空间, 并且算子的共轭就是其自身, 则它有许多更重要的性质.

定义 3.10 设 H 是 Hilbert 空间, $A \in \mathcal{L}(H, H)$, 如果 $A^* = A$, 则称 A 为 H 上的自共轭算子或自伴算子, 有时也称 A 为对称算子.

由定理 3.14 可知, 当 A 是 H 上的自伴算子时, A 的零空间与 A 的值域空间相互正交.

定理 3.15 设 H 是复数域上的 Hilbert 空间, $A \in \mathcal{L}(H, H)$, 则 A 是自伴算子的充要条件是对任意 $x \in H, (Ax, x) \in \mathbb{R}$.

证明 必要性. 若 $A = A^*$, 则对任意 $x \in H$, 有

$$(Ax, x) = (x, A^*x) = (x, Ax) = \overline{(Ax, x)}.$$

因此, (Ax, x) 是实数.

充分性. 对任意 $x,y \in H$, 直接计算可得

$$(Ax,y) = \frac{1}{4}[(A(x+y),x+y) - (A(x-y),x-y) \\ + i(A(x+iy),x+iy) - i(A(x-iy),x-iy)], \quad (3.20)$$

$$(x,Ay) = \frac{1}{4}[(x+y,A(x+y)) - (x-y,A(x-y)) \\ + i(x+iy,A(x+iy)) - i(x-iy,A(x-iy))]. \quad (3.21)$$

由于 (Ax,x) 是实数, 故对任意 $x \in H$, $(Ax,x) = \overline{(x,Ax)} = (x,Ax)$. 因此, 由式 (3.20) 和 (3.21) 可得 $(Ax,y) = (x,Ay)$. 所以 $A = A^*$. □

设 $A \in \mathcal{L}(H)$, 如果对任意 $x \in H$, $(Ax,x) \geqslant 0$, 则称 A 是正的, 记为 $A \geqslant 0$. 设 $A, B \in \mathcal{L}(H)$, 如果 $A - B \geqslant 0$, 则记为 $A \geqslant B$.

3.5 投影定理

定理 3.16 设 M 是 Hilbert 空间 H 的闭子空间, 则对任意 $x \in H$, 都可以唯一地表成如下形式:

$$x = y + z, \quad y \in M, \quad z \in M^\perp. \quad (3.22)$$

证明 由于 M 是 H 的闭子空间, 故 M 本身也是 Hilbert 空间, 根据定理 3.5, M 中存在完全标准正交系 $\{e_\alpha\}_{\alpha \in \mathcal{I}}$, 使得对任意 $x \in H$, 相对于 $\{e_\alpha\}_{\alpha \in \mathcal{I}}$ 的 Fourier 系数 (x, e_α) 至多只有可数多个不为零, 并且 $\sum_{\alpha \in \mathcal{I}}(x,e_\alpha)e_\alpha$ 在 M 中收敛. 记 $y = \sum_{\alpha \in \mathcal{I}}(x,e_\alpha)e_\alpha$, 则 $y \in M$. 对任意 e_α, 有

$$(x-y, e_\alpha) = (x,e_\alpha) - (y,e_\alpha) = (x,e_\alpha) - (x,e_\alpha) = 0.$$

所以 $(x-y) \perp M$.

由 $M \cap M^\perp = \{0\}$ 可得分解的唯一性. □

定义 3.11 设 M 是 Hilbert 空间 H 的闭子空间, 定义 H 到 M 的正交投影算子 $P: H \to M$ 为

$$Px = y, \quad \text{其中 } y \text{ 为定理 3.16 所给出}.$$

通常简称正交投影算子为投影算子或投影. 当需要强调 M 时记投影为 $P_M(\cdot)$.

例 3.8 设 M 是 $\mathbb{R}^n$ 的一个子空间，$\{e_1, e_2, \cdots, e_m\}$ 为 M 中的一组正规正交基. 设 P 是 $\mathbb{R}^n$ 到 M 的投影，在 $M^\perp$ 中再任意补充 $n-m$ 个标准正交向量 $\{e_{m+1}, \cdots, e_n\}$，使 $\{e_1, e_2, \cdots, e_n\}$ 为 $\mathbb{R}^n$ 中一组正规正交基. 因为

$$Pe_j = \begin{cases} e_j, & j \leqslant m, \\ 0, & j > m, \end{cases}$$

所以在基 $\{e_1, e_2, \cdots, e_n\}$ 下，与算子 P 相应的矩阵 $(a_{jk})_{1 \leqslant j,k \leqslant n}$ 为

$$a_{jk} = (Pe_k, e_j) = \begin{cases} 0, & j \neq k, \\ 0, & j = k, j > m, \\ 1, & j = k, j \leqslant m. \end{cases}$$

因此矩阵 $(a_{jk})_{1 \leqslant j,k \leqslant n}$ 形为

$$\begin{pmatrix} 1 & 0 & \cdots & 0 & 0 & \cdots & 0 \\ 0 & 1 & \cdots & 0 & 0 & \cdots & 0 \\ \vdots & \vdots & & \vdots & \vdots & & \vdots \\ 0 & 0 & \cdots & 1 & 0 & \cdots & 0 \\ 0 & 0 & \cdots & 0 & 0 & \cdots & 0 \\ \vdots & \vdots & & \vdots & \vdots & & \vdots \\ 0 & 0 & \cdots & 0 & 0 & \cdots & 0 \end{pmatrix}.$$

定理 3.17 设 M 是 Hilbert 空间 H 的闭子空间，P 是 H 到 M 的投影，则

$$\|x - Px\| = \inf_{y \in M} \|x - y\|.$$

证明 对任意 $y \in M$，由 $x - Px \in M^\perp$ 和 $Px - y \in M$ 可得

$$\|x - y\|^2 = \|x - Px + Px - y\|^2$$
$$= \|x - Px\|^2 + \|Px - y\|^2$$
$$\geqslant \|x - Px\|^2.$$

从而

$$\inf_{y \in M} \|x - y\| = \|x - Px\|. \qquad \square$$

3.5 投影定理

定理 3.18 设 M 是 Hilbert 空间 H 的闭子空间. 对 $x \in H$, 若存在 $y_0 \in M$ 使得

$$\|x - y_0\| = \inf_{y \in M} \|x - y\|, \tag{3.23}$$

则 $y_0 = Px$.

证明 只需证明 $x - y_0 \in M^\perp$. 事实上, 如果 $x - y_0 \notin M^\perp$, 则存在 $y^* \in M$ 使得

$$(x - y_0, y^*) \neq 0.$$

因此有

$$(x - y_0 + \lambda y^*, x - y_0 + \lambda y^*) = \|x - y_0\|^2 + 2\mathrm{Re}\,\overline{\lambda}(x - y_0, y^*) + |\lambda|^2 \|y^*\|^2.$$

在上式中取 $\lambda = -\dfrac{(x - y_0, y^*)}{\|y^*\|^2}$, 则有

$$\|x - y_0 + \lambda y^*\|^2 = \|x - y_0\|^2 - \frac{|(x - y_0, y^*)|^2}{\|y^*\|^2} < \|x - y_0\|^2,$$

这与式 (3.23) 矛盾. □

定理 3.19 设 M 是 Hilbert 空间 H 的闭子空间, 则对任意 $x \in H$, 都存在唯一 $y_0 \in M$ 使得

$$\|x - y_0\| = \inf_{y \in M} \|x - y\|.$$

证明 记 $d = \inf_{y \in M} \|x - y\|$, 则有 $\{y_n\}_{n=1}^\infty \subset M$ 使得

$$\lim_{n \to \infty} \|x - y_n\| = d. \tag{3.24}$$

由平行四边形公式可得

$$\frac{1}{2}\|y_n - y_m\|^2 = \|y_n - x\|^2 + \|y_m - x\|^2 - 2\left\|\frac{y_n + y_m}{2} - x\right\|^2. \tag{3.25}$$

因为 $\dfrac{y_n + y_m}{2} \in M$, 有

$$\left\|\frac{y_n + y_m}{2} - x\right\|^2 \geqslant d. \tag{3.26}$$

结合式 (3.25) 和 (3.26) 可得

$$\frac{1}{2}\|y_n - y_m\|^2 \leqslant \|y_n - x\|^2 + \|y_m - x\|^2 - 2d^2.$$

由上式及式 (3.24) 可知 $\{y_n\}_{n=1}^\infty$ 是 M 上的 Cauchy 列. 因为 M 是闭的, 所以存在 $y_0 \in M$ 使得 $y_n \to y_0$. 因而

$$\|x - y_0\| = \lim_{n\to\infty} \|x - y_n\| = d. \qquad \Box$$

注记 3.2 仿照 2.7.4 节, 可以定义 Hilbert 空间中元素到该空间中闭凸集的投影.

下面介绍投影定理的一个应用.

对任意 $m \times n$ 实矩阵 A 和任意向量 $c \in \mathbb{R}^m$, 一般并不存在向量 $x \in \mathbb{R}^n$, 使得 $Ax = c$. 退而求其次, 人们寻求这个线性系统的最小二乘解, 即寻找 $x \in \mathbb{R}^n$, 使得 $\mathbb{R}^m$ 中的向量 Ax 和 c 的 Euclid 距离最短. 借助投影定理, 可以证明最小二乘解总是存在的.

定理 3.20 (线性系统的最小二乘解) (1) 给定 $m \times n$ 阵 A 和向量 $c \in \mathbb{R}^m$, 最小化问题, 即求向量 $x \in \mathbb{R}^n$, 使得

$$\|Ax - c\| = \inf_{y \in \mathbb{R}^n} \|Ay - c\|$$

至少有一个解.

(2) 向量 $x \in \mathbb{R}^n$ 满足上述最小问题当且仅当 x 是下列线性方程

$$A^\mathrm{T} A x = A^\mathrm{T} c$$

的解.

证明 因为 $\mathcal{R}(A)$ 是 $\mathbb{R}^m$ 的闭子空间, 由定理 3.17, 存在唯一 $\tilde{x} \in \mathcal{R}(A)$ 满足

$$\|\tilde{x} - c\| = \inf_{\tilde{y} \in \mathcal{R}(A)} \|\tilde{y} - c\|.$$

则对任意 $\tilde{y} \in \mathcal{R}(A)$ 都有

$$(\tilde{x} - c, \tilde{y}) = 0.$$

由空间 $\mathcal{R}(A)$ 的定义, 至少存在一个向量 $x \in \mathbb{R}^n$ 满足

$$\|Ax - c\| = \inf_{y \in \mathbb{R}^n} \|Ay - c\|.$$

则对任意的 $y \in \mathbb{R}^n$,

$$(Ax - c, Ay) = (A^\mathrm{T} Ax - A^\mathrm{T} c, y) = 0. \qquad \Box$$

注记 3.3 上述讨论可以直接推广到复的情况. 此时正规方程组变为 $A^* A x = A^* c$, 其中 A^* 为 A 的转置共轭矩阵.

3.6 投影算子的性质

上一节引入了投影算子. 本节进一步研究投影算子的性质.

定理 3.21 设 M 是 Hilbert 空间 H 的闭子空间, P 是 H 到 M 的投影算子, 则 P 满足下面性质:

(1) P 必定是有界线性算子.
(2) P 的范数或是 0 或是 1.
(3) $M = PH \triangleq \{x | Px = x,\ x \in H\}$.
(4) $Px = x$ 的充要条件是 $x \in M$; $Px = 0$ 的充要条件是 $x \perp M$.

证明 (1) 当 $x_1, x_2 \in H$ 时, 有 $x_1 = Px_1 + z_1$, $x_2 = Px_2 + z_2$, 这里 $z_1, z_2 \perp M$. 因此

$$\alpha x_1 + \beta x_2 = (\alpha Px_1 + \beta Px_2) + (\alpha z_1 + \beta z_2),$$

而且

$$\alpha Px_1 + \beta Px_2 \in M, \quad \alpha z_1 + \beta z_2 \perp M.$$

所以有

$$P(\alpha x_1 + \beta x_2) = \alpha Px_1 + \beta Px_2.$$

由此可得 P 是线性算子.

当 $x \in H$ 时, $x = Px + (x - Px)$, 而 $Px \perp (x - Px)$. 由勾股定理可得

$$\|x\|^2 = \|Px\|^2 + \|x - Px\|^2,$$

所以

$$\|Px\| \leqslant \|x\|,\ x \in H,$$

因而 P 有界且 $\|P\| \leqslant 1$.

(2) 当 $M = \{0\}$ 时, 对任意 $x \in H$, $Px = 0$, 所以 $\|P\| = 0$. 当 $M \neq \{0\}$ 时, 必有非零的 $x \in M$. 此时 $Px = x$, 所以必定 $\|P\| = 1$.

(3) 对任意 $x \in M$, $Px = x$, 即 $M \subset \{x | Px = x\}$. 反之, 对任意 $y \in \{x \in H | Px = x\}$, 必有 $Py = y$, 而 P 是 H 到 M 的映射, 所以 $y \in M$, 即 $M \supset \{x \in H | Px = x\}$. 因而 $M = \{x \in H | Px = x\}$.

(4) 由 (3) 直接得到. $\square$

定理 3.22 设 P 是定义在 Hilbert 空间 H 上的线性算子, 那么 P 是投影算子的充要条件是 P 是自共轭且幂等的.

证明 必要性. 设 M 是 Hilbert 空间 H 的闭子空间, P 是 H 到 M 的投影算子. 对于 $x_1, x_2 \in H$, 有

$$x_1 = Px_1 + z_1, \quad x_2 = Px_2 + z_2, \quad z_1, z_2 \perp M.$$

那么由 $(Px_1, z_2) = (z_1, Px_2) = 0$ 可得

$$(Px_1, x_2) = (Px_1, Px_2 + z_2) = (Px_1, Px_2) = (Px_1 + z_1, Px_2)$$
$$= (x_1, Px_2).$$

因此 P 是自共轭算子.

对任意 $x \in H$, 因为 $Px \in M$, 所以 $P(Px) = Px$. 由此可得 $P^2 = P$.

充分性. 设 P 是线性算子且 $P = P^* = P^2$. 先证明 P 有界且 $\|P\| \leqslant 1$. 否则必有 $x \in H, \|x\| = 1$, 使得 $\|Px\| \geqslant 1$. 此时有

$$\|Px\|^2 = (Px, Px) = (P^2x, x) = (Px, x) \leqslant \|Px\|\|x\| = \|Px\|,$$

这与 $\|Px\| \geqslant 1$ 相矛盾. 从而 $\|P\| \leqslant 1$.

设

$$M = \{x \in H \mid (I - P)x = 0\},$$

这里 I 是恒等算子. 由于 $I - P$ 是连续线性算子, 它的零空间 M 是 H 的闭线性子空间.

由 $(I - P)Px = 0$ 可得 $Px \in M$. 作分解 $x = Px + (x - Px)$, 如果 $y \in M$, 由于 $I - P$ 是自共轭的, $(x - Px, y) = (x, (I - P)y) = 0$, 所以 $x - Px \perp M$. 因此 Px 是 x 在 M 上的投影, 也就是说, P 是 H 到 M 上的投影算子. $\square$

如果 P 是 H 到 M 上的投影算子, 则称 M 为 P 的投影子空间.

由于投影算子 P 是幂等的自共轭算子, 因此对任意 $x \in H$ 都有

$$(Px, x) = (P^2x, x) = (Px, Px) = \|Px\|^2.$$

下面研究投影算子间的运算.

定理 3.23 设 P_L, P_M 是两个投影算子, 那么 $L \perp M$ 的充要条件是

$$P_L P_M = 0.$$

证明 必要性. 如果 $L \perp M$, 那么对任意 $x \in H, P_M x \in M$. 因此 $P_M x \perp L$. 从而有 $P_L(P_M x) = 0$. 由此可得 $P_L P_M = 0$.

3.6 投影算子的性质

充分性. 如果 $P_L P_M = 0$, 那么对于任何 $x \in M$,

$$P_L x = P_L P_M x = 0.$$

所以有 $x \perp L$. 因而 M 中任何元素都与 L 正交. 由此可得 $L \perp M$. □

定理 3.24 设 P_L, P_M 是两个投影算子, 则 $P_L + P_M$ 是投影算子的充要条件是 $P_L P_M = 0$. 当 $P_L + P_M$ 是投影算子时, $P_L + P_M = P_{L \oplus M}$.

证明 必要性. 如果 $P_L + P_M$ 是投影算子, 那么它是幂等的. 所以

$$P_L + P_M = (P_L + P_M)^2 = P_L^2 + P_L P_M + P_M P_L + P_M^2$$
$$= P_L + P_L P_M + P_M P_L + P_M.$$

因此有

$$P_L P_M + P_M P_L = 0. \tag{3.27}$$

将上式分别左乘上 P_L 和右乘上 P_L 可得

$$P_L P_M + P_L P_M P_L = 0, \quad P_L P_M P_L + P_M P_L = 0.$$

由此有 $P_L P_M = P_M P_L$. 将其代入 (3.27) 式可得 $P_L P_M = 0$.

充分性. 若 $P_L P_M = 0$, 则 $P_M P_L = 0$. 因此

$$(P_L + P_M)^2 = P_L^2 + P_M^2 = P_L + P_M.$$

而 $P_L + P_M$ 显然是有界自共轭算子. 由定理 3.22 即知它是投影算子.

下面证明当 $P_L + P_M$ 是投影算子时, $P_L + P_M = P_{L \oplus M}$. 由定理 3.23 可得 $L \perp M$, 故 $L \oplus M$ 有意义.

对 $x \in L$, $(P_L + P_M)x = P_L x + P_M x = P_L x + 0 = x$. 同样, 对于 $y \in M$, $(P_L + P_M)y = y$. 可见对任意 $x \in L \oplus M$, $(P_L + P_M)x = x$. 另一方面, 对 $z \perp L \oplus M$, 因为 $z \perp L$ 且 $z \perp M$, 故

$$(P_L + P_M)z = P_L z + P_M z = 0.$$

所以 $P_L + P_M = P_{L \oplus M}$. □

定义 3.12 如果两个投影算子 P 和 Q 满足 $PQ = 0$, 就称 P 和 Q 是正交的, 记为 $P \perp Q$.

由定理 3.23 和定理 3.24 可得如下结论.

推论 3.1 (1) 两个投影算子正交的充要条件是它们的投影子空间正交.

(2) 两个投影算子之和是投影算子的充要条件是它们正交. 它们的和就是相应投影子空间直交和上的投影算子.

定理 3.25 设 $P_k(k=1,2,3,\cdots)$ 是 Hilbert 空间 H 中一列两两正交的投影算子, 则必有投影算子 P 使得对任意 $x \in H$ 都有

$$Px = \sum_{k=1}^{\infty} P_k x. \tag{3.28}$$

证明 首先证明 (3.28) 式的右端有意义. 记 $Q_n = \sum_{k=1}^{n} P_k$. 由定理 3.24 可得 Q_n $(n=1,2,3,\cdots)$ 是投影算子. 对任意 $x \in H$,

$$\|x\|^2 \geqslant \|Q_n x\|^2 = \left\| \sum_{k=1}^{n} P_k x \right\|^2 = \sum_{k=1}^{n} \|P_k x\|^2.$$

因此级数 $\sum_{k=1}^{\infty} \|P_k x\|^2$ 收敛. 所以当 $n,m \to \infty$ 时

$$\|Q_n x - Q_m x\|^2 = \left\| \sum_{k=m+1}^{n} P_k x \right\|^2 = \sum_{k=m+1}^{n} \|P_k x\|^2 \to 0.$$

由此 $\{Q_n x\}_{n=1}^{\infty}$ 是 Cauchy 列. 由 H 完备知 $\{Q_n x\}_{n=1}^{\infty}$ 收敛.

定义算子 P 为

$$Px \triangleq \lim_{n \to \infty} Q_n x = \sum_{k=1}^{\infty} P_k x, \quad \forall x \in H. \tag{3.29}$$

容易看出 P 是线性算子. 由于

$$\|Px\| = \lim_{n \to \infty} \|Q_n x\| \leqslant \|x\|,$$

所以 P 是有界线性算子. 下面证明 P 是一个投影算子. 由于 Q_n 是自共轭算子, 所以对任意 $x,y \in H$,

$$(Px, y) = \lim_{n \to \infty} (Q_n x, y) = \lim_{n \to \infty} (x, Q_n y) = (x, Py).$$

由此可得 $P = P^*$. 再注意到 $Q_n Q_m = Q_m^2 = Q_m (n \geqslant m)$, 所以

$$(P^2 x, y) = (Px, Py) = \lim_{n \to \infty, m \to \infty} (Q_n x, Q_m y)$$

$$= \lim_{m \to \infty} (Q_m x, Q_m y) = \lim_{m \to \infty} (Q_m^2 x, y)$$

$$= \lim_{m \to \infty} (Q_m x, y) = (Px, y),$$

从而 $P^2 = P$. 由定理 3.22 可得 P 是投影算子. □

3.6 投影算子的性质

定理 3.25 中的算子 P 也可以记为 $\sum_{k=1}^{\infty} P_k$.

定义 3.13 设 $\{M_n\}_{n=1}^{\infty}$ 是 Hilbert 空间 H 中一列两两互相正交的闭线性子空间. 令

$$M = \left\{ \sum_{n=1}^{\infty} x_n \,\Big|\, x_n \in M_n,\ n = 1, 2, 3, \cdots, \ \sum_{n=1}^{\infty} \|x_n\|^2 < \infty \right\}.$$

称 M 为 $\{M_n\}_{n=1}^{\infty}$ 的正交和, 记为 $M = \bigoplus_{n=1}^{\infty} M_n$.

M 是由 $\{M_n\}_{n=1}^{\infty}$ 张成的闭子空间.

推论 3.2 设 $\{M_n\}_{n=1}^{\infty}$ 是 Hilbert 空间 H 中一列两两正交的闭线性子空间, 那么 $P_{\bigoplus_{n=1}^{\infty} M_n} = \sum_{n=1}^{\infty} P_{M_n}$ (式中右边级数是按 (3.29) 方式定义的).

证明 由定理 3.25, $\sum_{n=1}^{\infty} P_{M_n}$ 是投影算子, 记其为 P. 当 $x \in H$ 时, 由

$$\|Px\|^2 = \sum_{n=1}^{\infty} \|P_{M_n} x\|^2, \quad P_{M_n} x \in M_n,$$

可得 $Px \in M = \bigoplus_{n=1}^{\infty} M_n$. 因此 $\{x \in H | Px = x\} \subset M$. 反过来, 对 $x \in M$, 记 $x = \sum_{n=1}^{\infty} x_n$, 其中 $x_n \in M_n$, $\sum_{n=1}^{\infty} \|x_n\|^2 < \infty$. 由 $\{M_n\}_{n=1}^{\infty}$ 的相互正交性可得

$$P_{M_k} x_n = \begin{cases} x_n, & k = n, \\ 0, & k \neq n. \end{cases}$$

所以

$$P_{M_k} x = \sum_{n=1}^{\infty} P_{M_k} x_n = x_k.$$

因此

$$Px = \sum_{k=1}^{\infty} P_{M_k} x = \sum_{k=1}^{\infty} x_k = x.$$

所以 P 是 M 上的投影算子. □

下面讨论两个投影算子的乘积仍是投影算子的条件.

定理 3.26 设 L, M 是 Hilbert 空间 H 的两个闭线性子空间, P_L 及 P_M 是对应的投影算子, 那么 $P_L P_M$ 为投影算子的充要条件是 $P_L P_M = P_M P_L$. 此时 $P_L P_M$ 是在 $L \cap M$ 上的投影算子.

证明 必要性. 如果 $P_L P_M$ 是投影算子, 那么它是自共轭算子. 所以 $P_M P_L = P_M^* P_L^* = (P_L P_M)^* = P_L P_M$.

充分性. 如果 $P_L P_M = P_M P_L$, 那么

$$(P_L P_M)^* = (P_M P_L)^* = P_L^* P_M^* = P_L P_M,$$

$$(P_L P_M)^2 = P_L P_M P_L P_M = P_L P_L P_M P_M = P_L^2 P_M^2 = P_L P_M,$$

所以 $P_L P_M$ 是幂等的自共轭算子. 由定理 3.22, $P_L P_M$ 是投影算子.

当 $P_L P_M$ 是投影算子时, 如果 $x \in L \cap M$, 那么

$$P_L P_M x = P_L x = x.$$

反之, 如果向量 x 使得 $x = P_L P_M x$, 那么 $x \in L$. 又因 $x = P_M P_L x$, 所以 $x \in M$. 因此 $x \in L \cap M$. 由定理 3.21 性质 (3) 可得 $P_L P_M$ 是在 $L \cap M$ 上的投影算子. □

定义 3.14 设 A, B 是 Hilbert 空间 H 上的有界自共轭算子, 如果对任意 $x \in H$ 都有

$$(Ax, x) \leqslant (Bx, x),$$

则称 A 小于或等于 B (或 B 大于或等于 A), 记为

$$A \leqslant B \quad 或 \quad B \geqslant A.$$

定理 3.27 设 L, M 是 Hilbert 空间 H 的两个闭线性子空间, P_L, P_M 是对应的投影算子, 那么下列命题相互等价:

(i) $P_L \geqslant P_M$;
(ii) $\|P_L x\| \geqslant \|P_M x\|, \forall x \in H$;
(iii) $L \supset M$;
(iv) $P_L P_M = P_M$;
(v) $P_M P_L = P_M$.

证明 (i)⇒(ii). 由 $P_L \geqslant P_M$ 可得

$$\|P_L x\|^2 = (P_L x, P_L x) = (P_L x, x) \geqslant (P_M x, x) = \|P_M x\|^2, \quad \forall x \in H.$$

(ii)⇒(iii). 由 $\|P_L x\| \geqslant \|P_M x\|$ 知当 $x \in M$ 时,

$$\|P_L x\|^2 \geqslant \|P_M x\|^2 = \|x\|^2 = \|x - P_L x\|^2 + \|P_L x\|^2,$$

所以 $\|x - P_L x\| = 0$, 即 $x = P_L x$. 因此 $x \in L$. 由此可得 $M \subset L$.

(iii)⇒(iv). 由 $M \subset L$ 知对任意 $x \in H$, $P_M x \in M \subset L$. 所以有

$$P_L(P_M x) = P_M x.$$

因此 $P_L P_M = P_M$.

(iv)⇒(v). 当 (iv) 成立时, $P_L P_M$ 是投影算子. 由定理 3.26 可得

$$P_M P_L = P_L P_M = P_M.$$

(v)⇒(i). 当 $P_M P_L = P_M$ 时, 对 $x \in H$ 有

$$(P_M x, x) = \|P_M x\|^2 = \|P_M P_L x\|^2 \leqslant \|P_M\| \|P_L x\|^2 \leqslant \|P_L x\|^2$$
$$= (P_L x, x).$$

所以 $P_M \leqslant P_L$. □

定义 3.15 设 L, M 是 Hilbert 空间 H 的两个闭线性子空间, $L \supset M$. L 中与 M 正交的向量全体称为 M 在 L 中的正交补, 记为 $L \ominus M$, 即

$$L \ominus M = \{x | x \in L \text{ 且 } x \perp M\} = L \cap M^\perp.$$

定理 3.28 设 L, M 是 Hilbert 空间 H 的两个闭线性子空间, P_L, P_M 是对应的投影算子, 则 $P_L - P_M$ 是投影算子的充要条件是 $L \supset M$. 当 $P_L - P_M$ 是投影算子时, $P_L - P_M = P_{L \ominus M}$.

证明 必要性. 设 $P_L - P_M$ 是投影算子. 由于 $P_L - P_M$ 与 P_M 之和 P_L 是投影算子, 由定理 3.24 可得 $(P_L - P_M) P_M = 0$, 即 $P_L P_M = P_M$. 由定理 3.27 即可得 $L \supset M$.

充分性. 设 $L \supset M$. 由定理 3.27 可得 $P_L P_M = P_M P_L = P_M$. 所以

$$(P_L - P_M)^2 = P_L^2 - P_L P_M - P_M P_L + P_M^2 = P_L - P_M - P_M + P_M$$
$$= P_L - P_M.$$

因此 $P_L - P_M$ 是幂等的. 另一方面, $P_L - P_M$ 显然是自共轭的. 由定理 3.22 可得 $P_L - P_M$ 是投影算子.

若 $P_L - P_M$ 是投影算子, 记它的投影子空间为 L_1, 则有 $P_L - P_M = P_{L_1}$. 因而 $P_{L_1} + P_M = P_L$. 由定理 3.24, $L_1 \oplus M = L$. 所以 $L_1 = L \ominus M$. □

推论 3.3 设 P_M 是由 Hilbert 空间到它的闭线性子空间 M 上的投影算子, 则有 $I - P_M$ 是 $M^\perp$ 上的投影算子.

推论 3.4 设 L, M 是 Hilbert 空间 H 的两个闭线性子空间, P_L, P_M 是对应的投影算子, 则 $P_L P_M$ 是投影算子的充要条件是 $(L \ominus (L \cap M)) \perp (M \ominus (L \cap M))$.

推论 3.3 和推论 3.4 的证明留给读者.

推论 3.5 设 L, M 是 Hilbert 空间 H 的两个闭线性子空间，P_L, P_M 是对应的投影算子且满足 $P_L P_M = P_M P_L$，那么 $P_L - P_L P_M + P_M$ 是 $(L \ominus (L \cap M)) \oplus M$ 上的投影算子.

证明 因为 $P_L P_M = P_M P_L$，由定理 3.26 可得 $P_L P_M$ 是 $L \cap M$ 上的投影算子. 由定理 3.28, $P_L - P_L P_M$ 是 $L \ominus (L \cap M)$ 上的投影算子. 注意到

$$(P_L - P_L P_M) P_M = P_L P_M - P_L P_M^2 = 0,$$

由定理 3.24 可得 $P_L - P_L P_M + P_M$ 是在 $(L \ominus (L \cap M)) \oplus M$ 上的投影算子. □

推论 3.6 设 $\{P_n\}_{n=1}^{\infty}$ 是 Hilbert 空间 H 上的一列投影算子. 如果它是单调序列, 即

$$P_1 \leqslant P_2 \leqslant \cdots \leqslant P_n \leqslant \cdots \left(单调上升\right)$$

或

$$P_1 \geqslant P_2 \geqslant \cdots \geqslant P_n \geqslant \cdots \left(单调下降\right),$$

则存在 H 上的投影算子 P 使得对任意 $x \in H$, $Px = \lim_{n \to \infty} P_n x$.

证明 设 $P_1 \leqslant P_2 \leqslant \cdots \leqslant P_n \leqslant \cdots$. 令 $Q_n = P_n - P_{n-1} \ (n \geqslant 2)$, $Q_1 = P_1$. 由定理 3.28 知 $\{Q_n\}_{n=1}^{\infty}$ 是一列相互正交的投影算子. 由定理 3.25 知, 存在投影算子 P 使得

$$Px = \sum_{n=1}^{\infty} Q_n x = \lim_{m \to \infty} \sum_{n=1}^{m} Q_n x = \lim_{m \to \infty} P_m x, \quad \forall x \in H.$$

当 $P_1 \geqslant P_2 \geqslant \cdots \geqslant P_n \geqslant \cdots$ 时, 令 $P_n' = I - P_n$, 那么 $\{P_n'\}_{n=1}^{\infty}$ 必是单调上升序列. 从而存在投影算子 P' 使得

$$P'x = \lim_{n \to \infty} P_n' x, \quad \forall x \in H.$$

因此

$$(I - P')x = \lim_{n \to \infty} P_n x, \quad \forall x \in H. \qquad \square$$

例 3.9 给定 $a, b \in \mathbb{R}, a < b$. 设 $E \subset (a, b)$ 是 Lebesgue 可测集, $\chi_E(x)$ 是 E 的特征函数. 定义 $L^2(a, b)$ 上的算子 P_E 为

$$P_E f = \chi_E(x) f(x), \quad f \in L^2(a, b).$$

容易验证 P_E 是 $L^2(a,b)$ 上的投影算子. 对于这类投影算子, $P_E P_F = 0$ 等价于 $E \cap F$ 是零测集. 当 $E \cap F$ 是零测集时 $P_E + P_F = P_{E \cup F}$. P_E 与 P_F 是可交换的且 $P_E P_F = P_{E \cap F}$. $P_E \geqslant P_F$ 等价于 $F - E$ 是零测集. 这时 $P_E - P_F = P_{E-F}$. 如果 E_n $(n = 1, 2, \cdots)$ 是有限个或可列个两两不相交的 (a, b) 中的可测集, 那么

$$\sum_n P_{E_n} f = P_{\cup_n E_n} f, \quad \forall f \in L^2(a,b).$$

3.7 投影算子与不变子空间

本节介绍对应于 Hilbert 空间上算子的不变子空间上的投影算子.

定义 3.16 设 A 是 Hilbert 空间 H 上的有界线性算子, M 是 H 中的线性子空间. 若 $AM \subset M$, 则称 M 是 A 的不变子空间.

定理 3.29 设 A 是 Hilbert 空间 H 上的有界线性算子, M 是 H 中的闭线性子空间, 那么 M 是 A 的不变子空间的充要条件是 $AP_M = P_M A P_M$.

证明 必要性. 设 M 是一个不变子空间. 由于对任意 $x \in H$, $P_M x \in M$, 所以 $AP_M x \in M$. 因此有

$$P_M (A P_M x) = A P_M x, \quad \forall x \in H.$$

由此可得 $P_M A P_M = A P_M$.

充分性. 设 $P_M A P_M = A P_M$. 对任意 $x \in M$, 由 $P_M A P_M x = A P_M x$ 可得 $P_M A x = A x$. 所以 $A x \in M$. 因而 M 是 A 的不变子空间. □

定义 3.17 设 A 是 Hilbert 空间 H 上的有界线性算子, M 是 H 的闭线性子空间. 如果 M 及 $M^\perp = H \ominus M$ 都是 A 的不变子空间, 则称 M 是 A 的约化子空间, 或简称 M 约化 A.

由定理 3.29 可得下面的推论.

推论 3.7 M 约化 A 的充要条件是 $AP_M = P_M A$.

证明 必要性. 由于 M 是 A 的不变子空间, 由定理 3.29 可得 $P_M A P_M = A P_M$. 又因 $M^\perp = H \ominus M$ 也是 M 的不变子空间, 而且 $P_{H \ominus M} = I - P_M$, 所以

$$(I - P_M) A (I - P_M) = A(I - P_M).$$

由此即得 $P_M A = P_M A P_M$. 因此 $P_M A = A P_M$.

充分性. 若 $P_M A = A P_M$, 那么 $P_M^2 A = P_M A P_M$. 所以 $A P_M = P_M A P_M$. 另一方面, $(I - P_M) A (I - P_M) = A (I - P_M) - P_M A (I - P_M) = A(I - P_M)$. 所以 M 及 $H \ominus M$ 都是 A 的不变子空间. 因此 M 约化 A. □

推论 3.8 M 约化 A 的充要条件是: M 同时是 A 及 A^* 的不变子空间. 特别当 A 是自共轭算子时, A 的不变子空间必定约化 A.

证明 由定理 3.29 可得 M 成为 A 及 A^* 的不变子空间的充要条件是

$$P_M A P_M = A P_M, \quad P_M A^* P_M = A^* P_M.$$

通过对后一个式子两边取共轭可知它等价于 $P_M A P_M = P_M A$. 因此充要条件变成 $P_M A P_M = A P_M$ 与 $P_M A P_M = P_M A$ 同时成立, 即 $P_M A = A P_M$. □

例 3.10 在 $\mathbb{R}^n$ 中取一组正规正交基 $e_1, e_2, \cdots, e_n$. 设 $\mathbb{R}^n$ 上有界线性算子 A 在基 $e_1, \cdots, e_n$ 之下对应的矩阵 $(a_{jk})_{1 \leqslant j,k \leqslant n}$ 为

$$\begin{pmatrix} a_{11} & a_{12} & \cdots & a_{1l} & 0 & \cdots & 0 \\ \vdots & \vdots & & \vdots & \vdots & & \vdots \\ a_{l1} & a_{l2} & \cdots & a_{ll} & 0 & \cdots & 0 \\ 0 & 0 & \cdots & 0 & a_{l+1,l+1} & \cdots & a_{l+1,n} \\ \vdots & \vdots & & \vdots & \vdots & & \vdots \\ 0 & 0 & \cdots & 0 & a_{n,l+1} & \cdots & a_{nn} \end{pmatrix} \quad (3.30)$$

由 $\{e_1, \cdots, e_l\}$ 及 $\{e_{l+1}, \cdots, e_n\}$ 分别张成 $\mathbb{R}^n$ 的 l 维和 $n-l$ 维子空间 M 及 M'. 显然它们都是 A 的不变子空间, 并且 $M' = E^n \ominus M$, 即 M 和 M' 都是 A 的约化子空间.

反之, 设 A 是 $\mathbb{R}^n$ 上的任意线性算子. 如果 A 有非平凡的约化子空间 M, 那么必有一组正规正交基 $e_1, \cdots, e_n$, 使得在这组基下, A 对应的矩阵有 (3.30) 的形式. 事实上, 设 M 的维数为 l. 在 M 中可取正规正交基 $e_1, \cdots, e_l$. 则 $M^\perp = E^n \ominus M$ 是 $n-l$ 维子空间. 在 $M^\perp$ 中取一组正规正交基 $e_{l+1}, \cdots, e_n$, 设在基 $\{e_1, \cdots, e_n\}$ 下 A 对应的矩阵为 $(a_{jk})_{1 \leqslant j,k \leqslant n}$. 由于 M 是 A 的不变子空间, 当 $j \leqslant l, k > l$ 时, $(Ae_j, e_k) = a_{kj} = 0$. 类似地, 由于 $M^\perp$ 为 A 的不变子空间, 当 $j > l, k \leqslant l$ 时, 此式也成立. 所以矩阵 $(a_{jk})_{1 \leqslant j,k \leqslant n}$ 是形如 (3.30) 的矩阵.

习 题 3

1. 例举十个范数不能由内积导出的赋范线性空间.
2. 设 H 是内积空间, $x, y \in H$ 非零元. 证明:
  (i) 若 x, y 正交, 则 x, y 线性无关;
  (ii) x 与 y 正交的充要条件是对任意 $\alpha \in \mathbb{F}$,

$$\|x + \alpha y\| = \|x - \alpha y\|;$$

(iii) x 与 y 正交的充要条件是对任意 $\alpha \in \mathbb{F}$,
$$\|x + \alpha y\| \geqslant \|x\|.$$

3. 设 H 是 Hilbert 空间. 证明: 对任意 $x \in H$,
$$\|x\| = \sup_{\|x\| \leqslant 1} |(x, y)|.$$

4. 设 b 是 $(0,1)$ 上可测函数. 设积分 $\int_0^1 |b(t)x(t)|\mathrm{d}t$ 对所有 $x \in L^2(0,1)$ 均存在. 证明: $b \in L^2(0,1)$.

5. 设 $L^2(\Omega), \Omega \subset \mathbb{R}^n$ 表示所有在 Ω 上平方可积的复值函数 f 按逐点加法和数乘组成的线性空间. 定义 $L^2(\Omega)$ 上内积为
$$(f, g) = \int_\Omega f(x)\overline{g(x)}\mathrm{d}x, \quad f, g \in L^2(\Omega).$$
证明: $L^2(\Omega)$ 是一个 Hilbert 空间.

6. 设 $\mathbb{D} = \{z \in \mathbb{C} |\ |z| < 1\}$. 令
$$L_a^2(\mathbb{D}) = \left\{f(z) \text{ 在 } \mathbb{D} \text{ 上解析} \middle| \|f\|^2 = \frac{1}{\pi}\int_\mathbb{D} |f(z)|^2 \mathrm{d}A(z) < \infty\right\},$$
其中 $\mathrm{d}A(z)$ 表示面积测度. 证明 $L_a^2(\mathbb{D})$ 是一个 Hilbert 空间, 并给出其内积的定义.

7. 设
$$\mathcal{D} \triangleq \{f(z) \text{ 在 } \mathbb{D} \text{ 上解析} | \|f\|^2 = \|f\|_{H^2}^2 + \|f'\|_{L_a^2}^2 < \infty\}.$$
证明:

(i) $\mathcal{D}$ 是 Hilbert 空间 (称为 Bergman 空间);

(ii) 对 $\lambda \in \mathbb{D}$, $E_\lambda : L_a^2(\mathbb{D}) \to \mathbb{C}$, $E_\lambda(f) = f(\lambda)$ 是连续的. 进一步, 给出 Riesz 表示定理中表示泛函 E_λ 的函数的表达式 (此函数称为 Bergman 再生核).

8. 设 $\{\beta(n)\}_{n=0}^\infty$ 是一个正数序列, 定义加权 Hardy 空间为
$$H^2(\beta) \triangleq \left\{f \text{ 在圆盘 } \mathbb{D} \text{ 上解析} \middle| \text{对 } f(z) = \sum_{n=1}^\infty a_n z^n,\ \|f\|^2 = \sum_{n=1}^\infty |a_n|^2 \beta(n) < \infty\right\},$$
证明 $H^2(\beta)$ 是 Hilbert 空间, 并给出其内积.

9. 设 $\beta(n) = (n!)^2$. 定义算子 $U : H^2(0, 2\pi) \to H^2(\beta)$ 为
$$Uf(z) = \sum_{n=1}^\infty \frac{a_n}{n!} z^n, \quad f(z) = \sum_{n=1}^\infty a_n z^n \in H^2(0, 2\pi).$$
证明:

(i) U 是到上的等距算子;

(ii) $H^2(\beta)$ 上的微分算子 $D : H^2(\beta) \to H^2(\beta), f \mapsto f'$ 是有界的.

10. 借上题的记号. 在 $H^2(\mathbb{D})$ 上定义算子 B 为

$$Bf(z) = \frac{f(z) - f(0)}{z}, \quad f \in H^2(\mathbb{D}).$$

证明 B 是有界的, 且 $D = UBU^*$.

11. 证明: $l^p, p \neq 2$ 中范数不能由内积诱导出来.

12. 证明: 可分 Hilbert 空间保内积同构于 l^2.

13. 设 α 为模小于 1 的复数. 令 $x_n \triangleq (1, \alpha^n, \alpha^{2n}, \cdots)$. 求 $\{x_n\}_{n=1}^\infty$ 在 l^2 中张成的子空间.

14. 设 $H = \{f \in AC([0,1])| \ f' \in L^2(0,1)\}$, 在 H 上定义范数为

$$\|f\| = \sqrt{\int_{-\infty}^\infty |f(t)|^2 \mathrm{d}t + \int_{-\infty}^\infty |f'(t)|^2 \mathrm{d}t}, \quad f \in H.$$

证明: $(H, \|\cdot\|)$ 是 Hilbert 空间.

15. 设 $H = \{f | f(0) = f(1) = 0, f \in AC[0,1],$ 并且 $f' \in L^2(0,1)\}$, 在 H 上定义范数为

$$\|f\| = \left(\int_0^1 |f'(t)|^2 \mathrm{d}t\right)^{\frac{1}{2}}, \quad f \in H.$$

证明:

(i) $(H, \|\cdot\|)$ 是 Hilbert 空间;

(ii) 当 $F \in H'$ 时, 存在 $g_F \in H$, 对任意 $f \in H$, 有 $F(f) = \int_0^1 f'(t) g_F'(t) \mathrm{d}t$, 且 $F \mapsto g_F$ 是 H' 到 H 的保范线性同构.

16. 设 A 是 Hilbert 空间 H 上的有界线性算子. 证明: 若对任意 $x \in H$, $\mathrm{Re}\,(Ax, x) = 0$, 则 $A + A^* = 0$.

17. 设 A 是复内积空间 H 上的有界线性算子, 对任意 $x \in X$, $(Ax, x) = 0$. 证明: $A = 0$.

18. 上题中 H 换为实内积空间结论成立吗?

19. 设 H_1, H_2 为实内积空间, 映射 $A : H_1 \to H_2$ 满足

$$A(0) = 0, \quad \|Ax - A\tilde{x}\| = \|x - \tilde{x}\|, \quad \forall x, \tilde{x} \in H_1.$$

证明: A 是有界线性算子.

20. 上题中 H_1 和 H_2 换为复内积空间结论成立吗?

21. 定义 l^2 上的有界线性算子 A 为

$$A : x = (\xi_1, \xi_2, \cdots, \xi_n, \cdots) \mapsto Ax = (\eta_1, \eta_2, \cdots, \eta_n, \cdots),$$

其中

$$\eta_n = \sum_{k=1}^\infty \alpha_{nk} \xi_k, \quad n = 1, 2, \cdots,$$

请给出 A^*.

22. 设 A 是 Hilbert 空间 H 上的有界线性算子，且 $\|A\| \leqslant 1$. 证明：
$$\{x \in H | Ax = x\} = \{x \in H | A^*x = x\}.$$

23. 设 $\{e_n\}_{n=1}^{\infty}$ 是内积空间 H 中的正规正交集，证明：对任意 $x, y \in H$，
$$\sum_{n=1}^{\infty} |(x, e_n)(y, e_n)| \leqslant \|x\| \|y\|$$

24. 设 $\{e_n\}_{n=1}^{\infty}$ 是 Hilbert 空间 H 的正规正交集，
$$x = \sum_{n=1}^{\infty} \alpha_n e_n, \quad y = \sum_{n=1}^{\infty} \beta_n e_n.$$

证明：
$$(x, y) = \sum_{n=1}^{\infty} \alpha_n \overline{\beta_n}$$

且右端级数绝对收敛.

25. 设 $\{e_n\}_{n=1}^{\infty}$ 是可分 Hilbert 空间 H 的正规正交基. 证明：
$$(x, y) = \sum_{n=1}^{\infty} (x, e_n)\overline{(y, e_n)}, \quad x, y \in H$$

且右端级数绝对收敛.

26. 设 $\{e_n\}_{n=1}^{\infty}, \{f_n\}_{n=1}^{\infty}$ 是 Hilbert 空间 H 中的两个正规正交基且满足
$$\sum_{n=1}^{\infty} \|e_n - f_n\|^2 < 1.$$

证明：$\{e_n\}_{n=1}^{\infty}$ 是完备的当且当 $\{f_n\}_{n=1}^{\infty}$ 是完备的.

27. 给出 $L_a^2(\mathbb{D})$ 的一组标准正交基.

28. 给定 $\{c_k\}_{k \in \mathbb{Z}} \subset \mathbb{C}$ 使得 $\sum_{k=-\infty}^{\infty} |c_k|^2 < \infty$. 证明：存在函数 $g \in L^2((0, 2\pi); \mathbb{C})$ 使得对任意 $k \in \mathbb{Z}$，$c_k = \dfrac{1}{2\pi} \int_0^{2\pi} g(\varphi) e^{-ik\varphi} d\varphi$.

29. 设 $\{u_n\}_{n=1}^{\infty} \subset H$ 是线性无关的. 证明：按 Schmidt 正交化得到的集合 $\{v_n\}_{n=1}^{\infty}$ 是正规正交集.

30. 设 H 是 Hilbert 空间，$A, B \in \mathcal{L}(H)$. 证明：如果 A 是自伴的，则 B^*AB 也是自伴的.

31. 设 $\{e_n\}_{n=1}^{\infty}$ 是可分 Hilbert 空间 H 的正规正交基，$A \in \mathcal{L}(H)$ 满足
$$(Ae_n, e_m) = (e_n, Ae_m), \quad m, n \in \mathbb{N}.$$

证明：A 是自伴的.

32. 对 $n \in \mathbb{N} \cup \{0\}$，令 $f_n(x) \triangleq x^n$，$-1 \leqslant x \leqslant 1$. 证明：由 $\{f_n\}_{n=0}^{\infty}$ 按 Schmidt 正交化构造的规范正交系 $\{e_n\}_{n=0}^{\infty}$ 为
$$e_n(x) = \frac{\sqrt{n + \dfrac{1}{2}}}{2^n n!} \frac{d^n}{dx^n}[(x^2 - 1)^m], \quad -1 \leqslant x \leqslant 1, \quad n \in \mathbb{N} \cup \{0\}.$$

33. 设 $\omega \in L^1(0,1)$ 且几乎处处大于 0. 定义 $C([0,1])$ 上的内积为

$$(f,g) \triangleq \int_0^1 f(x)g(x)\omega(x)\mathrm{d}x, \quad f,g \in C([0,1]).$$

在本题中, "正交" 或 "规范正交" 均关于这个内积. 对 $n \in \mathbb{N} \cup \{0\}$, 令 $f_n(x) = x^n$, $0 \leqslant x \leqslant 1$. 设 $\{e_n\}_{n=0}^\infty$ 是 $\{f_n\}_{n=0}^\infty$ 经过 Schmidt 正交化而得的规范正交系. 对 $n \geqslant 0$, 设 $e_n(x) = c_n x^n + c_{n-1}x^{n-1} + \cdots + c_0, 0 \leqslant x \leqslant 1$, 其中 $c_n \neq 0$. 对 $n \geqslant 0$, 定义多项式 $p_n \in \mathcal{P}_n[0,1]$ 为

$$p_n(x) = \frac{1}{c_n}e_n(x) = x^n + \frac{c_{n-1}}{c_n}x^{n-1} + \cdots + \frac{c_0}{c_1}, \quad 0 \leqslant x \leqslant 1,$$

(i) 证明: 对 $n \geqslant 2$,

$$p_n(x) = (x+b_n)p_{n-1}(x) + c_n p_{n-2}(x), \quad 0 \leqslant x \leqslant 1,$$

其中常数 $b_n, c_n \in \mathbb{R}$ 是多项式 p_{n-1}, p_{n-2} 的系数.

(ii) 证明: 对任意 $n \geqslant 1$, p_n 的根均为实的单根且全在 $(0,1)$ 中.

(iii) 对任意整数 $n \geqslant 1$, 令 $x_{j,n}$ $(0 \leqslant j \leqslant n)$ 表示 p_n 的根. 证明: 对 $0 \leqslant j \leqslant n$, 存在正常数 $\omega_{j,n}$ 使得对任意 $p \in \mathcal{P}_{2n+1}[0,1]$,

$$\sum_{j=0}^n \omega_j^n p(x_j^n) = 0.$$

(iv) 证明: 若 $f \in C^{2n+2}([0,1])$, 则存在 $\xi = \xi(f) \in (0,1)$ 使得

$$\int_0^1 f(x)\omega(x)\mathrm{d}x - \sum_{j=0}^n \omega_j^n f(x_j^n) = \frac{1}{(2n+2)!}f^{(2n+2)}(\xi).$$

34. 设 $\omega \in L^1(0,1)$ 如上题. 对非负整数 n, 定义线性连续泛函 $l_n : C([0,1]) \to \mathbb{R}$ 为

$$l_n(f) = \sum_{j=0}^n \omega_j^n f(x_j^n) \in \mathbb{R},$$

其中 $0 \leqslant x_0^n < x_1^n < \cdots < x_n^n \leqslant 1$ 使得

$$\lim_{n\to\infty}\left|\int_0^1 f(x)\omega(x)\mathrm{d}x - l_n(p)\right| = 0, \quad \forall p \in \mathcal{P}[0,1].$$

证明: 如果对任意非负整数 n 及所有 $0 \leqslant j \leqslant n$ 都有 $\omega_{j,n} \geqslant 0$, 则对任意 $f \in C([0,1])$,

$$\lim_{n\to\infty}\left|\int_0^1 f(x)\omega(x)\mathrm{d}x - l_n(f)\right| = 0.$$

35. 设 $\{e_k\}_{k=1}^\infty$ 是 Hilbert (埃尔米特) 空间 H 中的一个标准正交系, $\{\alpha_k\}_{k=1}^\infty \subset \mathbb{F}$, 并且 $\sum_{k=1}^\infty |\alpha_k|^2 < \infty$. 证明: $x = \sum_{k=1}^\infty \alpha_k e_k \in H$.

习 题 3

36. 令 $H_n(x)$ 为 Hermite 多项式 $(-1)^n e^{x^2} \dfrac{d^n}{dx^n} e^{-x^2}$. 令

$$\psi_n(x) = (2^n n! \sqrt{\pi})^{-\frac{1}{2}} e^{-\frac{x^2}{2}} H_n(x), \quad n \in \mathbb{N}.$$

证明: $\{\psi_n(x)\}_{n=1}^{\infty}$ 组成 $L^2(\mathbb{R})$ 中的标准正交基.

37. 对 $n \in \mathbb{N}$, 令 $L_n(x) = e^x \dfrac{d^n}{dx^n}(x^n e^{-x})$. 证明:

$$\left\{ \frac{1}{n!} e^{-\frac{1}{2}} L_n(x) \right\}_{n=1}^{\infty}$$

组成 $L^2(\mathbb{R}^+)$ 中的标准正交基.

38. 对非负整数 n, 定义函数 $f_n : \mathbb{R} \to \mathbb{R}$ 为

$$f_n(x) \triangleq e^{-\frac{x^2}{2}} x^n, \quad x \in \mathbb{R}.$$

(i) 证明: $\{f_n\}_{n \geqslant 0} \subset L^2(\mathbb{R})$ 且线性无关.

(ii) 设 $\{h_n\}_{n \geqslant 0}$ 是由 $\{f_n\}_{n \geqslant 0}$ 经 Schmidt 正交化所构造的规范正交系, 求出 h_n 的表达式.

(iii) 证明: $\{h_n\}_{n \geqslant 0}$ 是 $L^2(\mathbb{R})$ 的标准正交基.

39. 设

$$H^2 \triangleq \left\{ f(z) \text{ 在 } |z| < 1 \text{ 内解析 } \bigg| f(z) = \sum_{n=0}^{\infty} \alpha_n z^n, \sum_{n=0}^{\infty} |\alpha_n|^2 < \infty \right\}.$$

在 H^2 上定义内积为

$$(f, g) = \lim_{r \to 1^-} \frac{1}{2\pi} \int_0^{2\pi} f(re^{i\theta}) \overline{g(re^{i\theta})} d\theta, \quad f, g \in H^2.$$

证明: H^2 是可分的 Hilbert 空间.

40. 任取 H^2 中标准正交基 $\{e_n(z)\}_{n=1}^{\infty}$. 证明: 当 $|z| < 1$ 及 $|\xi| < 1$ 时,

$$\sum_{n=1}^{\infty} e_n(z) \overline{e_n(\xi)} = \frac{1}{1 - z\bar{\xi}}.$$

41. $C(\mathbb{R}; \mathbb{C})$ 的子空间 Y 定义为 $Y \triangleq \text{span}\{e_\lambda\}_{\lambda \in \mathbb{R}}$, 其中 $e_\lambda(x) = e^{i\lambda x}$, $x \in \mathbb{R}$. 证明:

(i) $(f, g) \triangleq \lim\limits_{T \to \infty} \dfrac{1}{2T} \int_{-T}^{T} f(x) \overline{g(x)} dx, f, g \in Y$ 是 Y 上的一个内积;

(ii) $\{e_\lambda\}_{\lambda \in \mathbb{R}}$ 是空间 Y 的标准正交基;

(iii) Y 的完备化空间是不可分的 Hilbert 空间.

42. 仿上题构造一个不可分的 Hilbert 空间.

43. 设 $f \in L^2(0, 2\pi)$,

$$S_n(x) = \frac{a_0}{\sqrt{2}} + \sum_{k=1}^{n} a_k \cos kx + b_k \sin kx,$$

其中

$$a_n = \frac{1}{\pi} \int_0^{2\pi} \cos nx f(x) \mathrm{d}x, \quad b_n = \frac{1}{\pi} \int_0^{2\pi} \sin nx f(x) \mathrm{d}x.$$

证明: 存在 $\{S_n(x)\}_{n=1}^{\infty}$ 的子列 $\{S_{n_k}(x)\}_{k=1}^{\infty}$ 使得 $\lim\limits_{k \to \infty} S_{n_k}(x) = f(x)$, a.e. $x \in [0, 2\pi]$.

44. 设 A 是复 Hilbert 空间 H 上的有界自伴算子, 如果存在常数 $M > 0$, 使得对于 H 中任意有限个 $x_i (i = 1, 2, \cdots, n), (x_i, x_j) = \delta_{ij}$, 且 $(Ax_k, x_l) = 0, k \neq l$, 总有

$$\sum_{k=1}^{n} (Ax_k, x_k)^2 \leqslant M,$$

那么 A 必是 H 上的 Hilbert-Schmidt 算子.

45. 设 H 是内积空间, $M, N \subset H$. 设 L 是 M 和 N 张成的线性子空间. 证明: $L^\perp = M^\perp \cap N^\perp$.

46. 设 $\varphi(\cdot, \cdot)$ 是 Hilbert 空间 H 上的双线性泛函. 又设

$$\sup_{\|x\|=1} |\varphi(x, x)| < +\infty.$$

问 φ 是否有界?

47. 设 $\varphi(\cdot, \cdot)$ 是复 Hilbert 空间 H 上的双线性泛函. 如果对任意 $x \in H, \operatorname{Re} \varphi(x, x) = 0$. 问是否有

$$\sup_{\|x\|=1, \|y\|=1} |\varphi(x, y)| = \sup_{\|x\|=1} |\varphi(x, x)|?$$

48. 设 P 是 Hilbert 空间 H 上的非零正交投影. 证明: $\|P\| = 1$.

49. 设 H_1, H_2 是 Hilbert 空间, $A \in \mathcal{L}(H_1, H_2)$. 证明:
(i) $(A^*)^* = A$.
(ii) $\operatorname{Ker}(A^*) = \operatorname{Ker}(AA^*)$ 且 $\overline{\mathcal{R}(A)} = \overline{\mathcal{R}(AA^*)}$.
(iii) $\|A^*A\|_{\mathcal{L}(H_1)} = \|A\|^2_{\mathcal{L}(H_1, H_2)} = \|AA^*\|_{\mathcal{L}(H_2)}$.
(iv) 若 A 是双射, 则 $A^* \in \mathcal{L}(Y, X)$ 是双射且 $(A^*)^{-1} \in \mathcal{L}(X, Y), (A^*)^{-1} = (A^{-1})^*$.

50. 设 H 是 Hilbert 空间, $A \in \mathcal{L}(H)$ 是自伴算子. 证明: 如果存在常数 $\alpha > 0$ 使得对所有 $x \in X$ 都有 $(Ax, x) \geqslant \alpha \|x\|^2$, 则 $A: X \to X$ 是单射, 且 $\operatorname{Im}(A) = X$(因此, 对每一个 $y \in X$, 方程 $Ax = y$ 存在唯一解 $x \in X$).

51. 设 H_1, H_2 是 Hilbert 空间, $A \in \mathcal{L}(H_1, H_2)$ 且 $\mathcal{R}(A)$ 是 H_2 的闭子空间. 证明: 存在唯一的 $A^\dagger \in \mathcal{L}(H_2, H_1)$ 满足下列性质:

$$AA^\dagger A = A, \quad A^\dagger A A^\dagger = A^\dagger,$$

$$(AA^\dagger)^* = AA^\dagger, \quad (A^\dagger A)^* = A^\dagger A.$$

52. 设上题中 $H_1 = \mathbb{C}^n$, $H_2 = \mathbb{C}^m$. 证明:
$$A^\dagger = \lim_{\varepsilon \to 0}((A^*A + \varepsilon I)^{-1}A^*) = \lim_{\varepsilon \to 0}(A^*(AA^* + \varepsilon I)^{-1}).$$

53. 设 $A(\varepsilon) = \begin{pmatrix} 1 & 0 \\ 0 & \varepsilon \end{pmatrix}$. 证明: $\lim\limits_{\varepsilon \to 0} A(\varepsilon)^\dagger$ 不存在.

54. 设
$$Y \triangleq \{x = (x_1, x_2, \cdots, x_n, \cdots) \in l^2 \mid x_{2k-1} = x_{2k} \; \forall k \in \mathbb{N}\}.$$

(i) 证明: Y 是 l^2 的闭子空间.

(ii) 求出 Y 在 l^2 中的直交补.

(iii) 求出投影算子 $P: l^2 \to Y$ 和 $P^\perp: l^2 \to Y^\perp$.

55. 设 H 是 Hilbert 空间, $Q \in \mathcal{L}(H)$ 是幂等的且满足 $\|Q\| \leqslant 1$. 证明: $Q(H)$ 是 H 的闭子空间, Q 是 H 到 $Q(H)$ 上的投影算子.

56. 设 H 是 Hilbert 空间, Z 为 H 的闭子空间, P 为 H 到 Z 的投影算子. 证明: 若 $\lambda \neq 0$ 且 $\lambda \neq 1$, 则有界线性算子 $(\lambda I - P): H \to H$ 为双射.

57. 设 H 是 Hilbert 空间, 算子 $A \in \mathcal{L}(H)$ 满足 $\|A\| \leqslant 1$. 证明: 对任意 $x \in H$ 和 $n \geqslant 1$, 序列 $\left\{ y_n = \dfrac{1}{n}(x + Ax + \cdots + A^{n-1}x) \right\}_{n=1}^\infty$ 在 H 中收敛.

58. 设 Y 是实 Hilbert 空间 H 的非空凸闭子集, $b \in X \setminus Y$. 证明: 存在 $a \in H$ 和 $\alpha \in \mathbb{R}$ 使得对任意的 $y \in H$, 成立
$$(b, y) < \alpha < (y, a).$$

59. 设 H 是实 Hilbert 空间, b 和 c_i, $1 \leqslant i \leqslant m$ 为 H 中的向量. 证明:
$$\{x \in X \mid (c_i, x) \geqslant 0, 1 \leqslant i \leqslant m\} \subset \{x \in X \mid (b, x) \geqslant 0\}$$
成立的充要条件是存在实数 λ_i, $1 \leqslant i \leqslant m$ 使得
$$\lambda_i \geqslant 0, \quad 1 \leqslant i \leqslant m \quad \text{且} \quad b = \sum_{i=1}^m \lambda_i c_i.$$

60. 设 P_1, P_2 是 Hilbert 空间 H 上可交换的正交投影. 证明:

(i) $P \triangleq P_1 + P_2 - P_1 P_2$ 是正交投影, 且 $P \geqslant P_1$, $P \geqslant P_2$.

(ii) 如果正交投影 Q 使得 $Q \geqslant P_1$, $Q \geqslant P_2$, 则必有 $Q \geqslant P$.

61. 设 A 是复 Hilbert 空间 H 上的有界线性算子. 证明: $A = -A^*$ 的充要条件是对任意 $x \in H$, $\operatorname{Re}(Ax, x) = 0$.

62. 设 T 是复 Hilbert 空间 H 上的自伴算子. 设存在 $c > 0$ 使得对任意 $x \in H$, $(Tx, x) \geqslant c(x, x)$. 在 H 中引入另一内积为
$$(x, y)_T = (Tx, y), \quad x, y \in H.$$

证明:

(i) H 按 $(\cdot, \cdot)_T$ 成为 Hilbert 空间;

(ii) $A \in \mathcal{L}(H)$ 在 H_T 中 (关于内积 $(x,y)_T$) 自伴的充要条件是

$$TA = A^*T.$$

63. 设 $\{P_\lambda | \lambda \in \Lambda\}$ 是 Hilbert 空间 H 上一族相互正交的投影算子, 记 $L_\lambda = P_\lambda H$. 证明: 必存在 H 上投影算子 P 使得对任意 $x \in H$ 都有

$$Px = \sum_{\lambda \in \Lambda} P_\lambda x$$

(上式右边级数是强收敛).

64. 接上题中假设. 记 P 的投影子空间为 L. 证明:

$$L = \bigoplus_\lambda L_\lambda \triangleq \left\{ \sum_{\lambda \in \Lambda} x_\lambda \,\bigg|\, x_\lambda \in L_\lambda, \sum_{\lambda \in \Lambda} \|x_\lambda\|^2 < \infty \right\}.$$

65. 设 $\{P_\lambda | \lambda \in \Lambda\}$ 是 Hilbert 空间 H 上的一族投影算子. 设 P 是 H 上的投影算子, 而且对任意 $\lambda \in \Lambda$, $P \geqslant P_\lambda$, 同时对任意投影算子 Q, 当对任意 $\lambda \in \Lambda$, $Q \geqslant P_\lambda$ 时必有 $Q \geqslant P$, 则称 P 为 $\{P_\lambda | \lambda \in \Lambda\}$ 的上确界, 记为

$$P = \sup_{\lambda \in \Lambda} P_\lambda.$$

类似地可以定义投影算子族的下确界. 证明: H 中任何一族投影算子的上确界和下确界都存在.

66. 设 $\{P_\lambda | \lambda \in \Lambda\}$ 是可分 Hilbert 空间 H 上的一族投影算子. 证明: 存在 Λ 的有限或可列子集 Λ_0 使得

$$\sup_{\lambda \in \Lambda} P_\lambda = \sup_{\lambda \in \Lambda_0} P_\lambda.$$

67. 设 P 是 $L^2(0,1)$ 上的投影算子. 设对于 $(0,1)$ 上任何有界可测函数 φ 都有

$$P(\varphi f) = \varphi P f, \quad f \in L^2(0,1).$$

证明: 存在 $(0,1)$ 的可测子集 M 使得 $PL^2(0,1) = \{f \in L^2(0,1) \mid f(x) = 0, x \notin M\}$.

68. 设 $\{P_n\}_{n=1}^\infty$ 是 Hilbert 空间 H 中一列两两正交的非零投影算子, $\{\lambda_n\}_{n=1}^\infty$ 是一个有界数列. 证明: 存在 $A \in \mathcal{L}(H)$ 使得

$$A = (\text{强}) \lim_{N \to \infty} \sum_{n=1}^N \lambda_n P_n,$$

并且 $\{\lambda_n\}_{n=1}^\infty$ 是算子 A 的特征值, 以及

$$\|A\| = \sup_{n \in \mathbb{N}} |\lambda_n|.$$

第 4 章 对偶空间理论

上一章介绍了 Hilbert 空间及其对偶空间的性质, 一个自然的问题是, Banach 空间上的有界线性泛函是否有类似于 Riesz 表示定理的结果? 本章将回答这一问题, 并讨论 Banach 空间的对偶空间的性质.

4.1 几类重要 Banach 空间的对偶空间

由定理 2.9 知 X' 一定是 Banach 空间. 本节给出几类重要 Banach 空间的对偶空间.

4.1.1 l^p 的对偶空间

定理 4.1 l^1 的对偶空间 $(l^1)'$ 保范同构于 l^∞.

注记 4.1 在下文中, 有时省略 "保范同构", 而直接称 l^1 的对偶空间是 l^∞. 但一定注意该结论是在保范同构的意义下成立的. 对后面提及的 l^p, $L^p(a,b)$ ($1 \leqslant p < \infty$) 等空间亦是如此.

证明 l^1 是满足 $\sum_{j=1}^\infty |x_j| < \infty$ 的数列 $x = (x_1, x_2, \cdots)$ 全体按通常线性运算和范数 $\|x\|_1 = \sum_{j=1}^\infty |x_j|$ 所成的 Banach 空间, 而 l^∞ 是有界数列 $x = (x_1, x_2, \cdots)$ 全体按通常线性运算和范数 $\|x\|_\infty = \sup_j |x_j|$ 所成的 Banach 空间.

在 l_1 中取一列单位向量 $e_n = (0, \cdots, 0, 1, 0, \cdots)$, $n = 1, 2, \cdots$. 则对任意 $x = (x_1, x_2, \cdots) \in l^1$ 都有

$$x = \lim_{n \to \infty} \sum_{j=1}^n x_j e_j.$$

对任意 $f \in (l^1)'$, 记 $\eta_j = f(e_j)$ $(j = 1, 2, \cdots)$, 则 $|\eta_j| \leqslant \|f\| \|e_j\|_1 = \|f\|$. 因此 $\eta = (\eta_1, \eta_2, \cdots) \in l^\infty$, 而且

$$\|\eta\|_\infty \leqslant \|f\|. \tag{4.1}$$

作 $(l^1)' \to l^\infty$ 的映射 $F: f \mapsto \eta = (f(e_1), \cdots, f(e_n), \cdots)$. 显然, F 是线性映射且将非零元 f 映射成非零元 $\eta = Ff$, 并且 $\|Ff\|_\infty \leqslant \|f\|$.

下面证明 F 是 $(l^1)'$ 到 l^∞ 的同构映射. 为此仅需证明 $F(l^1)' = l^\infty$, 并且 $\|Ff\| \geqslant \|f\|$. 对任意 $\eta = (\eta_1, \eta_2, \cdots) \in l^\infty$, 注意到 $\sup_n |\eta_n| = \|\eta\|_\infty < \infty$ 以及 $x = (x_1, \cdots, x_n, \cdots) \in l^1$ 时, $\sum_{j=1}^\infty x_j$ 绝对收敛, 从而 $\sum_{j=1}^\infty x_j \eta_j$ 也绝对收敛. 因而

$$f(x) = \sum_{j=1}^\infty x_j \eta_j \tag{4.2}$$

可以视为 l^1 上的泛函. 显然 f 是线性泛函, 而且

$$|f(x)| \leqslant \sum_{j=1}^\infty |x_j \eta_j| \leqslant \|\eta\|_\infty \sum_{j=1}^\infty |x_j| = \|\eta\|_\infty \|x\|_1,$$

即 f 是 l^1 上的连续线性泛函, 而且

$$\|f\| \leqslant \|\eta\|_\infty. \tag{4.3}$$

由 (4.2) 式所定义的泛函 f 显然满足 $f(e_j) = \eta_j\ (j = 1, 2, \cdots)$, 即 $Ff = \eta$. 所以 $F(l^1)' = l^\infty$. 由式(4.3) 可得 $\|Ff\|_\infty \geqslant \|f\|$. □

由于 $(l^1)'$ 和 l^∞ 同构, 把 $(l^1)'$ 和 l^∞ 同一化, 就可以说 l^1 的对偶空间是 l^∞, 即 $(l^1)' = l^\infty$. 但这只是同构意义下的等式. 下面出现的等式类似地理解. 在运用这些 "等式" 去探讨其他问题时, 还必须把同构映射同时加以考虑. 忽视这一点将会发生错误. 但 $(l^\infty)'$ 并不同构于 l^1.

定理 4.2 $l^p(1 < p < \infty)$ 的对偶空间 $(l^p)'$ 保范同构于 l^q, 其中 $\dfrac{1}{q} + \dfrac{1}{p} = 1$.

证明 首先回忆 l^p 是满足 $\sum_{i=1}^\infty |x_i|^p < \infty$ 的数列 $x = (x_1, x_2, \cdots)$ 的全体所成的 Banach 空间. l^p 中单位向量的取法和 l^1 是一样的. 对任意 $f \in (l^p)'$, 仍记 $\eta_j = f(e_j),\ j = 1, 2, \cdots$. 先证 $\sum_{j=1}^\infty |\eta_j|^q < \infty$.

作点列 $x^{(m)} = (x_1^{(m)}, x_2^{(m)}, \cdots)$ 为

$$x_j^{(m)} = \begin{cases} |\eta_j|^{q-1} \mathrm{e}^{-\mathrm{i}\theta_j}, & j \leqslant m, \\ 0, & j > m, \end{cases}$$

其中 $\theta_j = \arg \eta_j$. 显然 $x^{(m)} \in l^p$. 由此可得

$$f(x^{(m)}) = \sum_{j=1}^m x_j^{(m)} \eta_j = \sum_{j=1}^m |\eta_j|^q,$$

4.1 几类重要 Banach 空间的对偶空间

$$\|x^{(m)}\|_p = \bigg(\sum_{j=1}^m |x_j^{(m)}|^p\bigg)^{\frac{1}{p}} = \bigg(\sum_{j=1}^m |\eta_j|^q\bigg)^{\frac{1}{p}}.$$

由 $\dfrac{|f(x^{(m)})|}{\|x^{(m)}\|_p} \leqslant \|f\|$ 可得

$$\bigg(\sum_{j=1}^m |\eta_j|^q\bigg)^{\frac{1}{q}} \leqslant \|f\|.$$

令 $m \to \infty$ 可得 $\eta \in l^q$ 且

$$\|\eta\|_q \leqslant \|f\|. \tag{4.4}$$

对任意 $x = (x_1, x_2, \cdots) \in l^p$, 由 Hölder 不等式可得

$$\sum_{j=1}^\infty |\eta_j x_j| \leqslant \bigg(\sum_{j=1}^\infty |\eta_j|^q\bigg)^{\frac{1}{q}} \bigg(\sum_{j=1}^\infty |x_j|^p\bigg)^{\frac{1}{p}} = \|\eta\|_q \|x\|_p, \tag{4.5}$$

即 $\sum_{j=1}^\infty \eta_j x_j$ 绝对收敛. 由

$$x = \lim_{m\to\infty} \sum_{j=1}^m x_j e_j, \quad f(x) = \lim_{n\to\infty} f\bigg(\sum_{j=1}^m x_j e_j\bigg),$$

可得

$$f(x) = \sum_{j=1}^\infty \eta_j x_j. \tag{4.6}$$

定义映射 $(l^p)' \to l^q$ 为

$$F : f \mapsto (f(e_1), f(e_2), \cdots, f(e_n), \cdots),$$

显然 F 是线性单射并且 $\|Ff\| \leqslant \|f\|$.

反之, 对任意 $\eta \in l^q$, (4.5) 保证了由 (4.6) 的方式定义的 f 是 l^p 上的一个线性泛函且

$$\|f\| \leqslant \|\eta\|_q, \tag{4.7}$$

即由 (4.6) 定义的 f 是 l^p 上的连续线性泛函.

显然有 $f(e_i) = \eta_i$, 即 $\mathcal{R}(f) = l^q$. 从 (4.4) 和 (4.7) 可知 F 是 $(l^p)'$ 到 l^q 上保范线性算子. 所以在同构的意义下有 $(l^p)' = l^q$. □

当 $p > 1, q > 1$ 且 $\dfrac{1}{q} + \dfrac{1}{p} = 1$ 时, 称 p, q 是一对对偶数.

4.1.2　$L^p(a,b)$ 的对偶空间

定理 4.3　(i) $L^1(a,b)$ 的对偶空间 $(L^1(a,b))'$ 保范同构于 $L^\infty(a,b)$;
(ii) $L^p(a,b)$ ($1<p<\infty$) 的对偶空间 $(L^p(a,b))'$ 保范同构于 $L^q(a,b)$.

证明　只证 (ii). (i) 的证明留给读者.

对任意 $y \in L^q(a,b)$ 以及 $x \in L^p(a,b)$, 令

$$f(x) = \int_a^b x(t)y(t)\mathrm{d}t,$$

则 f 是 $L^p(a,b)$ 上的线性泛函. 由 Hölder 不等式可知

$$|f(x)| = \left|\int_a^b x(t)y(t)\mathrm{d}t\right| \leqslant \left(\int_a^b |x(t)|^p \mathrm{d}t\right)^{\frac{1}{p}} \left(\int_a^b |y(t)|^q \mathrm{d}t\right)^{\frac{1}{q}} = \|y\|_{L^q} \|x\|_{L^p}.$$

因此

$$\|f\| \leqslant \|y\|_{L^q(a,b)}. \tag{4.8}$$

取

$$x(t) = |y(t)|^{q-1} \mathrm{e}^{-\mathrm{i}\theta(t)}, \quad t \in [a,b],$$

其中 $\theta(t) = \arg y(t)$, 则

$$\int_a^b |x(t)|^p \mathrm{d}t = \int_a^b |y(t)|^q \mathrm{d}t < \infty.$$

因此, $x \in L^p(a,b)$ 并且

$$f(x) = \int_a^b x(t)y(t)\mathrm{d}t = \int_a^b |y(t)|^q \mathrm{d}t.$$

两边同除以 $\|x\|_{L^p(a,b)}$ 可得

$$f\left(\frac{x}{\|x\|_{L^p(a,b)}}\right) = \left(\int_a^b |y(t)|^q \mathrm{d}t\right)^{1-\frac{1}{p}} = \|y\|_{L^q(a,b)}.$$

因此

$$\|f\| \geqslant \|y\|_{L^q(a,b)} \tag{4.9}$$

结合式 (4.8) 可得

$$\|f\| = \|y\|_{L^q(a,b)}.$$

4.1 几类重要 Banach 空间的对偶空间

下面证明对任意 $L^p(a,b)$ 上的有界线性泛函 f, 存在 $y \in L^q(a,b)$ 使得

$$f(x) = \int_a^b x(t)y(t)\mathrm{d}t, \quad \forall x \in L^p(a,b).$$

令

$$Y(t) = f(\chi_{[a,t)}),$$

其中

$$\chi_{[a,t)}(s) = \begin{cases} 1, & s \in [a,t), \\ 0, & s \in [t,b]. \end{cases}$$

显然 $Y(t)$ 是 $[a,b]$ 上的实函数. 下面证明 $Y(t)$ 是 $[a,b]$ 上的绝对连续函数. 对于 $[a,b]$ 内的任意有限个互不相交的区间 $[a_i,b_i)$, $i=1,2,\cdots,n$, 令

$$\varepsilon_i = \mathrm{e}^{-\mathrm{i}\theta_i}, \quad \theta_i = \arg\left(Y(b_i) - Y(a_i)\right),$$

则

$$\begin{aligned} \sum_{i=1}^n |Y(b_i) - Y(a_i)| &= \sum_{i=1}^n \varepsilon_i \left(Y(b_i) - Y(a_i)\right) = \sum_{i=1}^n \varepsilon_i \left[f(\chi_{[a,b_i)}) - f(\chi_{[a,a_i)})\right] \\ &= f\left(\sum_{i=1}^n \varepsilon_i(\chi_{[a,b_i)} - \chi_{[a,a_i)})\right) \leqslant \|f\| \left\|\sum_{i=1}^n \varepsilon_i \chi_{[a_i.b_i)}\right\|_{L^p(a,b)} \\ &= \|f\| \left(\sum_{i=1}^n \int_{a_i}^{b_i} 1^p \mathrm{d}s\right)^{1/p} = \|f\| \left(\sum_{i=1}^n (b_i - a_i)\right)^{1/p}. \end{aligned}$$

由此可知, $Y(t)$ 是 $[a,b]$ 上的绝对连续函数. 记

$$y(t) = Y'(t), \quad \forall t \in [a,b],$$

则 $y(t) \in L^1[a,b]$. 由 $Y(a) = 0$ 可得

$$Y(t) = \int_a^t y(s)\mathrm{d}s, \quad \forall t \in [a,b].$$

于是

$$f(\chi_{[a,t)}) = \int_a^t y(s)\mathrm{d}s = \int_a^b \chi_{[a,t)}(s)y(s)\mathrm{d}s.$$

因此有

$$f(\chi_{[a_i,b_i)}) = f(\chi_{[a,b_i)} - \chi_{[a,a_i)})$$
$$= f(\chi_{[a,b_i)}) - f(\chi_{[a,a_i)})$$
$$= \int_a^b (\chi_{[a,b_i)} - \chi_{[a,a_i)})(s)y(s)\mathrm{d}s$$
$$= \int_a^b \chi_{[a_i,b_i)}(s)y(s)\mathrm{d}s.$$

所以
$$f\left(\sum_{i=1}^n c_i\chi_{[a_i,b_i)}\right) = \int_a^b \left(\sum_{i=1}^n c_i\chi_{[a_i,b_i)}(s)\right)y(s)\mathrm{d}s.$$

由此可得, 对 $[a,b]$ 上的任意一个简单函数 $x(t)$ 都有

$$f(x) = \int_a^b x(s)y(s)\mathrm{d}s.$$

注意到任意一个有界可测函数 $x(t)$ 都可以由一列简单函数 $\{x_n\}_{n=1}^\infty$ 一致逼近, 由 Lebesgue 控制收敛定理以及 f 是连续函数可得

$$f(x) = \lim_{n\to\infty} f(x_n) = \lim_{n\to\infty} \int_a^b x_n(s)y(s)\mathrm{d}s = \int_a^b x(s)y(s)\mathrm{d}s.$$

接下来证明 $y \in L^q(a,b)$. 令

$$y_n(t) = \begin{cases} |y(t)|^{q-1}\mathrm{e}^{-\mathrm{i}\theta(t)}, & t \in [a,b],\ |y(t)| \leqslant n, \\ 0, & t \in [a,b],\ |y(t)| > n. \end{cases}$$

设 $E_n = \{t \in [a,b]|\ |y(t)| \leqslant n\}$, 则

$$f(y_n) = \int_a^b y_n(t)y(t)\mathrm{d}t = \int_{E_n} |y(t)|^q\mathrm{d}t. \tag{4.10}$$

由于

$$\|y_n\|_{L^p(a,b)} = \left(\int_{E_n} |y_n(t)|^p\mathrm{d}t\right)^{\frac{1}{p}} = \left(\int_{E_n} |y(t)|^q\mathrm{d}t\right)^{\frac{1}{p}} = \left(\int_a^b |y_n(t)|^q\mathrm{d}t\right)^{\frac{1}{p}},$$

4.1 几类重要 Banach 空间的对偶空间

在式 (4.10) 中两边同除以 $\|y_n\|_{L^p(a,b)}$ 可得

$$f\left(\frac{y_n}{\|y_n\|_{L^p}}\right) = \left(\int_{E_n} |y_n(t)|^q \mathrm{d}t\right)^{\frac{1}{q}} \leqslant \|f\|.$$

在上式中令 $n \to \infty$ 可得

$$\|y\|_{L^q(a,b)} \leqslant \|f\|.$$

最后, 证明对任意 $x \in L^p(a,b)$ 都有

$$f(x) = \int_a^b x(t)y(t)\mathrm{d}t.$$

对任意 $x \in L^p(a,b)$, 令

$$x_n(t) = \begin{cases} x(t), & |x(t)| \leqslant n, \\ 0, & |x(t)| > n, \end{cases}$$

则有

$$\lim_{n\to\infty} \|x_n - x\|_{L^p(a,b)} = 0.$$

而当 $n \to \infty$ 时, 由 Hölder 不等式可知

$$\lim_{n\to\infty} \left|\int_a^b (x_n(t) - x(t))\, y(t) \mathrm{d}t\right|$$

$$\leqslant \lim_{n\to\infty} \left(\int_a^b |x_n(t) - x(t)|^p \mathrm{d}t\right)^{\frac{1}{p}} \left(\int_a^b |y(t)|^q \mathrm{d}t\right)^{\frac{1}{q}} = 0.$$

因此,

$$\lim_{n\to\infty} \int_a^b x_n(t)y(t)\mathrm{d}t = \int_a^b x(t)y(t)\mathrm{d}t.$$

结合 f 的连续性可得

$$f(x) = \lim_{n\to\infty} f(x_n) = \lim_{n\to\infty} \int_a^b x_n(t)y(t)\mathrm{d}t = \int_a^b x(t)y(t)\mathrm{d}t. \qquad \square$$

上面定理只讨论了 $1 \leqslant p < \infty$ 的情形, 一个自然的猜想是 $L^\infty(a,b)$ 的对偶空间保范同构于 $L^1(a,b)$. 很遗憾, 这是不成立的.

命题 4.1 $L^\infty(a,b)$ 的对偶空间不是 $L^1(a,b)$.

证明 设 $t_1 \in (a,b)$. 定义 $L^\infty(a,b)$ 的闭线性子空间 $C([a,b])$ 上的泛函为

$$F_0(f) = f(t_1), \quad \forall f \in C([a,b]). \tag{4.11}$$

显然, F_0 为 $C([a,b])$ 上的有界线性泛函且 $\|F_0\| = 1$. 由 Hahn-Banach 定理知, F_0 可保范延拓为 $L^\infty(a,b)$ 上的有界线性泛函 F.

如果 $L^\infty(a,b)$ 的对偶空间是 $L^1(a,b)$, 对上述 F, 必唯一对应 $x_F \in L^1(a,b)$ 使得

$$F(f) = \int_a^b x_F(t)f(t)\mathrm{d}t, \quad \forall f \in L^\infty(a,b).$$

由于泛函 F 是 $C([a,b])$ 上泛函 F_0 的扩张, 因而由式 (4.11) 可导出

$$\int_a^b x_F(t)f(t)\mathrm{d}t = F(f) = F_0(f) = f(t_1), \quad \forall f \in C([a,b]). \tag{4.12}$$

设 $n_0 \in \mathbb{N}$ 使得 $\left[t_1 - \dfrac{1}{n_0}, t_1 + \dfrac{1}{n_0}\right] \subset [a,b]$. 在空间 $C([a,b])$ 中取一列元素

$$f_k(t) = \begin{cases} 1 + k(t-t_1), & t \in \left[t_1 - \dfrac{1}{k}, t_1\right], \\ 1 - k(t-t_1), & t \in \left[t_1, t_1 + \dfrac{1}{k}\right], \\ 0, & \text{在 } [a,b] \text{ 其他点}, \end{cases} \quad k = n_0, n_0+1, \cdots,$$

由式 (4.12) 可得

$$1 = f_k(t_1) = \int_a^b x_F(t)f_k(t)\mathrm{d}t \leqslant \int_{t_1 - \frac{1}{k}}^{t_1 + \frac{1}{k}} |x_F(t)|\mathrm{d}t, \quad k = n_0, n_0+1, \cdots,$$

这与 x_F 积分的绝对连续性矛盾. $\square$

4.1.3 连续函数空间的对偶空间

定理 4.4 $C([a,b])$ 对偶空间 $C([a,b])'$ 保范同构于 $V_0[a,b]$.

证明 这里仅证 $C([a,b])$ 是实空间的情况, 复 $C([a,b])$ 空间情况由读者自己证明.

对于任意 $g \in V_0[a,b]$, 定义 $C([a,b])$ 上的泛函 F_g 为

$$F_g(x) = \int_a^b x(t)\mathrm{d}g(t), \quad x \in C([a,b]). \tag{4.13}$$

4.1 几类重要 Banach 空间的对偶空间

由 Stieltjes (斯蒂尔切斯) 积分理论可知 F_g 是 $C([a,b])$ 上的线性泛函且

$$|F_g(x)| \leqslant \int_a^b |x(t)||\mathrm{d}g| \leqslant \max_{a\leqslant t\leqslant b}|x(t)|V_a^b(g). \tag{4.14}$$

所以 $F_g \in C([a,b])'$ 且 $\|F_g\| \leqslant V_a^b(g)$. 易知 $F: g \mapsto F_g$ 是 $V_0[a,b]$ 到 $C([a,b])'$ 的线性算子. 由式 (4.14) 知 F 是连续的且 $\|F\| \leqslant V_a^b(g)$.

设 $B([a,b])$ 是 $[a,b]$ 上的有界实函数全体按通常线性运算及范数

$$\|x\| = \sup_{a\leqslant t\leqslant b}|x(t)|, \quad x \in B([a,b])$$

所成的赋范线性空间. 那么 $C([a,b])$ 是 $B([a,b])$ 的线性子空间. 根据 Hahn-Banach 定理, f 可延拓为 $B([a,b])$ 上的有界线性泛函 $\tilde{f}$ 且 $\|\tilde{f}\| = \|f\|$.

令

$$h(\xi) = \tilde{f}(\chi_\xi), \quad \xi \in [a,b].$$

设

$$a = \xi_0 < \xi_1 < \cdots < \xi_n = b.$$

记 $\varepsilon_j = \mathrm{sgn}[h(\xi_j) - h(\xi_{j-1})]$. 那么

$$\begin{aligned}\sum_{j=1}^n |h(\xi_j) - h(\xi_{j-1})| &= \sum_{j=1}^n \varepsilon_j[h(\xi_j) - h(\xi_{j-1})] \\ &= \tilde{f}\bigg(\sum_{j=1}^n \varepsilon_j[\chi_{\xi_j} - \chi_{\xi_{j-1}}]\bigg) \\ &\leqslant \|\tilde{f}\|\bigg\|\sum_{j=1}^n \varepsilon_j(\chi_{\xi_j} - \chi_{\xi_{j-1}})\bigg\|.\end{aligned}$$

显然 $B([a,b])$ 中的向量 $\sum_{i=1}^n \varepsilon_i(\chi_{\xi_i} - \chi_{\xi_{i-1}})$ 的范数为 1 而 $\|\tilde{f}\| = \|f\|$. 所以

$$\sum_{i=1}^n |h(\xi_i) - h(\xi_{i-1})| \leqslant \|f\|,$$

即 $h \in V[a,b]$ 且

$$V_a^b(h) \leqslant \|f\|. \tag{4.15}$$

令 $g(x) = h(x) - h(a)$, 则 $g \in V_0[a,b]$ 而且 $V_a^b(g) \leqslant V_a^b(h)$.

下面证明
$$\tilde{f}(x) = \int_a^b x(t)\mathrm{d}g(t), \quad x(t) \in C([a,b]).$$

对任意 $x \in C([a,b])$, 在 $[a,b]$ 上选取一组分点

$$a = t_0^{(n)} < t_1^{(n)} < \cdots < t_{n_m}^{(n)} = b,$$

使得 $t_i^{(n)}(i=1,2,\cdots,n_m-1)$ 都是 h 的连续点而且 $\lim\limits_{n\to\infty}\max\limits_{a\leqslant i\leqslant n_m}\left(t_i^{(n)} - t_{i-1}^{(n)}\right) = 0$. 对这样的分点, 定义 $B([a,b])$ 中的函数为

$$x_n(t) = \sum_{k=1}^{n_m} x\left(t_k^{(n)}\left(\chi_{t_k^{(n)}} - \chi_{t_{k-1}^{(n)}}\right)\right),$$

其中 χ_t 表示 $[a,t]$ 的特征函数. 由 $x(t)$ 的一致连续性可得 $\|x_n - x\| \to 0$. 由于

$$\begin{aligned}
\tilde{f}(x_n) &= \sum_{k=1}^{n_m} x(t_k^{(n)})[h(t_k^{(n)}) - h(t_{k-1}^{(n)})] \\
&= \sum_{k=1}^{n_m} x(t_k^{(n)})[g(t_k^{(n)}) - g(t_{k-1}^{(n)})] \\
&= \int_a^b \sum_{k=1}^{n_m} x(t_k^{(n)})(\chi_{t_k^{(n)}} - \chi_{t_{k-1}^{(n)}})\mathrm{d}g \\
&= \int_a^b x_n(t)\mathrm{d}g(t),
\end{aligned}$$

根据 Stieltjes 积分的控制收敛定理可得

$$\lim_{n\to\infty} F(x_n) = \int_a^b x(t)\mathrm{d}g(t).$$

另一方面, 由 $\tilde{f}$ 的连续性, $x \in C([a,b])$ 以及 $\lim\limits_{n\to\infty}\|x_n - x\| = 0$ 可得

$$\lim_{n\to\infty} \tilde{f}(x_n) = \tilde{f}(x) = f(x).$$

所以

$$f(x) = \int_a^b x(t)\mathrm{d}g(t), \quad x(t) \in C([a,b]).$$

4.1 几类重要 Banach 空间的对偶空间

由式 (4.14) 可得 $\|f\| \leqslant \|g\|$. 由式 (4.15) 有

$$\|g\| = V_a^b(g) \leqslant V_a^b(h) \leqslant \|f\|.$$

所以 $\|f\| = \|g\|$. 最后证明 g 的唯一性. 设存在 $g_1, g_2 \in V_0[a,b]$ 使得

$$f(x) = \int_a^b x(t)\mathrm{d}g_1(t) = \int_a^b x(t)\mathrm{d}g_2(t), \quad x(t) \in C([a,b]). \tag{4.16}$$

若 $g_1 \neq g_2$, 必存在 $t_1, t_2 \in [a,b]$ 使得 $g_1(t_2) - g_1(t_1) \neq g_2(t_2) - g_2(t_1)$. 取 $N \in \mathbb{N}$ 使得 $\dfrac{2}{N} < t_2 - t_1$. 取 $\{x_n\}_{n=N}^\infty \subset C([a,b])$ 为

$$x_n(t) = \begin{cases} 1, & t \in \left[t_1 + \dfrac{1}{N}, t_2 - \dfrac{1}{N}\right], \\ N(t - t_1), & t \in \left[t_1, t_1 + \dfrac{1}{N}\right], \\ N(t_2 - t), & t \in \left[t_2 - \dfrac{1}{N}, t_2\right], \\ 0, & t \in [a, t_1) \cup (t_1, b]. \end{cases}$$

则对任意 $n \geqslant N$ 和 $t \in [a,b]$, 有 $|x_n(t)| \leqslant 1$ 并且 $\lim\limits_{n\to\infty} x_n(t) = \chi_{[a,b]}(t)$. 由 Stieltjes 积分的控制收敛定理可得

$$\lim_{n\to\infty} \int_a^b x_n(t)\mathrm{d}[g_1(t) - g_2(t)] = \int_a^b \chi_{[a,b]}(t)\mathrm{d}[g_1(t) - g_2(t)] \neq 0.$$

这与式 (4.16) 矛盾. □

作为定理 4.4 的推论, 有如下结果.

推论 4.1 设 P 是 $[a,b]$ 上的多项式全体构成的 $C([a,b])$ 的线性子空间. 设 f 是 P 上的连续线性泛函, 那么 f 必可唯一地延拓成 $C([a,b])$ 上的连续线性泛函, 而且存在唯一的 $g \in V_0[a,b]$, 使得对任意 $x \in C([a,b])$ 成立

$$f(x) = \int_a^b x(t)\mathrm{d}g(t).$$

证明 由 Weierstrass 定理, P 在 $C([a,b])$ 中稠密. 再由 Hahn-Banach 定理, f 可唯一地延拓到 $C([a,b])$ 上. 由定理 4.4 自然导出所需结果. □

设 $V_{2\pi}$ 是 $V_0[0, 2\pi]$ 中满足条件

$$\lim_{x \to 0^+} g(x) = g(0) = 0$$

的函数全体所成的线性子空间. 和推论 4.1 相仿, 有如下结果.

推论 4.2 设 f 是 $\mathcal{C}_{2\pi}$ 上连续线性泛函, 那么必有唯一的 $g \in V_{2\pi}$ 使得当 $x \in \mathcal{C}_{2\pi}$ 时,

$$f(x) = \int_0^{2\pi} x(t) \mathrm{d}g(t),$$

而且 $\|f\| = V_0^{2\pi}(g)$.

类似地, 也有下面的推论.

推论 4.3 设 T 是以周期为 2π 的三角多项式全体构成的 $\mathcal{C}_{2\pi}$ 的线性子空间. 设 f 是 T 上的连续线性泛函, 那么 f 一定可以唯一地延拓成 $\mathcal{C}_{2\pi}$ 上的连续线性泛函, 并且有唯一的 $g \in V_{2\pi}$ 使得

$$f(x) = \int_0^{2\pi} x(t) \mathrm{d}g(t).$$

命题 4.2 $V_0[a, b]$ 的对偶空间不是 $C([a, b])$.

证明 定义 $V_0[a, b]$ 上泛函 F 为

$$F(f) = \sum_{t \in [a, b]} [f(t + 0) - f(t - 0)].$$

从有界变差函数的定义知, F 是 $V_0[a, b]$ 上的 (非零) 有界线性泛函. 因此, 若 $V_0[a, b]$ 的对偶空间是 $C([a, b])$, 那么存在 $x_F \in C([a, b])$ 使得

$$F(f) = \int_a^b x_F(t) \mathrm{d}f(t) = \sum_{t \in [a, b]} [f(t + 0) - f(t - 0)], \quad \forall f \in V_0[a, b]. \qquad (4.17)$$

取 $V_0[a, b]$ 中的元素 f_λ 为

$$f_\lambda(t) = \begin{cases} 0, & a \leqslant t < \lambda, \\ 1, & \lambda \leqslant t \leqslant b. \end{cases}$$

由式 (4.17) 有

$$x_F(\lambda) = \int_a^b x_F(t) \mathrm{d}f_\lambda(t) = 1, \quad a \leqslant \lambda \leqslant b.$$

4.2 自反的 Banach 空间

即对 $a \leqslant \lambda \leqslant b$, $x_F(\lambda) = 1$. 由此可得

$$\int_a^b x_F(t)\mathrm{d}f(t) = \int_a^b \mathrm{d}f(t) = f(b) - f(a), \quad \forall f \in V_0[a,b]. \tag{4.18}$$

由式 (4.17) 和式 (4.18) 可得

$$\sum_{t \in [a,b]} [f(t+0) - f(t-0)] = f(b) - f(a), \quad \forall f(t) \in V_0[a,b].$$

矛盾. □

4.1.4 可分 Banach 空间的对偶空间的可分性

定理 4.5 设 X 是赋范线性空间, 如果 X' 可分, 则 X 也可分.

证明 由于 X' 可分, 故存在一列元素 $\{f_n\}_{n=1}^\infty$ 满足 $\|f_n\| = 1$, $n \in \mathbb{N}$, 并且 $\{f_n\}$ 在 X' 的单位球面中稠密. 取 $\{x_n\}_{n=1}^\infty \subset X$ 使得 $\|x_n\| = 1$, $n \in \mathbb{N}$, 并且

$$|f_n(x_n)| > \frac{1}{2}, \quad \forall n \in \mathbb{N}. \tag{4.19}$$

记 $Y = \overline{\mathrm{span}\{x_n\}_{n=1}^\infty}$, 则 Y 是可分的. 下面通过反证法来证明 $Y = X$. 设存在 $x_0 \in X \setminus Y$, 则由 Hahn-Banach 定理可知, 存在 $f \in X'$ 使得

(i) $\|f\| = 1$;
(ii) $f(x_0) = d = \mathrm{dist}(x, Y)$;
(iii) $f|_Y \equiv 0$.

对于此 f, 由式 (4.19) 有

$$\|f - f_n\| = \sup_{\substack{x \in X \\ \|x\| \leqslant 1}} |f(x) - f_n(x)| \geqslant |f(x_n) - f_n(x_n)| > \frac{1}{2}, \quad n = 1, 2 \cdots.$$

这与 $\{f_n\}$ 在 X' 的单位球面中稠密相矛盾! □

4.2 自反的 Banach 空间

定义 4.1 设 X 是赋范线性空间, X' 是 X 的对偶空间. 称 X' 的对偶空间 $(X')'$ 为 X 的二次对偶空间, 记为 X''.

类似可以定义 X 的三次对偶空间 X''' 以及更高次的对偶空间.

对于任意 $x_0 \in X$, 定义 X' 上的有界线性泛函 x_0'' 为

$$x_0''(f) = f(x_0), \quad \forall f \in X'. \tag{4.20}$$

对于任意 $\alpha, \beta \in \mathbb{F}, f, g \in X'$, 有

$$x_0''(\alpha f + \beta g) = (\alpha f + \beta g)(x_0) = \alpha f(x_0) + \beta g(x_0) = \alpha x_0''(f) + \beta x_0''(g).$$

因此, x_0'' 是 X' 上的线性泛函, 并且对任意 $f \in X'$ 有

$$|x_0''(f)| = |f(x_0)| \leqslant \|f\|\|x_0\|. \tag{4.21}$$

因此,

$$\|x_0''\| = \sup_{\substack{f \in X' \\ \|f\|=1}} |x_0''(f)| \leqslant \|x_0\|.$$

另一方面, 由 Hahn-Banach 定理可知, 存在 $f_0 \in X'$, 使得 $f_0(x_0) = \|x_0\|$ 及 $\|f_0\| = 1$. 从而有

$$\|x_0''\| = \sup_{\substack{f \in X' \\ \|f\|=1}} |x_0''(f)| \geqslant |x_0''(f_0)| = |f_0(x_0)| = \|x_0\|. \tag{4.22}$$

结合 (4.21) 可得

$$\|x_0''\| = \|x_0\|.$$

由上可知存在 X 到 X'' 保持范数不变的线性映射. 称这样的映射为从 X 到 X'' 的典型映射. 记此映射为 τ, 即 $\tau(x) = x''$.

定义 4.2 设 X 是 Banach 空间. 如果 $\tau(X) = X''$, 则称 X 为自反的 Banach 空间.

定理 4.6 设 X 是有限维赋范线性空间, 则 X 是自反的.

证明 对有限维赋范线性空间 X, $\dim(X') = \dim X = \dim X''$. 由于 $\tau: X \to X''$ 是保范的线性映射, 因此 τ 是一一的, 从而 τ 是到上的, 即 $\tau(X) = X''$. □

定理 4.7 当 $1 < p < \infty$ 时, $L^p(a,b)$ 是自反的.

证明 根据自反的定义, 需要证明

$$\tau(L^p(a,b)) = (L^p(a,b))''.$$

由定理 4.3 可知, 存在映射 $T: L^q(a,b) \to (L^p(a,b))'$ 使得对任意 $f \in (L^p(a,b))'$, 存在 $y \in L^q(a,b)$ 满足 $Ty = f$. 因而, 对任意 $F \in (L^p(a,b))''$ 有

$$F(f) = F(Ty) = (F \circ T)(y). \tag{4.23}$$

由式 (4.23) 可得

$$|(F \circ T)(y)| = |F(f)| \leqslant \|F\|\|f\| = \|F\|\|y\|.$$

4.2 自反的 Banach 空间

所以 $F \circ T$ 是 $L^q(a,b)$ 上的有界线性泛函. 由定理 4.3 可知, 存在 $x_0 \in L^p(a,b)$, 使得对任意 $y \in L^q(a,b)$ 有

$$(F \circ T)(y) = \int_a^b x_0(t) y(t)\, \mathrm{d}t = f(x_0).$$

因此可得

$$F(f) = f(x_0) = x_0''(f), \quad \forall f \in \bigl(L^p(a,b)\bigr)'.$$

于是, $\tau(x_0) = x_0'' = F$. □

命题 4.3 $L^1(a,b)$ 不是自反的.

证明 若 $L^1(a,b)$ 自反, 由定理 4.5 知 $(L^1(a,b))'$ 可分. 由于 $(L^1(a,b))'$ 保范同构于 $L^\infty(a,b)$, 可得 $L^\infty(a,b)$ 是可分的. 矛盾! □

定理 4.8 设 X 是自反的 Banach 空间, Y 是 X 的闭子空间, 则 Y 也是自反的.

证明 需要证明 $\tau(Y) = Y''$. 对任意 $f \in X'$, 记 $f|_Y$ 为 f 在 Y 上的限制. 对任意给定的 $F \in Y''$, 定义线性泛函 $\widetilde{F} : X' \to \mathbb{F}$ 为

$$\widetilde{F}(f) = F(f|_Y), \quad \forall f \in X'.$$

于是

$$|\widetilde{F}(f)| = |F(f|_Y)| \leqslant \|F\| \|f|_Y\| \leqslant \|F\| \|f\|.$$

因此, $\widetilde{F}$ 是 X' 上的线性有界泛函. 由于 X 是自反的 Banach 空间, 故存在 $x_0 \in X$ 使得

$$\tau(x_0) = x_0'' = \widetilde{F}.$$

从而对任意 $f \in X'$ 有

$$x_0''(f) = f(x_0) = \widetilde{F}(f) = F(f|_Y). \tag{4.24}$$

下面证明 $x_0 \in Y$. 事实上, 如果 $x_0 \notin Y$, 则由 Hahn-Banach 定理知, 存在 $f \in X'$, 使得

$$\|f\| = 1, \quad f(x_0) = d = \mathrm{dist}(x_0, Y) > 0, \quad f|_Y \equiv 0.$$

代入式 (4.24) 可得

$$d = f(x_0) = F(f|_Y) = F(0) = 0.$$

矛盾! 因而 $x_0 \in Y$.

最后证明对任意 $f \in Y'$, 有

$$x_0''(f) = f(x_0) = F(f). \tag{4.25}$$

设 $\tilde{f}$ 是 f 从 Y 到 X 的保范延拓, 则 $\tilde{f} \in X'$. 按定义

$$x_0''(\tilde{f}) = \tilde{F}(\tilde{f}) = F(\tilde{f}|_Y) = F(f).$$

因此, 式 (4.25) 成立. □

4.3 赋范线性空间上的共轭算子

定义 4.3 设 X, Y 是赋范线性空间, $A \in \mathcal{L}(X, Y)$. 如果有 Y' 到 X' 的算子 A^* 使得

$$(A^*h)(x) = h(Ax), \quad \forall h \in Y', \quad x \in X, \tag{4.26}$$

则称 A^* 是 A 的共轭算子或伴随算子.

定理 4.9 设 X, Y 是赋范线性空间, 那么下列结论成立:

(i) 对每个 $A \in \mathcal{L}(X, Y)$, 共轭算子存在且唯一;
(ii) 映射 $A \mapsto A^*$ 是 $\mathcal{L}(X, Y)$ 到 $\mathcal{L}(Y', X')$ 的保范线性算子;
(iii) $I_{X'} = I_X^*$;
(iv) 设 Z 是赋范线性空间, $B \in \mathcal{L}(Y, Z)$, 那么

$$A^*B^* = (BA)^*. \tag{4.27}$$

证明 (i) 对 $h \in Y'$, 由于

$$|h(Ax)| \leqslant \|h\|\|Ax\| \leqslant \|h\|\|A\|\|x\|,$$

泛函 $x \mapsto h(Ax)$ 是 X 上的有界线性泛函, 记为 A^*h. 因此

$$\|A^*h\| \leqslant \|A\|\|h\|. \tag{4.28}$$

显然, $h \mapsto A^*h, h \in Y'$ 是线性的. 所以 $A^* \in \mathcal{L}(Y', X')$. 显然满足式 (4.26) 的算子 A^* 是由 A 唯一决定的. 由式 (4.28) 有

$$\|A^*\| \leqslant \|A\|.$$

(ii) 设 $\alpha, \beta \in \mathbb{F}, C \in \mathcal{L}(X, Y)$. 从 A, C 和 h 的线性可得

$$[(\alpha A + \beta C)^*h](x) = h[(\alpha A + \beta C)x]$$
$$= \alpha h(Ax) + \beta h(Cx)$$
$$= [(\alpha A^* + \beta C^*)h](x).$$

4.3 赋范线性空间上的共轭算子

因此 $A \mapsto A^*$ 是线性算子.

如果 $A = 0$, 显然 $\|0^*\| \geqslant 0$. 因此只需证明 $A \neq 0$ 的情形. 对任意 $x \in X$, 若 $Ax \neq 0$, 由 Hahn-Banach 定理必有 $h \in Y'$, $\|h\| = 1$ 使得 $h(Ax) = \|Ax\|$. 于是

$$\|Ax\| = h(Ax) = (A^*h)(x) \leqslant \|A^*h\|\|x\| \leqslant \|A^*\|\|h\|\|x\|.$$

对于 $Ax = 0$ 的 x, 上式自然成立. 所以上式对一切 $x \in X$ 都成立, 即有 $\|A\| \leqslant \|A^*\|$. 因此 $\|A\| = \|A^*\|$, 即映射 $A \mapsto A^*$ 是保范的.

(iii) 对任意 $h \in X'$, $x \in X$, 由式 (4.26) 可得 $(I_X^* h)(x) = h(I_X x) = h(x)$, 即对一切 $h \in X'$ 成立 $I_X^* h = h$. 所以 I_X^* 是 X' 上的单位算子 $I_{X'}$.

(iv) 对任意 $g \in Z'$, $x \in X$,

$$[(BA)^* g](x) = g[(BA)x] = g[B(Ax)]$$
$$= (B^* g)(Ax) = [A^*(B^* g)](x).$$

所以

$$(BA)^* g = A^*(B^* g), \quad g \in Z'.$$

这就得到式 (4.27). □

既然映射 $x \mapsto x''$ 将 X 中的向量 x 嵌入第二共轭空间, 自然也可以把算子 "嵌入" 第二共轭空间.

设 $A^* \in \mathcal{L}(Y', X')$, 则算子 $A^{**} = (A^*)^* \in \mathcal{L}(X'', Y'')$, 而且 $\|A^{**}\| = \|A^*\|$. 于是当 $x \in X$, $f \in Y'$ 时,

$$(A^{**} x'')(f) = x''(A^* f) = A^* f(x) = f(Ax) = (Ax)''(f).$$

由此可得

$$(Ax)'' = A^{**} x''.$$

如果把 X 嵌入 X'', Y 嵌入 Y'', 那么上式便是

$$Ax = A^{**} x.$$

由上述讨论可得如下结论.

定理 4.10 设 X, Y 是赋范线性空间, $A \in \mathcal{L}(X, Y)$. 当 X, Y 分别嵌入 X'', Y'' 时, 那么 A^{**} 便是算子 A 在 X'' 上的延拓, 而且 $\|A\| = \|A^{**}\|$.

4.4 零化子空间与直和分解

定义 4.4 设 M 是 Banach 空间 X 的闭线性子空间, 称

$$\mathcal{N}(M) \triangleq \{f \in X' | f(x) = 0, \ \forall x \in M\}$$

为 M 零化子空间.

设 M' 是 Banach 空间 X' 的闭线性子空间, 称

$$\mathcal{N}'(M') \triangleq \{x \in X | f(x) = 0, \ \forall f \in M'\}$$

为 M' 零化子空间.

定理 4.11 设 X 为 Banach 空间, $A \in \mathcal{L}(X)$, 则

$$\mathcal{N}(\mathcal{R}(A)) = \operatorname{Ker} A^*, \quad \overline{\mathcal{R}(A)} = \mathcal{N}'(\operatorname{Ker} A^*).$$

证明 由定义可得

$$\begin{aligned}
\mathcal{N}(\mathcal{R}(A)) &= \{f \in X' | f(Ax) = 0, \ \forall x \in X\} \\
&= \{f \in X' | (A^*f)(x) = 0, \ \forall x \in X\} \\
&= \{f \in X' | A^*f = 0\} = \operatorname{Ker} A^*.
\end{aligned}$$

另一方面,

$$\begin{aligned}
\mathcal{R}(A) &= \{Ax | x \in X\} \\
&\subset \{y \in X | f(y) = 0, \forall f \in \operatorname{Ker} A^*\} \\
&= \mathcal{N}'(\operatorname{Ker} A^*).
\end{aligned}$$

因为 $\mathcal{N}'(\operatorname{Ker} A^*)$ 是闭集, 故而 $\overline{\mathcal{R}(A)} \subset \mathcal{N}'(\operatorname{Ker} A^*)$.

下面证明相反的包含关系成立. 设 $x_0 \in \mathcal{N}'(\operatorname{Ker} A^*) = \mathcal{N}'(\mathcal{N}(\mathcal{R}(A)))$, 知对 $f \in X'$, 当 $f \in \mathcal{N}(\mathcal{R}(A))$ 时 $f(x_0) = 0$. 由 Hahn-Banach 定理可得 $x_0 \in \overline{\mathcal{R}(A)}$. □

定理 4.12 设 M 是 Banach 空间 X 的闭线性子空间, 则 $(X/M)'$ 与 $\mathcal{N}(M)$ 同构.

证明 对任意 $f \in \mathcal{N}(M)$, 定义 X/M 上线性泛函 $\tilde{f}$ 为

$$\tilde{f}(\tilde{x}) = f(x), \quad x \in \tilde{x} \in X/M.$$

4.4 零化子空间与直和分解

易见 $\tilde{f}$ 是线性的且对任意 $x \in \tilde{x}$ 都有 $|\tilde{f}(\tilde{x})| \leqslant \|f\|\|x\|$. 对 $\tilde{x}$ 中的 x 取下确界可得 $|\tilde{f}(\tilde{x})| \leqslant \|f\|\|\tilde{x}\|$. 因此, $\|\tilde{f}\| \leqslant \|f\|$. 所以, $\tilde{f} \in (X/M)'$.

反之, 对 $\tilde{f} \in (X/M)'$, 定义 X 上泛函为

$$f(x) = \tilde{f}(\tilde{x}), \quad x \in \tilde{x} \in X/M,$$

则 f 是线性泛函且

$$|f(x)| \leqslant \|\tilde{f}\|\|\tilde{x}\| \leqslant \|\tilde{f}\|\|x\|,$$

因此, $f \in X'$ 且 $\|f\| \leqslant \|\tilde{f}\|$. 易见 $f|_M = 0$, 即 $f \in \mathcal{N}(M)$ 而且 $\|f\| = \|\tilde{f}\|$. □

定义 4.5 设 M 是赋范线性空间 X 的闭线性子空间, $P \in \mathcal{L}(X)$ 满足

$$PX = M, \quad P^2 = P,$$

则称 P 是 X 到 M 上的投影算子.

当 P 是投影算子时, $(I-P)^2 = I - P$. 又当 $(I-P)x_n \to y$ 时, $(I-P)y = y - P\lim_{n\to\infty}(I-P)x_n = y$, 即 $(I-P)X$ 是闭子空间. 所以 $I-P$ 也是投影算子.

定义 4.6 如果 M, N 均为赋范线性空间 X 的闭子空间且满足 $M \cap N = \{0\}$ 和 $X = \{x+y | x \in M, y \in N\}$, 则称 X 为子空间 M 和 N 的直和, 记作 $X = M \oplus N$.

引理 4.1 设 M 为赋范线性空间 X 的闭子空间, 存在 X 到 M 上的投影等价于 X 可分解为 M 与另一子空间 N 的直和.

证明 由定义易知, 若 P 为投影算子, 则 $X = PX \oplus (I-P)X$.

反之, 若 X 有直和分解 $X = M \oplus N$, 则对任意 $x \in X$, 有唯一分解 $x = y + z$, 其中 $y \in M, z \in N$. 定义 X 到 M 的算子 P 为

$$P: x \mapsto y,$$

则 P 就是 X 到 M 上的投影, $I - P$ 就是 X 到 N 上的投影. □

定义 4.7 对 X 的闭子空间 M, 称 $\operatorname{codim} M = \dim X/M$ 为 M 的余维数.

定理 4.13 设 X 为 Banach 空间, M 为 X 的闭线性子空间, 如果 M 是有限维的或 M 的余维数有限, 则必有 X 到 M 上的投影算子 P, 而且 X/M 与 $\mathcal{R}(I-P)$ 同构.

证明 先考虑 M 是有限维的情形. 设 $\dim M = n$. 取 M 的基 $\{e_1, e_2, \cdots, e_n\}$, 设

$$M_j = \operatorname{span}\{e_1, \cdots, e_{j-1}, e_{j+1}, \cdots, e_n\}.$$

由 Hahn-Banach 定理, 存在 $f_j \in X'$ 使得 $f_j|_{M_j} = 0$ 且 $f_j(e_j) = 1$. 定义 X 上算子 P 为

$$Px = \sum_{j=1}^n f_j(x)e_j, \quad x \in X,$$

则 $P \in \mathcal{L}(X)$ 且满足 $Pe_j = e_j$. 从而 $PX = M$ 且

$$P^2x = \sum_{j=1}^n f_j(x)Pe_j = \sum_{j=1}^n f_j(x)e_j = Px,$$

故 P 是投影算子.

定义算子 $\varphi: X/M \to (I-P)X$ 为

$$\varphi(\tilde{x}) = (I-P)x, \quad x \in \tilde{x} \in X/M.$$

显然, φ 是线性且满的. 又若 $\tilde{x} \neq \tilde{y}$, 则对 $x \in \tilde{x}, y \in \tilde{y}$, 有 $x - y \notin M$. 但 $P(x-y) \in M$, 故

$$(I-P)x - (I-P)y = (x-y) + P(y-x) \neq 0,$$

因而 φ 是单的. 再注意到 $x \in \tilde{x}$ 时 $(I-P)x \in \tilde{x}$, 所以

$$\|\tilde{x}\| = \inf_{x \in \tilde{x}} \|x\| \leqslant \|(I-P)x\|.$$

由逆算子定理可知这个映射是同构的.

若 M 的余维数是有限的, 设 $\dim X/M = n$, 取 X/M 的基 $\{\tilde{e}_j\}_{j=1}^n$, 选取 $e_j \in \tilde{e}_j$, 则 $\{e_j\}_{j=1}^n$ 线性无关. 设 $N = \mathrm{span}\{e_1, \cdots, e_n\}$. 显然, $M \cap N = \{0\}$ 且 $X = M \oplus N$. 因此必有 X 到 M 上的投影算子 P. 显然, 由 $\varphi(\tilde{e}_j) = e_j$ 定义的线性映射是有限维空间 X/M 到 $N = \mathcal{R}(I-P)$ 上的同构映射. □

4.5 弱收敛与弱* 收敛

有限维赋范线性空间的任意有界点列都有收敛的子列. 然而, Riesz 引理说明, 任意无穷维赋范线性空间 X 的单位球都不是列紧的. 有穷维和无穷维空间的这一本质差别使得无穷维空间上的分析学变得相当困难. 克服这种困难的方式之一是放松对收敛的要求.

定义 4.8 设 X 是 Banach 空间, $\{x_n\}_{n=1}^\infty \subset X$, $x_0 \in X$, 如果对任意 $f \in X'$ 都有

$$\lim_{n \to \infty} f(x_n) = f(x_0),$$

4.5 弱收敛与弱* 收敛

则称序列 $\{x_n\}_{n=1}^{\infty}$ 弱收敛于 x_0.

今后用 $x_n \rightharpoonup x_0$ 或 $x_n \xrightarrow{w} x_0$ 或 $x_0 = (弱)\text{-}\lim\limits_{n\to\infty} x_n$ 来表示序列 $\{x_n\}_{n=1}^{\infty}$ 弱收敛于 x_0. 同时, 称按 X 中范数收敛为强收敛. 由共鸣定理可得若 $x_n \rightharpoonup x_0$, 则 $\{x_n\}_{n=1}^{\infty}$ 有界.

由于对任意 $f \in X'$ 都有

$$|f(x_n) - f(x_0)| = |f(x_n - x_0)| \leqslant \|f\|\|x_n - x_0\|,$$

所以若 $x_n \to x_0$, 则 $x_n \rightharpoonup x_0$. 反过来, 如果 $x_n \rightharpoonup x_0$, 未必有 $x_n \to x_0$.

例 4.1 $\{\sin(n\pi x)\}_{n=1}^{\infty}$ 在 $L^2(0,1)$ 中弱收敛但不强收敛.

定理 4.14 设 X 是 Banach 空间, $\{x_n\}_{n=1}^{\infty} \subset X$, $x_0 \in X$. 如果 $x_n \rightharpoonup x_0$, 则 $x_0 \in \overline{\text{Co}\{x_n\}_{n=1}^{\infty}}$, 其中 $\text{Co}\{x_n\}_{n=1}^{\infty}$ 表示 $\{x_n\}_{n=1}^{\infty}$ 的凸组合.

证明 令 $M = \overline{\text{Co}\{x_n\}_{n=1}^{\infty}}$, 则 M 是 X 中的闭凸子集. 如果 $x_0 \notin M$, 则由 Mazur 定理 (定理 2.26) 可得, 存在 $f \in X'$ 以及常数 r 使得

$$f(x_0) > r, \quad f(y) \leqslant r, \quad y \in M.$$

设 $f(x_0) - r = \varepsilon_0$, 对任意 $n \in \mathbb{N}$ 成立

$$f(x_n) - f(x_0) \leqslant r - f(x_0) < 0.$$

因此, $\lim\limits_{n\to\infty} f(x_n) - f(x_0) \leqslant r - f(x_0) < 0.$ 这与 $x_n \rightharpoonup x_0$ 矛盾! □

注记 4.2 由定理 4.14 可知, 若 $x_n \rightharpoonup x_0$, 则存在

$$y_k = \sum_{n=1}^{n_k} \lambda_n^k x_n,$$

其中 $0 \leqslant \lambda_n^k \leqslant 1$ $(1 \leqslant n \leqslant n_k)$, $\sum_{n=1}^{n_k} \lambda_n^k = 1$, 使得

$$y_k \to x_0, \quad k \to \infty.$$

定义 4.9 设 X 是 Banach 空间, $M \subset X$. 若 M 中任意弱收敛的序列的弱极限都含于 M, 则称 M 是弱 (序列) 闭的.

容易证明, Banach 空间中的弱序列闭子集必定是闭的. 如果这个子集是弱序列闭的和凸的, 由定理 4.14 可知它也是闭的. 关于集合凸这一条件一般不能去掉. 例如, 在 $L^2(0,1)$ 中取 $M = \{\sin(n\pi x)\}_{n=1}^{\infty}$, 则对 $n \neq m$ 有

$$\|\sin(n\pi x) - \sin(m\pi x)\| = 1,$$

故 M 是 $L^2(0,1)$ 中的闭子集. 另一方面, $\{\sin(n\pi x)\}_{n=1}^\infty$ 弱收敛于 0, 而 $0 \notin M$, 故 M 不是弱序列闭的.

下面讨论什么时候弱收敛的序列强收敛. 为此首先引入以下概念.

定义 4.10 设 X 是赋范线性空间, 若对任意 X 中范数为 1 的向量构成的点列 $\{x_n\}_{n=1}^\infty$, $\{y_n\}_{n=1}^\infty$, 当 $\lim\limits_{n\to\infty}\|x_n+y_n\|=2$ 时都有 $\lim\limits_{n\to\infty}\|x_n-y_n\|=0$, 则称 X 为一致凸的.

定理 4.15 设 X 为一致凸的赋范线性空间, 则 X 中的点列 $\{x_n\}_{n=1}^\infty$ 强收敛于 x_0 的充要条件是 $\{x_n\}_{n=1}^\infty$ 弱收敛于 x_0 且 $\lim\limits_{n\to\infty}\|x_n\|=\|x_0\|$.

证明 必要性是显然的. 下面证明充分性. 设 $\{x_n\}_{n=1}^\infty$ 弱收敛于 x_0 且 $\lim\limits_{n\to\infty}\|x_n\|=\|x_0\|$. 不妨设 $x_0\neq 0$ 且 $x_n\neq 0 (n=1,2,\cdots)$. 设 $\tilde{x}_0=\dfrac{x_0}{\|x_0\|}$, $\tilde{x}_n=\dfrac{x_n}{\|x_n\|}$. 显然 $\{\tilde{x}_n\}_{n=1}^\infty$ 弱收敛于 $\tilde{x}_0$. 若当 $n\to\infty$ 时, $\|\tilde{x}_n-\tilde{x}_0\|\not\to 0$, 由空间的一致凸性可得当 $n\to\infty$ 时,

$$\|\tilde{x}_n+\tilde{x}_0\|\not\to 2.$$

由 $\|\tilde{x}_n+\tilde{x}_0\|\leqslant \|\tilde{x}_n\|+\|\tilde{x}_0\|=2$ 知, 必有子列 $\{n_k\}_{k=1}^\infty$ 和正数 ε 使得

$$\|\tilde{x}_{n_k}+\tilde{x}_0\|<2-\varepsilon, \quad \forall k\in\mathbb{N}.$$

由 $\tilde{x}_{n_k}+\tilde{x}_0 \rightharpoonup 2\tilde{x}_0$ 可得

$$\|2\tilde{x}_0\|=\sup_{\|f\|=1}|f(2\tilde{x}_0)|=\sup_{\|f\|=1}|\lim_{k\to\infty}f(\tilde{x}_{n_k}+\tilde{x}_0)|\leqslant \varliminf_{k\to\infty}\|\tilde{x}_{n_k}+\tilde{x}_0\|<2-\varepsilon,$$

即 $\|\tilde{x}_0\|<1-\dfrac{\varepsilon}{2}<1$. 矛盾! 所以 $\lim\limits_{n\to\infty}\|\tilde{x}_n-\tilde{x}_0\|=0$. 因而

$$\lim_{n\to\infty}\|x_n-x_0\|=\lim_{n\to\infty}\|\|x_n\|\tilde{x}_n-\|x_0\|\tilde{x}_0\|$$

$$\leqslant \lim_{n\to\infty}\|x_n\|\lim_{n\to\infty}\|\tilde{x}_n-\tilde{x}_0\|+\lim_{n\to\infty}|\|x_n\|-\|x_0\||\|\tilde{x}_0\|=0. \qquad \square$$

定义 4.11 设 X 是 Banach 空间, X' 是它的对偶空间, $\{f_n\}_{n=1}^\infty\subset X'$, $f\in X'$. 如果对任意 $x\in X$, 都有 $f_n(x)\to f(x)$, 则称 $\{f_n\}_{n=1}^\infty$ 弱* 收敛于 f.

今后用 $f_n\xrightarrow{弱^*}f_0$ 或 $f_n\xrightharpoonup{*}f_0$ 或 $f_0=(弱)^*\text{-}\lim\limits_{n\to\infty}f_n$ 来表示序列 $\{f_n\}_{n=1}^\infty$ 弱* 收敛于 f. 当 X 是自反的 Banach 空间时, 弱收敛与弱* 收敛是等价的.

定理 4.15 不能推广到弱* 收敛的点列. 反例如下:

4.5 弱收敛与弱* 收敛

对 $n \in \mathbb{N}$, 定义 l^1 上泛函为

$$f_n(x) = \sum_{k=1}^{n} x_k, \quad \forall x = (x_1, \cdots, x_n, \cdots) \in l^1.$$

则 f_n 是 l^1 上的有界线性泛函且 $\{f_n\}$ 弱* 收敛于

$$f(x) = \sum_{k=1}^{\infty} x_k, \quad \forall x = (x_1, \cdots, x_n, \cdots) \in l^1.$$

另一方面, 由 l^1 上有界线性泛函的一般形式可知

f_n 等距同构于 $(1, 1, \cdots, 1, 0, 0, \cdots) \in l^\infty$,

f 等距同构于 $(1, 1, \cdots) \in l^\infty$.

由此可得 $\{f_n\}_{n=1}^{\infty}$ 的任意有限线性组合所成的点列都不按范数收敛于 f.

定义 4.12 设 A 为 Banach 空间 X 的子集, 如果 A 中的任意点列都有弱收敛的子列, 则称 A 为弱列紧的.

定义 4.13 设 X' 是 Banach 空间 X 的对偶空间, $A \subset X'$, 如果对 A 中的任意点列, 都有弱* 收敛的子列, 则称 A 为弱* 列紧的.

定理 4.16 设 X 是可分的 Banach 空间, 则 X' 的有界集是弱* 列紧的.

证明 设 $\{f_n\}_{n=1}^{\infty} \subset X'$, $\|f_n\| \leqslant M$ $(n \in \mathbb{N})$. 下证 $\{f_n\}_{n=1}^{\infty}$ 中有弱* 收敛的子列.

因为 X 是可分的, 故存在 X 中稠密的点列 $\{x_n\}_{n=1}^{\infty}$. 由于 $\{f_n(x_1)\}_{n=1}^{\infty}$ 是有界数列, 故存在收敛的子列 $\{f_{n_k,1}(x_1)\}_{k=1}^{\infty}$. 同理, $\{f_{n_k,1}(x_2)\}_{k=1}^{\infty}$ 有收敛的子列 $\{f_{n_k,2}(x_2)\}$. 一般地, 对于 x_j, 由于 $\{f_{n_k,j-1}(x_j)\}_{k=1}^{\infty}$ 有界, 故存在收敛子列 $\{f_{n_k,j}(x_j)\}_{k=1}^{\infty}$.

取 $\{f_n\}_{n=1}^{\infty}$ 的子列 $\{f_{n_k,k}\}_{k=1}^{\infty}$, 则 $\{f_{n_k,k}\}_{k=1}^{\infty}$ 在每一个 x_k 处收敛. 从而可在 $\{f_n\}_{n=1}^{\infty}$ 中抽出子列使其在 X 的稠密子集 $\{x_n\}_{n=1}^{\infty}$ 上处处收敛.

下面证明对任意 $x \in X$, $\{f_{n_k,k}(x)\}_{k=1}^{\infty}$ 也收敛. 为此, 只要证明 $\{f_{n_k,k}(x)\}_{k=1}^{\infty}$ 是 Cauchy 列. 事实上, 对任意 $\varepsilon > 0$, 由于 $\{x_n\}_{n=1}^{\infty}$ 在 X 中稠密, 故存在某个 $y \in \{x_n\}_{n=1}^{\infty}$, 使得 $\|y - x\| < \dfrac{\varepsilon}{3M}$. 另一方面, 由于 $\{f_{n_k,k}(y)\}_{k=1}^{\infty}$ 收敛, 故存在 $N > 0$ 使得当 $n, m \geqslant N$ 时, 有 $|f_n(y) - f_m(y)| < \dfrac{\varepsilon}{3}$. 从而

$$\begin{aligned}|f_n(x) - f_m(x)| &\leqslant |f_n(x) - f_n(y)| + |f_n(y) - f_m(y)| + |f_m(y) - f_m(x)| \\ &\leqslant \|f_n\|\|x - y\| + \|f_m\|\|y - x\| + \frac{\varepsilon}{3} \\ &< \varepsilon.\end{aligned}$$

定义 $f_0: X \to \mathbb{F}$ 为
$$f_0(x) = \lim_{n \to \infty} f_n(x), \quad \forall x \in X,$$
则 f_0 是 X 上的线性泛函并且
$$|f_0(x)| = \lim_{n \to \infty} |f_n(x)| \leqslant \varlimsup_{n \to \infty} \|f_n\| \|x\| \leqslant M\|x\|.$$
因此，$f_0 \in X'$ 并且 $f_n \stackrel{*}{\rightharpoonup} f_0$. □

定理 4.17 (Pettis (佩蒂斯), 1938)　自反的 Banach 空间 X 中的任意有界集都是弱列紧的.

证明　设 $\{x_n\}_{n=1}^{\infty}$ 是 X 中的有界点列. 要证 $\{x_n\}_{n=1}^{\infty}$ 有弱收敛的子列.

由于 $\{x_n\}_{n=1}^{\infty}$ 的弱收敛性等价于 $\{x_n''\}_{n=1}^{\infty}$ 的弱* 收敛性, 当 X 可分时, X'' 也可分, 从而由定理 4.5 可知 X' 也可分, 因此, 由定理 4.16 可直接推出本定理的结果.

下面考虑 X 不可分的情形. 令 $Y = \overline{\mathrm{span}\{\{x_n\}_{n=1}^{\infty}\}}$, 则 Y 是可分的, 并且由定理 4.8 可得 Y 是自反的. 再由定理 4.5 可得 Y' 是可分的. 由定理 4.16 知 $\{x_n''\}_{n=1}^{\infty}$ 限制在 Y' 上有弱* 收敛的子列 $\{x_{n_k}''\}_{k=1}^{\infty}$. 设其弱* 极限为 x_0'', 其中 $x_0 \in Y$. 对任意 $f \in Y'$ 有
$$f(x_{n_k}) = x_{n_k}'(f) \to x_0''(f) = f(x_0).$$
对任意 $f \in X'$, 记 $f|_Y$ 为 f 在 Y 上的限制, 则 $f|_Y \in Y'$, 从而
$$f(x_{n_k}) = f|_Y(x_{n_k}) \to f|_Y(x_0) = f(x_0).$$ □

定理 4.18　赋范线性空间 X 的对偶空间 X' 中任意 (按范数) 有界弱* 闭集按弱* 拓扑都是紧的.

定理 4.18 是赋范线性空间理论中的一个基本定理, 是一般拓扑学应用在泛函分析中最重要的成就之一. 该定理的证明需要较多的准备知识, 如拓扑学中的 Tikhonov (吉洪诺夫) 定理等, 此处略去.

4.6　算子序列的收敛性

定义 4.14　设 X, Y 都是赋范线性空间, 如果 $A_n, A \in \mathcal{L}(X,Y)$ $(n = 1, 2, \cdots)$ 且 $\lim_{n \to \infty} \|A_n - A\| = 0$, 则称序列 $\{A_n\}_{n=1}^{\infty}$ 按算子范数收敛于 A, 或称序列 $\{A_n\}_{n=1}^{\infty}$ 一致收敛于 A, 记作 $A_n \rightrightarrows A$.

定义 4.15 设 X, Y 都是赋范线性空间, 如果 $A_n, A \in \mathcal{L}(X, Y)$ $(n = 1, 2, \cdots)$ 且对任意 $x \in X$, $\lim\limits_{n \to \infty} \|(A_n - A)x\| = 0$, 则称序列 $\{A_n\}_{n=1}^{\infty}$ 强收敛于 A, 记作 $A_n \xrightarrow{\text{强}} A$ 或 $A = \lim\limits_{n \to \infty} A_n$.

定义 4.16 设 X, Y 都是赋范线性空间, 如果 $A_n, A \in \mathcal{L}(X, Y)$ $(n = 1, 2, \cdots)$ 且对任意 $x \in X$ 和 $f \in Y'$, $\lim\limits_{n \to \infty} f(A_n x) = f(Ax)$, 则称序列 $\{A_n\}_{n=1}^{\infty}$ 弱收敛于 A, 记作 $A_n \xrightarrow{\text{弱}} A$ 或 $A = (弱)\text{-}\lim\limits_{n \to \infty} A_n$ 或 $A = (W)\text{-}\lim\limits_{n \to \infty} A_n$.

注记 4.3 如果把泛函看成算子的特殊情况, 即 Y 是一维空间时, 算子序列的一致收敛概念就相当于泛函序列的强收敛. 而算子的强收敛和弱收敛都相当于泛函序列的弱* 收敛.

如果 $\{A_n\}_{n=1}^{\infty}$ 一致收敛于 A, 则其必然强收敛于 A; 如果 $\{A_n\}_{n=1}^{\infty}$ 强收敛于 A, 则必弱收敛于 A. 反之都不一定成立.

例 4.2 (强收敛而不一致收敛的算子序列) 在 l^p $(p \geqslant 1)$ 中定义 "左平移" 算子 A 如下: 当 $x = (x_1, x_2, \cdots) \in l^p$ 时,

$$Ax = (x_2, x_3, \cdots).$$

显然 A 是有界线性算子. 定义算子列 $A_n = A^n$, $n = 1, 2, \cdots$.

对任意 $x = (x_1, x_2, \cdots)$, $A_n x = (x_{n+1}, x_{n+2}, \cdots)$. 因此

$$\|A_n x\|_p = \left(\sum_{i=n+1}^{\infty} |x_i|^p \right)^{\frac{1}{p}}.$$

由于 $\left(\sum_{i=1}^{\infty} |x_i|^p \right)^{\frac{1}{p}} < \infty$, 所以 $\|A_n x\|_p \to 0$, 即 $\{A_n\}_{n=1}^{\infty}$ 强收敛于零. 另一方面, 令 $e_n = (0, \cdots, 0, 1, 0, 0, \cdots)$ (其中除第 n 个坐标为 1 外其余为 0). 显然 $A_n e_{n+1} = e_1$. 所以 $\|A_n\| \geqslant \dfrac{\|A_n e_{n+1}\|_p}{\|e_{n+1}\|_p} = 1$. 因而 $\{A_n\}_{n=1}^{\infty}$ 不一致收敛于零.

例 4.3 (弱收敛而不强收敛的算子序列) 在 l^p $(p > 1)$ 中作算子序列 $\{A_n\}_{n=1}^{\infty}$ 如下: 当 $x = (x_1, x_2, \cdots) \in l^p$ 时,

$$A_n x = x_1 e_n, \quad n = 1, 2, \cdots,$$

其中 e_n 是上例中取的向量. 显然 $\{A_n\}_{n=1}^{\infty}$ 是有界线性算子且

$$\|A_n x - A_m x\|_p = \|x_1 e_n - x_1 e_m\|_p = |x_1| 2^{\frac{1}{p}}.$$

所以当 $x_1 \neq 0$ 时, $\{A_n\}_{n=1}^{\infty}$ 不是强收敛的. 另一方面, 设 f 是 l^p 上的连续线性泛函, 由定理 4.2 可知, 必存在 $y_f = (y_1, y_2, \cdots) \in l^q$ 使得 $f(x) = \sum_{j=1}^{\infty} x_j y_j$. 所以

$$f(A_n x) = f(x_1 e_n) = x_1 y_n.$$

由 $\sum_{j=1}^{\infty}|y_j|^q < \infty$ 可得 $\lim_{n\to\infty} y_n = 0$, 即 $\lim_{n\to\infty} f(A_n x) \to 0$. 由此可得 $\{A_n\}_{n=1}^{\infty}$ 弱收敛于零.

例 4.4 (Lagrange (拉格朗日) 插值公式的发散性) 假设在区间 $[0,1]$ 内插入点 $(t_k^{(n)})$ $(1 \leqslant k \leqslant n, n = 1, 2, \cdots)$, 其构成无穷维三角矩阵

$$A = \begin{pmatrix} t_1^{(1)} & & & & \\ t_1^{(2)} & t_2^{(2)} & & & \\ t_1^{(3)} & t_2^{(3)} & t_3^{(3)} & & \\ \vdots & \vdots & \vdots & & \\ t_1^{(n)} & t_2^{(n)} & t_3^{(n)} & \cdots & t_n^{(n)} \\ \vdots & \vdots & \vdots & & \vdots \end{pmatrix}. \tag{4.29}$$

则必存在连续函数 $x \in C([0,1])$, 使与插入点 $\left(t_k^{(n)}\right)$ 相应的 n 次 Lagrange 插值多项式为

$$[L_n(x)](t) = \sum_{k=1}^{n} x(t_k^{(n)}) t_k^{(n)}(t) \quad (n = 1, 2, \cdots),$$

当 $n \to \infty$ 时不一致于 x, 其中

$$t_k^{(n)}(t) = \frac{\omega_n(t)}{\omega_n'(t_k^{(n)})(t - t_k^{(n)})}, \tag{4.30}$$

$$\omega_n(t) = (t - t_1^{(n)})(t - t_2^{(n)}) \cdots (t - t_n^{(n)}). \tag{4.31}$$

为证明上述论断, 考虑在空间 $C([0,1])$ 上定义的上述线性算子列 $\{L_n\}_{n=1}^{\infty}$,

$$[L_n(x)](t) = \sum_{k=1}^{n} x(t_k^{(n)}) t_k^{(n)}(t), \quad \forall x \in C([0,1]), \quad n = 1, 2, \cdots.$$

只需证明 $n \to \infty$ 时 $\{L_n\}_{n=1}^{\infty}$ 非强收敛. 由共鸣定理可证明强收敛的算子序列一定是有界的. 因而只需证明 $\{L_n\}_{n=1}^{\infty}$ 无界.

容易证明

$$\|L_n\| = \max_{0 \leqslant t \leqslant 1} \sum_{k=1}^{n} |t_k^{(n)}(t)|, \quad n = 1, 2, \cdots.$$

因而, $\{L_n\}_{n=1}^{\infty}$ 为 $C[0,1]$ 上的一列有界线性算子. 此外, 由式 (4.30) 和式 (4.31) 可得

$$\max_{0 \leqslant t \leqslant 1} \sum_{k=1}^{n} |t_k^{(n)}(t)| > \frac{\ln n}{8\sqrt{\pi}}.$$

4.6 算子序列的收敛性

于是,
$$\|L_n\| \to \infty, \quad n \to \infty.$$

从一般拓扑学知道, 当收敛性很弱时极限可能不唯一. 然而, 上述三种收敛性对应的极限都是唯一的. 只需证明弱* 极限的唯一性.

定理 4.19 设 X,Y 是赋范线性空间, $\{A_n\}_{n=1}^{\infty} \subset \mathcal{L}(X,Y)$. 如果 $\{A_n\}_{n=1}^{\infty}$ 弱收敛于 $A \in \mathcal{L}(X,Y)$, 则极限算子 A 是唯一的. 特别地, 如果 $\{f_n\}_{n=1}^{\infty}$ 是 X 上一列弱* 收敛于 f 的有界线性泛函, 则 f 是唯一的.

证明 如果存在 $A, A' \in \mathcal{L}(X,Y)$ 使得 $A_n \xrightarrow{弱} A$ 且 $A_n \xrightarrow{弱} A'$, 则有
$$f(Ax) = f(A'x), \quad x \in X, \quad f \in Y'.$$

从而
$$f(Ax - A'x) = 0, \quad \forall f \in Y'.$$

由 Hahn-Banach 定理可得 $Ax - A'x = 0$. 由此可得 $A = A'$. □

引理 4.2 设 X 是赋范线性空间, Y 是 Banach 空间, $\{A_n\}_{n=1}^{\infty} \subset \mathcal{L}(X,Y)$. 如果有常数 M 使得 $\|A_n\| \leqslant M, n = 1, 2, \cdots$, 而且存在 X 的稠密子集 D 使得当 $x \in D$ 时 $\{A_n x\}_{n=1}^{\infty}$ 收敛, 那么必存在算子 $A \in \mathcal{L}(X,Y)$ 使得 $\{A_n\}_{n=1}^{\infty}$ 强收敛于 A, 而且
$$\|A\| \leqslant \varliminf_{n \to \infty} \|A_n\|.$$

证明 任取 $y \in X$, 由于 $\bar{D} = X$, 对任意 $\varepsilon > 0$, 存在 $x \in D$ 使得
$$\|y - x\| < \frac{\varepsilon}{3M}.$$

由 $\{A_n x\}_{n=1}^{\infty}$ 的收敛性知, 存在 $N \in \mathbb{N}$ 使得当 $n, m \geqslant N$ 时,
$$\|A_m x - A_n x\| < \frac{\varepsilon}{3}.$$

于是
$$\begin{aligned}
\|A_m y - A_n y\| &\leqslant \|A_m y - A_m x\| + \|A_m x - A_n x\| + \|A_n x - A_n y\| \\
&\leqslant (\|A_m\| + \|A_n\|) \|y - x\| + \frac{\varepsilon}{3} \\
&\leqslant 2M \|y - x\| + \frac{\varepsilon}{3} \\
&< \varepsilon.
\end{aligned}$$

所以 $\{A_n y\}_{n=1}^{\infty}$ 是 Banach 空间 Y 中的基本点列.

对于 $x \in X$, 定义 $X \to Y$ 的算子 A 为

$$Ax = \lim_{n \to \infty} A_n x.$$

容易证明 A 是线性算子. 当 $x \in X$ 时,

$$\|Ax\| = \lim_{n \to \infty} \|A_n x\| \leqslant \varinjlim_{n \to \infty} \|A_n\| \|x\|,$$

所以 A 有界的并且

$$\|A\| \leqslant \varinjlim_{n \to \infty} \|A_n\|. \qquad \square$$

习 题 4

1. 设 X 是无穷维赋范线性空间, 证明 X' 也是无穷维的.

2. 给定 $1 < p, q < \infty$ 满足 $\dfrac{1}{p} + \dfrac{1}{q} = 1$. 证明: 如果 $a = (a_1, a_2, \cdots, a_n, \cdots)$ 使得级数 $\sum_{k=1}^{\infty} a_k x_k$ 对所有 $(x_1, x_2, \cdots, x_n, \cdots) \in l^p$ 都收敛, 则 $a \in l^q$.

3. 将定理 4.3 推广到 $a = -\infty, b = \infty$ 的情形.

4. 设 $\Omega \subset \mathbb{R}^n$. 将定理 4.3 推广到 $L^p(\Omega)$ $(1 < p < \infty)$ 上.

5. 将定理 4.4 推广到 $a = -\infty, b = \infty$ 的情形.

6. 设 $\{e_j\}_{j=1}^{\infty}$ 是赋范线性空间 X 中的一列线性无关的单位向量, 问是否存在一列有界线性泛函 $\{f_j\}_{j=1}^{\infty}$ 使得

$$f_k(e_j) = \delta_{kj}.$$

7. 设 $f, f_1, \cdots, f_n$ 是赋范线性空间 X 上的有界线性泛函, 满足 $\bigcap_{i=1}^{n} \mathrm{Ker} f_i \subseteq \mathrm{Ker} f$. 证明: 存在常数 $c_1, \cdots, c_n$ 使得对任意 $x \in X$, $f(x) = \sum_{j=1}^{n} c_j f_j(x)$.

8. 设 X, Y 是两个赋范线性空间, 在 $X \times Y$ 上定义范数为

$$\|(x, y)\| = \max(\|x\|, \|y\|), \quad x \in X, \quad y \in Y.$$

证明: (i) 对任意 $F \in (X \times Y)'$, 必存在唯一的 $f \in X'$ 和 $g \in Y'$ 使得 $F((x, y)) = f(x) + g(y)$.

(ii) 如果在 $X' \times Y'$ 上定义范数为

$$\|(f, g)\| = \|f\| + \|g\|, \quad f \in X', \quad g \in Y'.$$

那么 $F \mapsto (f, g)$ 的映射是 $(X \times Y)'$ 到 $X' \times Y'$ 的保范线性同构, 即在此意义下, $(X \times Y)' = X' \times Y'$.

9. 设 $\|\cdot\|_1, \|\cdot\|_2$ 是线性空间 X 上的两个范数, 记 $(X, \|\cdot\|_i)$ $(i = 1, 2)$ 的对偶空间为 X_i', 并在 X 上赋范数

$$\|x\| = (\|x\|_1^2 + \|x\|_2^2)^{\frac{1}{2}}, \quad x \in X.$$

证明: $F \in (X, \|\cdot\|)'$ 的充要条件是存在 $f_i \in X_i'$ ($i = 1, 2$) 使得 $F = f_1 + f_2$.

10. 设 X 是赋范线性空间, $f_1,\cdots,f_n \in X'$ 是 n 个线性无关的元素, 证明 $N' = \bigcap_{i=1}^n \mathrm{Ker} f_i$ 是 X 的余 n 维子空间.

11. 证明 $\left(L^p(\mathbb{R})\right)'$, $1 < p < +\infty$ 保范同构于 $L^q(\mathbb{R})$, 其中 $\frac{1}{p} + \frac{1}{q} = 1$.

12. 设 X 是 Banach 空间, 证明 X 自反当且仅当 X' 是自反的.

13. 设 Y 是自反 Banach 空间 X 的闭子空间. 证明: 商空间 X/Y 是自反的.

14. 设 X 是 Banach 空间. 证明: X 是自反的当且仅当对任意 $x' \in X'$, 存在 $x_0 \in X$ 使得 $\|x_0\| = 1$ 及 $\|x'\| = \sup_{\|x\|=1} |x'(x)| = x'(x_0)$.

15. 证明: 空间 $C([a,b])$ 中点列 $\{x_n\}_{n=1}^\infty$ 弱收敛于 x_0 的充要条件是存在 $M > 0$ 使得 $\|x_n\| \leqslant M$, $n = 1, 2, \cdots$, 并且对任意 $t \in [a,b]$,
$$\lim_{n \to \infty} x_n(t) = x_0(t).$$

16. 证明: 空间 $L^1(0,1)$ 中的点列 $\{f_n\}_{n=1}^\infty$ 弱收敛于零当且仅当

(i) $\sup_{n \in \mathbb{N}} \|f_n\| < \infty$;

(ii) 对 $[0,1]$ 的每个 Lebesgue 可测子集 E,
$$\lim_{n \to \infty} \int_E f_n \mathrm{d}x = 0.$$

17. 设 $1 \leqslant p < \infty$, φ 是 $[a,b]$ 上的 Lebesgue 可测函数. 设 $\varphi L^p(a,b) \subseteq L^1(a,b)$. 证明: $\varphi \in L^q(a,b)$, 其中 $\frac{1}{p} + \frac{1}{q} = 1$.

18. 设 $1 \leqslant p < \infty$, φ 是 $[a,b]$ 上的 Lebesgue 可测函数. 设 $\varphi L^p(a,b) \subseteq L^p(a,b)$. 证明: $\varphi \in L^\infty(a,b)$.

19. 设 X 是赋范线性空间, M 是 X 的闭线性子空间. 证明: 如果 $\{x_n\}_{n=1}^\infty \subset M$, 并且 $x_0 = (弱)\text{-}\lim_{n \to \infty} x_n$, 那么 $x_0 \in M$.

20. 证明: l^1 中任意弱收敛的点列必是强收敛的.

21. 设 Y' 在 Banach 空间 X 的对偶 X' 中稠密, $\{x_n\}_{n=1}^\infty \subset X$ 为有界序列, $x \in X$ 满足
$$\lim_{n \to \infty} y'(x_n) = y'(x), \quad \forall y' \in Y'.$$
证明: $(弱)\text{-}\lim_{n \to \infty} x_n = x$.

22. 对 $n \in \mathbb{N}$, 定义函数 $f_n \in L^2(0,1)$ 为
$$f_n(x) = \begin{cases} 0, & x \in \left[\frac{j}{n}, \frac{j}{n} + \frac{1}{2n}\right), j \in [0, n-1], \\ 1, & x \in \left[\frac{j}{n} + \frac{1}{2n}, \frac{j+1}{n}\right), j \in [0, n-1]. \end{cases}$$

(i) 证明: 序列 $\{f_n\}_{n=1}^\infty$ 在 $L^2(0,1)$ 中弱收敛.

(ii) 序列 $\{f_n\}_{n=1}^\infty$ 在 $L^2(0,1)$ 中是否强收敛?

23. 设 $\Omega \subset \mathbb{R}^n$, $\{f_k\}_{k=1}^\infty \subset L^p, 1 < p < \infty$ 有界且几乎处处收敛于 $f \in L^p(\Omega)$. 证明: $\{f_k\}_{k=1}^\infty$ 在 $L^p(\Omega)$ 中弱收敛于 f.

24. 设 $\Omega \subset \mathbb{R}^n$, $\{f_k\}_{k=1}^\infty$ 是 $L^\infty(\Omega)$ 中的有界序列. 证明: 存在子列 $\{f_{k_j}\}_{j=1}^\infty \subset \{f_k\}_{k=1}^\infty$ 及函数 $f \in L^\infty(\Omega)$ 使得
$$\lim_{j\to\infty} \int_\Omega f_{k_j} g \mathrm{d}x = \int_\Omega fg\mathrm{d}x, \quad \forall g \in L^1(\Omega).$$

25. 设 X 是 Banach 空间, $\{x_n'\}_{n=1}^\infty$ 是 X' 中弱* 收敛的序列. 证明:
(i) 序列 $\{x_n'\}_{n=1}^\infty$ 在 X' 中有界.
(ii) 序列 $\{x_n'\}_{n=1}^\infty$ 的弱* 极限 x' 满足
$$\|x'\|_{X'} \leqslant \liminf_{n\to\infty} \|x_n'\|_{X'}.$$

26. 定义 $A \in \mathcal{L}(l^p), 1 \leqslant p \leqslant \infty$ 为 $Ae_n = e_{n+1}$, 其中 $e_n = (\overbrace{0,\cdots,0,1}^{n},0,\cdots), n \in \mathbb{N}$, 求 $\|A\|$ 及 A^*.

27. 设 X, Y 是赋范线性空间, $\{A_n\}_{n=1}^\infty \subset \mathcal{L}(X, Y)$, $A \in \mathcal{L}(X, Y)$.
(i) 证明: 若 $A_n \rightrightarrows A$, 则 $A_n^* \rightrightarrows A^*$.
(ii) 若 $A_n \to A$, 是否有 $A_n^* \to A^*$?
(iii) 若 $A_n \to A$, 是否对每个 $y^* \in Y^*$, $A_n^* y^* \xrightarrow{w^*} A^*$?

28. 设 $K(\cdot,\cdot) \in L^2([0,1] \times [0,1])$. 定义 $L^2(0,1)$ 上的有界线性算子为
$$(Kf)(x) = \int_0^1 K(x,y)f(y)\mathrm{d}y, \quad f \in L^2(0,1).$$
求 K^*.

29. 设 L 是赋范线性空间 X 的线性子空间, 令 $L^\perp \triangleq \{x^* | x^* \in X', x^*(x) = 0, x \in L\}$. 证明: $L' = X'/L^\perp$; 若 L 是闭线性子空间, 那么 $(X/L)' = L^\perp$.

30. 证明: Banach 空间 X 自反的充要条件是 X 的任意闭线性子空间是自反的.

31. 设 X 是 Banach 空间, Y 是赋范线性空间. 证明: $\mathcal{L}(X, Y)$ 弱完备的充要条件是 Y 是弱完备的 (这里弱完备是指基本序列必弱收敛).

32. 设 X, Y 是两个赋范线性空间, $\{A_n\}_{n=1}^\infty \subset \mathcal{L}(X, Y)$. 如果对任意 $x \in X$, $\{A_n x\}_{n=1}^\infty$ 为 Y 中 Cauchy 列, 则称 $\{A_n\}_{n=1}^\infty$ 为强 Cauchy 列; 如果对任意 $x \in X, f \in Y'$, $\{f(A_n x)\}_{n=1}^\infty$ 为 Cauchy 列, 则称 $\{A_n\}_{n=1}^\infty$ 为弱 Cauchy 列. 证明:
(i) 如果 $\{A_n\}_{n=1}^\infty$ 按算子范数是 Cauchy 列并且弱收敛, 那么 $\{A_n\}_{n=1}^\infty$ 必按算子范数收敛.
(ii) 如果 $\{A_n\}_{n=1}^\infty$ 是强 Cauchy 列并且弱收敛, 那么 $\{A_n\}_{n=1}^\infty$ 必强收敛.

33. 设 X 与 X' 均为自反空间, $A \in \mathcal{L}(X)$. 证明: $A^{**} = A$.

34. 设 X 为 Banach 空间, $A \in \mathcal{L}(X)$. 证明: 如果 A^* 有界, 则 A 也必有界且有 $\|A\| = \|A^*\|$.

35. 设 X, Y 是 Banach 空间, $A_n, A_0 \in \mathcal{L}(X, Y)$ $(n=1,2,\cdots)$. 证明: 如果 $\lim\limits_{n\to\infty} \|A_n - A_0\| = 0$, 则 $\lim\limits_{n\to\infty} \|A_n^* - A_0^*\| = 0$.

36. 设 X, Y 是 Banach 空间，U, V 分别是 X, Y 的开单位球，$A \in \mathcal{L}(X, Y)$，常数 $\delta > 0$. 考虑以下命题:

(i) $\|A^*y\| \geq \delta\|y\|, y \in Y'$;

(ii) $\overline{A(U)} \supseteq \delta V$;

(iii) $A(U) \supseteq \delta V$;

(iv) $A(X) = Y$.

证明: (i) $\Rightarrow$ (ii) $\Rightarrow$ (iii) $\Rightarrow$ (iv).

第 5 章 紧算子和 Fredholm 算子

本章将介绍两类在偏微分方程理论中具有重要意义的算子：紧算子和 Fredholm (弗雷德霍姆) 算子. 为简便起见，以下恒设 X 和 Y 为 Banach 空间. 本章中大多数结论对赋范线性空间也是成立的.

5.1 紧算子

5.1.1 紧算子的定义与基本性质

定义 5.1 设 $A \in \mathcal{L}(X, Y)$. 如果 A 把 X 中每个有界集都映射为 Y 中列紧集，则称 A 为紧算子或者全连续算子.

以后，用 $\mathcal{C}(X, Y)$ 表示 X 到 Y 的全体紧算子构成的集合. 当 $X = Y$ 时记该空间为 $\mathcal{C}(X)$.

例 5.1 设 $K(\cdot, \cdot)$ 是 $[0,1] \times [0,1]$ 上的连续函数，定义 $C([0,1])$ 上的积分算子为

$$(Ax)(s) = \int_0^1 K(s,t)x(t)\mathrm{d}t, \quad x = x(\cdot) \in C([0,1]).$$

下面证明 A 是 $C([0,1])$ 上的紧算子.

由 Arzelà-Ascoli 定理，只需证明 X 中任何有界集 $\{x \mid \|x\| \leqslant C\}$ 在 A 之下的像是一致有界且等度连续的.

首先，设 $M = \sup\limits_{0 \leqslant s,t \leqslant 1} |K(s,t)|$，则对任意 $\|x\| \leqslant C$,

$$|(Ax)(s)| \leqslant M \int_0^1 |x(t)|\mathrm{d}t \leqslant MC,$$

可知像集是一致有界的.

其次，由 $K(\cdot, \cdot)$ 的一致连续性，对任意的 $\varepsilon > 0$，存在 $\delta > 0$，使得当 $|s_1 - s_2| < \delta$ 时，

$$|K(s_1, t) - K(s_2, t)| < \varepsilon, \quad \forall t \in [0, 1].$$

从而当 $|s_1 - s_2| < \delta$ 时，

$$|(Ax)(s_1) - (Ax)(s_2)| \leqslant \int_0^1 |K(s_1, t) - K(s_2, t)||x(t)|\mathrm{d}t$$

5.1 紧算子

$$< \varepsilon \int_0^1 |x(t)| \mathrm{d}t$$

$$\leqslant C\varepsilon.$$

所以像集是等度连续的.

例 5.2 设 I 为 l^2 上的恒等算子. 设

$$e_n = \{\overbrace{0,\cdots,0}^{n-1\,\uparrow},1,0,\cdots\}, \quad n=1,2,\cdots,$$

则 $\|e_n\|=1$, 而

$$\|e_j - e_k\| = \sqrt{2}, \quad j \neq k.$$

故 $\{Ie_n\} = \{e_n\}_{n=1}^\infty$, 没有收敛的子列, I 不是紧算子.

定理 5.1 设 $A \in \mathcal{C}(X,Y)$. 如果 $\{x_n\}_{n=1}^\infty$ 弱收敛到 x_0, 则 $\lim\limits_{n\to\infty} Ax_n = Ax_0$.

证明 由弱收敛的性质知 $\{x_n\}_{n=1}^\infty$ 是有界序列. 由于 A 是紧算子, $\{Ax_n\}_{n=1}^\infty$ 具有收敛子列 $\{Ax_{n_j}\}_{j=1}^\infty$, 记其弱极限为 y_0. 则对任何 $x' \in Y'$, 有

$$\lim_{j\to\infty} x'(Ax_{n_j}) = x'(y_0).$$

设 A^* 是 A 的共轭算子, 则 $A^*x' \in X'$. 由 $\{x_{n_j}\}_{j=1}^\infty$ 弱收敛到 x_0 可得

$$\lim_{j\to\infty} x'(Ax_{n_j}) = \lim_{j\to\infty} A^*x'(x_{n_j}) = A^*x'(x_0) = x'(Ax_0).$$

于是

$$x'(y_0) = x^*(Ax_0).$$

由 x' 的任意性可得 $y_0 = Ax_0$. $\square$

注记 5.1 如果 X 为自反的 Banach 空间, 定理 5.1 的逆命题也是正确的. 即 $A \in \mathcal{L}(X)$, 对任意 $\{x_n\}_{n=1}^\infty \subset X$ 弱收敛到 x_0, 都有 $\lim\limits_{n\to\infty} Ax_n = Ax_0$, 则 A 为紧算子. 但这个结论对非自反的 Banach 空间不成立. 如 l^1 空间上弱收敛和强收敛是等价的, 因而 l^1 上单位算子将弱收敛序列映射为强收敛序列, 但 l^1 上单位算子不是紧算子.

定理 5.2 设 $A \in \mathcal{C}(X,Y)$, 则 A 的值域 $\mathcal{R}(A)$ 是可分的.

证明 对 $n=1,2,\cdots$, 令 $S_n = \{x \in X \mid \|x\| \leqslant n\}$, 则

$$\mathcal{R}(A) = \bigcup_{n=1}^\infty AS_n.$$

因为 A 是紧算子, 所以点集 AS_n 是列紧的. 于是 AS_n 含有一个可数的稠密子集, 设其为 D_n. 显然 $\bigcup_{n=1}^{\infty} D_n$ 是 $\mathcal{R}(A)$ 中可数的稠密子集. □

定理 5.3 设 $A_j \in \mathcal{C}(X,Y)$, $\alpha_j \in \mathbb{C}$, $j = 1, 2$, Z 为赋范线性空间, $B_1 \in \mathcal{L}(Y,Z)$, $B_2 \in \mathcal{L}(Z,X)$, 则

(i) $\alpha_1 A_1 + \alpha_2 A_2 \in \mathcal{C}(X,Y)$;

(ii) $A_1 B_2 \in \mathcal{C}(Z,Y)$, $B_1 A_1 \in \mathcal{C}(X,Z)$.

证明 (i) 是显然的. 因为 B_j 将有界集映为有界集, A_j 将收敛序列变为收敛序列, 可得 (ii). □

定理 5.4 设 $\{A_n\}_{n=1}^{\infty} \subset \mathcal{C}(X,Y)$, $A \in \mathcal{L}(X,Y)$. 如果 $\lim_{n \to \infty} \|A_n - A\| = 0$, 则 $A \in \mathcal{C}(X,Y)$.

证明 设 $\{x_n\}_{n=1}^{\infty}$ 是 X 中任一有界序列. 从 A_1 的紧性知存在 $\{x_n\}_{n=1}^{\infty}$ 的子序列 $\{x_{1,n}\}_{n=1}^{\infty}$ 使得 $\{A_1 x_{1,n}\}_{n=1}^{\infty}$ 收敛. 从 A_2 的紧性知有 $\{x_{1,n}\}_{n=1}^{\infty}$ 的子列 $\{x_{2,n}\}_{n=1}^{\infty}$ 使得 $\{A_2 x_{2,n}\}_{n=1}^{\infty}$ 收敛. 如此继续下去, 得到一串子序列

$$x_{1,1}, x_{1,2}, \cdots, x_{1,n}, \cdots,$$

$$x_{2,1}, x_{2,2}, \cdots, x_{2,n}, \cdots,$$

$$\cdots, \cdots, \cdots, \cdots, \cdots,$$

$$x_{k,1}, x_{k,2}, \cdots, x_{k,n}, \cdots,$$

$$\cdots, \cdots, \cdots, \cdots, \cdots,$$

其中 $\{x_{k,n}\}_{n=1}^{\infty}$ 是 $\{x_{k-1,n}\}_{n=1}^{\infty}$ 的子列且 $\{A_k x_{k,n}\}_{n=1}^{\infty}$ 收敛. 由此可得 $\{x_n\}_{n=1}^{\infty}$ 的子列 $\{x_{n,n}\}_{n=1}^{\infty}$, 使对所有 $j = 1, 2, \cdots$, $\{A_j x_{n,n}\}_{n=1}^{\infty}$ 收敛. 由三角不等式有

$$\|Ax_{n,n} - Ax_{m,m}\|$$

$$\leqslant \|Ax_{n,n} - A_j x_{n,n}\| + \|A_j x_{n,n} - A_j x_{m,m}\| + \|A_j x_{m,m} - Ax_{m,m}\|$$

$$\leqslant \|A - A_j\|(\|x_{n,n}\| + \|x_{m,m}\|) + \|A_j x_{n,n} - A_j x_{m,m}\|.$$

由 $\lim_{n \to \infty} \|A_n - A\| = 0$ 知存在 $N \in \mathbb{N}$, 当 $j \geqslant N$ 时, $\|A - A_j\|(\|x_{n,n}\| + \|x_{m,m}\|) < \frac{\varepsilon}{2}$. 对固定的 $j > N$, 存在 $\widetilde{N} \in \mathbb{N}$ 使得当 $n, m > \widetilde{N}$ 时, $\|A_j x_{n,n} - A_j x_{m,m}\| < \frac{\varepsilon}{2}$, 即 $\{Ax_{n,n}\}_{n=1}^{\infty}$ 是 X 中 Cauchy 列, 故 $\{Ax_{n,n}\}_{n=1}^{\infty}$ 收敛. □

由定理 5.3 和定理 5.4 可得如下推论.

推论 5.1 $\mathcal{C}(X,Y)$ 是一个 Banach 空间.

定理 5.5 设 X 是无穷维 Banach 空间, $A \in \mathcal{C}(X,Y)$ 且 A 是单射, 则

$$\mathcal{R}(A) \neq Y.$$

证明 假设 $\mathcal{R}(A) = Y$. 因为 A 是单射, 由 Banach 逆算子定理知 $A^{-1} \in \mathcal{L}(Y, X)$. 由定理 5.3-(ii) 可得

$$I = A^{-1}A \in \mathcal{C}(X).$$

因而 X 中的单位球是列紧集. 由 Riesz 引理, 必有 $\dim X < \infty$. 这与假设矛盾. □

定理 5.6 设 $A \in \mathcal{C}(X)$, 则对任何非零复数 λ, $R(\lambda I - A)$ 是闭子空间.

证明 $\lambda I - A = \lambda\left(I - \dfrac{A}{\lambda}\right)$, $\lambda \neq 0$. 易知 $\dfrac{A}{\lambda}$ 仍是紧算子, 故不妨设 $\lambda = 1$. 记 $T = I - A$. 定义算子 $\tilde{T} : X/\mathrm{Ker}\, T \to X$ 为

$$\tilde{T}\tilde{x} = Tx, \quad x \in \tilde{x} \in X/\mathrm{Ker}\, T.$$

显然有 $\|\tilde{T}\| \leqslant \|T\|$ 且 $\mathrm{Ker}\, \tilde{T} = \{\tilde{0}\}$, 故 $\tilde{T}^{-1}$ 存在. 下面用反证法证明 $\tilde{T}^{-1}$ 连续. 假设 $\tilde{T}^{-1}$ 不连续, 则存在 $\{\tilde{x}_n\}_{n=1}^{\infty} \subset X/\mathrm{Ker}\, T$ 满足 $\|\tilde{x}_n\| = 1$ ($n \in \mathbb{N}$) 且

$$\lim_{n \to \infty} \tilde{T}\tilde{x}_n = 0. \tag{5.1}$$

对每个 $n \in \mathbb{N}$, 取 $x_n \in \tilde{x}_n$ 满足 $\|x_n\| < 2$. 由 (5.1) 可得

$$\lim_{n \to \infty} (I - A)x_n = \lim_{n \to \infty} Tx_n = \lim_{n \to \infty} \tilde{T}\tilde{x}_n = 0. \tag{5.2}$$

由于 A 紧, $\{Ax_n\}_{n=1}^{\infty}$ 有子列 $\{Ax_{n_k}\}_{k=1}^{\infty}$ 收敛于 Y 中的点 y. 于是, $(I - A)y = 0$. 因而 $y \in \mathrm{Ker}\, T$. 从而 $x_n - y \in \tilde{x}_n$. 由 (5.2) 可得

$$\lim_{n \to \infty} \|\tilde{x}_n\| \leqslant \lim_{n \to \infty} \|x_n - y\| = 0.$$

此为矛盾. 所以 $\tilde{T}^{-1}$ 是连续的, 其定义域为 Y 中闭集. 于是 $\mathcal{R}(T) = \mathcal{R}(\tilde{T})$ 是闭集. □

定理 5.7 (Schauder (绍德尔), 1930) 设 $A \in \mathcal{C}(X, Y)$, 则其共轭算子 $A^* \in \mathcal{C}(Y', X')$.

证明 设 $\{y_n'\}_{n=1}^{\infty} \subset Y'$, $\|y_n'\| \leqslant M$, $n = 1, 2, \cdots$. 由定理 5.2 可知, $\mathcal{R}(A)$ 中有一个可数的稠密子集 D. 利用对角线方法, 可从 $\{y_n'\}_{n=1}^{\infty}$ 中抽出子列 $\{y_{n_j}'\}_{j=1}^{\infty}$ 在 D 上处处收敛. 故 $\{y_{n_j}'\}_{j=1}^{\infty}$ 亦在 $\overline{\mathcal{R}(A)}$ 上处处收敛.

任给 $y \in \overline{\mathcal{R}(A)}$, 令
$$f_0(y) \triangleq \lim_{j \to \infty} y'_{n_j}(y).$$

易见 f_0 是线性的. 因为
$$|y'_{n_j}(y)| \leqslant \|y'_{n_j}\|\|y\| \leqslant C\|y\|,$$

所以
$$|f_0(y)| \leqslant C\|y\|.$$

可见 f_0 是 $\overline{\mathcal{R}(A)}$ 上的有界线性泛函. 根据 Hahn-Banach 定理, f_0 可以扩张成 Y 上的有界线性泛函 f.

下证
$$\lim_{j \to \infty} \|A^* y'_{n_j} - A^* f\| = 0.$$

否则, 有 $\eta > 0$ 及 $\{A^* y'_{n_j}\}_{j=1}^{\infty}$ 的子列 $\{A^* y'_{n_k}\}_{k=1}^{\infty}$, 使得
$$\|A^* y'_{n_k} - A^* f\| > \eta, \quad k = 1, 2, \cdots.$$

因此存在 $\{y_k\}_{k=1}^{\infty} \subset Y$, $\|y_k\| = 1$, $k = 1, 2, \cdots$, 使得
$$|A^* y'_{n_k}(y_k) - A^* f(y_k)| > \eta/2, \quad k = 1, 2, \cdots.$$

因 A 是紧算子, 所以存在 $\{y_k\}_{k=1}^{\infty}$ 的子列 $\{y_{k_l}\}_{l=1}^{\infty}$ 使得 $\{A y_{k_l}\}_{l=1}^{\infty}$ 收敛到某个 $y_0 \in \overline{\mathcal{R}(A)}$. 因而

$$\lim_{l \to \infty} |A^* y'_{n_{k_l}}(y_{k_l}) - A^* f(y_{k_l})|$$
$$= \lim_{l \to \infty} |y'_{n_{k_l}}(A y_{k_l}) - f(A y_{k_l})|$$
$$\leqslant \lim_{l \to \infty} |y'_{n_{k_l}}(A y_{k_l}) - y'_{n_{k_l}}(y_0)| + \lim_{l \to \infty} |y'_{n_{k_l}}(y_0) - f_0(y_0)|$$
$$\quad + \lim_{l \to \infty} |f_0(y_0) - f_0(A y_{k_l})|$$
$$\leqslant (C + \|f_0\|) \lim_{l \to \infty} \|A y_{k_l} - y_0\| + \lim_{l \to \infty} |y'_{n_{k_l}}(y_0) - f_0(y_0)| = 0.$$

矛盾. □

引理 5.1 设 $A \in \mathcal{C}(X)$, $T = I - A$, 则
$$\operatorname{codim} \mathcal{R}(T) \leqslant \dim \operatorname{Ker} T < \infty.$$

5.1 紧算子

证明 先证明 $\operatorname{Ker} T < \infty$. 否则, 由 Riesz 引理, 存在单位向量组成的集合 $\{x_k\}_{k=1}^\infty \subset \operatorname{Ker} T$ 满足

$$\|x_j - x_k\| > \frac{1}{2}, \quad \forall j, k \in \mathbb{N}, \quad j \neq k. \tag{5.3}$$

由 $\{x_k\}_{k=1}^\infty \subset \operatorname{Ker} T$ 知 $Ax_k = x_k, k \in \mathbb{N}$. 由式 (5.3) 知 $\{Ax_k\}_{k=1}^\infty$ 没有收敛的子列. 与 A 为紧算子矛盾.

假设 $\dim \operatorname{Ker} T < \dim X/\mathcal{R}(T)$. 设 $n = \dim \operatorname{Ker} T$. 由定理 4.13, 存在从 X 到 $\operatorname{Ker} T$ 的投影算子.

取 $\{x_j\}_{j=1}^{n+1} \subset X$ 使得 $\{x_j\}_{j=1}^{n+1}$ 在 $X/\mathcal{R}(T)$ 中线性无关. 设 $M = \operatorname{span}\{x_1, \cdots, x_n\}$, 则 $M \cup \mathcal{R}(T) = 0, x_{n+1} \notin \mathcal{R}(T)$. 作线性同构 $V: \operatorname{Ker} T \to M$.

令 $S = T + VP$. 则 $\mathcal{R}(S) = X$.

如果 $Sx = 0$, 则 $Tx = -VPx$. 因为 $Tx \in \mathcal{R}(T), VPx \in M$, 故 $Tx = VPx = 0$. 所以 $x \in \operatorname{Ker} T$, 而 $Px = 0$, 即得 $x = 0$. 所以 $\operatorname{Ker} S = 0$.

如果 $\mathcal{R}(S) \neq X$. 定义以下空间列:

$$X_0 = X, \quad X_k = SX_{k-1}, \quad k = 1, 2, \cdots.$$

由 $\mathcal{R}(S) \neq X$ 知 $X_1 \subsetneq X_0$. 假设对某个 $k \in \mathbb{N}, X_k \subsetneq X_{k-1}$. 下面证明 $X_{k+1} \subsetneq X_k$. 首先证明 $X_{k+1} \subset X_k$. 否则, 存在 $x_k \in X_k$ 使得 $Ax_k \notin X_k$. 另一方面, 由归纳假设有 $x_k \in X_k \subsetneq X_{k-1}$, 所以 $Ax_k \in A(X_{k-1}) = X_k$, 矛盾. 所以 $X_{k+1} \subset X_k$. 假设 $X_{k+1} = X_k$, 则 $A(X_{k-1}) = A(X_k)$, 这与 $X_k \subsetneq X_{k-1}$ 和 $\operatorname{Ker} S = 0$ 矛盾. 所以 $X_{k+1} \subsetneq X_k$. 因此对任意 $k \in \mathbb{N}, X_k \subsetneq X_{k-1}$.

由定理 5.6 可知对任意 $k \in \mathbb{N}, X_k$ 是闭线性子空间. 由 Riesz 引理知, 对任意 $k \in \mathbb{N}$, 存在单位向量 $x_k \in X_k$ 使得 $\inf_{x \in X_{k+1}} \|x_k - x\| > \frac{1}{2}$. 由此可得, 当 $m > n$ 时,

$$\|Ax_m - Ax_n\| = \|Sx_m - Sx_n\| > \frac{1}{2}.$$

所以 $\{Ax_k\}_{k=1}^\infty$ 没有收敛的子列. 这与 A 是紧算子相矛盾. 因此 $\mathcal{R}(S) = X$.

另一方面, $\mathcal{R}(S) \subset \mathcal{R}(T) + M$. 由此又可知 $x_{n+1} \notin \mathcal{R}(S)$, 矛盾. □

定理 5.8 设 $A \in \mathcal{C}(X), \lambda \neq 0$, 则
(1) $\mathcal{R}(\lambda I - A) = \mathcal{N}'(\operatorname{Ker}(\lambda I - A^*))$;
(2) $\mathcal{R}(\lambda I - A^*) = \mathcal{N}(\operatorname{Ker}(\lambda I - A)) < \infty$;
(3) $\dim \operatorname{Ker}(\lambda I - A) = \dim \operatorname{Ker}(\lambda I - A^*)$;
(4) $\operatorname{codim} \mathcal{R}(\lambda I - A) = \dim \operatorname{Ker}(\lambda I - A)$.

证明 (1) 由定理 5.6, $\mathcal{R}(\lambda I - A)$ 是闭集, 由定理 4.11 即得 (1) 的结论.

(2) 由定义直接可得 $\mathcal{R}(\lambda I - A^*) \subset \mathcal{N}(\text{Ker}(\lambda I - A))$. 下面证明相反的包含关系. 记 $T = \lambda I - A$. 定义算子 $\tilde{T} : X/\text{Ker}\, T \to \mathcal{R}(T)$ 为

$$\tilde{T}\tilde{x} = Tx, \quad x \in \tilde{x} \in X/\text{Ker}\, T.$$

由 T 有界可得 $\tilde{T}$ 有界. 由定理 5.6, $\mathcal{R}(T)$ 是 X 的闭子空间, 因而是 Banach 空间. 显然, $\tilde{T}$ 是双射. 由逆算子定理可得 $\tilde{T}^{-1}$ 有界.

对 $f \in \mathcal{N}(\text{Ker}\, T)$, 定义 $X/\text{Ker}\, T$ 上的泛函 $\tilde{f}$ 为

$$\tilde{f}(\tilde{y}) = f(y), \quad y \in \tilde{y} \in X/\text{Ker}\, T.$$

由 f 有界可得 $\tilde{f}$ 有界. 定义 $\mathcal{R}(T)$ 上的泛函 φ 为

$$\varphi(x) = \tilde{f}(\tilde{T}^{-1}x), \quad \forall x \in \mathcal{R}(T),$$

则 $\varphi \in (R(T))'$. 将 φ 延拓为 $\varphi \in X'$, 则有

$$T^*\varphi(y) = \varphi(Ty) = \tilde{f}(\tilde{T}^{-1}Ty) = \tilde{f}(\tilde{T}^{-1}\tilde{T}\tilde{y}) = \tilde{f}(\tilde{y}) = f(y),$$

即 $T^*\varphi = f$, 故有 $\mathcal{N}(\text{Ker}(\lambda I - A)) \subset \mathcal{R}(\lambda I - A^*)$.

(3) 和 (4) 对 $\lambda \neq 0$, 记 $T = \lambda I - A$. 由定理 4.12 和定理 5.8-(1) 可得

$$\text{codim}\, \mathcal{R}(T) = \dim X/\mathcal{R}(T) = \dim (X/\mathcal{R}(T))^*$$
$$= \dim \mathcal{R}(T)^\perp = \dim (\text{Ker}\, T^{*\perp})^\perp \geqslant \dim \text{Ker}\, T^*. \tag{5.4}$$

因此

$$\text{codim}\ R(T^*) \geqslant \dim \text{Ker}\, T^{**} \geqslant \dim \text{Ker}\, T. \tag{5.5}$$

由不等式 (5.4) 和 (5.5) 及引理 5.1可得

$$\dim \text{Ker}(T^*) \leqslant \text{codim}\, \mathcal{R}(T) \leqslant \dim \text{Ker}(T)$$
$$\leqslant \text{codim}\, I(T^*) \leqslant \dim \text{Ker}(T^*).$$

因此

$$\dim \text{Ker}(T) = \dim \text{Ker}(T^*),$$
$$\text{codim}\, \mathcal{R}(T) = \dim \text{Ker}(T). \qquad \square$$

特别地, 如果 A 是紧算子, 则

$$H = N(I - A) \oplus \mathcal{R}(I - A). \tag{5.6}$$

5.1 紧 算 子

5.1.2 有限秩算子

定义 5.2 设 $A \in \mathcal{L}(X,Y)$, 如果 $\dim \mathcal{R}(A) < \infty$, 则称 A 为有限秩算子.

例 5.3 设 $\{f_1, \cdots, f_k\} \subset X'$, $\{y_1, \cdots, y_k\} \subset Y$. 定义 X 到 Y 的算子 A 为

$$Ax = \sum_{j=1}^{k} f_j(x)y_j, \quad \forall x \in X,$$

则 A 为有限秩算子. 反之, 设 $A \in \mathcal{L}(X,Y)$ 是有限秩算子. 取 $\mathcal{R}(A)$ 中的线性无关极大组 $y_1, \cdots, y_k$, 则对任何 $x \in X$, 必有

$$Ax = \sum_{j=1}^{k} f_j(x)y_j,$$

其中 $\{f_1, \cdots, f_k\} \subset X'$.

设 $A \in \mathcal{L}(X,Y)$ 是有限秩算子, 从有界性可见 A 将 X 中有界集 S 映射为 $\mathcal{R}(A)$ 中的有界集 $A(S)$. 因为 $\dim \mathcal{R}(A) < \infty$, 故 $A(S)$ 列紧, 于是 A 为紧算子. 下列结果说明, 可分 Hilbert 空间上紧算子是仅比有限秩算子稍复杂的算子.

定理 5.9 设 A 是可分 Hilbert 空间 H 上的紧算子, 则有 H 上一列有限秩算子 $\{A_n\}_{n=1}^{\infty}$ 使得

$$\lim_{n \to \infty} \|A_n - A\| = 0. \tag{5.7}$$

证明 设 $\{e_j\}_{j=1}^{\infty}$ 是 H 的正规正交基, 则对任意的 $x \in H$, 有

$$x = \sum_{j=1}^{\infty} (x, e_j)e_j.$$

从而

$$Ax = \sum_{j=1}^{\infty} (x, e_j)Ae_j.$$

对任意 $n \in \mathbb{N}$, 令

$$A_n x = \sum_{j=1}^{n} (x, e_j)Ae_j, \quad x \in H,$$

则每个 A_n 都是 H 上的有限秩线性算子, 而且

$$\|A_n x - Ax\| = \left\| A\left[\sum_{j=n+1}^{\infty} (x, e_j)e_j \right] \right\|, \quad x \in H.$$

则
$$\lim_{n\to\infty}\|A_n-A\|=0.$$

否则必存在 $\varepsilon>0$ 及一列自然数 $\{n_k\}_{k=1}^{\infty}$ 使得
$$\|A_{n_k}-A\|>\varepsilon,\quad k=1,2,\cdots,$$

从而存在序列 $\{x_{n_k}\}_{k=1}^{\infty}\subset H$ 满足 $\|x_{n_k}\|=1$, $k=1,2,\cdots$, 以及
$$\left\|A\left[\sum_{j=n_k+1}^{\infty}(x_{n_k},e_j)e_j\right]\right\|=\|A_{n_k}x_{n_k}-Ax_{n_k}\|>\varepsilon/2.$$

令 $y_{n_k}=\sum_{j=n_k+1}^{\infty}(x_{x_k},e_j)e_j$. 则对任意 $y\in H$, 由 Schwarz 不等式与 Bessel 不等式可得

$$\lim_{k\to\infty}|(y,y_{n_k})|=\lim_{k\to\infty}\left|\sum_{j=n_k+1}^{\infty}\overline{(x_{n_k},e_j)}(y,e_j)\right|$$
$$\leqslant\lim_{k\to\infty}\left(\sum_{j,k=n_k+1}^{\infty}|(x_{n_k},e_j)|^2\right)^{1/2}\lim_{k\to\infty}\left(\sum_{j,k=n_k+1}^{\infty}|(y,e_j)|^2\right)^{1/2}$$
$$\leqslant\lim_{k\to\infty}\|x_{n_k}\|\lim_{k\to\infty}\left(\sum_{j,k=n_k+1}^{\infty}|(y,e_j)|^2\right)^{1/2}=0.$$

故 $\{y_{n_k}\}_{k=1}^{\infty}$ 弱收敛到 0. 根据定理 5.1, $\lim_{k\to\infty}Ay_{n_k}=0$. 这与假设矛盾. □

注记 5.2 定理 5.9 中的收敛性不能减弱为强收敛. 反例如下:
对 $n\in\mathbb{N}$, 定义 l^2 上算子 P_n 为
$$P_nx=(x_1,\cdots,x_n,0,\cdots),\quad\forall x=(x_1,\cdots,x_n,x_{n+1},\cdots)\in l^2.$$

容易证明 $\{P_n\}_{n=1}^{\infty}$ 强收敛于 l^2 上单位算子 I, 但 I 并非紧算子.

定理 5.9 可以推广到有 Schauder 基的 Banach 空间. 为此先做一些准备工作.

定义 5.3 设 X 为可分的 Banach 空间, 如果有一列向量 $\{e_j\}_{j=1}^{\infty}\subset X$, 对每个 $x\in X$ 都存在唯一的数列 $\{a_j(x)\}_{j=1}^{\infty}$, 使得
$$x=\sum_{j=1}^{\infty}a_j(x)e_j,$$

其中右端级数在 X 中按范数收敛, 则称 $\{e_j\}_{j=1}^{\infty}$ 为 X 的 Schauder 基.

5.1 紧 算 子

相应于 X 的 Schauder 基 $\{e_j\}_{j=1}^\infty$, 定义算子 $P_n: X \to X$ 为

$$P_n x = \sum_{j=1}^n a_j(x) e_j, \quad \forall x = \sum_{j=1}^\infty a_j(x) e_j \in X.$$

定理 5.10 设 $\{e_j\}_{j=1}^\infty$ 是 Banach 空间 $(X, \|\cdot\|)$ 上的 Schauder 基, 则下列论断成立:

(1) $\{e_j\}_{j=1}^\infty$ 是 X 中一列线性无关的向量;

(2) 记 $\|x\|' = \sup_n \|P_n x\|$, 则 $\|\cdot\|'$ 是与 $\|\cdot\|$ 等价的范数;

(3) $\{P_n\}_{n=1}^\infty$ 是一族一致有界的算子.

证明 由 Schauder 基定义中 $\{a_j(x)\}_{j=1}^\infty$ 的唯一性可知 $\{e_j\}_{j=1}^\infty$ 是线性无关的. 所以 (1) 成立.

容易验证 $\|\cdot\|'$ 是 X 上的一个范数. 设 $\{x_n\}_{n=1}^\infty$ 是 $(X, \|\cdot\|')$ 中的 Cauchy 列, 则

$$\lim_{n,m \to \infty} \sup_{k \in \mathbb{N}} \left\| \sum_{j=1}^k a_j(x_n) e_j - \sum_{j=1}^k a_j(x_m) e_j \right\| = 0.$$

因此对任意 $\varepsilon > 0$, 存在 $N \in \mathbb{N}$ 使得当 $n, m > N$ 时, 对任何 $k \in \mathbb{N}$ 均有

$$\|P_k x_n - P_k x_m\| = \left\| \sum_{j=1}^k a_j(x_n) e_j - \sum_{j=1}^k a_j(x_m) e_j \right\| < \varepsilon,$$

即 $\{P_k x_n\}_{n=1}^\infty$ 是 $(X, \|\cdot\|)$ 中的 Cauchy 列, 从而收敛.

因为 $a_1(x_n) e_1 = P_1 x_n$, 而当 $j \geqslant 2$ 时 $a_j(x_n) e_j = P_j x_n - P_{j-1} x_n$, 所以 $\{a_j(x_n)\}_{n=1}^\infty$ 是 Cauchy 列. 记其极限为 $\tilde{a}_j$. 于是当 $n > N$ 时, 对任何 $k \in \mathbb{N}$ 均有

$$\left\| \sum_{j=1}^\infty a_j(x_n) e_j - \sum_{j=1}^\infty \tilde{a}_j e_j \right\| \leqslant \varepsilon.$$

由此可得, 当 $n > N$ 时, 对于 $k_2 > k_1$,

$$\left\| \sum_{j=k_1}^{k_2} \tilde{a}_j e_j \right\| \leqslant 2\varepsilon + \left\| \sum_{j=k_1}^{k_2} a_j(x_n) e_j \right\|.$$

注意到

$$\lim_{k_1, k_2 \to \infty} \left\| \sum_{j=k_1}^{k_2} a_j(x_n) e_j \right\| = 0,$$

故而
$$\varlimsup_{k_1,k_2\to\infty}\left\|\sum_{j=k_1}^{k_2}\tilde{a}_je_j\right\|\leqslant 2\varepsilon.$$

由 ε 的任意性可得
$$\lim_{k_1,k_2\to\infty}\left\|\sum_{j=k_1}^{k_2}\tilde{a}_je_j\right\|=0.$$

因而存在 $x=\sum_{j=1}^{\infty}a_je_j\in X$, 即对任意 $j\in\mathbb{N}$, $a_j(x)=\tilde{a}_j$.

由于对一切 $k\in\mathbb{N}$,
$$\left\|\sum_{j=1}^{k}a_j(x_n-x)e_j\right\|\leqslant\varepsilon,$$

因此, $\|x_n-x\|'\leqslant\varepsilon$, 即 $\{x_n\}_{n=1}^{\infty}$ 在 $(X,\|\cdot\|')$ 中收敛于 x, 故 $(X,\|\cdot\|')$ 为 Banach 空间. 注意到由范数 $\|\cdot\|'$ 的定义知对任何 $x\in X$, $\|x\|\leqslant\|x\|'$. 由等价范数定理可得 $\|\cdot\|'$ 是与 $\|\cdot\|$ 等价的范数. 所以 (2) 成立.

根据范数的等价性, 存在 $M>0$ 使得
$$\sup_n\|P_nx\|\leqslant M\|x\|,\quad\forall x\in X.$$

所以 $\|P_n\|\leqslant M$. 由此可得 (3). □

定理 5.11 设 Banach 空间 X 有 Schauder 基, A 是 X 上的紧算子, 则 A 必可表示为一列有界的有限秩算子按范数收敛的极限.

证明 设 $\{e_n\}_{n=1}^{\infty}$ 是 X 的一个 Schauder 基. 记
$$P_nx=\sum_{j=1}^{n}a_j(x)e_j,\quad M=\sup_{n\in\mathbb{N}}\|P_n\|.$$

对任意 $\varepsilon>0$, 记 S 为 $\{Ax|\|x\|\leqslant 1\}$ 的有限 $\dfrac{\varepsilon}{3(M+1)}$ 网. 取 $n\in\mathbb{N}$ 使得
$$\|y-P_ny\|<\frac{\varepsilon}{3},\quad\forall y\in S.$$

当 $\|x\|\leqslant 1$ 时, 取 $y\in S$, 使 $\|Ax-y\|<\dfrac{\varepsilon}{3(M+1)}$. 于是
$$\|Ax-P_nAx\|\leqslant\|Ax-y\|+\|y-P_ny\|+\|P_n(y-Ax)\|<\varepsilon,$$

因此, $\|A-P_nA\|\leqslant\varepsilon$. 显然, P_nA 是有界的有限秩算子. □

5.1 紧算子

借助定理 5.9 及其推广可以把很多积分方程问题转化为有限维空间上的线性变换问题. 另一方面, 定理 5.9 不能推广到一般的可分 Banach 空间, 当然更不能推广到一般的 Banach 空间 (参见文献 [4]).

例 5.4 设 $K \in L^2((0,1) \times (0,1))$. 定义 $L^2(0,1)$ 上算子为

$$(Af)(x) = \int_0^1 K(x,y)f(y)\mathrm{d}y, \quad f \in L^2(0,1).$$

下面证明 $A \in \mathcal{C}(L^2(0,1))$.

证明 先证明如下结论.

设 $\{e_j\}_{j=1}^\infty$ 是 $L^2(0,1)$ 上的正规正交基. 令

$$\varphi_{jk}(x,y) = e_j(x)\overline{e_k(y)}, \quad (x,y) \in (0,1) \times (0,1),$$

则 $\{\varphi_{jk} | j, k = 1, 2, \cdots\}$ 是 $L^2((0,1) \times (0,1))$ 上的正规正交基.

因为

$$\int_0^1 \int_0^1 |\varphi_{jk}(x,y)|^2 \mathrm{d}x\mathrm{d}y = \int_0^1 |e_j(x)|^2 \mathrm{d}x \int_0^1 |e_k(y)|^2 \mathrm{d}y = 1,$$

所以 $\varphi_{jk} \in L^2((0,1) \times (0,1))$ 且 $\|\varphi_{jk}\|_{L^2((0,1)\times(0,1))} = 1$. 如果 $(j,k) \neq (m,n)$, 则有

$$\int_0^1 \int_0^1 \varphi_{jk}(x,y)\overline{\varphi_{mn}(x,y)}\mathrm{d}x\mathrm{d}y$$
$$= \int_0^1 \int_0^1 e_j(x)\overline{e_k(y)e_m(x)}e_n(y)\mathrm{d}x\mathrm{d}y$$
$$= \int_0^1 e_j(x)\overline{e_m(x)}\mathrm{d}x \int_0^1 e_n(y)\overline{e_k(y)}\mathrm{d}y = 0.$$

因此 $\{\varphi_{jk} | j,k = 1,2,\cdots\}$ 是 $L^2((0,1) \times (0,1))$ 中的标准正交集. 如果 $\varphi \in L^2((0,1) \times (0,1))$, 则

$$\int_0^1 \int_0^1 |\varphi(x,y)|^2 \mathrm{d}x\mathrm{d}y < \infty,$$

因此对几乎所有的 $y \in (0,1)$ 都有

$$\int_0^1 |\varphi(x,y)|^2 \mathrm{d}x < \infty.$$

设 $\varphi_y(x) \triangleq \varphi(x,y)$, $x \in (0,1)$, 则 $\varphi_y \in L^2(0,1)$, a.e. $y \in (0,1)$. 于是

$$f_j(y) \triangleq \int_0^1 e_j(x)\overline{\varphi(x,y)}\mathrm{d}x$$

在 $[a,b]$ 上几乎处处有定义, 并且

$$\begin{aligned}\int_0^1 |f_j(y)|^2 \mathrm{d}y &= \int_0^1 \left|\int_0^1 e_j(x)\overline{\varphi(x,y)}\mathrm{d}x\right|^2 \mathrm{d}y \\ &\leqslant \int_0^1 \left(\int_0^1 |e_j(x)|^2\mathrm{d}x \cdot \int_0^1 |\varphi(x,y)|^2\mathrm{d}x\right)\mathrm{d}y \\ &= \int_0^1 |e_j(x)|^2\mathrm{d}x \int_0^1 \int_0^1 |\varphi(x,y)|^2\mathrm{d}x\mathrm{d}y < \infty,\end{aligned}$$

即 $f_j \in L^2(0,1)$. 又由 Parseval 等式可得

$$\begin{aligned}\|f_j\|^2 &= \sum_{k=1}^\infty \left|\int_0^1 f_j(y)\overline{e_k(y)}\mathrm{d}y\right|^2 \\ &= \sum_{k=1}^\infty \left|\int_0^1\int_0^1 \overline{\varphi(x,y)}e_j(x)\overline{e_k(y)}\mathrm{d}x\mathrm{d}y\right|^2 \\ &= \sum_{k=1}^\infty \left|\int_0^1\int_0^1 \varphi_{jk}(x,y)\overline{\varphi(x,y)}\mathrm{d}x\mathrm{d}y\right|^2.\end{aligned}$$

于是, 如果 $(\varphi, \varphi_{jk}) = 0$, $k = 1,2,\cdots$, 则 $f_j = 0$, $j = 1,2,\cdots$. 由 $\{e_j\}_{j=1}^\infty$ 是 $L^2(0,1)$ 的正规正交基可知 $\varphi_y = 0$, a.e. $y \in (0,1)$. 故 $\varphi(x,y) = 0$, a.e. $(x,y) \in (0,1) \times (0,1)$. 因此 $\{\varphi_{jk} | j,k = 1,2,\cdots\}$ 是 $L^2((0,1) \times (0,1))$ 的完全标准正交集, 所以 $\{\varphi_{jk} | j,k = 1,2,\cdots\}$ 是 $L^2((0,1) \times (0,1))$ 的正规正交基.

由 $K(x,y) \in L^2((0,1) \times (0,1))$ 知, 存在 $\alpha_{jk} \in \mathbb{C}$, $j,k = 1,2,\cdots$ 使得

$$K(x,y) = \sum_{j,k=1}^\infty \alpha_{jk}\varphi_{jk}(x,y),$$

其中

$$\sum_{j,k=1}^\infty |\alpha_{jk}|^2 < \infty.$$

5.1 紧算子

令
$$K_N(x,y) = \sum_{j,k=1}^{N} \alpha_{jk}\varphi_{jk}(x,y), \quad N=1,2,\cdots,$$

则
$$\lim_{N\to\infty} \|K_N - K\|^2_{L^2((0,1)\times(0,1))} = \lim_{N\to\infty} \sum_{j \text{ 或 } k > N} |\alpha_{jk}|^2 = 0.$$

设
$$(A_N f)(x) = \int_0^1 K_N(x,y)f(y)\mathrm{d}y, \quad f = f(\cdot) \in L^2(0,1),$$

则由 $\varphi_{jk}(x,y) = e_j(x)\overline{e_k(y)}$ 可得
$$(A_N f)(x) = \int_0^1 \sum_{j,k=1}^{N} \alpha_{jk} e_j(x)\overline{e_k(y)} f(y)\mathrm{d}y$$
$$= \sum_{j,k=1}^{N} \alpha_{jk} \left[\int_0^1 \overline{e_k(y)} f(y)\mathrm{d}y\right] e_j(x).$$

所以 A_N 的值域包含在 $\{e_1,\cdots,e_N\}$ 张成的子空间中, 因而 A_N 是有限秩算子.

设 $f \in L^2(0,1)$, 由 Schwarz 不等式可得
$$\|(A_n - A)f\| = \left[\int_0^1 |[(A_N - A)f](x)|^2 \mathrm{d}x\right]^{1/2}$$
$$= \left[\int_0^1 \left|\int_0^1 [K_N(x,y) - K(x,y)]f(y)\mathrm{d}y\right|^2\right]^{1/2}$$
$$\leqslant \left[\int_0^1 \left(\int_0^1 |K_N(x,y) - K(x,y)|^2 \mathrm{d}y \cdot \int_0^1 |f(y)|^2 \mathrm{d}y\right) \mathrm{d}x\right]^{1/2}$$
$$= \left(\int_0^1 \int_0^1 |K_N(x,y) - K(x,y)|^2 \mathrm{d}x\mathrm{d}y\right)^{1/2} \cdot \left(\int_0^1 |f(y)|^2 \mathrm{d}y\right)$$
$$= \|K_n - K\|_{L^2((0,1)\times(0,1))} \|f\|,$$

故
$$\lim_{N\to\infty} \|A_N - A\| \leqslant \lim_{N\to\infty} \|K_N - K\|_{L^2((0,1)\times(0,1))} = 0.$$

故由定理 5.4 可得 A 是紧算子.

上例还可做如下推广:

设 $1 < p, q < \infty, K \in L^1((0,1)\times(0,1))$ 满足 $\int_0^1 \left(\int_0^1 |K(t,s)|^q \mathrm{d}s\right)^{\frac{p}{q}} \mathrm{d}t < \infty$, 则算子

$$(Ax)(t) = \int_0^1 k(t,s)x(s)\mathrm{d}s, \quad \forall x \in L^p(0,1)$$

是 $L^p(0,1)$ 到 $L^q(0,1)$ 的紧算子. 该结论的证明留给读者. 另一方面, 该结论不能推广到 $p=1$ 的情形 (见文献 [11] 的 406 页).

5.2 Hilbert-Schmidt 算子

本节介绍算子论中一类重要的算子, 即 Hilbert-Schmidt 算子. 这类算子在积分方程中也具有重要应用. 本节中, 假设 H 和 G 为可分的 Hilbert 空间.

定义 5.4 设 A 是 H 到 G 的线性算子. 如果存在 H 上标准正交基 $\{e_n\}_{n=1}^\infty$ 使得 $\|A\|_2 \triangleq (\sum_{n=1}^\infty \|Ae_n\|^2)^{\frac{1}{2}} < \infty$, 则称 A 是 H 到 G 的 Hilbert-Schmidt 算子.

设 $\{e_n\}_{n=1}^\infty, \{\tilde{e}_n\}_{n=1}^\infty$ 是 Hilbert 空间 H 的标准正交基, $\{f_n\}_{n=1}^\infty$ 是 Hilbert 空间 G 的标准正交基, $A \in \mathcal{L}(H,G)$, 则由 Parseval 等式可得

$$\begin{aligned}\sum_{m=1}^\infty \|Ae_m\|^2 &= \sum_{m,n=1}^\infty (Ae_m, f_n)^2 = \sum_{m,n=1}^\infty (e_m, A^*f_n)^2 = \sum_{m,n=1}^\infty (\tilde{e}_m, A^*f_n)^2 \\ &= \sum_{m,n=1}^\infty (A\tilde{e}_m, f_n)^2 = \sum_{m=1}^\infty \|A\tilde{e}_m\|^2.\end{aligned} \tag{5.8}$$

因此 Hilbert-Schmidt 算子的定义与 H 上标准正交基的选取无关, 用 $\mathcal{L}^2(H,G)$ 表示所有 H 到 G 的 Hilbert-Schmidt 算子所组成的集合. 如果 $H=G$, 则简记 $\mathcal{L}^2(H,G)$ 为 $\mathcal{L}^2(H)$.

例 5.5 设 $a = (a_1, a_2, \cdots) \in l^2$. 定义 l^2 算子为

$$Ae_n = a_n e_n, \quad e_n = (0, \cdots, 0, 1, 0, \cdots).$$

则 $A \in \mathcal{L}^2(l^2)$.

例 5.6 设 $\{e_n\}_{n=1}^\infty$ 是 l^2 的标准正交基. $\{a_{m,n}\}_{m,n=1}^\infty \subset \mathbb{C}$. 当 $\sum_{m,n=1}^\infty |a_{m,n}|^2 < \infty$ 时, 下列 l^2 上的线性算子

$$Ax = \sum_{m=1}^\infty \left(\sum_{n=1}^\infty a_{m,n} x_m\right) e_m, \quad x = \sum_{n=1}^\infty x_n e_n$$

是 Hilbert-Schmidt 算子.

例 5.7 由例 5.4 的计算可知该例中定义的算子 A_K 是 Hilbert-Schmidt 算子. Hilbert-Schmidt 算子有下列性质.

定理 5.12 设 $A \in \mathcal{L}^2(H,G)$, 则

(1) $\|A\|_2 = \|A^*\|_2$;

(2) $\|A\| \leqslant \|A\|_2$;

(3) 如果 $B_1 \in \mathcal{L}(H)$, $B_2 \in \mathcal{L}(G)$, 那么 $AB_1 \in \mathcal{L}^2(H,G)$, $B_2A \in \mathcal{L}^2(H,G)$ 且

$$\|B_2A\|_2 \leqslant \|B_2\|\|A\|_2, \quad \|AB_1\|_2 \leqslant \|B_1\|\|A\|_2;$$

(4) 在 $\|\cdot\|_2$ 下, $\mathcal{L}^2(H,G)$ 是一个 Hilbert 空间;

(5) A 是紧的, 且有限秩算子在 $\mathcal{L}^2(H,G)$ 中稠密;

(6) $\mathcal{L}^2(H,G)$ 是可分的 Hilbert 空间.

证明 (1) 设 $\{e_n\}_{n=1}^\infty$ 和 $\{f_n\}_{n=1}^\infty$ 分别是 H 和 G 的标准正交基, $A \in \mathcal{L}^2(H,G)$, 则由 Parseval 等式可得

$$\sum_{m=1}^\infty \|Ae_m\|^2 = \sum_{m,n=1}^\infty (Ae_m,f_n)^2 = \sum_{m,n=1}^\infty (e_m,A^*f_n)^2 = \sum_{m=1}^\infty \|A^*f_m\|^2.$$

(2) 由定义可知

$$\|A\| = \sup_{a=(a_1,a_2,\cdots)\in l^2, \|a\|=1} \left\|A\sum_{n=1}^\infty a_n e_n\right\|$$

$$\leqslant \left(\sup_{a=(a_1,a_2,\cdots)\in l^2, \|a\|=1} \sum_{n=1}^\infty a_n^2 \|Ae_n\|^2\right)^{\frac{1}{2}}$$

$$\leqslant \sup_{a=(a_1,a_2,\cdots)\in l^2, \|a\|=1} \left(\sum_{n=1}^\infty a_n^2\right)^{\frac{1}{2}} \left(\sum_{n=1}^\infty \|Ae_n\|^2\right)^{\frac{1}{2}}$$

$$= \|A\|_2.$$

(3) 直接计算可得

$$\|B_2A\|_2 = \left(\sum_{n=1}^\infty \|B_2Ae_n\|^2\right)^{\frac{1}{2}}$$

$$\leqslant \left(\sum_{n=1}^\infty a_n^2\right)^{\frac{1}{2}} \left(\sum_{n=1}^\infty \|B_2\|\|Ae_n\|^2\right)^{\frac{1}{2}}$$

$$= \|B_2\|\|A\|_2.$$

同理可得关于 B_2A 的结论.

(4) 容易验证 $\|\cdot\|_2$ 是 $\mathcal{L}^2(H,G)$ 上的范数. 设 $\{A_k\}_{k=1}^\infty \subset \mathcal{L}^2(H,G)$ 是一个 Cauchy 列. 因此 $\{A_k\}_{k=1}^\infty$ 在 $\mathcal{L}^2(H,G)$ 中有界. 由 (2) 知 $\{A_k\}_{k=1}^\infty$ 是 $\mathcal{L}(H,G)$ 中的 Cauchy 列. 所以存在 $A \in \mathcal{L}(H,G)$ 使得 $\lim\limits_{k\to\infty} \|A_k - A\| = 0$. 由控制收敛定理可得

$$\|A\|_2 = \left(\sum_{n=1}^\infty \|Ae_n\|^2\right)^{\frac{1}{2}} = \left(\sum_{n=1}^\infty \lim_{k\to\infty}\|A_k e_n\|^2\right)^{\frac{1}{2}} = \lim_{k\to\infty}\left(\sum_{n=1}^\infty \|A_k e_n\|^2\right)^{\frac{1}{2}} < \infty.$$

所以 $A \in \mathcal{L}^2(H,G)$. 因此 $\mathcal{L}^2(H,G)$ 是 Banach 空间. 在其上定义内积为

$$(A_1, A_2)_2 \triangleq \sum_{n=1}^\infty (A_1 e_n, A_2 e_n), \quad A_1, A_2 \in \mathcal{L}^2(H,G). \tag{5.9}$$

类似于等式 (5.8) 的计算可知, 此内积是良定的且不依赖于标准正交基 $\{e_n\}_{n=1}^\infty$ 的选取. 同时,

$$(A_1, A_1)_2 \triangleq \sum_{n=1}^\infty (A_1 e_n, A_1 e_n) = \sum_{n=1}^\infty \|A_1 e_n\|^2, \quad A_1 \in \mathcal{L}^2(H,G). \tag{5.10}$$

所以 $\|\cdot\|_2$ 可由内积 $(\cdot,\cdot)_2$ 诱导出来.

(5) 设 $A \in \mathcal{L}^2(H)$. 由定义知对任意 $\varepsilon > 0$, 存在 $N \in \mathbb{N}$ 使得当 $n \geqslant N$ 时, $\sum_{n\geqslant N}\|Ae_n\|^2 \leqslant \varepsilon$. 定义有限秩算子 B 为: 在 $H_N = \text{span}\{e_1, e_2, \cdots, e_N\}$ 上, $B = A$; 在 $H_N^\perp$ 上, $B = 0$. 那么

$$\|A - B\|_2^2 = \sum_{n\geqslant N} \|Ae_n\|^2 \leqslant \varepsilon.$$

结合 (2) 知 A 是紧的.

(6) 由 (5) 直接可得. □

5.3 Fredholm 算子

本节介绍与方程可解性紧密联系的 Fredholm 算子理论.

定义 5.5 设 X, Y 均为 Banach 空间, $A \in \mathcal{L}(X,Y)$, 如果

(1) $\mathcal{R}(A)$ 是闭的;

(2) $\dim \text{Ker}(A) < +\infty$;

(3) $\text{codim}\,\mathcal{R}(A) < +\infty$,

则称 A 为 Fredholm 算子.

5.3 Fredholm 算子

记 X 到 Y 的 Fredholm 算子全体为 $\mathcal{F}(X,Y)$. 当 $X = Y$ 时, 记 $\mathcal{F}(X) = \mathcal{F}(X,X)$.

注记 5.3 当 $\mathcal{R}(A)$ 为闭集且 $\dim\operatorname{Ker}(A) = \operatorname{codim}\mathcal{R}(A) = 0$ 时, 由逆算子定理, $A^{-1} \in \mathcal{L}(Y,X)$. 由此可见 Fredholm 算子是可逆算子的一种推广.

定义 5.6 设 X, Y 为 Banach 空间, $A \in \mathcal{F}(X,Y)$, 规定 A 的指标为

$$\operatorname{ind} A = \dim \operatorname{Ker}(A) - \operatorname{codim} \mathcal{R}(A).$$

例 5.8 设 X 为 Banach 空间, A 为 X 上紧算子. 令 $T = I - A$. 因为 A 是紧算子, 所以 $\dim \operatorname{Ker} T < +\infty$. 由定理 5.6, $\mathcal{R}(T)$ 是闭的, 则 $T \in \mathcal{F}(X)$. 又由定理 5.8-(4) 知 $\operatorname{codim}\mathcal{R}(T) = \dim \operatorname{Ker} T$. 故而 $\operatorname{ind} T = 0$.

由此可见, Fredholm 算子又可视为形如 $I - A$ (其中 A 是紧算子) 的算子的推广.

例 5.9 设 $X = l^2$, A 是 X 上的左平移算子, 即

$$A : x = (x_1, x_2, \cdots) \to (x_2, x_3, \cdots),$$

则 $\operatorname{Ker} A = \{(x_1, 0, \cdots) | x_1 \in \mathbb{F}\}$, $\mathcal{R}(A) = l^2$, 从而 $A \in \mathcal{F}(X)$ 且

$$\operatorname{ind} A = \dim \operatorname{Ker} A - \operatorname{codim} \mathcal{R}(A) = 1 - 0 = 1.$$

对算子 A, 其共轭算子 A^* 为右平移算子, 即

$$A^* : x = (x_1, x_2, \cdots) \to (0, x_1, x_2, \cdots),$$

则 $\operatorname{Ker} A^* = \{0\}$. 又记 $e_1 = (1, 0, \cdots)$. 显然有 $X/\mathcal{R}(A^*) = \{\alpha e_1 | \alpha \in \mathbb{F}\}$. 因此 $A^* \in \mathcal{F}(X)$ 且

$$\operatorname{ind} A^* = \dim \operatorname{Ker} A^* - \operatorname{codim} \operatorname{R} A^* = 0 - 1 = -1.$$

一般地, 还有以下结论: 对一切 $n \in \mathbb{N}^+$,

$$A^n \in \mathcal{F}(X), \quad \operatorname{ind} T^n = n$$

$$A^{*n} \in \mathcal{F}(X), \quad \operatorname{ind} A^{*n} = -n.$$

下面的定理刻画了 Fredholm 算子的特征.

定理 5.13 (1) 设 $A \in \mathcal{F}(X,Y)$, 则存在 $S \in \mathcal{L}(Y,X)$ 和 $A_1 \in \mathcal{C}(X)$, $A_2 \in \mathcal{C}(Y)$, 使得

$$SA = I_X - A_1, \quad AS = I_Y - A_2;$$

(2) 设 $A \in \mathcal{L}(X,Y)$, 如果有 $S_1, S_2 \in \mathcal{L}(Y,X)$, $A_1 \in \mathcal{C}(X)$, $A_2 \in \mathcal{C}(Y)$, 使得

$$S_1 A = I_X - A_1, \quad A S_2 = I_Y - A_2,$$

则 $T \in \mathcal{F}(X,Y)$.

证明 (1) 当 $A \in \mathcal{F}(X,Y)$ 时, $\dim \operatorname{Ker} A < +\infty$, $\dim \mathcal{R}(A) < +\infty$. 由定理 4.13, 存在投影算子

$$A_1 : X \to \operatorname{Ker} A, \quad A_2 : Y \to Y/\mathcal{R}(A),$$

其中, $Y/\mathcal{R}(A)$ 视为 Y 中与商空间 $Y/\mathcal{R}(A)$ 同构, 且与 $\mathcal{R}(A)$ 直和为 Y 的有限维子空间. 因 A_1, A_2 均为有限秩算子, 从而是紧算子. 定义算子 $\tilde{A} : X/\operatorname{Ker} A \to \mathcal{R}(A)$ 为

$$\tilde{A}\tilde{x} = Ax, \quad x \in \tilde{x} \in X/\operatorname{Ker} A.$$

因 $\mathcal{R}(A)$ 是 Y 的闭子空间, $\tilde{A}$ 是两个 Banach 空间之间的连续双射, 由逆算子定理, $\tilde{A}$ 具有有界逆.

记 $S = \tilde{A}^{-1}(I_Y - A_2)$. 注意到

$$A = \tilde{A}(I_X - A_1), \quad \tilde{A} = (I_Y - A_2)\tilde{A}, \quad \tilde{A}^{-1} = (I_X - A_1)\tilde{A}^{-1},$$

于是

$$SA = \tilde{A}^{-1}(I_Y - A_2)\tilde{A}(I_X - A_1)$$
$$= \tilde{A}^{-1}\tilde{A}(I_X - A_1) = I_X - A_1,$$
$$TS = \tilde{A}(I_X - A_1)\tilde{A}^{-1}(I_Y - A_2)$$
$$= \tilde{A}\tilde{A}^{-1}(I_Y - A_2) = I_Y - A_2.$$

(2) 如果存在满足定理要求的 S_1, S_2, A_1, A_2, 则

$$\operatorname{Ker} A \subset \operatorname{Ker}(S_1 A) = \operatorname{Ker}(I_X - A_1).$$

从而 $\dim \operatorname{Ker} A < +\infty$. 另一方面,

$$R(A) \supset \mathcal{R}(AS_2) = R(I_Y - A_2).$$

因此

$$\operatorname{codim} \mathcal{R}(A) \leqslant \operatorname{codim} \mathcal{R}(I_Y - A_2)$$

5.3 Fredholm 算子

$$= \dim \mathrm{Ker}\,(I_Y - A_2) < +\infty.$$

又由 $\mathcal{R}(A) \supset \mathcal{R}(AS_2)$ 和 $\mathrm{codim}\,\mathcal{R}(AS_2) < +\infty$ 知必有有限维子空间 M, 使得 $\mathcal{R}(A) = \mathcal{R}(AS_2) + M$. 因为 $AS_2 = I_Y - A_2$ 具有闭值域, 故 $\mathcal{R}(A)$ 也是闭的.

综上所知 $A \in \mathcal{F}(X, Y)$. □

注记 5.4 由 (2) 可知, 在 (1) 中出现的算子 $S \in \mathcal{F}(Y, X)$.

注记 5.5 由定理可知, 当 $Y = X$ 时 $\mathcal{F}(X)$ 实际上即商空间 $\mathcal{L}(X)/\mathcal{C}(X)$ 中的可逆算子全体.

下面来讨论 Fredholm 算子的乘积及其指标.

定理 5.14 设 X, Y, Z 为 Banach 空间, $A_1 \in \mathcal{F}(X, Y)$, $A_2 \in \mathcal{F}(Y, Z)$, 则 $A_2 A_1 \in \mathcal{F}(X, Z)$ 且

$$\mathrm{ind}\,(A_2 A_1) = \mathrm{ind}\,A_2 + \mathrm{ind}\,A_1.$$

证明 因 A_1, A_2 为 Fredholm 算子, 由定理 5.13 知存在 $S_1 \in \mathcal{L}(Y, X)$, $S_2 \in \mathcal{L}(Z, Y)$, 使得

$$\begin{cases} S_1 A_1 = I_X - A_{11}, \\ A_1 S_1 = I_Y - A_{21}, \end{cases} \quad \begin{cases} S_2 A_2 = I_Y - A_{12}, \\ A_2 S_2 = I_X - A_{22}, \end{cases}$$

其中 $A_{11} \in \mathcal{C}(X)$, $A_{12}, A_{21} \in \mathcal{C}(Y)$, $A_{22} \in \mathcal{C}(Z)$. 令 $S = S_1 S_2$, 则

$$\begin{aligned} S(A_2 A_1) &= S_1 S_2 A_2 A_1 = S_1 (I_Y - A_{12}) A_1 \\ &= S_1 A_1 - S_1 A_{12} A_1 = I_X - A_{11} - S_1 A_{12} A_1, \end{aligned}$$

这里 $-A_{11} - S_1 A_{12} A_1 \in \mathcal{C}(X)$. 同理可得 $(A_2 A_1)S$ 与 I_Z 之差为紧算子. 由定理 5.13 可知 $A_2 A_1 \in \mathcal{F}(X; Z)$.

记 $Y_2 = \mathcal{R}(A_1) \cap \mathrm{Ker}\,A_2$, 则有 $\dim Y_2 < +\infty$. 取闭子空间 Y_1, Y_3 使得

$$\mathcal{R}(A_1) = Y_2 + Y_1,$$
$$\mathrm{Ker}\,A_2 = Y_2 + Y_3.$$

由定义可得

$$\dim (Y/\mathrm{Ker}\,A_2 + Y_1) = \dim (Y/\mathrm{Ker}\,A_2 + Y_1) \leqslant \dim (Y/Y_1 + Y_2)$$
$$= \mathrm{codim}\,\mathcal{R}(A_1) < +\infty.$$

取闭子空间 Y_4 使得

$$Y/\mathrm{Ker}\,A_2 = Y_1 + Y_4.$$

令 $A = A_2 A_1$, 定义算子 $\tilde{A}_1 : X/\text{Ker } A_1 \to \mathcal{R}(A_1)$ 为

$$\tilde{A}_1 \tilde{x} = A_1 x, \quad x \in \tilde{x} \in X/\text{Ker } A_1.$$

定义算子 $\tilde{A}_2 : Y/\text{Ker } A_2 \to \mathcal{R}(A_1)$ 为

$$\tilde{A}_2 \tilde{x} = A_2 x, \quad x \in \tilde{x} \in Y/\text{Ker } A_2.$$

于是, $\tilde{A}_1, \tilde{A}_2$ 分别与 A_1, A_2 同构. 由

$$\text{Ker } A = \text{Ker } A_1 + \tilde{A}_1^{-1} Y_2,$$
$$\mathcal{R}(A_2) = \mathcal{R}(A) + \tilde{A}_2 Y_4,$$

可得

$$\dim \text{Ker } A = \dim \text{Ker } A_1 + \dim Y_2,$$
$$\text{codim } \mathcal{R}(A) = \text{codim } \mathcal{R}(A_2) + \dim Y_4.$$

因为

$$\text{codim } \mathcal{R}(A_1) = \dim Y_3 + \dim Y_4,$$
$$\dim \text{Ker } A_2 = \dim Y_2 + \dim Y_3,$$

所以

$$\begin{aligned}
\text{ind } A &= \dim \text{Ker } A - \text{codim } \mathcal{R}(A) \\
&= \dim \text{Ker } A_1 + \dim Y_2 - \text{codim } \mathcal{R}(A_2) - \dim Y_4 \\
&= \dim \text{Ker } A_1 + \dim \text{Ker } A_2 - \text{codim } \mathcal{R}(A_2) - \text{codim } \mathcal{R}(A_1) \\
&= \text{ind } A_1 + \text{ind } A_2.
\end{aligned}$$
□

最后来证明 Fredholm 算子及其指标关于小扰动的不变性.

定理 5.15 设 $A \in \mathcal{F}(X;Y)$, 则存在 $\varepsilon > 0$, 使得当 $S \in \mathcal{L}(X,Y)$ 且 $\|S\| < \varepsilon$ 时, $A + S \in \mathcal{F}(X,Y)$ 且

$$\text{ind } (A + S) = \text{ind } A.$$

证明 由定理 5.13 知可取 $R \in \mathcal{F}(Y,X)$, $A_1 \in \mathcal{C}(X)$, $A_2 \in \mathcal{C}(Y)$ 使得

$$RA = I_X - A_1, \quad AR = I_Y - A_2.$$

对于 $S \in \mathcal{L}(X,Y)$ 有

$$R(A+S) = I_X - A_1 + RS,$$

$$(A+S)R = I_Y - A_2 + SR.$$

于是当 $\|S\| < \dfrac{1}{\|R\|}$ 时, $I_X + SR$ 可逆. 所以有

$$(I_X + RS)^{-1}R(A+S) = I_X - (I_X + RS)^{-1}A_1,$$

$$(A+S)R(I_Y + SR)^{-1} = I_Y - A_2(I_Y + SR)^{-1}.$$

因 $(I_X + RS)^{-1}A_1 \in \mathcal{C}(X)$, $A_2(I_Y + SR)^{-1} \in \mathcal{C}(Y)$, 由定理 5.13 知 $A + S \in \mathcal{F}(X,Y)$.

注意到恒等算子与紧算子之差的指标及可逆算子的指标均为 0, 利用定理 5.14 可得

$$\operatorname{ind} R + \operatorname{ind} A = \operatorname{ind}(I_X - A_1) = 0$$

和

$$\operatorname{ind} R + \operatorname{ind}(A+S) = \operatorname{ind}(I_X + RS)^{-1} + \operatorname{ind} R + \operatorname{ind}(A+S)$$

$$= \operatorname{ind}(I_X - (I_X + RS)^{-1}A_1) = 0.$$

所以

$$\operatorname{ind}(A+S) = \operatorname{ind} A. \qquad \square$$

习　题　5

1. 设数列 $\{\alpha_n\}_{n=1}^{\infty} \subset \mathbb{F}$ 满足 $\lim\limits_{n \to \infty} \alpha_n = 0$. 在 l^1 中定义算子 A 为

$$Ax = (\alpha_1\xi_1, \alpha_2\xi_2, \cdots, \alpha_n\xi_n, \cdots), \quad x = (\xi_1, \xi_2, \cdots, \xi_n, \cdots) \in l^1.$$

证明: A 是 l^1 上的紧算子.

2. 设 K 是 $\mathbb{R}^2$ 上的 Lebesgue 可测函数, 满足 $\iint\limits_{\mathbb{R}^2} |K(x,y)|^2 \mathrm{d}x\mathrm{d}y < \infty$. 定义 $L^2(\mathbb{R})$ 上的线性算子 A 为

$$(Af)(x) = \int_{\mathbb{R}} K(x,y)f(y)\mathrm{d}y, \quad f \in L^2(\mathbb{R}).$$

A 是否为 $L^2(\mathbb{R})$ 上的紧算子?

3. 设 Ω 是 $\mathbb{R}^n$ 上的一个有界区域, $\alpha < n$. 定义算子 $A: L^2(\Omega) \to L^2(\Omega)$ 为

$$Af(x) = \int_\Omega \frac{f(y)}{|x-y|^\alpha} \mathrm{d}y, \quad f \in L^2(\Omega).$$

A 是否为 $L^2(\Omega)$ 上的紧算子?

4. 设 H 为可分 Hilbert 空间, $\{e_n\}_{n=1}^\infty$ 为 H 的标准正交基, $\{\lambda_n\}_{n=1}^\infty$ 为有界实数列.
   (i) 证明: 对任意 $x \in H$, 级数 $\sum_{n=1}^\infty \lambda_n (x, e_n) e_n$ 在 H 中收敛.
   (ii) 定义算子 A 为

$$Ax \triangleq \sum_{n=1}^\infty \lambda_n (x, e_n) e_n, \quad x \in H.$$

证明: A 是 H 上的自伴线性算子.
   (iii) 证明: $\{\lambda_n\}_{n=1}^\infty$ 中所有元素都是 A 的特征值, e_n 是相应的特征向量.
   (iv) 证明: 如果 $\{\lambda_n\}_{n=1}^\infty$ 中所有元素均不为零, 则 A 为单射.
   (v) 证明: 如果 $\lim\limits_{n\to\infty} \lambda_n = 0$, 则 A 是紧的.

5. 设 X 为无穷维 Banach 空间, $A \in \mathcal{C}(X)$, 证明: A 没有有界逆.

6. 设 X 为无穷维 Banach 空间. 证明: $A \in \mathcal{C}(X)$ 当且仅当 $\mathcal{R}(A)$ 不包含无穷维的子空间.

7. 设 p 为常数项非零的多项式, A 为无穷维 Banach 空间上的有界算子, 且 $p(A) = 0$. 证明: A 不是紧算子.

8. 记 e_n 是 l^2 空间中第 n 个坐标为 1, 其余坐标为 0 的元素. 设 $\sum_{j,k=1}^\infty |a_{jk}|^2 < +\infty$. 定义 l^2 上的算子 A 为

$$Ae_k = \sum_{j=1}^\infty a_{jk} e_j.$$

证明: A 是 l^2 上的紧算子.

9. 设 $A \in \mathcal{C}(H)$, $\{e_n\}_{n=1}^\infty$ 是 H 的一个标准正交基, P_n 是到 $\mathrm{span}\{e_1, \cdots, e_n\}$ 的正交投影. 证明: $\lim\limits_{n\to\infty} \|A - AP_n\| = 0$.

10. 沿用上题记号, 定义 l^2 上的算子 A 为

$$Ae_k = \frac{1}{k} e_{k+1}.$$

证明: A 是 l^2 上的紧算子.

11. 设 $\{\alpha_n\}_{n=1}^\infty$ 是收敛于 0 的数列, 定义 $l^p, p \in [1, \infty)$ 上的算子 A 为

$$Ax = (\alpha_1 x_1, \alpha_2 x_2, \cdots), \quad \forall x = (x_1, x_2, \cdots) \in l^p.$$

证明: A 是 l^p 上的紧算子.

12. 设 K 是 $(0,1) \times (0,1)$ 上 Lebesgue 可测函数, 满足 $\int_0^1 \left(\int_0^1 |K(x,y)|^q \mathrm{d}y \right)^{\frac{p}{q}} \mathrm{d}x <$

∞, $\frac{1}{p}+\frac{1}{q}=1, p>1$. 定义 $L^p(0,1)$ 上的线性算子

$$(Af)(x)=\int_0^1 K(x,y)f(y)\mathrm{d}y, \quad f\in L^p(0,1).$$

证明: A 为紧算子.

13. 设 A 是 Hilbert 空间 H 上的紧算子, $\{x_n\}_{n=1}^\infty\subset H$ 弱收敛到 x_0, $\{y_n\}_{n=1}^\infty\subset H$ 弱收敛到 y_0. 证明: $\lim\limits_{n\to\infty}(Ax_n,y_n)=(Ax_0,y_0)$.

14. 定义 $C([0,1])$ 上的算子 A 为

$$Af(x)=\int_0^{1-x} f(t)\mathrm{d}t, \quad x\in[0,1], \quad f\in C([0,1]).$$

证明: A 是紧算子.

15. 设 H,G 为 Hilbert 空间, $A\in\mathcal{L}(H,G)$. 证明: 如果 A 是有限秩算子, 则 A 必是 Hilbert-Schmidt 算子.

16. 设 X 是自反 Banach 空间. 证明: 如果当 $\{x_n\}_{n=1}^\infty\subset X$ 弱收敛到 x_0 时必有 $\lim\limits_{n\to\infty}Ax_n=Ax_0$, 则 A 为紧算子.

17. 设 X,Y 为无穷维 Banach 空间, $A\in\mathcal{C}(X,Y)$. 证明:

(i) $\mathcal{R}(A)\neq Y$;

(ii) 如果闭线性子空间 $M\subset\mathcal{R}(A)$, 则 $\dim M<+\infty$.

18. 设 X 为 Banach 空间, $A\in\mathcal{L}(X)$, 且存在 $n\in\mathbb{N}$ 使得 $I-A^n\in\mathcal{C}(X)$. 证明: $A\in\mathcal{F}(X)$.

19. 设 X,Y 为 Banach 空间, $A\in\mathcal{C}(X,Y)$. 证明: $AX\subset Y$ 是第一纲的.

20. 设 X,Y 为 Banach 空间, $B\in\mathcal{F}(X,Y)$, $A\in\mathcal{C}(X,Y)$. 证明:

(i) $B+A\in\mathcal{F}(X,Y)$;

(ii) $\mathrm{ind}\,(T+A)=\mathrm{ind}\,T$.

21. 设 X,Y 为 Banach 空间, $A\in\mathcal{F}(X,Y)$. 证明:

(i) $A^*\in\mathcal{F}(Y',X')$;

(ii) $\mathrm{ind}\,A^*=-\mathrm{ind}\,A$.

22. 设 X,Y,Z 均为 Banach 空间, $A\in\mathcal{L}(X,Y)$, $B\in\mathcal{L}(Y,Z)$, $BA\in\mathcal{F}(X,Z)$ 且 $\dim\mathrm{Ker}\,B<+\infty$. 证明: $A\in\mathcal{F}(X,Y)$ 且 $B\in\mathcal{F}(Y,Z)$.

第 6 章 有界线性算子的谱理论

6.1 有界线性算子谱的定义和基本性质

6.1.1 有界线性算子谱的定义

定义 6.1 设 X 是复数域 $\mathbb{C}$ 上的 Banach 空间,$A \in \mathcal{L}(X)$,I 是 X 上的恒等算子,称

$$\rho(A) \triangleq \{\lambda \in \mathbb{C} \mid \lambda I - A \text{ 是双射}\}$$

为 A 的预解集;称 $R(\lambda, A) \triangleq (\lambda I - A)^{-1}$ 为 A 的预解式或预解算子;称 $\sigma(A) \triangleq \mathbb{C} \setminus \rho(A)$ 为 A 的谱集,$\sigma(A)$ 中的点称为 A 的谱点或谱.

注记 6.1 由 Banach 逆算子定理,如果 $\lambda \in \rho(A)$,则 $(\lambda I - A)^{-1} \in \mathcal{L}(X)$. 反之,如果 $\lambda \notin \rho(A)$,只能有如下定义中的三种情况.

定义 6.2 设 $\lambda \in \mathbb{C}$.

(i) 如果 $\lambda I - A$ 不是单射,则存在非零向量 $x \in X$ 使得

$$Ax = \lambda x,$$

称此 λ 为 A 的特征值或点谱,x 为 A 对应于 λ 的特征向量. A 的特征值全体记为 $\sigma_p(A)$.

(ii) 如果 $\lambda I - A$ 的值域 $\mathcal{R}(\lambda I - A) \neq X$,但 $\overline{\mathcal{R}(\lambda I - A)} = X$,则称 λ 为 A 的连续谱. A 的连续谱的全体记为 $\sigma_c(A)$.

(iii) 如果 $\overline{\mathcal{R}(\lambda I - A)} \neq X$,则称 λ 为 A 的剩余谱. A 的剩余谱的全体记为 $\sigma_r(A)$.

以上定义给出了谱集的分类. 由定义 6.1 和定义 6.2 可知

$$\mathbb{C} = \rho(A) \cup \sigma(A) = \rho(A) \cup \sigma_p(A) \cup \sigma_c(A) \cup \sigma_r(A).$$

例 6.1 当 X 为 n 维线性空间,A 为 X 上的线性变换时,有

$$\dim \mathcal{R}(A - \lambda I) = n - \dim \operatorname{Ker}(A - \lambda I),$$

因此 $A - \lambda I$ 为单射等价于它为满射,则 $\lambda \in \sigma(A)$ 当且仅当 λ 为 A 的特征值. 从而,有限维空间上线性算子的谱即其特征值全体.

6.1 有界线性算子谱的定义和基本性质

无穷维空间上线性算子的谱要复杂得多.

例 6.2 设 $X = C([a,b])$, 定义 X 上的算子 A 为

$$(Ax)(t) = \int_a^t x(\tau)\mathrm{d}\tau, \quad \forall x \in C([a,b]).$$

如果存在 $x \in C([a,b])$ 和 $\lambda \in \mathbb{C}$ 使得 $Ax = \lambda x$, 则

$$\int_a^t x(\tau)\mathrm{d}\tau = \lambda x(t), \quad t \in [a,b].$$

当 $\lambda = 0$ 时, 则对任意 $t \in [a,b]$, $\int_a^t x(\tau)\mathrm{d}\tau = 0$. 对 t 求导即得 $x(t) = 0$. 因此 0 不是特征值.

当 $\lambda \neq 0$ 时, 由 $\dfrac{x'(t)}{x(t)} = \dfrac{1}{\lambda}$ 可得 $x(t) = C\mathrm{e}^{\frac{t}{\lambda}}$. 注意到 $x(a) = 0$ 可知 $C = 0$, 即 $x(t) = 0$. 因此 $\lambda \neq 0$ 也不是特征值.

从而 A 没有特征值.

由 A 的定义可知, 其值域中的元素均为在 $[a,b]$ 上的可微函数, 且 a 点值为 0, 所以 $\overline{\mathcal{R}(\lambda I - A)} \neq X$. 从而 0 是 A 的剩余谱.

例 6.3 定义 $A \in \mathcal{L}(C([a,b]))$ 如下:

$$Au(t) = tu(t), \quad t \in [0,T], \quad \forall u \in C([a,b]). \tag{6.1}$$

显然 A 没有特征值. 如果 $\lambda \notin [a,b]$, 由方程

$$\lambda u(t) - Au(t) = f(t)$$

在 $C([a,b])$ 中有唯一解

$$u(t) = \frac{f(t)}{\lambda - t} \tag{6.2}$$

可知 $\lambda \in \rho(A)$. 如果 $\lambda \in [a,b]$, 则

$$\overline{\mathcal{R}(\lambda I - A)} = \{z(t)(\lambda - t) \mid z(t) \in C([a,b])\}.$$

$\overline{\mathcal{R}(\lambda I - A)}$ 在 $C([a,b])$ 中不稠密, 从而 $\forall \lambda \in [a,b]$ 属于 A 的剩余谱.

例 6.4 设 $X = L^2(0,1)$, 定义 X 上的有界线性算子 A 如下:

$$x(t) \mapsto tx(t), \quad \text{a.e. } t \in [0,1], \quad \forall x \in L^2(0,1).$$

首先, 当 $\lambda \notin [0,1]$ 时, 则算子 M:
$$x(t) \mapsto \frac{1}{\lambda - t} x(t)$$
是 $\lambda I - A$ 的逆算子. 因而 $\lambda \in \rho(A)$.

当 $\lambda \in [0,1]$ 时, 因为 $\dfrac{1}{\lambda - t} \notin L^2(0,1)$, 则 $1 \notin \mathcal{R}(\lambda I - A)$, 从而 $\mathcal{R}(\lambda I - A) \neq X$. 下面证明 $\overline{\mathcal{R}(\lambda I - A)} = X$. 对任意 $\varphi \in L^2(0,1)$ 和任意 $\varepsilon > 0$, 设
$$x_\varepsilon(t) = \frac{1}{\lambda - t} \chi_{(\lambda - \varepsilon, \lambda + \varepsilon)^c}(t) \varphi(t),$$
其中 χ_A 表示集合 A 的特征函数. 于是
$$(\lambda I - A) x_\varepsilon = \chi_{(\lambda - \varepsilon, \lambda + \varepsilon)^c} \varphi.$$
因而在 $L^2(0,1)$ 中
$$\lim_{\varepsilon \to 0} (\lambda I - A) x_\varepsilon = \varphi,$$
也即 $\varphi \in \overline{\mathcal{R}(\lambda I - A)}$. 由此可知 $[0,1] \subset \sigma_c(A) \subset \sigma(A) \subset [0,1]$, 即 $\sigma(A) = \sigma_c(A) = [0,1]$.

6.1.2 预解集的性质

引理 6.1 设 X 为赋范线性空间, 则对任意 $A \in \mathcal{L}(X)$ 有
$$\lim_{n \to \infty} \sqrt[n]{\|A^n\|} = \inf_{n \in \mathbb{N}} \sqrt[n]{\|A^n\|}.$$

证明 设 $r = \inf\limits_{n \in \mathbb{N}} \sqrt[n]{\|A^n\|}$. 显然 $\varliminf\limits_{n \in \mathbb{N}} \sqrt[n]{\|A^n\|} \geqslant r$. 由下确界的定义, 对任意 $\varepsilon > 0$, 存在 $m \in \mathbb{N}$ 使得
$$\sqrt[m]{\|A^m\|} < r + \varepsilon.$$
对任意 $n \in \mathbb{N}$, 存在 $k, l \in \mathbb{N}$, $0 \leqslant l < m$, 使得 $n = km + l$. 因而
$$\sqrt[n]{\|A^n\|} \leqslant \|A^m\|^{\frac{k}{n}} \|A\|^{\frac{l}{n}} \leqslant (r + \varepsilon)^{\frac{km}{n}} \|A\|^{\frac{l}{n}}.$$
当 $n \to \infty$ 时 $\dfrac{km}{n} \to 1$, $\dfrac{l}{n} \to 0$, 所以有
$$\varlimsup_n \sqrt[n]{\|A^n\|} \leqslant r + \varepsilon.$$
由 ε 的任意性可得 $\varlimsup_n \sqrt[n]{\|A^n\|} \leqslant r$. □

6.1 有界线性算子谱的定义和基本性质

定理 6.1 设 $A \in \mathcal{L}(X)$, 记 $\tau = \lim_{n\to\infty} \sqrt[n]{\|A^n\|}$, 则当 $|\lambda| > \tau$ 时, $\lambda \in \rho(A)$, 并且

$$(\lambda I - A)^{-1} = \sum_{n=0}^{\infty} \frac{A^n}{\lambda^{n+1}}.$$

证明 证明与定理 2.14 类似. 由

$$\lim_{n\to\infty} \sqrt[n]{\left\|\frac{A^n}{\lambda^n}\right\|} = \frac{1}{|\lambda|} \lim_{n\to\infty} \sqrt[n]{\|A^n\|} = \frac{\tau}{|\lambda|} < 1$$

可得级数

$$\lim_{n\to\infty} \sum_{k=0}^{n} \frac{A^k}{\lambda^{k+1}} = \sum_{k=0}^{\infty} \frac{A^k}{\lambda^{k+1}}$$

按算子范数收敛. 记 $B = \sum_{n=0}^{\infty} \frac{A^n}{\lambda^{n+1}}$, 则

$$(\lambda I - A)B = \sum_{n=0}^{\infty} \frac{A^n}{\lambda^n} - \sum_{n=0}^{\infty} \frac{A^{n+1}}{\lambda^{n+1}} = I.$$

同理可得 $B(\lambda I - A) = I$. 从而 $(\lambda I - A)^{-1} = \sum_{n=0}^{\infty} \frac{A^n}{\lambda^{n+1}}$. □

例 6.5 设 $K \in C([0,1] \times [0,1])$. $\forall x \in C([0,1])$, 定义算子 $A: C([0,1]) \to C([0,1])$ 为

$$(Ax)(s) = \int_0^s K(s,t)x(t)\mathrm{d}t, \quad s \in [0,1].$$

令 $\mu = \max_{0 \leqslant s,t \leqslant 1} |K(s,t)|$, 则

$$|(Ax)(s)| \leqslant \int_0^s |K(s,t)||x(t)|\mathrm{d}t \leqslant \mu\|x\|s,$$

$$\left|\left(A^2 x\right)(s)\right| \leqslant \int_0^s |K(s,t)||(Ax)(t)|\mathrm{d}t \leqslant \int_0^s \mu \cdot \mu\|x\|t\mathrm{d}t \leqslant \mu^2\|x\|\frac{s^2}{2!}.$$

由归纳法可得

$$|(A^n x)(s)| \leqslant \mu^n\|x\|\frac{s^n}{n!}, \quad n = 1, 2, \cdots.$$

从而有

$$\|A^n x\| \leqslant \mu^n\|x\|\frac{1}{n!}, \quad n = 1, 2, \cdots.$$

因此有
$$\|A^n\| \leqslant \frac{\mu^n}{n!}, \quad n=1,2,\cdots.$$
由此可得
$$\lim_{n\to\infty} \sqrt[n]{\|A^n\|} = 0.$$
由定理 6.1 可得对任意 $\lambda \neq 0$, $\lambda \in \rho(A)$.

例 6.6 考虑积分方程
$$f(s) - \int_0^1 K(s,t)f(t)\mathrm{d}t = g(s), \tag{6.3}$$
其中 $K \in C([0,1]\times[0,1])$, $g \in C([0,1])$.

定义算子 $A: C([0,1]) \to C([0,1])$ 为
$$(Af)(s) = f(s) - \int_0^1 K(s,t)f(t)\mathrm{d}t, \quad f \in C([0,1]).$$
则方程 (6.3) 等价于
$$(I-A)f = g. \tag{6.4}$$
由定理 6.1, 如果
$$\|A\| = \sup_{0\leqslant s \leqslant 1}\int_0^1 |K(s,t)|\mathrm{d}t < 1,$$
则对任意 $g \in C([0,1])$, 方程 (6.4) 都存在唯一解
$$f = (I-A)^{-1}g = \sum_{n=0}^{\infty} A^n g.$$

定理 6.2 设 $\lambda_0 \in \rho(A)$, 如果
$$|\lambda - \lambda_0| < \frac{1}{\|(\lambda_0 I - A)^{-1}\|}, \tag{6.5}$$
则 $\lambda \in \rho(A)$, 并且
$$(\lambda I - A)^{-1} = \sum_{n=0}^{\infty} (-1)^n (\lambda_0 I - A)^{-(n+1)} (\lambda - \lambda_0)^n. \tag{6.6}$$

证明 由式 (6.5) 可得

$$\lim_{n\to\infty}\sum_{k=0}^{n}(-1)^k(\lambda_0 I-A)^{-(k+1)}(\lambda-\lambda_0)^k$$
$$=\sum_{k=0}^{\infty}(-1)^k(\lambda_0 I-A)^{-(k+1)}(\lambda-\lambda_0)^k.$$

按算子范数收敛. 类似于定理 6.1 的证明可得

$$(\lambda I-A)\sum_{k=0}^{\infty}(-1)^k(\lambda_0 I-A)^{-(k+1)}(\lambda-\lambda_0)^k$$
$$=\left[\sum_{n=0}^{\infty}(-1)^k(\lambda_0 I-A)^{-(k+1)}(\lambda-\lambda_0)^k\right](\lambda I-A)=I.$$

所以 $\lambda\in\rho(A)$ 并且 (6.6) 成立. □

推论 6.1 对任意 $A\in\mathcal{L}(X)$, $\rho(A)$ 是开集, $\sigma(A)$ 是闭集.

6.1.3 抽象解析函数与谱集的非空性

推论 6.1 说明对任意 $A\in\mathcal{L}(X)$, $\sigma(A)$ 是闭集. 本小节还将进一步研究 $\sigma(A)$ 的性质.

定义 6.3 设 $x(\cdot)$ 是定义在复平面的区域 D 内, 取值于 Banach 空间 X 中的函数 (一般称为抽象函数).

(i) 如果对任意 $\lambda_0\in D$,

$$x'(\lambda_0)\triangleq\lim_{h\to 0}\frac{x(\lambda_0+h)-x(\lambda_0)}{h}$$

都存在, 则称 $x(\cdot)$ 在 D 内强解析.

(ii) 如果对于任何 $f\in X'$, 复值函数 $f(x(\cdot))$ 都在 D 内解析, 则称 $x(\cdot)$ 在 D 内弱解析.

由以上定义可知, 在 D 内强解析的函数在 D 内弱解析. 反过来, 其逆命题也是对的.

定理 6.3 在区域 D 内弱解析的函数 $x(\cdot)$ 一定也在 D 内强解析.

证明 对任意 $\lambda_0\in D$, 有 D 中的 Jordan (若尔当) 曲线及区域 R_0 使得 $\lambda_0\in R_0\subset C$ 的内部 $\subset C\cup C$ 的内部 $\subset D$. 对任意 $f\in X'$ 及 $\lambda_1\in R_0$, 由 Cauchy 积分公式有

$$f(x(\lambda_1))=\frac{1}{2\pi\mathrm{i}}\int_C\frac{f(x(\lambda))}{\lambda-\lambda_1}\mathrm{d}\lambda. \tag{6.7}$$

设 $\lambda_0 + h, \lambda_0 + g \in R_0$, 由

$$\frac{1}{h-g}\left[\frac{1}{h}\left(\frac{1}{\lambda-\lambda_0-h}-\frac{1}{\lambda-\lambda_0}\right)-\frac{1}{g}\left(\frac{1}{\lambda-\lambda_0-g}-\frac{1}{\lambda-\lambda_0}\right)\right]$$

$$=\frac{1}{h-g}\left[\frac{1}{(\lambda-\lambda_0-h)(\lambda-\lambda_0)}-\frac{1}{(\lambda-\lambda_0-g)(\lambda-\lambda_0)}\right]$$

$$=\frac{1}{(\lambda-\lambda_0-h)(\lambda-\lambda_0-g)(\lambda-\lambda_0)}$$

可得

$$\frac{1}{h-g}\left[\frac{f(x(\lambda_0+h))-f(x(\lambda_0))}{h}-\frac{f(x(\lambda_0+g))-f(x(\lambda_0))}{g}\right]$$

$$=\frac{1}{h-g}\left\{\frac{1}{2\pi i h}\int_C i\pi\left[\frac{f(x(\lambda))}{\lambda-\lambda_0-h}-\frac{f(x(\lambda))}{\lambda-\lambda_0}\right]d\lambda\right.$$

$$\left.-\frac{1}{2\pi i g}\int_C\left[\frac{f(x(\lambda))}{\lambda-\lambda_0-g}-\frac{f(x(\lambda))}{\lambda-\lambda_0}\right]d\lambda\right\}$$

$$=\frac{1}{2\pi i}\int_C\frac{f(x(\lambda))}{(\lambda-\lambda_0-h)(\lambda-\lambda_0-g)(\lambda-\lambda_0)}d\lambda.$$

因为 $\lambda_0, \lambda_0 + h, \lambda_0 + g \in R_0$, 所以它们与 C 上任何点的距离都大于某个正数, 从而式 (6.7) 右端作为 $f \in X'$ 的泛函对 $\lambda_0 + h, \lambda_0 + g \in R_0$ 是有界的. 考虑 X 到 X'' 的典型泛函映射的保范性质, 由共鸣定理知存在常数 $M > 0$ 使得

$$\sup_{\substack{\lambda_0+f,\lambda_0+g\in R_0 \\ h\neq g}}\frac{1}{|h-g|}\left\|\frac{x(\lambda_0+h)-x(\lambda_0)}{h}-\frac{x(\lambda_0+g)-x(\lambda_0)}{g}\right\|\leqslant M.$$

于是对任意收敛点列 $\{h_n\}_{n=1}^\infty$, $\left\{\dfrac{x(\lambda_0+h_n)-x(\lambda_0)}{h_n}\right\}_{n=1}^\infty$ 是 Cauchy 序列. 因为 X 是完备的, 所以

$$\lim_{h\to 0}\frac{x(\lambda_0+h)-x(\lambda_0)}{h}$$

存在. □

弱解析性比强解析性容易验证. 根据定理 6.3, 对抽象函数不必再区分强、弱解析, 而统称为解析. 因此, 对抽象函数只需验证其弱解析性.

命题 6.1 设 $x(\cdot)$ 与 $y(\cdot)$ 都在区域 D 内解析, 如果 $\{\lambda_n\}_{n=1}^\infty \subset D$ 有一极限点在 D 内且

$$x(\lambda_n) = y(\lambda_n), \quad n = 1, 2, \cdots, \tag{6.8}$$

6.1 有界线性算子谱的定义和基本性质

则
$$x(\cdot) = y(\cdot). \tag{6.9}$$

证明 任取 $f \in X'$. $f(x(\cdot))$ 和 $f(y(\cdot))$ 都是解析函数. 由式 (6.8) 知
$$f(x(\lambda_n)) = f(y(\lambda_n)), \quad n = 1, 2, \cdots.$$

由经典复变函数论中唯一性定理知 $f(x(\cdot)) = f(y(\cdot))$. 由 f 的任意性可得式 (6.9). □

定理 6.4 对任意 $A \in \mathcal{L}(X)$, 恒有 $\sigma(A) \neq \varnothing$.

证明 由定理 6.1 可得在 $|\lambda| > \|A\|$ 时,
$$R(\lambda, A) = \frac{1}{\lambda}\left[I + \sum_{n=1}^{\infty}\left(\frac{A}{\lambda}\right)^n\right]$$

按算子范数收敛. 由此可得
$$\lim_{|\lambda| \to \infty} \|R(\lambda, A)\| = 0.$$

如果 $\sigma(A) = \varnothing$, 则 $R(\lambda, A)$ 在复平面上任何点 λ_0 附近都可以展开成 $\lambda - \lambda_0$ 的幂级数, 因此 $R(\lambda, A)$ 在全平面解析. 从而对任意的 $f \in X'$ 及 $x \in X$, $f(R(\lambda, A)x)$ 是 λ 的有界整函数. 由经典复变函数论中的 Liouville (刘维尔) 定理可得对任意 $x \in X$, $f(R(\lambda, A)x) = 0$. 由 f 及 x 的任意性可得 $R(\lambda, A) \equiv 0$. 矛盾. □

形式上计算有
$$\frac{1}{\lambda - A} - \frac{1}{\mu - A} = \frac{\mu - \lambda}{(\lambda - A)(\mu - A)},$$

故
$$R(\lambda, A) - \mathcal{R}(\mu, A) = (\mu - \lambda)R(\lambda, A)R(\mu, A), \quad \lambda, \mu \in \rho(A). \tag{6.10}$$

这只需用 $(\lambda I - A)(\mu I - A)$ 乘上式两端即可证出. 公式 (6.10) 称为第一预解式.

引理 6.2 设 $A \in \mathcal{L}(X)$, $f \in \mathcal{L}(X)'$, 则 $f((\lambda I - A)^{-1})$ 是 $\rho(A)$ 上关于 λ 的解析函数.

证明 由定理 6.2 可得 $\rho(A)$ 是复平面 $\mathbb{C}$ 中的开集, 并且对任意 $\lambda_0 \in \rho(A)$, 当 $|\lambda - \lambda_0| < \dfrac{1}{\|(\lambda_0 I - A)^{-1}\|}$ 时, 有
$$f((\lambda I - A)^{-1}) = \sum_{n=0}^{\infty}(-1)^n f((\lambda_0 I - A)^{-(n+1)})(\lambda - \lambda_0)^n.$$

由此可得 f 在 λ_0 的邻域上能够展成 $\lambda - \lambda_0$ 的级数. 由 λ_0 的任意性可得, $f((\lambda I - A)^{-1})$ 在 $\rho(A)$ 上解析. □

6.1.4 谱半径公式

定理 6.5 (Gelfand (盖尔范德))　设 $A \in \mathcal{L}(X)$, 则
$$\sup_{\lambda \in \sigma(A)} |\lambda| = \lim_{n \to \infty} \sqrt[n]{\|A^n\|}.$$

称 $\Gamma(A) \triangleq \sup\limits_{\lambda \in \sigma(A)} |\lambda|$ 为 A 的谱半径.

证明　由定理 6.1 可得当 $|\lambda| > \lim\limits_{n \to \infty} \sqrt[n]{\|A^n\|}$ 时, $\lambda \in \rho(A)$. 因此,
$$\Gamma(A) \leqslant \lim_{n \to \infty} \sqrt[n]{\|A^n\|}.$$

下面只需证明
$$\Gamma(A) \geqslant \lim_{n \to \infty} \sqrt[n]{\|A^n\|}. \tag{6.11}$$

对任意 $\lambda \in \mathbb{C}$, $|\lambda| = \Gamma(A) + \varepsilon$, 则 $\lambda \in \rho(A)$, 并且
$$(\lambda I - A)^{-1} = \sum_{n=0}^{\infty} \frac{A^n}{\lambda^{n+1}}.$$

因此对任意 $f \in \mathcal{L}(X)'$ 都有
$$f[(\lambda I - A)^{-1}] = \sum_{n=0}^{\infty} \frac{f(A^n)}{\lambda^{n+1}}.$$

从而可得
$$\sup_{n \in \mathbb{N}} \left| \frac{f(A^n)}{\lambda^{n+1}} \right| \leqslant M.$$

由共鸣定理, 对任意 $n \in \mathbb{N}$, 有 $\left\| \dfrac{A^n}{\lambda^n} \right\| \leqslant M$, 所以
$$\|A^n\| \leqslant M(\Gamma(A) + \varepsilon)^n.$$

因而
$$\lim_{n \to \infty} \sqrt[n]{\|A^n\|} \leqslant \Gamma(A) + \varepsilon.$$

由 ε 的任意性可得式 (6.11). □

例 6.7 设 U 为 l^2 上的"右平移"算子:
$$U(x_1, x_2, \cdots) = (0, x_1, x_2, \cdots), \quad \forall x = (x_1, x_2, \cdots) \in l^2.$$

易知 $\|U\| = 1$, 因而谱半径 $\Gamma(U) \leqslant 1$, 所以
$$\sigma(U) \subset \{\lambda \mid |\lambda| \leqslant 1\}.$$

对 $x = (x_1, x_2, \cdots) \in l^2$, 如果
$$Ux = (0, x_1, x_2, \cdots) = \lambda x = (\lambda x_1, \lambda x_2, \cdots),$$

则可得 $x_1 = x_2 = \cdots = 0$, 即 $x = 0$, 因而 $\sigma_p(U) = \varnothing$.

对 $|\lambda| < 1$, 记 $z = (1, \bar{\lambda}, \bar{\lambda}^2, \cdots)$, 有
$$((\lambda I - U)x, z) = \lambda \sum_{n=1}^{\infty} \lambda^{n-1} x_n - \sum_{n=1}^{\infty} \lambda^n x_n = 0, \quad \forall x \in l^2.$$

因此 $z \perp \mathcal{R}(\lambda I - U)$, 即 $\mathcal{R}(\lambda I - U)$ 的正交补有非零元. 所以 $\overline{\mathcal{R}(\lambda I - U)} \neq l^2$. 由此可得 $\{\lambda \mid |\lambda| < 1\} \subset \sigma_r(A)$.

最后讨论 $|\lambda| = 1$ 的情况. 设 $z = (z_1, z_2, \cdots) \in l^2$ 满足 $z \perp \mathcal{R}(\lambda I - U)$. 记 e_n 是 l^2 中第 n 个分量为 1, 其余分量为 0 的元, 则
$$(\lambda I - U)e_n = (0, \cdots, 0, \lambda, -1, 0, \cdots).$$

由 $((\lambda I - U)e_n, z) = 0$ 知 $\lambda \overline{z_n} - \overline{z_{n+1}} = 0$. 因为 $|\lambda| = 1$, 有
$$|z_1| = |z_2| = \cdots = |z_n| = \cdots.$$

由于 $z \in l^2$, 所以 $z = 0$. 因此 $\overline{\mathcal{R}(\lambda I - U)} = l^2$. 由此可得 $\{\lambda \mid |\lambda| = 1\} \subset \sigma_c(U)$.

综上所述, 有
$$\sigma_p(U) = \varnothing, \quad \sigma_c(U) = \{\lambda \mid |\lambda| = 1\}, \quad \sigma_r(U) = \{\lambda \mid |\lambda| < 1\}.$$

6.2 紧算子的谱理论

定理 6.6 设 A 是复 Banach 空间 X 上的紧算子, λ 是非零复数, 如果 $(\lambda I - A)X = X$, 那么 λ 是算子 A 的正则点.

证明 当 X 是有限维空间时,结论显然成立. 所以只需考虑 X 是无穷维空间的情况. 由逆算子定理,只要证明 $(\lambda I - A)$ 是 X 到 X 的双射即可. 已知此映射是满射,只需证明其是单射. 为此仅需证明当 $(\lambda I - A)x_1 = 0$ 时必有 $x_1 = 0$.

令 $E_n = \{x \in X | (\lambda I - A)^n x = 0\}$. 因为 $(\lambda I - A)^n$ 是连续线性算子,所以 E_n 为 X 的线性闭子空间. 由 E_n 的定义可得

$$E_1 \subset E_2 \subset \cdots \subset E_n \subset \cdots.$$

如果 $E_1 \neq \{0\}$,则存在非零 $x_1 \in E_1$. 由 $(\lambda I - A)X = X$ 知必有 $x_2 \in X$ 使得 $x_1 = (\lambda I - A)x_2$. 以此类推,必有 $x_n \in X$ 使得 $(\lambda I - A)x_n = x_{n-1}$, $n = 2, 3, \cdots$. 这时 $(\lambda I - A)^{n-1} x_n = x_1$. 所以 $x_n \in E_n$ 且 $x_n \notin E_{n-1}$. 由 Riesz 引理知必有 $y_n \in E_n$ 使得

$$\|y_n\| = 1, \quad \rho(y_n, E_{n-1}) > \frac{1}{2}, \quad n = 2, 3, \cdots, \tag{6.12}$$

对 $j > k$,从 $E_{j-1} \supset E_k$, $(\lambda I - A)E_k \subset (\lambda I - A)E_j \subset E_{j-1}$ 可得

$$y_k - \frac{\lambda I - A}{\lambda} y_k + \frac{\lambda I - A}{\lambda} y_j \in E_{j-1}.$$

结合式 (6.12) 得到

$$\|Ay_j - Ay_k\| = |\lambda| \left\| y_j - \left(y_k - \frac{\lambda I - A}{\lambda} y_k + \frac{\lambda I - A}{\lambda} y_j \right) \right\| > \frac{1}{2}|\lambda|.$$

这与 A 是紧算子的假设相矛盾. $\square$

定理 6.7 设 A 是复 Banach 空间 X 上的紧算子,λ 是非零复数且不是 A 的特征值,那么 λ 必是 A 的共轭算子 A^* 的正则点.

证明 设 $Y = (\lambda I - A)X$. 由定理 5.6 知它是闭子空间. 因为 λ 不是 A 的特征值,所以 $\lambda I - A$ 是 X 到 Y 的双射,因而 $\lambda I - A$ 有有界线性的逆算子 $A_\lambda^{-1} : Y \to X$.

下面证明 $(\lambda I - A^*)X' = X'$. 设 $f \in X'$,在 X 上定义线性泛函 ψ 为

$$\psi(x) = f(A_\lambda^{-1} x), \quad x \in Y.$$

由

$$|\psi(x)| \leqslant \|A_\lambda^{-1}\| \|f\| \|x\|$$

知 ψ 是 Y 上的连续线性泛函. 根据 Hahn-Banach 定理可将 ψ 延拓到 X 上,则由

$$((\lambda I - A)^* \psi)(y) = \psi((\lambda I - A)y) = f(y),$$

6.2 紧算子的谱理论

可得 $(\lambda I - A)^*\psi = f$, 即 $(\lambda I - A^*)X' = X'$. 因为 A^* 是紧的, 由定理 6.6 可得 λ 是 A^* 的正则点. □

定义 6.4 设 X 是赋范线性空间, X' 是它的共轭空间. 设 $x \in X, f \in X'$. 如果

$$f(x) = 0,$$

则称 x 和 f 是相互正交的.

引理 6.3 设 A 是赋范线性空间 X 上的有界线性算子. 设

$$f \in \{f \in X' | f(Ax) = 0, \ \forall x \in X\},$$

则 $A^*f = 0$. 特别地, 当 AX 在 X 中不稠密时, 0 必是 A^* 的特征值.

证明 当 $y \in AX$ 时,

$$0 = f(y) = f(Ax) = (A^*f)(x), \quad x \in X,$$

所以 $A^*f = 0$. 特别地, 当 AX 在 X 中不稠密时, 由 Hahn-Banach 定理知必有非零 f 使得对任意 $x \in X$, $f(Ax) = 0$. 从而 $A^*f = 0$, 即 f 是 A^* 相应于特征值 0 的特征向量. □

下面介绍紧算子的 Riesz-Schauder 谱理论.

定理 6.8 设 X 是复 Banach 空间, A 是 X 上的紧算子. 那么下列结论成立:

(i) 当 X 是无穷维空间时, $0 \in \sigma(A)$;

(ii) $\sigma(A) \setminus \{0\} = \sigma_p(A)$;

(iii) 当 λ 是 A 的非零特征值时, 与 λ 对应的特征向量空间必是有限维的;

(iv) 设 $\lambda_1, \cdots, \lambda_n$ 是 A 的两两相异的特征值, $x_1, \cdots, x_n$ 是对应的特征向量, 那么 $x_1, \cdots, x_n$ 线性无关;

(v) $\sigma(A)$ 的极限点只可能是 0 (因而 $\sigma(A)$ 是有限集或可列集).

证明 (i) 当 X 是无穷维时, 如果 $0 \notin \sigma(A)$, 那么 A^{-1} 是 X 上的有界线性算子. 于是 $I = A^{-1}A$ 是紧算子. 矛盾. 所以 $0 \in \sigma(A)$.

(ii) 设 $\lambda \neq 0$ 且 $\lambda \in \sigma(A)$. 根据定理 6.6, $\mathcal{R}(\lambda I - A)$ 是 X 的真闭子空间, 所以 $\mathcal{R}(\lambda I - A)$ 在 X 中不稠密. 由引理 6.3 可得 0 是 $(\lambda I - A)^* = \lambda I - A^*$ 的特征值, 所以 λ 不是 A^* 的正则点. 再根据定理 6.7, λ 必是 A 的特征值.

(iii) 反证. 设 λ 是 A 的非零特征值, 记 E_λ 为相应的特征向量所张成的线性空间. 对任意 $x \in E_\lambda$ 有 $Ax = \lambda x$, 即 A 限制在 E_λ 上是 λI. 如果 E_λ 是无穷维的, 根据 Riesz 引理, E_λ 的单位球面 S 不列紧, 即 $\lambda S = AS$ 不列紧, 与假设 A 是紧算子矛盾. 因此 E_λ 是有限维的.

(iv) 反证. 如果 $x_1, \cdots, x_n$ 线性相关, 不妨设 $x_n = \sum_{j=1}^{n-1} \alpha_j x_j$. 由
$$(\lambda_j I - A)(\lambda_k I - A) = (\lambda_k I - A)(\lambda_j I - A)$$
可得
$$(\lambda_1 - \lambda_n) \cdots (\lambda_{n-1} - \lambda_n) x_n = (\lambda_1 I - A) \cdots (\lambda_{n-1} I - A) x_n.$$
所以有
$$\begin{aligned}
& (\lambda_1 - \lambda_n) \cdots (\lambda_{n-1} - \lambda_n) x_n \\
&= \sum_{i=1}^{n-1} \alpha_i (\lambda_1 I - A) \cdots (\lambda_{n-1} I - A) x_i \\
&= \sum_{i=1}^{n-1} \alpha_i (\lambda_1 - \lambda_i) \cdots (\lambda_{n-1} - \lambda_i) x_i \\
&= 0.
\end{aligned}$$
然而上式左边不等于 0, 矛盾.

(v) 设 $\{\lambda_n\}_{n=1}^{\infty}$ 是 A 的一列不同的特征值, 而且 $\lim_{n \to \infty} \lambda_n = \lambda_0 \neq 0$. 不妨设 $\lambda_n \neq 0, n = 1, 2, \cdots$, 那么必有常数 $M > 0$ 使得
$$\left| \frac{1}{\lambda_n} \right| < M, \quad n = 1, 2, \cdots. \tag{6.13}$$

设 x_n 是对应于 λ_n 的特征向量, 记 $M_n = \mathrm{span}\{x_1, \cdots, x_n\}$. 由 (iv), M_n 是 n 维子空间, $M_n \subset M_{n+1}$ 且 $M_n \neq M_{n+1}$. 由 Riesz 引理知存在 $\{y_n\}_{n=1}^{\infty}$ 满足如下条件:
$$y_n \in M_n, \quad \|y_n\| = 1, \quad \mathrm{dist}\,(y_n, M_{n-1}) > \frac{1}{2}. \tag{6.14}$$
设 $y_n = \sum_{j=1}^{n} \beta_{j,n} x_j$. 显然
$$(\lambda_n I - A) y_n = \sum_{j=1}^{n-1} \beta_{j,n} (\lambda_n - \lambda_j) x_j \in M_{n-1},$$
所以 $y_n - A \dfrac{y_n}{\lambda_n} \in M_{n-1}$. 因此当 $n > m$ 时,
$$z = y_n - A \frac{y_n}{\lambda_n} + A \frac{y_m}{\lambda_m} \in M_{n-1}.$$

6.2 紧算子的谱理论

从而有

$$\left\| A\frac{y_n}{\lambda_n} - A\frac{y_m}{\lambda_m} \right\| = \|y_n - z\| \geqslant \rho(y_n, M_{n-1}) > \frac{1}{2}. \tag{6.15}$$

由于 $\left\| \dfrac{y_n}{\lambda_n} \right\| \leqslant M$, 且 A 是紧算子, 故 $\left\{ A\dfrac{y_n}{\lambda_n} \right\}_{n=1}^{\infty}$ 有收敛的子列. 这与式 (6.15) 相矛盾. 因此 $\sigma(A)$ 最多只能以 0 为极限点. $\square$

定理 6.9 设 A 是复 Banach 空间 X 上的紧算子. 那么下列结论成立:

(i) $\sigma(A) = \overline{\sigma(A^*)}$, 即 $\sigma(A^*) = \{\bar{\lambda} \in \mathbb{C} | \lambda \in \sigma(A)\}$;

(ii) 设 $\lambda, \mu \in \sigma(A)$ 且 $\lambda \neq \bar{\mu}$, 则 A 对应于 λ 的特征向量 x 与 A^* 对应于 μ 的特征向量 f 正交, 即 $f(x) = 0$;

(iii) 设 $\lambda \in \sigma(A)$ 非零, 那么方程

$$(\lambda I - A)x = y$$

可解的充要条件是 y 与 A^* 的任一对应于 $\bar{\lambda}$ 的特征向量 f 正交;

(iv) 设 $\lambda \in \sigma(A)$ 非零, 那么共轭方程

$$(\bar{\lambda} I - A^*)\varphi = f$$

可解的充要条件是 f 与 A 的任一对应于 λ 的特征向量 y 正交.

证明 (i) 当 X 是有限维时, A 是方阵, A^* 是其转置. 此时 $\lambda \in \sigma(A)$ 等价于 $\det(\lambda I - A) = 0$. 这等价于 $\det(\bar{\lambda} I - A^*) = 0$, 而这又等价于 $\bar{\lambda} \in \sigma(A^*)$. 下面考虑 X 是无穷维的情况.

$\lambda = 0$. 由定理 6.8 的 (i) 知 $0 \in \sigma(A)$. 这时 X' 也是无穷维. 由定理 5.7 可得 A^* 是紧算子, 所以 $0 \in \sigma(A^*)$.

$\lambda \neq 0$. 因为 $\lambda \in \rho(A)$ 时必有 $\bar{\lambda} \in \rho(A^*)$, 所以总有 $\overline{\sigma(A^*)} \subset \sigma(A)$. 反之, 当 $\lambda \in \sigma(A), \lambda \neq 0$ 时, 由定理 6.8 的 (ii) 的证明过程已经得到 $\bar{\lambda} \in \sigma(A^*)$, 所以 $\sigma(A) = \overline{\sigma(A^*)}$.

(ii) 当 $(\lambda I - A)x = 0$ 且 $(\mu I - A^*)f = 0$ 时,

$$\bar{\mu} f(x) = (A^* f)(x) = f(Ax) = f(\lambda x) = \lambda f(x).$$

所以当 $\lambda \neq \bar{\mu}$ 时, $f(x) = 0$.

(iii) 先证必要性. 设 $(\lambda I - A)x = y$. 如果 f 为 A^* 对应于特征值 $\bar{\lambda}$ 的特征向量, 那么 $(\bar{\lambda} I - A^*)f = 0$ 且

$$f(y) = f((\lambda I - A)x) = ((\lambda I - A)^* f)(x).$$

下用反证法证充分性. 设对满足条件 $(\lambda T - A^*)f = 0$ 的一切 f, 都有 $f(y) = 0$. 由于 $\mathcal{R}(\lambda I - A)$ 是闭子空间, 如果 $y \notin \mathcal{R}(\lambda I - A)$, 由 Hahn-Banach 定理知, 必存在 $f \in X'$ 使得对任意 $x \in X$, $f((\lambda I - A)x) = 0$ 而 $f(y) \neq 0$. 因此, 当 $x \in X$ 时,
$$((\lambda I - A^*)f)(x) = f((\lambda I - A)x) = 0,$$
即 f 是 A^* 的对应于 λ 的一个特征向量. 然而 $f(y) \neq 0$. 矛盾. 所以 $y \in \mathcal{R}(\lambda I - A)$.

(iv) 必要性的证明与 (iii) 类似.

下证充分性. 设 f 与 A 的任一对应于 λ 的特征向量 y 正交. 在 $\mathcal{R}(\lambda I - A)$ 上定义泛函 φ
$$\varphi(x) \triangleq f(y), \quad x \in \mathcal{R}(\lambda I - A), \tag{6.16}$$
其中 y 是满足 $(\lambda I - A)y = x$ 的向量. 如果还有 y_1 满足 $(\lambda I - A)y_1 = x$, 那么 $y - y_1$ 是 A 对应于 λ 的特征向量, 所以 $f(y - y_1) = 0$. 因此 $\varphi(x)$ 是良定的. 显然它是 $(\lambda I - A)X$ 上的线性泛函.

令
$$\tilde{y} \triangleq \mathop{\arg\min}_{(\lambda I - A)y = x, x \in \mathcal{R}(\lambda I - A)} \|y\|,$$
则有 $\|\tilde{y}\| \leqslant M\|x\|$, 其中 M 是和 x 无关的常数, 且有 $\varphi(x) = f(\tilde{y})$. 由此可得
$$|\varphi(x)| = |f(\tilde{y})| \leqslant \|f\|\|\tilde{y}\| \leqslant M\|f\|\|x\|.$$

所以 $\varphi(\cdot)$ 是 $\mathcal{R}(\lambda I - A)$ 上的连续线性泛函. 将 φ 延拓成 X 上的连续线性泛函, 对任意 $y \in X$, 由式 (6.16) 可得
$$((\lambda I - A^*)\varphi)(y) = \varphi((\lambda I - A)y) = f(y).$$

所以 φ 是方程 $(\lambda I - A^*)\varphi = f$ 的解. $\square$

6.3 Hilbert 空间上自伴紧算子的谱理论

定理 6.10 设 H 是 Hilbert 空间, A 是 H 上的自伴算子, 则
(i) A 的特征值都是实数;
(ii) A 的不同特征值的特征向量互相正交.

证明 (i) 设 λ 是 A 的特征值, x 是对应的特征向量. 由于 $(Ax, x) = (x, Ax) = \overline{(Ax, x)}$, 所以 $(Ax, x) \in \mathbb{R}$ 是实数. 又因为 $(Ax, x) = \lambda(x, x)$, 可得 $\lambda \in \mathbb{R}$.

(ii) 是定理 6.9 (ii) 的直接推论. $\square$

6.3 Hilbert 空间上自伴紧算子的谱理论

定理 6.11 设 A 是 Hilbert 空间 H 上的自伴算子, 则

$$\|A\| = \sup_{x \in H, \|x\|=1} |(Ax, x)|.$$

证明 当 $\|x\| = 1$ 时, $|(Ax, x)| \leqslant \|Ax\| \|x\| \leqslant \|A\|$. 因此

$$\sup_{x \in H, \|x\|=1} |(Ax, x)| \leqslant \|A\|.$$

记 $\alpha \triangleq \sup\limits_{x \in H, \|x\|=1} |(Ax, x)|$, 则有

$$\|A\| \geqslant \alpha, \tag{6.17}$$

对任意 $x \in H$ 有 $|(Ax, x)| \leqslant \alpha \|x\|^2$.

另一方面, 由 $A = A^*$ 及平行四边形公式, 对任意 $x, y \in H$, 有

$$\begin{aligned} 4(Ax, y) &= (A(x+y), x+y) - (A(x-y), x-y) \\ &\leqslant \alpha(\|x+y\|^2 + \|x-y\|^2) \\ &= 2\alpha(\|x\|^2 + \|y\|^2). \end{aligned} \tag{6.18}$$

当 $Ax \neq 0$ 时, 在 (6.18) 中取 $y = \|x\| \dfrac{Ax}{\|Ax\|}$ 可得 $\|x\| \cdot \|Ax\| \leqslant \alpha \|x\|$. 所以

$$\|Ax\| \leqslant \alpha \|x\|.$$

而当 $Ax = 0$ 时, 上式自然成立. 因此有

$$\|A\| \leqslant \alpha. \tag{6.19}$$

结合不等式 (6.17) 和 (6.19) 可得结论. $\square$

定理 6.12 设 A 是 Hilbert 空间 H 上的非零自伴紧算子, 则其有一个特征值 λ 等于 $\|A\|$ 或 $-\|A\|$.

证明 由算子范数的定义知, 存在 $\{x_n\}_{n=1}^{\infty} \subset H$ 使得对所有 $n \in \mathbb{N}$ 有 $\|x_n\| = 1$ 且

$$\lim_{n \to \infty} \|Ax_n\| = \|A\|. \tag{6.20}$$

于是

$$\|A^2 x_n - \|Ax_n\|^2 x_n\|^2 = (A^2 x_n - \|Ax_n\|^2 x_n, A^2 x_n - \|Ax_n\| x_n)$$

$$= \|A^2x_n\|^2 - 2\|Ax_n\|^2(A^2x_n, x_n) + \|Ax_n\|^4\|x_n\|^2$$
$$= \|A^2x_n\|^2 - 2\|Ax_n\|^2(Ax_n, Ax_n) + \|Ax_n\|^4\|x_n\|^2$$
$$= \|A^2x_n\|^2 - \|Ax_n\|^4$$
$$\leqslant \|A\|^2\|Ax_n\|^2 - \|Ax_n\|^4$$
$$= \|Ax_n\|^2(\|A\|^2 - \|Ax_n\|^2).$$

由于 $\lim_{n\to\infty}\|Ax_n\| = \|A\|$，有

$$\lim_{n\to\infty}\|A^2x_n - \|A\|x_n^2\| = 0. \tag{6.21}$$

注意到两个紧算子的乘积 A^2 也是紧的，因此，存在子列 $\{x_{n_k}\}_{k=1}^\infty \subset \{x_n\}_{n=1}^\infty$ 使得 $\{A^2x_{n_k}\}_{k=1}^\infty$ 收敛. 由于 $\|A\| \neq 0$，极限可写为 $\|A\|^2v$，其中 $v \neq 0$. 对任意 $k \in \mathbb{N}$ 有

$$\|\|A\|^2v - \|A\|^2x_{n_k}\|$$
$$\leqslant \|\|A\|^2v - A^2x_{n_k}\| + \|A^2x_{n_k} - \|Ax_{n_k}\|^2x_{n_k}\| + \|\|Ax_{n_k}\|^2x_{n_k} - \|A\|^2x_{n_k}\|. \tag{6.22}$$

由式 (6.20)—(6.22) 可得

$$\lim_{k\to\infty}\|\|A^2\|v - \|A\|^2x_{n_k}\| = 0,$$

即

$$\lim_{k\to\infty}\|\|A^2\|(v - x_{n_k})\| = 0.$$

由此可得序列 $\{x_{n_k}\}_{k=1}^\infty$ 收敛到 v. 从而有

$$A^2v = \|A\|^2v.$$

因此

$$(A - \|A\|)(A + \|A\|)v = 0.$$

如果 $w = (A + \|A\|)v \neq 0$，则 $(A - \|A\|)w = 0$，故 $\|A\|$ 是 A 的一个特征值. 另一方面，如果 $w = 0$，则 $-\|A\|$ 是 A 的一个特征值. $\square$

推论 6.2 设 A 是 Hilbert 空间 H 上的自伴紧算子，则 A 的谱半径 $\gamma(A) = \|A\|$.

6.3 Hilbert 空间上自伴紧算子的谱理论

推论 6.3 设 A 是 Hilbert 空间 H 上的非零自伴紧算子, 则存在 $w \in H$ 使得 $\|w\| = 1$ 且
$$|(Aw, w)| = \sup_{\|x\| \leqslant 1} |(Ax, x)|.$$

证明 设 $w \in H, \|w\| = 1$, 是对应于特征值 $|\lambda| = \|A\|$ 的特征向量. 由定理 6.11 可得
$$|(Aw, w)| = |(\lambda w, w)| = |\lambda|\, \|w\|^2 = |\lambda| = \|A\| = \sup_{\|x\| \leqslant 1} |(Ax, x)|. \qquad \square$$

注记 6.2 定理 6.12 保证了 Hilbert 空间 H 上的非零自伴紧算子至少存在一个非零特征值. 推论 6.3 给出一个通过极大化某些二次型寻找特征值的有用方法. 结合上一节中介绍的 Riesz-Schauder 理论, 最后证明一个非常重要的定理.

定理 6.13 (Hilbert-Schmidt 定理) 设 A 是实无穷维 Hilbert 空间 H 上的自伴的紧算子, 则 A 的非零谱点都是实的特征值且其全体至多可数. 如果把它们按绝对值的大小排序 (m 重特征值算作 m 个), 则
$$\lim_{n \to \infty} |\lambda_n| = 0.$$
进一步, 可选取对应于 λ_n 的单位特征向量 e_n, 使得 $\{e_n\}_{n=1}^{\infty}$ 构成 $\mathcal{R}(A)$ 的标准正交基, 而且对任意 $x \in H$ 有
$$Ax = \sum_{n=1}^{\infty} \lambda_n (x, e_n) e_n.$$

证明 由定理 6.2 知存在 $e_1 \in H$, 使得 $\|e_1\| = 1$, 并且 $Ae_1 = \|A\|e_1$ 或 $Ae_1 = -\|A\|e_1$. 令 $H_1 = \{e_1\}^{\perp}$, 则 H_1 是闭子空间. 对任意 $x \in \{e_1\}^{\perp}$,
$$(Ax, e_1) = (x, Ae_1) = \pm\|A\|(x, e_1) = 0.$$
因此 $A(H_1) \subset H_1$. 令 $A_1 = A|_{H_1}$, 则 $A_1: H_1 \to H_1$ 是自伴紧算子, 并且 $\|A_1\| \leqslant \|A\|$. 因此存在 $e_2 \in H_1$ 满足 $\|e_2\| = 1$, $A_1 e_2 = \lambda_2 e_2$ 及 $e_2 \perp e_1$. 继续此步骤可得到特征值列 $\{\lambda_n\}_{n=1}^{\infty}$ 使得 $|\lambda_{n+1}| \leqslant |\lambda_n|$, 以及相应的单位特征向量 $\{e_n\}_{n=1}^{\infty}$. 由于 A 是紧算子, 由 Riesz-Schauder 理论, $\{\lambda_n\}_{n=1}^{\infty}$ 没有非零聚点, 并且如果 $|\lambda_n| = |\lambda_{n+1}| = \cdots = |\lambda_{n+k}|$, 则 k 一定有限. 因此
$$\lim_{n \to \infty} |\lambda_n| = 0.$$
最后, 对任意 $x \in H$, 如果 $x \perp \mathrm{span}\{e_n\}_{n=1}^{\infty}$, 根据 λ_n 的定义有
$$\|Ax\| \leqslant |\lambda_n| \|x\|, \quad \forall n \in \mathbb{N}.$$

因此 $\|Ax\| = 0$, 也即 $x \in \mathrm{Ker}A$. 这说明了 A 在 $\mathrm{span}\{e_n\}_{n=1}^\infty{}^\perp$ 中没有非零的特征值. 设 $\{v_j\}_{j\in\mathcal{I}}$ 是 $N(A)$ 的标准正交基, 则 $\{v_j\}_{j\in\mathcal{I}} \cup \{e_n\}_{n=1}^\infty$ 是 H 的标准正交基. 因此, 对任意 $u \in H$ 有

$$x = \sum_{j=1}^\infty (x, e_j)e_j + \sum_{i\in\mathcal{I}}(x, v_j)v_j,$$

从而

$$Ax = \sum_{n=1}^\infty (x, e_n)Ae_n = \sum_{j=1}^\infty (x, e_n)\lambda_n e_n. \qquad \square$$

推论 6.4 沿用定理 6.13 的记号. 记 P_n 为 H 到 $\mathrm{span}\{e_n\}$ 的正交投影, 则

$$A = \sum_{n=1}^\infty \lambda_n P_n,$$

其中右端级数强收敛.

例 6.8 定义 $L^2(0, 2\pi)$ 上的算子 A 为

$$(Ax)(s) = \int_0^{2\pi} K(s-t)x(t)\mathrm{d}t,$$

其中 K 是周期为 2π 的周期函数, 在 $[0, 2\pi]$ 上平方可积. 取

$$x_n(s) = \mathrm{e}^{\mathrm{i}ns}, \quad s \in [0, 2\pi], \quad n \in \mathbb{Z}.$$

注意到

$$(Ax_n) = \int_0^{2\pi} K(s-t)\mathrm{e}^{\mathrm{i}nt}\mathrm{d}t = \mathrm{e}^{\mathrm{i}ns}\int_{s-2\pi}^s K(t)\mathrm{e}^{\mathrm{i}nt}\mathrm{d}t,$$

故

$$Ax_n = \lambda_n x_n, \quad n \in \mathbb{Z},$$

其中

$$\lambda_n = \int_0^{2\pi} K(s)\mathrm{e}^{\mathrm{i}ns}\mathrm{d}s.$$

函数集 $\{x_n\}_{n\in\mathbb{Z}}$ 是 $L^2(0, 2\pi)$ 的完备正交系.

6.3.1 对弦振动问题的应用

考虑一个简单而典型的应用: 均匀弦的微小横振动.

选取直角坐标系并且假定弦两端固定在点 $(0,0)$ 和 $(1,0)$ 上. 弦的运动由函数 $y(x,t)$ 来描述, 它给出了在时刻 t 上弦中各点的纵坐标.

弦的动能为
$$E_c = \frac{1}{2}\int_0^1 y_t^2 \mathrm{d}x.$$

势能 E_p 正比于弦的长度增量
$$\Delta = \int_0^1 \sqrt{1+y_x^2}\mathrm{d}x - 1, \tag{6.23}$$

假设比例系数 $k=1$. 由于只限于研究微小的振动, 所以可以假定式 (6.23) 中的 $\sqrt{1+y_x^2}$ 可由其近似值 $1+\frac{1}{2}y_x^2$ 来代替. 即有
$$E_p = \frac{1}{2}\int_0^1 y_x^2 \mathrm{d}x.$$

当弦振动的初始和最后时刻的形状 $y(\cdot,0)$ 与 $y(\cdot,T)$ 给定时, 根据 Hamilton (哈密顿) 原理, 对应于弦在 $[0,T]$ 内 "运动" 的函数 y 应使积分
$$\int_0^T (E_c-E_p)\mathrm{d}t = \int_0^T \mathrm{d}t\left[\frac{1}{2}\int_0^1 y_t^2\mathrm{d}x - \frac{1}{2}\int_0^1 y_x^2 \mathrm{d}x\right] \tag{6.24}$$

取得临界值. 于是对任意满足
$$\eta(\cdot,0)=0, \quad \eta(\cdot,T)=0 \tag{6.25}$$

的函数 $\eta(\cdot,\cdot)$ (形式上) 都有
$$\frac{\mathrm{d}}{\mathrm{d}\varepsilon}\int_0^T \mathrm{d}t\left[\frac{1}{2}\int_0^1 (y_t+\varepsilon\eta_t)^2\mathrm{d}x - \frac{1}{2}\int_0^1 (y_x+\varepsilon\eta_x)^2\mathrm{d}x\right]\bigg|_{\varepsilon=0} = 0.$$

由此 (形式上) 可得
$$\int_0^T \mathrm{d}t\left[\int_0^1 y_t\eta_t\mathrm{d}x - \int_0^1 y_x\eta_x\mathrm{d}x\right] = 0. \tag{6.26}$$

如果函数 $y(x,t)$ 满足边界条件
$$y(0,t)=0, \quad y(1,t)=0 \tag{6.27}$$

和使得式 (6.24) 中的微商与积分有意义的条件, 则称函数 $y(x,t)$ 是允许的.

上述推导是形式的. 为使上述推理严格化, 我们引入 Hilbert 空间 $H_0^1(0,1)$:

$$H_0^1(0,1) \triangleq \{u \in L^2(0,1) | u \text{ 绝对连续}, u(0) = u(1) = 0, u' \in L^2(0,1)\}.$$

$H_0^1(0,1)$ 中的内积与范数为

$$(u,v)_{H_0^1(0,1)} = \int_0^1 u'(x)v'(x)\mathrm{d}x, \quad \|u\|_{H_0^1(0,1)} = \sqrt{(u,u)_{H_0^1(0,1)}}.$$

容易验证 $H_0^1(0,1)$ 确实是 Hilbert 空间.

假设函数 $y(x,t)$ 满足如下条件:

(i) $y(\cdot,t) \in H_0^1(0,1)$ 并且弱连续地依赖于时间变量 t, 即对任意 $u \in H_0^1(0,1)$, $(y,u)_{H_0^1(0,1)}$ 是 t 的连续函数;

(ii) 对任意 $f \in L^2(0,1)$, $(y,f)_{L^2(0,1)}$ 有关于 t 的连续微商.

由

$$2|u(x)| = \left|2\int_0^x u'(\xi)\mathrm{d}\xi - \int_0^1 u'(\xi)\mathrm{d}\xi\right| = \left|\int_0^1 [\mathrm{sgn}\,(\xi - x)]u'(\xi)\mathrm{d}\xi\right|$$

$$\leqslant \|u\|_{H_0^1(0,1)}$$

可得

$$\max |u(x)| \leqslant \frac{1}{2}\|u\|_{H_0^1(0,1)}. \tag{6.28}$$

因此, 如果 $\{u_n(x)\}_{n=1}^\infty$ 在 $H_0^1(0,1)$ 上收敛, 则必在 $[0,1]$ 上一致收敛, 且 $\{u \in H_0^1(0,1) | \|u\|_{H_0^1(0,1)} \leqslant C, C > 0\}$ 中元素一致有界. 由

$$|u(x_1) - u(x_2)| = \left|\int_0^{x_1} u'(\xi)\mathrm{d}\xi - \int_0^{x_2} u'(\xi)\mathrm{d}\xi\right| = \left|\int_{x_1}^{x_2} [\mathrm{sgn}\,(\xi - x)]u'(\xi)\mathrm{d}\xi\right|$$

$$\leqslant \sqrt{|x_1 - x_2|}\|u\|_{H_0^1(0,1)},$$

可知 $u \in H_0^1(0,1)$ 是等度连续的. 因此, 由 Arzelà-Ascoli 定理知对任意 $C > 0$, $\{u \in H_0^1(0,1) | \|u\|_{H_0^1(0,1)} \leqslant C\}$ 中的点列都有收敛的子列.

对任意 $u,v \in H_0^1(0,1)$,

$$|(u,v)_{L^2(0,1)}| = \left|\int_0^1 uv\mathrm{d}x\right| \leqslant \max|u| \cdot \max|v| \leqslant \frac{1}{4}\|u\|_{H_0^1(0,1)}\|v\|_{H_0^1(0,1)},$$

6.3 Hilbert 空间上自伴紧算子的谱理论

从而 $(u,v)_{L^2(0,1)}$ 是 $H_0^1(0,1)$ 上的一个有界双线性形式, 因而存在有界自伴线性算子 $A: H_0^1(0,1) \to H_0^1(0,1)$ 使得

$$(u,v)_{L^2(0,1)} = (Au,v)_{H_0^1(0,1)}.$$

设 $\{u_n\}_{n=1}^\infty \subset H_0^1(0,1)$ 有界, 则 $\{Au_n\}_{n=1}^\infty$ 在 $H_0^1(0,1)$ 中有界. 则存在 $[0,1]$ 上一致收敛的子列 $\{u_{n_k}\}_{k=1}^\infty$ 和 $\{Au_{n_k}\}_{k=1}^\infty$. 所以当 $j, k \to \infty$ 时有

$$(A(u_{n_j} - u_{n_k}), u_{n_j} - u_{n_k})_{H_0^1(0,1)}$$
$$= (u_{n_j} - u_{n_k}, u_{n_j} - u_{n_k})_{L^2(0,1)} = \int_0^1 (u_{n_j} - u_{n_k})^2 \mathrm{d}x \to 0 \quad (6.29)$$

和

$$(A(Au_{n_j} - Au_{n_k}), Au_{n_j} - Au_{n_k})_{H_0^1(0,1)}$$
$$= (Au_{n_j} - Au_{n_k}, Au_{n_j} - Au_{n_k})_{L^2(0,1)} = \int_0^1 (Au_{n_j} - Au_{n_k})^2 \mathrm{d}x \to 0. \quad (6.30)$$

另一方面, 对任意 $u \in H_0^1(0,1)$,

$$(A(u - Au), u - Au)_{H_0^1(0,1)}$$
$$= (Au, u)_{H_0^1(0,1)} - 2(Au, Au)_{H_0^1(0,1)} + (A(Au), Au)_{H_0^1(0,1)}. \quad (6.31)$$

在上式中取 $u = u_{n_j} - u_{n_k}$, 由式 (6.29) 和式 (6.30) 可得当 $j, k \to \infty$ 时

$$(A(u_{n_j} - u_{n_k}), A(u_{n_j} - u_{n_k}))_{H_0^1(0,1)} \to 0. \quad (6.32)$$

因此 $\{Au_{n_k}\}_{k=1}^\infty$ 在 $H_0^1(0,1)$ 中收敛. 所以 A 是 $H_0^1(0,1)$ 上的紧算子. 由定理 6.13 知, 存在 $H_0^1(0,1)$ 中单位正交向量组成的序列 $\{e_n\}_{n=1}^\infty$ 和数列 $\{\lambda_n\}_{n=1}^\infty$ 使得对任意 $u \in H_0^1(0,1)$ 有

$$Au = \sum_{n=1}^\infty \lambda_n (u, e_n)_{H_0^1(0,1)} e_n.$$

从而对任意 $u, v \in H_0^1(0,1)$ 有

$$(u,v)_{L^2(0,1)} = \sum_{n=1}^\infty \lambda_n (u, e_n)_{H_0^1(0,1)} (e_n, v)_{H_0^1(0,1)}. \quad (6.33)$$

因为对非零的 $u \in H_0^1(0,1)$, $(u,u)_{L^2(0,1)} > 0$, 故对任意 $n \in \mathbb{N}$, $\lambda_n > 0$. 进一步可知 $\{e_n\}_{n=1}^\infty$ 是完全的, 从而 $\{e_n\}_{n=1}^\infty$ 是 $H_0^1(0,1)$ 上的一组正规正交基.

由式 (6.33) 可得

$$(e_n, e_m)_{L^2(0,1)} = \begin{cases} \lambda_n, & n = m, \\ 0, & n \neq m. \end{cases}$$

因而

$$\varphi_n(x) = \frac{1}{\sqrt{\lambda_n}} e_n(x), \quad n \in \mathbb{N}$$

构成 $L^2(0,1)$ 中完全的标准正交系, 所以是 $L^2(0,1)$ 的正规正交基.

现在回到弦振动问题. 设

$$y(x,t) = \sum_{n=1}^{\infty} c_n(t) e_n(x), \quad y_t(x,t) = \sum_{n=1}^{\infty} d_n(t) \varphi_n(x)$$

分别在 $H_0^1(0,1)$ 与 $L^2(0,1)$ 中收敛, $c_n(t) = (y, e_n)_{H_0^1(0,1)}, d_n(t) = (y_t, \varphi_n)_{L^2(0,1)}$ 关于 t 连续, 且

$$d_n(t) = (y_t, \varphi_n)_{L^2(0,1)} = \frac{\mathrm{d}}{\mathrm{d}t}(y, \varphi_n)_{L^2(0,1)} = \lambda_n \frac{\mathrm{d}c_n(t)}{\mathrm{d}t}.$$

设 $\gamma_n(t)$ 是在点 $t=0$ 与 $t=T$ 处为零并且有连续微商的函数, 则

$$\eta(x,t) = \gamma_n(t) e_n(x)$$

满足条件 (6.25). 把它代入等式 (6.26) 就得到

$$\int_0^T \left(\lambda_n \frac{\mathrm{d}c_n(t)}{\mathrm{d}t} \frac{\mathrm{d}\gamma_n(t)}{\mathrm{d}t} - c_n \gamma_n \right) \mathrm{d}t = 0.$$

设 $C_n(\cdot)$ 是 $c_n(\cdot)$ 的一个原函数, 分部积分可得

$$\int_0^T \left(\lambda_n \frac{\mathrm{d}^2 C_n(t)}{\mathrm{d}t^2} + C_n(t) \right) \frac{\mathrm{d}\gamma_n(t)}{\mathrm{d}t} \mathrm{d}t = 0. \tag{6.34}$$

注意到 $\frac{\mathrm{d}\gamma_n}{\mathrm{d}t}$ 可以是 $(0,T)$ 上积分为零的任意一个函数, 因此 $\lambda_n \frac{\mathrm{d}^2 C_n(t)}{\mathrm{d}t^2} + C_n(t)$ 在 $(0,T)$ 上是常数, 关于 t 求导则有

$$\lambda_n \frac{\mathrm{d}^2 c_n(t)}{\mathrm{d}t^2} + c_n(t) = 0,$$

故

$$c_n(t) = a_n \cos \frac{1}{\sqrt{\lambda_n}} t + b_n \sin \frac{1}{\sqrt{\lambda_n}} t, \quad n \in \mathbb{N}.$$

6.3 Hilbert 空间上自伴紧算子的谱理论

因此, 描述弦运动的函数 $y(\cdot,\cdot)$ 具有形式

$$y(x,t) = \sum_{n=1}^{\infty}\left(a_n\cos\frac{1}{\sqrt{\lambda_n}}t + b_n\sin\frac{1}{\sqrt{\lambda_n}}t\right)e_n(x), \qquad (6.35)$$

其中

$$\sum_{n=1}^{\infty}a_n^2 = \sum_{n=1}^{\infty}c_n^2(0) = \|y(x,0)\|_{H_0^1(0,1)}^2,$$

$$\sum_{n=1}^{\infty}b_n^2 = \sum_{n=1}^{\infty}\lambda_n\frac{\mathrm{d}c_n(0)}{\mathrm{d}t}^2 = \|y_t(x,0)\|_{L^2(0,1)}^2.$$

从而, 弦振动的性质可由如下命题描述.

命题 6.2 *弦的所有可能的运动都可由函数*

$$y(x,t) = \sum_{n=1}^{\infty}\left(a_n\cos\frac{1}{\sqrt{\lambda_n}}t + b_n\sin\frac{1}{\sqrt{\lambda_n}}t\right)e_n(x) \qquad (6.36)$$

描述, 其中系数满足 $\sum_{n=1}^{\infty}(a_n^2 + b_n^2) < \infty$. 级数 (6.36) 在 $H_0^1(0,1)$ 中收敛, 因而一致收敛.

给定任意两个分别属于 $H_0^1(0,1)$ 与 $L^2(0,1)$ 的函数

$$f(x) = \sum_{n=1}^{\infty}a_ne_n(x), \quad g(x) = \sum_{n=1}^{\infty}b_ne_n(x),$$

则存在满足初始条件

$$y(x,0) = f(x), \quad y_t(x,0) = g(x)$$

的弦运动函数 (6.36), 其中 $\{a_n\}_{n=1}^{\infty}$, $\{b_n\}_{n=1}^{\infty}$ 分别为 $f(\cdot)$ 与 $g(\cdot)$ 的 Fourier 系数. 由此可知, 弦的所有运动都是由简谐振动 $\left(a_n\cos\frac{1}{\sqrt{\lambda_n}}t + b_n\sin\frac{1}{\sqrt{\lambda_n}}t\right)e_n(x)$ 叠加而成的. 这些简谐振动称为特征振动.

利用 $(u,v)_{L^2(0,1)} = (Au,v)_{H_0^1(0,1)}$ 直接计算可得

$$Au(x) = -\int_0^x\left[\int_0^z u(s)\mathrm{d}s - \int_0^1\mathrm{d}t\int_0^t u(r)\mathrm{d}r\right]\mathrm{d}z. \qquad (6.37)$$

由 $\{e_n\}_{n=1}^{\infty}$ 都是 A 的特征函数知

$$Ae_n(x) = \lambda_n e_n(x), \quad n \in \mathbb{N}. \qquad (6.38)$$

从而 e_n 满足

$$\frac{\mathrm{d}^2 e_n(x)}{\mathrm{d}x^2} + \frac{1}{\lambda_n} e_n(x) = 0, \quad n \in \mathbb{N}.$$

$$e(0) = 0, \quad e(1) = 0,$$

可得

$$\lambda_n = \frac{1}{n^2 \pi^2}, \quad \varphi_n(x) = \frac{1}{\sqrt{\lambda_n}} e_n(x) = \sqrt{2} \sin n\pi x, \quad n \in \mathbb{N}.$$

6.3.2 迹类算子

本小节一律假设 H 是可分的 Hilbert 空间.

设 $A \in \mathcal{C}(H)$ 满足 $A \geqslant 0$, 由定理 6.13 知 A 的特征值组成收敛到 0 的非负数列 $\{\lambda_n\}_{n=1}^\infty$. 进一步, 能选择对应于 λ_n 的单位特征向量 e_n, 使得 $\{e_n\}_{n=1}^\infty$ 构成 $\mathcal{R}(A)$ 的标准正交基, 而且对任意 $u \in H$ 有

$$Au = \sum_{n=1}^\infty \lambda_n (u, e_n) e_n.$$

对上述 A, 定义算子 $B \in \mathcal{C}(H)$ 为

$$Bu = \sum_{n=1}^\infty \lambda_n^{\frac{1}{2}} (u, e_n) e_n, \quad u \in H.$$

直接计算可得 $B^2 = A$. 称 B 为 A 的 1/2 次方, 记为 $A^{\frac{1}{2}}$.

对任意 $A \in \mathcal{C}(H)$, $A^*A \geqslant 0$ 为紧算子. 定义 A 的绝对值 $|A| = (A^*A)^{\frac{1}{2}}$, 则 $|A| \geqslant 0$ 且 $|A|^2 = A^*A$.

定义 6.5 对任意 $A \in \mathcal{C}(H)$, 如果 $\sum_{n=1}^\infty (|A|e_n, e_n)$ 有限, 则称 A 是迹类算子.

设 $\{e_n\}_{n=1}^\infty$, $\{\tilde{e}_n\}_{n=1}^\infty$ 是 H 的两组标准正交基, 则

$$\sum_{n=1}^\infty (|A|e_n, e_n) = \sum_{n=1}^\infty \left(\sum_{m=1}^\infty (|A|e_n, \tilde{e}_m) \tilde{e}_m, e_n \right) = \sum_{n=1}^\infty \left(\sum_{m=1}^\infty (e_n, |A|\tilde{e}_m) \tilde{e}_m, e_n \right)$$

$$= \sum_{m=1}^\infty \left(\sum_{n=1}^\infty (e_n, |A|\tilde{e}_m) \tilde{e}_m, e_n \right) = \sum_{n=1}^\infty (|A|\tilde{e}_n, \tilde{e}_n). \tag{6.39}$$

所以 $\sum_{n=1}^\infty (|A|e_n, e_n)$ 与标准正交基的选择无关, 因而迹类算子是良定的. 定义迹类算子的范数为

$$\|A\|_1 = \sum_{n=1}^\infty (|A|e_n, e_n). \tag{6.40}$$

6.3 Hilbert 空间上自伴紧算子的谱理论

所有迹类算子组成的集合用 $\mathcal{L}^1(H)$ 来表示.

对 $A \in \mathcal{C}(H)$, 易见对任意 $x \in H$, $\||A|x\| = \|Ax\|$. 定义算子 W 为

(1) $W(|A|x) \triangleq Ax$, $\forall x \in H$, 并延拓到 $\overline{\mathcal{R}(A)} = (\operatorname{Ker}A)^\perp$;

(2) $W(x) = 0$, $\forall x \in \operatorname{Ker}A$.

可以看出, $A = W|A|$ 且 W 在 $(\operatorname{Ker}A)^\perp$ 上是等距的, $W^*W = P_{(\operatorname{Ker}A)^\perp}$, $WW^* = P_{\overline{\mathcal{R}(A)}}$. 分解 $A = W|A|$ 称为 A 的极分解.

由 W 的定义直接可得如下结论.

命题 6.3 下列各项是等价的:

(i) $A \in \mathcal{L}^1(H)$;

(ii) $|A|^{\frac{1}{2}} \in \mathcal{L}^2(H)$;

(iii) A 可以表示为 H 上两个 Hilbert-Schmidt 算子的乘积.

由命题 6.3(iii) 知, 如果 $A \in \mathcal{L}^1(H)$, 则对 H 的任意标准正交基 $\{e_n\}_{n=1}^\infty$, 都有

$$\sum_{n=1}^\infty |(Ae_n, e_n)| < \infty.$$

进一步, 当 $A \in \mathcal{L}^1(H)$ 时, $\sum_{n=1}^\infty (Ae_n, e_n)$ 不依赖于标准正交基的选取.

定义 6.6 设 $A \in \mathcal{L}^1(H)$, 定义 A 的迹为 $\operatorname{tr}(A) \triangleq \sum_{n=1}^\infty (Ae_n, e_n)$.

定理 6.14 关于迹类算子, 有下列结论:

(i) 迹类算子是紧的. 进一步, 如果 A 是紧的, 且 $\lambda_1, \lambda_2, \cdots$ 是 $|A|$ 的特征值 (按重数重复出现), 则 $A \in \mathcal{L}^1(H)$ 当且仅当 $\{\lambda_n\}_{n=1}^\infty \in l^1$, 此时有 $\|A\|_1 = \sum_{n=1}^\infty \lambda_n$.

(ii) 如果 $A \in \mathcal{L}^1(H)$, 则 $A^* \in \mathcal{L}^1(H)$ 且 $\|A\|_1 = \|A^*\|_1$.

(iii) 如果 $A \in \mathcal{L}^1(H)$, $B \in \mathcal{L}(H)$, 则 $AB, BA \in \mathcal{L}^1(H)$ 且

$$\|AB\|_1 \leqslant \|B\|\|A\|_1, \quad \|BA\|_1 \leqslant \|B\|\|A\|_1. \tag{6.41}$$

进一步,

$$\operatorname{tr}(AB) = \operatorname{tr}(BA), \quad |\operatorname{tr}(AB)| \leqslant \|B\|\|A\|_1. \tag{6.42}$$

(iv) $\|\cdot\|_1$ 是 $\mathcal{L}^1(H)$ 上的范数, 且 $(\mathcal{L}^1(H), \|\cdot\|_1)$ 是 Banach 空间.

(v) $\mathcal{L}^1(H)$ 包含全体有限秩算子.

(vi) 有限秩算子在 $\mathcal{L}^1(H)$ 中稠密 (依范数 $\|\cdot\|_1$).

(vii) $\mathcal{L}^1(H)$ 可分.

证明 (i) 由命题 6.3(ii) 直接可得.

(ii) 设 $A = W|A|$ 是 A 的极分解, 则 $AA^* = W|A|^2W^*$, 即有 $|A^*| = W|A|W^*$. 由推论 6.4, 可设 $|A| = \sum_{n=1}^\infty \lambda_n P_n$, 其中 $\{\lambda_n\}_{n=1}^\infty$ 是 $|A|$ 的特征值 (m 重特征

值记 m 次), P_n 是到对应于 λ_n 的特征空间的投影, 则 $|A^*| = \sum_{n=1}^{\infty} \lambda_n W P_n W^*$. 因此,

$$\|A^*\|_1 = \sum_{n=1}^{\infty} \lambda_n = \|A\|_1.$$

(iii) $AB, BA \in \mathcal{L}^1(H)$ 及 (6.41) 与定理 5.12(ii) 的证明非常类似. 下面证明式 (6.42).

设 $T_1, T_2 \in \mathcal{L}^2(H)$. 由于 $T_2 e_n = \sum_{m=1}^{\infty} (T_2 e_n, e_m)$, 有

$$\begin{aligned}
\operatorname{tr}(T_1 T_2) &= \sum_{n=1}^{\infty} (T_1 T_2 e_n, e_n) = \sum_{n,m=1}^{\infty} (T_1 e_m, e_n)(T_2 e_n, e_m) \\
&= \overline{\sum_{n,m} (T_1^* e_n, e_m)(T_2^* e_m, e_n)} = \overline{\operatorname{tr}(T_1^* T_2^*)}.
\end{aligned} \quad (6.43)$$

设 $A = C^* D$, 其中 $C, D \in \mathcal{L}^2(H)$. 由式 (6.43) 可得

$$\begin{aligned}
\operatorname{tr}(AB) &= \operatorname{tr}(C^* DB) = \overline{\operatorname{tr}(C(DB)^*)} = \overline{\operatorname{tr}(CB^* D^*)} \\
&= \overline{\operatorname{tr}((BC^*)^* D)} = \operatorname{tr}(BC^* D) = \operatorname{tr}(BA).
\end{aligned} \quad (6.44)$$

设 A 的极分解为 $A = W|A|$, 由 (6.43), 有

$$\begin{aligned}
|\operatorname{tr}(AB)| &= |\operatorname{tr}(BW|A|^{\frac{1}{2}}|A|^{\frac{1}{2}})| = |(BW|A|^{\frac{1}{2}}, |A|^{\frac{1}{2}})_2| \\
&\leqslant \|BW|A|^{\frac{1}{2}}\|_2 \||A|^{\frac{1}{2}}\|_2 \leqslant \|B\| \||A|^{\frac{1}{2}}\|_2^2 = \|B\| \|A\|_1.
\end{aligned}$$

(iv) 由式 (6.40) 知 $\|A\|_1 = 0$ 当且仅当 $A = 0$. 任取 $\alpha \in \mathbb{F}$ 和 $A \in \mathcal{L}^1(H)$,

$$\|\alpha A\|_1 = \sum_{n=1}^{\infty} (|\alpha A| e_n, e_n) = \sum_{n=1}^{\infty} (|\alpha| |A| e_n, e_n) = |\alpha| \|A\|_1.$$

对 $A, B \in \mathcal{L}^1(H)$, 设 $A + B$ 的极分解为 $A + B = W|A + B|$, 则 $|A + B| = W^* A + W^* B$. 因此有

$$\sum_{n=1}^{\infty} (|A + B| e_n, e_n) = |\operatorname{tr}(W^* A) + \operatorname{tr}(W^* B)| \leqslant |\operatorname{tr}(W^* A)| + |\operatorname{tr}(W^* B)|$$

$$\leqslant \|W\| \|A\|_1 + \|W\| \|B\|_1 \leqslant \|A\|_1 + \|B\|_1.$$

故有 $\|A + B\|_1 \leqslant \|A\|_1 + \|B\|_1$. 综上可得 $\|\cdot\|_1$ 是 $\mathcal{L}^1(H)$ 上的范数.

6.3 Hilbert 空间上自伴紧算子的谱理论

设 $\{A_n\}_{n=1}^\infty \in \mathcal{L}^1(H)$ 是一个 Cauchy 列. 由命题 6.3 知 $\{|A_n|^{\frac{1}{2}}\}_{n=1}^\infty$ 是 $\mathcal{L}^2(H)$ 中的 Cauchy 列. 因此存在 $B \in \mathcal{L}^2(H)$ 使得

$$\lim_{n\to\infty} \left\||A_n|^{\frac{1}{2}} - B\right\|_2 = 0.$$

因此有

$$\begin{aligned}0 &= \lim_{n\to\infty} \left((|A_n|^{\frac{1}{2}} - B)e_n, (|A_n|^{\frac{1}{2}} - B)e_n\right)\\ &= \lim_{n\to\infty} \left((|A_n|^{\frac{1}{2}} - B)^*(|A_n|^{\frac{1}{2}} - B)e_n, e_n\right).\end{aligned}$$

由此可得

$$\begin{aligned}&\lim_{n\to\infty} \left(|A_n - B^*B|e_n, e_n\right)\\ &= \lim_{n\to\infty} \left([(A_n - B^*B)(A_n - B^*B)]^{\frac{1}{2}} e_n, e_n\right) = 0.\end{aligned}$$

所以有

$$\lim_{n\to\infty} \left\|A_n - B^*B\right\|_1 = 0.$$

由此可得 $\mathcal{L}^1(H)$ 在 $\|\cdot\|_1$ 下是完备的.

(v) 设 A 为有限秩算子, 由定理 6.13 知, 存在 $N > 0$, 复数集 $\{\lambda_n\}_{n=1}^N$ 及单位正交向量组成集合 $\{\varphi_n\}_{n=1}^N$ 使得

$$Au = \sum_{n=1}^N \lambda_n (u, \varphi_n)\varphi_n, \quad \forall u \in H.$$

将 $\{\varphi_n\}_{n=1}^N$ 扩张成 H 的一个标准正交基 $\{\varphi_n\}_{n=1}^N \cup \{\varphi_n\}_{n=N+1}^\infty$. 对此标准正交基, 有

$$\begin{aligned}\sum_{n=1}^\infty (|A|\varphi_n, \varphi_n) &= \sum_{n=1}^\infty \left((A^*A)^{\frac{1}{2}}\varphi_n, \varphi_n\right) = \sum_{n=1}^N \left((|\lambda_n|^2)^{\frac{1}{2}}\varphi_n, \varphi_n\right)\\ &= \sum_{n=1}^N \left(|\lambda_n|\varphi_n, \varphi_n\right) = \sum_{n=1}^N |\lambda_n| < \infty.\end{aligned}$$

所以 $A \in \mathcal{L}^1(H)$.

(vi) 设 $A \in \mathcal{L}^1(H)$. 由定义知对任意 $\varepsilon > 0$, 存在 $N \in \mathbb{N}$ 使得当 $n \geqslant N$ 时, $\sum_{n \geqslant N}(|A|e_n, e_n) \leqslant \varepsilon$. 定义有限秩算子 B 如下: 在 $H_N = \mathrm{span}\{e_1, e_2, \cdots, e_N\}$

上, $B = A$; 在 $H_N^\perp$ 上, $B = 0$. 那么

$$\|A - B\|_1^2 = \sum_{n \geqslant N}(|A|e_n, e_n) \leqslant \varepsilon.$$

所以有限秩算子在 $\mathcal{L}^1(H)$ 中稠密 (依范数 $\|\cdot\|_1$).

(vii) 由 (vi) 直接可得. □

由定理 6.13 知, 对 $A \in \mathcal{L}^1(H)$, 必然存在 $N \in \mathbb{N} \cup \{\infty\}$, 以及正规正交基 $\{\phi_n\}_{n=1}^N$ 和一个复数列 $\{\lambda_n\}_{n=1}^N$ 满足 $\sum_{n=1}^N |\lambda_n| < \infty$ 使得

$$Au = \sum_{n=1}^N \lambda_n (u, \psi_n) \psi_n, \quad \forall u \in H.$$

由此可得

$$\mathrm{tr}\,(A) = \sum_{n=1}^N \lambda_n.$$

关于迹类算子的序列, 有下面的非交换的 Fatou 引理.

引理 6.4 设 $\{A_n\}_{n=1}^\infty \subset \mathcal{L}^1(H)$ 是一个正的迹类算子序列且 (弱) $\lim_{n \to \infty} A_n = A$, 则

$$\mathrm{tr}\,(A) \leqslant \varliminf_{n \to \infty} \mathrm{tr}\,(A_n).$$

当上式右边有限时, A 是迹类算子.

证明 取 H 的一组标准正交基 $\{e_k\}_{k=1}^\infty$, 由 Fatou 引理可得

$$\mathrm{tr}\,(A) = \sum_{k=1}^\infty (Ae_k, e_k) = \sum_{k=1}^\infty \lim_{n \to \infty}(A_n e_k, e_k)$$

$$\leqslant \varliminf_{n \to \infty} \sum_{k=1}^\infty (A_n e_k, e_k) = \varliminf_{n \to \infty} \mathrm{tr}\,(A_n). \quad \square$$

6.4 谱测度、谱系和谱积分

首先考虑几个启发性的例子.

例 6.9 设 A 是 $\mathbb{R}^n$ 上的对称矩阵, 那么必有 $\mathbb{R}^n$ 中一组正规正交基 $\{e_j\}_{j=1}^n$ 使得每个 e_j 都是 A 的特征向量:

$$Ae_j = \lambda_j e_j, \quad j = 1, 2, \cdots, n, \tag{6.45}$$

6.4 谱测度、谱系和谱积分

其中的 λ_j 都是实数. 这就是 n 维对称矩阵或 n 维空间上自伴算子的对角化.

记 P_j $(j=1,2,\cdots,n)$ 为 $\mathbb{R}^n$ 到 $\mathrm{span}\{e_j\}$ 上的投影算子, 有

$$P_j e_k = \delta_{jk} e_k, \quad j,k = 1,2,\cdots,n, \tag{6.46}$$

其中 δ_{jk} 是 Kronecker 记号. 则 A 有如下形式的谱分解:

$$A = \sum_{j=1}^n \lambda_j P_j, \quad \sum_{j=1}^n P_j = I. \tag{6.47}$$

在有限维空间中, 任何一个自伴算子都可写为式 (6.47) 的形式. 由定理 6.13 知无穷维 Hilbert 空间上的自伴紧算子也有类似分解. 下面考虑一般 Hilbert 空间中自伴算子的谱分解形式. 为此再看几个例子.

例 6.10 取定一个有界实数列 $\{\lambda_n\}_{n=1}^\infty$, 定义 l^2 中的算子 A 为

$$Ax = (\lambda_1 x_1, \lambda_2 x_2, \cdots), \quad \forall x = (x_1, x_2, \cdots).$$

容易证明 A 是自伴算子. 记 $e_n = (\delta_{nk})$, δ_{nk} 是 Kronecker 记号, 则 $\{e_n\}_{n=1}^\infty$ 是 l^2 中的标准正交基. 令 P_n 是投影算子

$$P_n x = (x, e_n) e_n, \quad \forall x \in l^2.$$

则

$$A = \sum_{n=1}^\infty \lambda_n P_n, \quad \sum_{n=1}^\infty P_n = I. \tag{6.48}$$

例 6.11 设 H 是无穷维 Hilbert 空间. 在 H 中任意取一列两两正交的投影算子 $P_j, j \in \mathbb{N}$, 再取一个有界的实数列 $\{\lambda_j\}_{j=1}^\infty$, 作级数 $A = \sum_{j=1}^\infty \lambda_j P_j$. 可见级数 $\sum_{j=1}^\infty \lambda_j P_j$ 强收敛于有界线性算子 A, 且 $\{\lambda_j\}_{j=1}^\infty$ 都是 A 的特征值, 对应于 λ_j 的特征子空间是 $P_j H$, $\|A\| = \sup_{j \in \mathbb{N}} |\lambda_j|$. 由 $A_n = \sum_{j=1}^n \lambda_j P_j, n \in \mathbb{N}$ 均为自伴算子知, A 也是自伴算子.

记 $E_n \triangleq \sum_{j=1}^n P_j$, $E_0 = 0$, 则 $\Delta E_j \triangleq E_j - E_{j-1} = P_j, j = 1, 2, \cdots$,

$$A = \sum_{j=1}^\infty \lambda_j \Delta E_j, \quad \sum_{j=1}^\infty \Delta E_j = I. \tag{6.49}$$

由以上例子可知, 式 (6.47) 或式 (6.48) 表示的算子都是自伴算子. 这种形式的算子的一个典型特征是特征值为 $\{\lambda_j\}_{j=1}^\infty$. 然而并非所有自伴算子都有特征值, 见例 6.4. 下面考虑例 6.4 中的自伴算子是否有与以上算子相类似的性质.

对任意 $\lambda \in [0,1]$, 定义 $L^2(0,1)$ 上的算子为

$$E_\lambda: f \mapsto \chi_{[0,\lambda]} f, \quad \forall f \in L^2(0,1),$$

其中 $\chi_{[0,\lambda]}$ 是 $[0,\lambda]$ 的特征函数. 显然, E_λ 是 $L^2(0,1)$ 上的线性算子. 任取 $f, g \in L^2(0,1)$, 由

$$\begin{aligned}(E_\lambda^2 f)(t) &= E_\lambda\big(\chi_{[0,\lambda]}(t)f(t)\big) = \chi_{[0,\lambda]}(t)^2 f(t) \\ &= \chi_{[0,\lambda]}(t)f(t) = (E_\lambda f)(t)\end{aligned}$$

和

$$\begin{aligned}(E_\lambda f, g) &= \int_0^1 \chi_{[0,\lambda]}(t)f(t)\overline{g(t)}\mathrm{d}t \\ &= \int_0^1 f(t)\overline{\chi_{[0,\lambda]}(t)g(t)}\mathrm{d}t = (f, E_\lambda g)\end{aligned}$$

可得 $E_\lambda^2 = E_\lambda^* = E_\lambda$. 因此, E_λ ($\lambda \in [0,1]$) 是 $L^2(0,1)$ 上的投影算子.

对任意 $n \in \mathbb{N}$, 定义 $L^2(0,1)$ 上的算子 A_n 如下:

$$A_n: f \mapsto \left[\sum_{j=1}^n \lambda_j(\chi_{[0,\lambda_j]} - \chi_{[0,\lambda_{j-1}]})\right] f, \quad \forall f \in L^2(0,1),$$

其中 $\lambda_j = \dfrac{j}{n}$, $j = 0, 1, 2, \cdots, n$. 显然

$$A_n = \sum_{j=1}^n \lambda_j \Delta E_{\lambda_j}.$$

由

$$\left| t - \sum_{j=1}^n \lambda_j(\chi_{[0,\lambda_j]}(t) - \chi_{[0,\lambda_{j-1}]}(t)) \right| \leqslant \frac{1}{n}, \quad t \in [0,1]$$

知

$$\|(A - A_n)f\|^2 \leqslant \int_0^1 \left| t - \sum_{j=1}^n \lambda_j(\chi_{[0,\lambda_j]}(t) - \chi_{[0,\lambda_{j-1}]}(t)) \right|^2 |f(t)|^2 \mathrm{d}t$$

$$\leqslant \frac{1}{n^2}\|f\|^2, \quad \forall f \in L^2(0,1),$$

6.4 谱测度、谱系和谱积分

即 $\|A - A_n\| \leqslant \dfrac{1}{n}, n = 1, 2, \cdots$. 从而有

$$A = \lim_{n\to\infty} \sum_{j=1}^n \lambda_j \Delta E_{\lambda_j} \quad \sum_{j=1}^n \Delta E_{\lambda_j} = I. \tag{6.50}$$

由以上分析可知, 要研究无穷维 Hilbert 空间上自伴算子的一般形式, 就必须引入算子值的 "测度" 的积分. 本节主要是严格地定义投影算子值测度以及对这种测度的积分.

6.4.1 谱测度

下面用 $\mathcal{P}$ 表示某个 Hilbert 空间 H 中的投影算子全体.

定义 6.7 设 Ω 是一个集合, Σ 是 Ω 的某些子集所成的代数, E 是 $\Sigma \to \mathcal{P}$ 的映射, 如果以下两个条件成立:

(i) $E(\Omega) = I$.

(ii) 可列可加性: 如果 $\{A_n\}_{n=1}^\infty \subset \Sigma$ 互不相交且 $\bigcup_{n=1}^\infty A_n \in \Sigma$, 那么

$$E\left(\bigcup_{n=1}^\infty A_n\right) = \sum_{n=1}^\infty E(A_n),$$

则称 E 是 (Ω, Σ) 上 (H 中) 的谱测度. 当 Σ 是 σ-代数时, 称 (Ω, Σ, E) 是 H 中的谱测度空间.

引理 6.5 设 E 是 (Ω, Σ) 上的谱测度, 那么下列结论成立:

(i) $E(\varnothing) = 0$.

(ii) 有限可加性: 对两两不交的 $\{A_j\}_{j=1}^n$ 有

$$E\left(\bigcup_{j=1}^n A_j\right) = \sum_{j=1}^n E(A_j).$$

(iii) 如果 $A, B \in \Sigma$ 满足 $A \cap B = \varnothing$, 那么 $E(A)E(B) = E(B)E(A) = 0$.

(iv) 对 $A, B \in \Sigma$, $E(A \cup B) = E(A) + E(B) - E(A \cap B)$.

(v) $\{E(A) | A \in \Sigma\}$ 是交换算子族.

证明 (i) 由 $E(\cdot)$ 的可列可加性, 取 $A_n = \varnothing \ (n = 1, 2, \cdots)$ 可得

$$E(\varnothing) = E(\varnothing) + E(\varnothing) + E(\varnothing) + \cdots,$$

使这式子成立的 $E(\varnothing)$ 只有零算子, 所以 $E(\varnothing) = 0$.

(ii) 对两两不交的 $\{A_j\}_{j=1}^n \subset \Sigma$, 令 $A_{n+1} = A_{n+2} = \cdots = \varnothing$, 由可列可加性即得有限可加性.

(iii) 当 $A, B \in \Sigma$ 且 $A \cap B = \varnothing$ 时, 由有限可加性可得 $E(A \cup B) = E(A) + E(B)$. 注意到 $E(A), E(B), E(A \cup B)$ 都是投影算子, 有

$$(E(A) + E(B))^2 = E(A) + E(B).$$

所以

$$E(A)E(B) + E(B)E(A) = 0.$$

由此可得

$$E(A)E(B) = E(B)E(A) = 0.$$

(iv) 对 $A, B \in \Sigma$, 因为 $A \cup B = A \cup (B - A \cap B)$ 且 A 与 $B - A \cap B$ 不交, 所以 $E(A \cup B) = E(A) + E(B - A \cap B)$. 另外 $B - A \cap B$ 与 $A \cap B$ 不交, 它们的并集是 B, 所以 $E(B - A \cap B) + E(A \cap B) = E(B)$. 从而

$$E(A \cup B) = E(A) + E(B) - E(A \cap B). \tag{6.51}$$

(v) 设 $A, B \in \Sigma$, 由 (iii) 知 $A \cap B = \varnothing$ 时, $E(A)$ 与 $E(B)$ 可交换. 如果 $A \supset B$, 那么 $E(A) = E(B) + E(A - B)$. 由于 $E(B)$ 和 $E(A - B)$ 可交换, 所以 $E(A)$ 和 $E(B)$ 也可交换. 由式 (6.51) 知 $E(A) = E(A \cup B) + E(A \cap B) - E(B)$. 因前式右端三个算子都和 $E(B)$ 可交换, 故 $E(A)E(B) = E(B)E(A)$. □

如果 (Ω, Σ, E) 是一个谱测度空间, 对任意 $x \in H$, 定义 Σ 上的函数

$$\mu_x(A) \triangleq (E(A)x, x), \quad \forall A \in \Sigma. \tag{6.52}$$

由谱测度的定义可知 $\mu_x(\cdot)$ 是 Σ 上全有限的测度. 对任意 $x, y \in H$, 当 H 是实或复空间时, $\mu_{x,y}$ 分别可表示成

$$\mu_{x,y} = \frac{1}{4}(\mu_{x+y} - \mu_{x-y})$$

或

$$\mu_{x,y} = \frac{1}{4}(\mu_{x+y} - \mu_{x-y} + i\mu_{x+iy} - i\mu_{x-iy}),$$

所以

$$\mu_{x,y}(A) = (E(A)x, y), \quad \forall A \in \Sigma \tag{6.53}$$

是 Σ 上的广义测度.

用记号

$$\int_\Omega f(\omega) \mathrm{d}(E(\omega)x, y) \quad \text{或} \quad \int_\Omega f(\omega)(E(\mathrm{d}\omega)x, y)$$

6.4 谱测度、谱系和谱积分

来表示 (Ω, Σ) 上可测函数 f 关于广义测度 (6.53) 的积分.

设 $B(\Omega, \Sigma)$ 为可测空间 (Ω, Σ) 上的有界可测函数全体. 对于 $f \in B(\Omega, \Sigma)$, 记 $\|f\| = \sup\limits_{\omega \in \Omega} |f(\omega)|$. 下面定义 $B(\Omega, \Sigma)$ 中元素关于谱测度的积分.

定义 6.8 设 (Ω, Σ, E) 是谱测度空间, $f \in B(\Omega, \Sigma)$, f 的值域包含于 (a, b), 对于分划 $D: a = y_0 < y_1 < \cdots < y_n = b$, 作和式

$$S(D) = \sum_{j=1}^{n} \xi_j E(\{\omega \in \Omega | y_{j-1} \leqslant f(\omega) < y_j\}), \quad y_{j-1} \leqslant \xi_j \leqslant y_j. \tag{6.54}$$

记 $\delta(D) = \max\limits_{1 \leqslant j \leqslant n}(y_j - y_{j-1})$. 如果存在 H 中的有界线性算子, 记为 $\int_{\Omega} f(\omega) \mathrm{d}E(\omega)$, 使得对任意 $\varepsilon > 0$, 都存在 $\delta > 0$, 当分点组 D 满足 $\delta(D) < \delta$ 时, 不论 $\xi_i \in [y_{i-1}, y_i]$ 如何选取, 总有

$$\left| \int_{\Omega} f(\omega) \mathrm{d}E(\omega) - S(D) \right| \leqslant \varepsilon,$$

那么就称 $\int_{\Omega} f(\omega) \mathrm{d}E(\omega)$ 是函数 f 关于谱测度 E 的 (一致) 谱积分.

当 f 是复值函数时, 如果 f 的实部 f_1 和虚部 f_2 的 (一致) 谱积分存在, 那么定义 f 的一致谱积分为

$$\int_{\Omega} f(\omega) \mathrm{d}E(\omega) = \int_{\Omega} f_1(\omega) \mathrm{d}E(\omega) + \mathrm{i} \int_{\Omega} f_2(\omega) \mathrm{d}E(\omega).$$

为保证上面定义的谱积分存在, 先引入一个形式上更弱的积分.

定义 6.9 设 (Ω, Σ, E) 是谱测度空间, f 是 (Ω, Σ) 上的可测函数, 如果存在 Hilbert 空间 H 上的有界线性算子——记为 w-$\int_{\Omega} f(t) \mathrm{d}E(t)$——使得对任意 $x, y \in H$ 都成立

$$\left(\text{w-} \int_{\Omega} f(\omega) \mathrm{d}E(\omega) x, y \right) = \int_{\Omega} f(\omega) \mathrm{d}(E(\omega) x, y), \tag{6.55}$$

那么称 w-$\int_{\Omega} f(\omega) \mathrm{d}E(\omega)$ 为函数 f 关于谱测度 E 的 (弱) 谱积分.

定理 6.15 设 (Ω, Σ, E) 是谱测度空间, $f \in B(\Omega, \Sigma)$, 那么 (弱) 谱积分 w-$\int_{\Omega} f(\omega) \mathrm{d}E(\omega)$ 存在且唯一.

证明 首先考虑 $f \in B(\Omega, \Sigma)$ 是实值函数的情形. 定义 H 上的二元泛函 Φ 如下:

$$\Phi(x, y) = \int_\Omega f(\omega) \mathrm{d}(E(\omega)x, y), \quad x, y \in H. \tag{6.56}$$

显然 $\Phi(\cdot, \cdot)$ 是 H 上的双线性泛函且满足

$$|\Phi(x, x)| = \left| \int_\Omega f(\omega) \mathrm{d}(E(\omega)x, x) \right| \leqslant \|f\|(E(\Omega)x, x) = \|f\|\|x\|^2.$$

由定理 3.9 知, 存在 H 上的有界线性算子 A 使得

$$(Ax, y) = \Phi(x, y) = \int_\Omega f(\omega) \mathrm{d}(E(\omega)x, y), \quad \forall x, y \in H.$$

将 A 形式的记为 $\text{w-}\int_\Omega f(\omega)\mathrm{d}E(\omega)$, 则有

$$\left(\text{w-}\int_\Omega f(\omega)\mathrm{d}E(\omega)x, y \right) = \Phi(x, y) = \int_\Omega f(\omega)\mathrm{d}(E(\omega)x, y), \quad \forall x, y \in H,$$

而且

$$\left\| \text{w-}\int_\Omega f(\omega)\mathrm{d}E(\omega) \right\| \leqslant \|f\|. \tag{6.57}$$

对于 f 是复值函数的情况, 只要分成实部和虚部加以讨论即可. (弱) 谱积分的唯一性是显然的. □

从而可知 (弱) 谱积分满足下面性质.

推论 6.5 设 (Ω, Σ, E) 是谱测度空间, $f \in B(\Omega, \Sigma)$, 那么 (弱) 谱积分有下列性质:

(i) (线性性) 对 $f, g \in B(\Omega, \Sigma)$ 及 $\alpha, \beta \in \mathbb{F}$,

$$\text{w-}\int_\Omega (\alpha f(\omega) + \beta g(\omega))\mathrm{d}E(\omega) = \alpha \text{w-}\int_\Omega f(\omega)\mathrm{d}E(\omega) + \beta \text{w-}\int_\Omega g(\omega)\mathrm{d}E(\omega);$$

(ii) (Hermite 性) 当 $f \in B(\Omega, \Sigma)$ 时,

$$\left[\text{w-}\int_\Omega f(\omega)\mathrm{d}E(\omega) \right]^* = \text{w-}\int_\Omega \overline{f(\omega)}\mathrm{d}E(\omega).$$

特别当 f 是实值函数时, $\int_\Omega f(\omega)\mathrm{d}E(\omega)$ 是自伴算子;

6.4 谱测度、谱系和谱积分

(iii) 如果 $A \in \Sigma$, χ_A 是集合 A 的特征函数, 那么

$$\text{w-}\int_\Omega \chi_A(\omega)\mathrm{d}E(\omega) = E(A).$$

定理 6.16 设 (Ω, Σ, E) 是谱测度空间, 如果 $f \in B(\Omega, \Sigma)$ 是实值函数, 那么 f 关于 E 的弱谱积分就是一致谱积分.

证明 对分点组 $D : a = y_0 < y_1 < \cdots < y_n = b$, 记 $\xi_j \in [y_{j-1}, y_j]$ $(j = 1, 2, \cdots, n)$. 定义函数 f_n 如下:

$$f_n(\omega) = \xi_j, \quad \omega \in \{\omega \in \Omega | y_{j-1} \leqslant f(\omega) < y_j\}.$$

由推论 6.5 中 (i) 和 (iii) 可知, 由式 (6.54) 定义的 $S(D)$ 就是函数 f_n 关于 E 的弱谱积分. 所以

$$\left\|\text{w-}\int_\Omega f(\omega)\mathrm{d}E(\omega) - S(D)\right\| = \left\|\text{w-}\int_\Omega [f(\omega) - f_n(\omega)]\mathrm{d}E(\omega)\right\|.$$

由 f_n 的定义可知 $\|f - f_n\| \leqslant \delta(D)\left(= \max\limits_{1 \leqslant j \leqslant n}(y_j - y_{j-1})\right)$. 由式 (6.57) 知, 对任意 $\varepsilon > 0$, 当分点组 D 使 $\delta(D) < \varepsilon$ 时, 对任意 $\xi_j \in [y_{j-1}, y_j]$ $(j = 1, 2, \cdots, n)$,

$$\left\|\text{w-}\int_\Omega f(\omega)\mathrm{d}E(\omega) - S(D)\right\| \leqslant \delta(D) < \varepsilon.$$

因此, $\text{w-}\int_\Omega f(\omega)\mathrm{d}E(\omega)$ 也就是 f 关于 E 的一致谱积分. □

今后统一将弱谱积分和一致谱积分称为谱积分, 记为 $\int_\Omega f(\omega)\mathrm{d}E(\omega)$.

推论 6.6 对 $f \in B(\Omega, \Sigma)$, $\int_\Omega f(\omega)\mathrm{d}E(\omega)$ 与所有的 $E(\mathcal{A})$, $\mathcal{A} \in \Sigma$ 可交换, 对于 $f, g \in B(\Omega, \Sigma)$, $\int_\Omega f(\omega)\mathrm{d}E(\omega)$ 和 $\int_\Omega g(\omega)\mathrm{d}E(\omega)$ 可交换.

证明 对实值的 $f, g \in B(\Omega, \Sigma)$, $\int_\Omega f(\omega)\mathrm{d}E(\omega)$ 及 $\int_\Omega g(\omega)\mathrm{d}E(\omega)$ 都是形为式 (6.54) 的和式的极限, 而 $E(\cdot)$ 都是可交换的 (引理 6.5(v)), 所以 $\int_\Omega f(\omega)\mathrm{d}E(\omega)$ 和 $\int_\Omega g(\omega)\mathrm{d}E(\omega)$ 可交换. 对复值函数可以分成实部和虚部来讨论即可. □

推论 6.7 对 $f,g \in B(\Omega,\Sigma)$, 有

$$\int_\Omega f(\omega)g(\omega)\mathrm{d}E(\omega) = \int_\Omega f(\omega)\mathrm{d}E(\omega)\int_\Omega g(\omega)\mathrm{d}E(\omega), \tag{6.58}$$

$$\left(\int_\Omega f(\omega)\mathrm{d}E(\omega)x, \int_\Omega g(\omega)\mathrm{d}E(\omega)y\right) = \int_\Omega f(\omega)\overline{g(\omega)}\mathrm{d}(E(\omega)x,y). \tag{6.59}$$

证明 只需证明 f,g 是实值函数的情形. 如果 f,g 为复值函数, 只要分成实部和虚部来讨论即可.

首先考虑 $f=\chi_\mathcal{A}, g=\chi_\mathcal{B}$, 其中 $\mathcal{A},\mathcal{B}\in\Sigma$. 此时 $fg=\chi_{A\cap B}$. 代入式 (6.58) 两边, 并注意到 $E(A)E(B) = [E(A\cap B) + E(A-B)]E(B) = E(A\cap B)E(B) = E(A\cap B)$, 因此式 (6.58) 成立. 进一步, 如果

$$f = \sum_{j=1}^n \alpha_j \chi_{A_j}, \quad g = \sum_{k=1}^m \beta_k \chi_{B_k},$$

其中 $A_j\ (j=1,2,\cdots,n), B_k\ (k=1,2,\cdots,m)$ 是 Σ 中分别互不相交的元素, 有

$$\int_\Omega f(\omega)\mathrm{d}E(\omega) = \sum_{j=1}^n \alpha_j E(A_j),$$

$$\int_\Omega g(\omega)\mathrm{d}E(\omega) = \sum_{k=1}^m \beta_k E(B_k).$$

所以

$$\int_\Omega f(\omega)g(\omega)\mathrm{d}E(\omega) = \sum_{j=1}^n \sum_{k=1}^m \alpha_j\beta_k E(A_j\cap B_k). \tag{6.60}$$

由于 $E(A\cap B) = E(A)E(B)$, 则式 (6.58) 成立. 对于实值的 f,g, 与定理 6.16 证明中对 f 构造函数 f_n 类似, 可以构造出简单函数列 $\{f_n\}_{n=1}^\infty$ 和 $\{g_n\}_{n=1}^\infty$ 使得它们分别一致收敛于 f 及 g. 这时, f_ng_n 一致收敛于 fg, 且有

$$\int_\Omega f(\omega)g(\omega)\mathrm{d}E(\omega) = \lim_{n\to\infty}\int_\Omega f_n(\omega)g_n(\omega)\mathrm{d}E(\omega)$$

$$= \lim_{n\to\infty}\left[\int_\Omega f_n(\omega)\mathrm{d}E(\omega)\int_\Omega g_n(\omega)\mathrm{d}E(\omega)\right]$$

$$= \lim_{n\to\infty}\int_\Omega f_n(\omega)\mathrm{d}E(\omega)\lim_{n\to\infty}\int_\Omega g_n(\omega)\mathrm{d}E(\omega)$$

6.4 谱测度、谱系和谱积分

$$= \int_\Omega f(\omega)\mathrm{d}E(\omega) \int_\Omega g(\omega)\mathrm{d}E(\omega),$$

所以式 (6.58) 对实值函数成立. 式 (6.59) 的证明类似可得. □

注记 6.3 推论 6.7 是谱测度积分所特有的重要性质, 对于普通数值测度的积分不成立.

推论 6.8 设 (Ω, Σ, E) 是谱测度空间, $f \in B(\Omega, \Sigma)$, 那么

$$\left\| \int_\Omega f(\omega)\mathrm{d}E(\omega) \right\| \leqslant \|f\|.$$

证明 由式 (6.58) 和 (6.57) 可得

$$\left| \int_\Omega f(\omega)\mathrm{d}E(\omega) \right|^2 = \left| \int_\Omega \overline{f(\omega)}\mathrm{d}E(\omega) \int_\Omega f(\omega)\mathrm{d}E(\omega) \right|$$

$$= \left| \int_\Omega |f(\omega)|^2 \mathrm{d}E(\omega) \right| \leqslant \|f\|^2.$$

□

6.4.2 谱系

直线上 Lebesgue-Stieltjes 测度和单调增加右连续函数相对应. 下面讨论直线上的谱测度与直线上单调增加右连续, 但取值是投影算子的函数的关系.

定义 6.10 设 H 是 Hilbert 空间, $\{E_\lambda\}$ 是以 $\lambda \in \mathbb{R}$ 为参数的一族投影算子, 如果它满足:

(i) (单调性) 对任意两个实数 λ, μ, 当 $\lambda \geqslant \mu$ 时, $E_\lambda \geqslant E_\mu$;

(ii) (右连续性) 对任意 $\lambda_0 \in \mathbb{R}$, (强) $\lim\limits_{\lambda \to \lambda_0 + 0} E_\lambda = E_{\lambda_0}$;

(iii) (强) $\lim\limits_{\lambda \to -\infty} E_\lambda = 0$, (强) $\lim\limits_{\lambda \to +\infty} E_\lambda = I$,

那么就称 $\{E_\lambda\}$ 是一个谱系.

当 $\{E_\lambda | \lambda \in \mathbb{R}\}$ 是谱系时, 对任意 $\lambda, \mu \in \mathbb{R}$, $\lambda \geqslant \mu$, 由于 $E_\lambda \geqslant E_\mu$, 由定理 3.27, $E_\lambda E_\mu = E_\mu E_\lambda = E_\mu$.

例 6.12 设 H 为无穷维 Hilbert 空间. 任取 H 上一列两两正交的投影算子 $P_j, j \in \mathbb{N}$ 使得 $\sum_{j=1}^\infty P_j = I$. 取一列实数 $\{\lambda_j\}_{j=1}^\infty$. 令

$$E_\lambda = \begin{cases} \sum\limits_{\lambda_i \leqslant \lambda} P_i, & \\ 0, & \lambda < \min\limits_{j=1,\cdots,n} \lambda_j, \end{cases}$$

则 $\{E_\lambda | \lambda \in \mathbb{R}\}$ 是谱系.

证明 E_λ 是至多可列个两两正交的投影算子的和,所以 E_λ 是投影算子. 以下验证定义中的三个条件.

(i) 当 $\lambda > \mu$ 时, $E_\lambda = \sum_{\lambda_i \leqslant \lambda} P_i = \sum_{\lambda_i \leqslant \mu} P_i + \sum_{\mu \leqslant \lambda_i \leqslant \lambda} P_i = E_\mu + \sum_{\mu \leqslant \lambda_i \leqslant \lambda} P_i$. 由 $\sum_{\mu \leqslant \lambda_i \leqslant \lambda} P_i \geqslant 0$ 可得 $E_\lambda \geqslant E_\mu$.

(ii) 对 $\lambda > \lambda_0$, $E_\lambda - E_{\lambda_0} = \sum_{\lambda_0 \leqslant \lambda_i \leqslant \lambda} P_i$. 所以要证明 E_λ 在 λ_0 点的右连续性,只需证明 (强) $\lim_{\lambda \to \lambda_0 + 0} \sum_{\lambda_0 \leqslant \lambda_i \leqslant \lambda} P_i = 0$.

对任意 $x \in H$, 由于 $\{P_j\}_{j=1}^\infty$ 两两正交, 所以

$$\sum_{j=1}^\infty \|P_j x\|^2 \leqslant \|x\|^2.$$

记 $M_\lambda = \{j \in \mathbb{N} | \lambda_0 < \lambda_j \leqslant \lambda\}$, $m_\lambda = \min_{j \in M_\lambda} \{j\}$ (当 M_λ 是 $\varnothing$ 时规定 $m_\lambda = \infty$). 当 $\lambda < \lambda'$ 时, $M_\lambda \subset M_{\lambda'}$ 且 $\bigcap_{\lambda \to \lambda_0 + 0} M_\lambda = \varnothing$, 所以 m_λ 在 $\lambda \in (\lambda_0, \infty)$ 上是单调不增的函数, 而且 $\lim_{\lambda \to \lambda_0 + 0} m_\lambda = \infty$. 由于

$$\left\| \sum_{\lambda_0 < \lambda_j \leqslant \lambda} P_j x \right\|^2 = \sum_{\lambda_0 < \lambda_j \leqslant \lambda} \|P_j x\|^2 = \sum_{j \in M} \|P_j x\|^2 \leqslant \sum_{j=m_\lambda}^\infty \|P_j x\|^2,$$

当 $\lambda \to \lambda_0 + 0$ 时, 上式的右端趋于零, 由此可得

$$\lim_{\lambda \to \lambda_0 + 0} \left\| \sum_{\lambda_0 < \lambda_j \leqslant \lambda} P_j x \right\|^2 = 0.$$

因此当 $\lambda \to \lambda_0 + 0$ 时, $E_\lambda - E_{\lambda_0}$ 强收敛于零. 所以 E_λ 是右连续的.

(iii) 设 $\tilde{M}_\lambda = \{j \in \mathbb{N} | \lambda_j \leqslant \lambda\}$ 及 $\tilde{m}_\lambda = \min_{j \in \tilde{M}_\lambda} \{j\}$. 当 $\lambda \to -\infty$ 时有 $\tilde{m}_\lambda \to \infty$. 对任意 $x \in H$,

$$\|E_\lambda x\|^2 = \left\| \sum_{\lambda_j \leqslant \lambda} P_j x \right\|^2 = \sum_{j \in \tilde{M}_\lambda} \|P_j x\|^2 \leqslant \sum_{j=\tilde{m}_\lambda}^\infty \|P_j x\|^2,$$

由此可得 $\lim_{\lambda \to -\infty} \|E_\lambda x\|^2 = 0$, 即 (强) $\lim_{\lambda \to -\infty} E_\lambda = 0$. 同理可证 (强) $\lim_{\lambda \to +\infty} E_\lambda = I$.

因此, $\{E_\lambda | \lambda \in \mathbb{R}\}$ 是谱系. □

例 6.13 对 $\lambda \in \mathbb{R}$, 定义 $L^2(0,1)$ 上的算子 E_λ 为

$$E_\lambda f \triangleq \chi_{(-\infty, \lambda]} f, \quad f \in L^2(0,1),$$

则 $\{E_\lambda | \lambda \in \mathbb{R}\}$ 是谱系.

6.4 谱测度、谱系和谱积分

证明 由于 $\chi_{(-\infty,\lambda]}$ 是有界的实值函数, 而且 $\chi^2_{(-\infty,\lambda]} = \chi_{(-\infty,\lambda]}$, 所以 E_λ 是幂等函数的自伴算子, 故 E_λ 是 $L^2(0,1)$ 上的投影算子. 又因为

(i) 当 $\lambda \geqslant \mu$ 时, $\chi_{(-\infty,\lambda]}\chi_{(-\infty,\mu]} = \chi_{(-\infty,\mu]}\chi_{(-\infty,\lambda]} = \chi_{(-\infty,\mu]}$, 所以 $E_\lambda E_\mu = E_\mu E_\lambda = E_\mu$, 由定理 3.27 可知 $E_\lambda \geqslant E_\mu$.

(ii) 对任意 $f \in L^2(0,1)$, 由 Lebesgue 控制收敛定理,

$$\lim_{\lambda \to \lambda_0} \int_0^1 |\chi_{(-\infty,\lambda]}(\omega) - \chi_{(-\infty,\lambda_0]}(\omega)|^2 |f(\omega)|^2 dE(\omega) = 0.$$

由此可得 $\lim_{\lambda \to \lambda_0}(E_\lambda - E_{\lambda_0})f = 0$, 所以 E_λ 是强连续的.

(iii) 当 $\lambda \leqslant 0$ 时, $E_\lambda = 0$; 当 $\lambda \geqslant 1$ 时, $E_\lambda = I$.

从而可知, $\{E_\lambda | \lambda \in \mathbb{R}\}$ 是 $L^2(0,1)$ 中的谱系. □

下面结果说明可以把谱系定义中的强收敛改为弱收敛.

定理 6.17 设 $\{E_\lambda | \lambda \in \mathbb{R}\}$ 是 Hilbert 空间 H 上的一族投影算子, 满足如下条件:

(i) (单调性) 当 $\lambda \geqslant \mu$ 时 $E_\lambda \geqslant E_\mu$;

(ii) 对一切 $\lambda_0 \in \mathbb{R}$, $E_{\lambda_0} = (\text{弱})\lim_{\lambda \to \lambda_0+0} E_\lambda$;

(iii) $(\text{弱})\lim_{\lambda \to -\infty} E_\lambda = 0$, $(\text{弱})\lim_{\lambda \to +\infty} E_\lambda = I$,

那么 E_λ 是一个谱系.

证明 由 $(\text{弱})\lim_{\lambda \to \lambda_0+0} E_\lambda = E_{\lambda_0}$ 可得 $\lim_{\lambda \to \lambda_0+0}((E_\lambda - E_{\lambda_0})x,x) = 0$. 因为 $\lambda > \lambda_0$ 时, $E_\lambda - E_{\lambda_0}$ 是投影算子, 所以

$$\|(E_\lambda - E_{\lambda_0})x\|^2 = ((E_\lambda - E_{\lambda_0})x,x).$$

由此可得 $(\text{强})\lim_{\lambda \to \lambda_0+0} E_\lambda = E_{\lambda_0}$. 所以 $\{E_\lambda | \lambda \in \mathbb{R}\}$ 满足谱系的条件 (ii). 条件 (iii) 也可以类似地验证. 从而 $\{E_\lambda | \lambda \in \mathbb{R}\}$ 是谱系. □

定理 6.18 Hilbert 空间 H 中一族投影算子 $\{E_\lambda | \lambda \in \mathbb{R}\}$ 成为谱系的充要条件是对任意 $x \in H$, 函数 $F_x(\lambda) = (E_\lambda x, x)$ 满足下列条件:

(i) F_x 是单调不减的, 即当 $\lambda > \mu$ 时 $F_x(\lambda) \geqslant F_x(\mu)$;

(ii) F_x 是右连续函数;

(iii) $\lim_{\lambda \to -\infty} F_x(\lambda) = 0$, $\lim_{\lambda \to +\infty} F_x(\lambda) = \|x\|^2$.

证明 由谱系的条件立刻可推出定理中的 (i)—(iii). 因此必要性是显然的.

下证充分性. 由 F_x 的单调性可得 $\{E_\lambda|\lambda \in \mathbb{R}\}$ 的单调性. 由 F_x 的右连续性可得

$$\lim_{\lambda \to \lambda_0+0} \|(E_\lambda - E_{\lambda_0})x\|^2 = \lim_{\lambda \to \lambda_0+0} ((E_\lambda - E_{\lambda_0})x, x)$$
$$= \lim_{\lambda \to \lambda_0+0} (E_\lambda x, x) - (E_{\lambda_0} x, x) = 0,$$

因此 $\{E_\lambda|\lambda \in \mathbb{R}\}$ 是 (强) 右连续的. 类似地, 可得 $\lambda \to \pm\infty$ 时谱系定义中 (iii) 成立. □

如果 $\{E_\lambda|\lambda \in \mathbb{R}\}$ 是个谱系, 且存在 $a, b \in \mathbb{R}$ 使得当 $\lambda < a$ 时 $E_\lambda = 0$, 当 $\lambda \geqslant b$ 时 $E_\lambda = I$, 就称 $\{E_\lambda|\lambda \in \mathbb{R}\}$ 是区间 $[a,b]$ 上的谱系. 区间 $[a,b]$ 上的谱系又常写成 $\{E_\lambda|\lambda \in [a,b]\}$.

6.4.3 谱系和谱测度的关系

前面已经分别介绍了谱系 $\{E_\lambda|\lambda \in \mathbb{R}\}$ 和谱测度空间 (Ω, Σ, E). 现在讨论两者的关系. 设 $\Omega = \mathbb{R}$, Σ 为直线上 Borel (博雷尔) 集全体.

如果 $(\mathbb{R}, \Sigma, E)$ 是个谱测度空间, 令

$$E_\lambda = E((-\infty, \lambda]), \quad \lambda \in \mathbb{R}. \tag{6.61}$$

由谱测度的定义可知由式 (6.61) 所作的 $\{E_\lambda|\lambda \in \mathbb{R}\}$ 是谱系. 称它为由谱测度 $E(\cdot)$ 导出的谱系. 反之, 给定一个谱系 $\{E_\lambda|\lambda \in \mathbb{R}\}$. 对于 $a, b \in \mathbb{R}, a \leqslant b$, 令

$$E((a,b]) = E_b - E_a,$$

其中 $E_{+\infty}$, $E_{-\infty}$ 分别理解为 I 及 0.

对任意

$$\Delta = \bigcup_{j=1}^{n} (a_j, b_j], \quad j = 1, 2, \cdots, n, \tag{6.62}$$

其中 $(a_j, b_j]$ 为两两不交的区间, 令 $E(\Delta) = \sum_{j=1}^{n}(E_{b_j} - E_{a_j})$, 这里的 $E(\Delta)$ 与 Δ 的分解形式无关.

当 $\{A_n\}_{n=1}^{\infty} \subset \Sigma_0$ 互不相交且 A_n 都是式 (6.62) 的形式时,

$$\mu\left(\bigcup_{n=1}^{\infty} A_n\right) = \sum_{n=1}^{\infty} \mu(A_n).$$

通过上述方式, 可以构造出一个 $(\mathbb{R}, \Sigma)$ 上的谱测度 $E(\cdot)$, 并且由该谱测度导出的谱系就是 $\{E_\lambda|\lambda \in \mathbb{R}\}$. 严格证明留给感兴趣的读者.

由 H 中的谱系 $\{E_\lambda|\lambda\in\mathbb{R}\}$ 可导出 $(\mathbb{R},\Sigma)$ 上的谱测度, 记为 E. 由定理 6.15, 当 $f\in B(\mathbb{R},\Sigma)$ 时, 存在谱积分 $\int_\mathbb{R} f(\lambda)\mathrm{d}E(\lambda)$. 有时把 $\int_\mathbb{R} f(\lambda)\mathrm{d}E(\lambda)$ 写成函数 $f(\cdot)$ 关于谱系 $\{E_\lambda|\lambda\in\mathbb{R}\}$ 的积分形式

$$\int_\mathbb{R} f(\lambda)\mathrm{d}E_\lambda.$$

定理 6.19 设 $\{E_\lambda|\lambda\in\mathbb{R}\}$ 是 H 中的谱系, E 是由这个谱系导出的 $(\mathbb{R},\Sigma)$ 上的谱测度. 任取 $\mathbb{R}$ 中的非空开集 O, 设它的构成区间全体是 $\{(a_j,b_j)\}_{j\in\mathcal{I}}$ (其中 $\mathcal{I}$ 为至多可数集), 那么

$$E(O)=\sum_{j\in\mathcal{I}}(E_{b_j-0}-E_{a_j}), \qquad (6.63)$$

其中 $E_{b_j-0}=(\text{强})\lim\limits_{\substack{\lambda<b_j\\ \lambda\to b_j}}E_\lambda$.

证明 由 E 的可列可加性, 只要对 $O=(a,b)$ 时证明式 (6.63) 即可. 取一列 $\{b_n\}_{n=1}^\infty$ 满足 $a<b_n<b$ 且 $\lim\limits_{n\to\infty}b_n=b$, 那么 $(a,b_n]$, $n=1,2,\cdots$ 是一列单调增加的集列, 而且它的并集是 (a,b). 由 E 的可列可加性可得

$$E((a,b))=(\text{强})\lim_{n\to\infty}E((a,b_n])$$
$$=(\text{强})\lim_{n\to\infty}(E_{b_n}-E_a)=E_{b-0}-E_a. \qquad\square$$

6.5 酉算子的谱分解

在本节中, 将介绍酉算子的谱分解.

6.5.1 酉算子的定义

定义 6.11 设 H_1,H_2 为 Hilbert 空间, $U\in\mathcal{L}(H_1,H_2)$. 如果对任意 $x\in H_1$ 都有 $\|Ux\|=\|x\|$, 那么称 U 是 H_1 到 H_2 的保距算子. 当 $H_1=H_2$ 时, 简称 U 是 H_1 上的保距算子.

定义 6.12 设 H_1,H_2 为 Hilbert 空间, U 是 H_1 到 H_2 的保距算子并且 U 是满射, 那么称 U 是 H_1 到 H_2 的酉算子. 当 $H_1=H_2$ 时, 简称 U 是 H_1 上的酉算子.

由定义立即可知酉算子是连续双射, 且其逆算子也是酉算子.

引理 6.6 设 H_1,H_2 是两个 Hilbert 空间, U 是 H_1 到 H_2 的线性算子, 那么

(i) U 是 H_1 到 H_2 的保距算子的充要条件是对任意 $x, y \in H_1$,
$$(Ux, Uy) = (x, y). \tag{6.64}$$

(ii) U 是 H_1 到 H_2 的酉算子的充要条件是
$$U^*U = I_{H_1}, \quad UU^* = I_{H_2}, \tag{6.65}$$
即
$$U^{-1} = U^*. \tag{6.66}$$

证明 (i) 由极化恒等式知保距算子必保持内积不变, 故式 (6.64) 成立. 反之, 在式 (6.64) 中取 $x = y$ 可得 U 是保范的.

(ii) 如果 U 是酉算子, 由 (i) 可知
$$(x, y) = (Ux, Uy) = (U^*Ux, y), \quad x, y \in H_1.$$
故有
$$((U^*U - I_{H_1})x, y) = 0, \quad x, y \in H_1.$$
在上式中令 $y = (U^*U - I_H)x$ 可得 $(U^*U - I_{H_1})x = 0, x \in H_1$, 即 $U^*U = I_{H_1}$.

因为 U 是满射, 由 $U^*U = I_{H_1}$ 可知 U^* 是 U 的逆算子, 因此 U^* 是 H_2 到 H_1 的酉算子, 从而 $(U^*)^*U^* = I_{H_2}$, 即 $UU^* = I_{H_2}$. 必要性得证.

下证充分性. 由于 $U^*U = I_{H_1}$, 因此有
$$(x, y) = (U^*Ux, y) = (Ux, Uy), \quad x, y \in H_1,$$
从而 U 是保距算子. 又由 $UU^* = I_{H_2}$ 可得 U 是满射, 所以 U 是 H_1 到 H_2 的酉算子. □

推论 6.9 设 (Ω, Σ, E) 是 Hilbert 空间 H 上的谱测度空间, 函数 $f \in B(\Omega, \Sigma)$ 满足 $|f| = 1$, 那么谱积分
$$U = \int_\Omega f \mathrm{d}E$$
是酉算子.

证明 由推论 6.5 和推论 6.7 可知, $U^* = \int_\Omega \bar{f} \mathrm{d}E$, 且
$$U^*U = UU^* = \int_\Omega |f|^2 \mathrm{d}E = \int_\Omega \mathrm{d}E = E(\Omega) = I.$$

因此 U 是 H 中的酉算子. □

6.5.2 酉算子的谱分解

线性代数告诉我们, $\mathbb{R}^n$ 上的酉算子 U 可表为

$$U = \sum_{j=1}^{n} \lambda_j P_j,$$

其中 $|\lambda_j| = 1$, P_j $(j = 1, 2, \cdots, n)$ 是相互正交的投影算子, 且 $\sum_{j=1}^{n} P_j = I$. 记 $\lambda_j = \mathrm{e}^{\mathrm{i}\theta_j}, \theta_j \in (0, 2\pi]$. 由 $\{P_j\}_{j=1}^{\infty}$ 及 $\{\theta_j\}_{j=1}^{\infty}$ 可以作出一个 $(0, 2\pi]$ 上的谱系 $\{E_\lambda | \lambda \in [0, 2\pi]\}$, 此时 U 可以写成

$$U = \int_0^{2\pi} \mathrm{e}^{\mathrm{i}\lambda} \mathrm{d}E_\lambda.$$

下面再看一个无穷维的 Hilbert 空间中酉算子的例.

例 6.14 定义 $L^2(0, 2\pi)$ 上的酉算子 U 为

$$(Uf)(t) = \mathrm{e}^{\mathrm{i}t} f(t), \quad f \in L^2(0, 2\pi).$$

令算子 $E(\mathcal{A})$ 为

$$E(\mathcal{A})f = \chi_{\mathcal{A}}(t) f(t), \quad f \in L^2(0, 2\pi),$$

其中 $\chi_{\mathcal{A}}$ 是 $[0, 2\pi]$ 中 Borel 集 $\mathcal{A}$ 的特征函数. 则对任意 $[0, 2\pi]$ 中 Borel 集 $\mathcal{A}$, $E(\mathcal{A})$ 都是投影算子, 且 E 是 $[0, 2\pi]$ 中 Borel 集全体所成的 σ-代数 Σ 上的谱测度. 由于 $(E(\mathcal{A})f, g) = \int_{\mathcal{A}} f(t)\overline{g(t)}\mathrm{d}t$, $f, g \in L^2(0, 2\pi)$, 则

$$\int_0^{2\pi} \mathrm{e}^{\mathrm{i}t} \mathrm{d}(E(t)f, g) = \int_0^{2\pi} \mathrm{e}^{\mathrm{i}t} f(t)\overline{g(t)}\mathrm{d}E(t) = (Uf, g).$$

从而可知

$$U = \int_0^{2\pi} \mathrm{e}^{\mathrm{i}t} \mathrm{d}E(t). \tag{6.67}$$

本节的主要目的是要推广以上结果.

引理 6.7 设 $P(\mathrm{e}^{\mathrm{i}t}) = \sum_{\nu=-N}^{N} c_\nu \mathrm{e}^{\mathrm{i}\nu t}$ 是一个三角多项式, 而且对任意实数 t, $P(\mathrm{e}^{\mathrm{i}t}) > 0$. 那么必有三角多项式 $Q(\mathrm{e}^{\mathrm{i}t}) = \sum_{\nu=0}^{m} \alpha_\nu \mathrm{e}^{\mathrm{i}\nu t}$ 使

$$P(\mathrm{e}^{\mathrm{i}t}) = |Q(\mathrm{e}^{\mathrm{i}t})|^2. \tag{6.68}$$

证明 由于有理函数 $P(z) = \sum_{\nu=-N}^{N} c_\nu z^\nu$ 在 $|z|=1$ 上取实数值, 由 Schwartz (施瓦兹) 原理 ([12, 236 页]) 可知 $P(z) = \overline{P\left(\dfrac{1}{\bar z}\right)}$. 又因为 $P(e^{it}) > 0$, 从而 $P(z)$ 在单位圆周上没有零点. 设 $P(z)$ 在单位圆 $|z| < 1$ 内的零点是 $\alpha_1, \alpha_2, \cdots, \alpha_n$, 其重数分别为 $m_1, m_2, \cdots, m_n$. 由于 $P\left(\dfrac{1}{\overline{\alpha_\nu}}\right) = \overline{P(\alpha_\nu)} = 0$, 因此 $\dfrac{1}{\overline{\alpha_\nu}}$ 也是 m_ν 次的. 于是

$$P(z) = c \prod_{\nu=1}^{n} (z - \alpha_\nu)^{m_\nu} \left(\dfrac{1}{z} - \overline{\alpha_\nu}\right)^{m_\nu}.$$

令 $z = e^{it}$, 则有

$$P(e^{it}) = c \prod_{\nu=1}^{n} |e^{it} - \alpha_\nu|^{2m_\nu}, \quad c > 0.$$

记 $Q(z) = \sqrt{c} \prod_{\nu=1}^{n} (z - \alpha_\nu)^{m_\nu}$ 即可. □

定理 6.20 (酉算子的谱分解定理) 设 U 是复 Hilbert 空间 H 上的酉算子, 那么必有 H 上唯一的满足 $E_0 = 0$ 的谱系 $\{E_\theta | \theta \in [0, 2\pi]\}$ 使得

$$U = \int_0^{2\pi} e^{i\theta} dE_\theta. \tag{6.69}$$

称 $\{E_\theta | \theta \in [0, 2\pi]\}$ 为酉算子 U 的谱系.

证明 称 $\sum_{\nu=-N}^{N} \bar c_\nu e^{-i\nu\theta}$ 为三角多项式 $P(e^{i\theta}) = \sum_{\nu=-N}^{N} c_\nu e^{i\nu\theta}$ 的共轭三角多项式, 记为 $\bar P(e^{i\theta})$. 记算子 $P(U) \triangleq \sum_{\nu=-N}^{N} c_\nu U^\nu$, 此时有 $\bar P(U) = P(U^*)$. 两个三角多项式 $P_1(e^{i\theta})$ 与 $P_2(e^{i\theta})$ 的乘积 $P_3(e^{i\theta})$ 显然仍是三角多项式, 而且 $P_3(U) = P_1(U) P_2(U)$.

对任意 $P \in \mathcal{T}_{2\pi}$ ($[0, 2\pi]$ 上三角多项式全体), 记

$$\varphi(P, x, y) = (P(U)x, y), \quad x, y \in H. \tag{6.70}$$

显然, $\varphi_{x,y} : P \mapsto \varphi(P, x, y)$ 是 $\mathcal{T}_{2\pi}$ 上的线性泛函. 下证连续性.

如果 $P(e^{i\theta}) > 0, \theta \in [0, 2\pi]$, 则由引理 6.7, 存在三角多项式 Q 使 $P(e^{i\theta}) = |Q(e^{i\theta})|^2$. 所以

$$\varphi_{x,x}(P) = (P(U)x, x) = (\overline{Q}(U)Q(U)x, x) = \|Q(U)x\|^2 \geqslant 0. \tag{6.71}$$

6.5 酉算子的谱分解

一般地, 如果 P 是实值三角多项式, 那么对于任何 $c > \|P\|$, $P_1 = c - P$ 是正值的, 故有
$$\varphi_{x,x}(P_1) = (cx, x) - \varphi_{x,x}(P) \geqslant 0.$$

所以有 $\varphi_{x,x}(P) \leqslant c(x, x)$, 可得 $\varphi_{x,x}(P) \leqslant \|P\|\|x\|^2, c \to \|P\|$. 用 $-P$ 代替 P, 可得 $-\varphi_{x,x}(P) \leqslant \|P\|\|x\|^2$. 因此

$$|\varphi_{x,x}(P)| \leqslant \|P\|\|x\|^2. \tag{6.72}$$

更一般地, 对复值的三角多项式 P, 有 $P = P_1 + \mathrm{i}P_2$, 其中 P_1 和 P_2 是实值的三角多项式. 因为式 (6.72) 对于 P_1, P_2 都成立, 由 $\|P_1\|, \|P_2\| \leqslant \|P\|$ 可得

$$|\varphi_{x,x}(P)| \leqslant |\varphi_{x,x}(P_1)| + |\varphi_{x,x}(P_2)| \leqslant 2\|P\|\|x\|^2.$$

所以对 $x \in H$, $\varphi_{x,x}(\cdot)$ 是 $\mathcal{T}_{2\pi}$ 上的连续线性泛函.

由式 (6.70) 有

$$\varphi_{x,y} = \frac{1}{4}\left(\varphi_{x+y,x+y} - \varphi_{x-y,x-y} + \mathrm{i}\varphi_{x+\mathrm{i}y,x+\mathrm{i}y} - \mathrm{i}\varphi_{x-\mathrm{i}y,x-\mathrm{i}y}\right).$$

因此对任意 $x, y \in H$, $\varphi_{x,y}(\cdot)$ 是 $\mathcal{T}_{2\pi}$ 上的连续线性泛函. 由定理 4.4 知存在唯一的 $\psi(\cdot, x, y) \in V_0[0, 2\pi]$ 使得对任意 $P \in \mathcal{T}_{2\pi}$,

$$\varphi_{x,y}(P) = \varphi(P, x, y) = \int_0^{2\pi} P(\mathrm{e}^{\mathrm{i}\theta})\mathrm{d}\psi(\theta, x, y). \tag{6.73}$$

下面讨论 $\psi(\cdot, x, y)$ $(x, y \in H)$ 的性质:

(i) $\psi(\cdot, x, y)$ 关于 x, y 分别是线性和共轭线性的.

对 $x_1, x_2, y \in H$ 及 $\lambda_1, \lambda_2 \in \mathbb{C}$, 注意到 $x \mapsto \varphi(P, x, y)$ 是线性的, 由式 (6.73) 得

$$\int_0^{2\pi} P(\mathrm{e}^{\mathrm{i}\theta})\mathrm{d}\psi(\theta, \lambda_1 x_1 + \lambda_2 x_2, y)$$
$$= \lambda_1 \varphi(P, x_1, y) + \lambda_2 \varphi(P, x_2, y)$$
$$= \lambda_1 \int_0^{2\pi} P(\mathrm{e}^{\mathrm{i}\theta})\mathrm{d}\psi(\theta, x_1, y) + \lambda_2 \int_0^{2\pi} P(\mathrm{e}^{\mathrm{i}\theta})\mathrm{d}\psi(\theta, x_2, y)$$
$$= \int_0^{2\pi} P(\mathrm{e}^{\mathrm{i}\theta})\mathrm{d}[\lambda_1 \psi(\theta, x_1, y) + \lambda_2 \psi(\theta, x_2, y)]. \tag{6.74}$$

因此, 结合 $\mathcal{T}_{2\pi}$ 在 $\mathcal{C}_{2\pi}$ 中稠密即得

$$\psi(\theta, \lambda_1 x_1 + \lambda_2 x_2, y) = \lambda_1 \psi(\theta, x_1, y) + \lambda_2 \psi(\theta, x_2, y), \quad P \in \mathcal{T}_{2\pi},$$

即 $\psi(\cdot, x, y)$ 关于 x 的线性性. 同理可证 $\psi(\cdot, x, y)$ 关于 y 是共轭线性的.

(ii) 对 $x \in H, \psi(\cdot, x, x)$ 是单增的.

由式 (6.71) 知, 对正值函数 $P \in \mathcal{T}_{2\pi}$,

$$\varphi(P, x, x) = \int_0^{2\pi} P(e^{i\theta}) d\psi(\theta, x, x) \geqslant 0.$$

由 $\mathcal{T}_{2\pi}$ 在 $\mathcal{C}_{2\pi}$ 中的稠密性即得对任意取正值的 $f \in \mathcal{C}_{2\pi}$,

$$\int_0^{2\pi} f(\theta) d\psi(\theta, x, x) \geqslant 0. \tag{6.75}$$

因而对任意取非负值的 $f \in B[0, 2\pi]$ (定义见定理 4.4 证明) (6.75) 也成立. 如果 $\psi(\cdot, x, x)$ 非单增, 则存在 $0 \leqslant \theta_1 < \theta_2 \leqslant 2\pi$ 使得 $\psi(\theta_1, x, x) > \psi(\theta_2, x, x)$. 取 $f = \chi_{[\theta_1, \theta_2]}$, 则有

$$\int_0^{2\pi} \chi_{[\theta_1, \theta_2]} d\psi(\theta, x, x) = \psi(\theta_2, x, x) - \psi(\theta_1, x, x) < 0.$$

矛盾. 所以 $\psi(\cdot, x, x)$ 是单增的.

(iii) 在式 (6.73) 中取 $P = 1$ 可得

$$(x, y) = \psi(2\pi, x, y) - \psi(0, x, y) = \psi(2\pi, x, y).$$

再由 (ii) 可得当 $\theta \in [0, 2\pi]$ 时, $0 \leqslant \psi(\theta, x, x) \leqslant (x, x) = \|x\|^2$.

综上所述, 当固定 $\theta \in [0, 2\pi]$ 时, $\psi(\theta, x, y)$ 是 H 上的双线性泛函. 当 $x = y$ 时, $0 \leqslant \psi(\theta, x, x) \leqslant \|x\|^2$. 因此由定理 3.9 知, 必存在 H 上唯一的自伴算子 E_θ 使得

$$(E_\theta x, y) = \psi(\theta, x, y). \tag{6.76}$$

由性质 (iii) 知 $E_{2\pi} = I$. 另一方面, 显然有 $E_0 = 0$. 由 $\psi(\cdot, x, y)$ 的右连续性可得 E_0 的 (强) 右连续性.

由定理 6.18, 只需证明 $\{E_\theta | \theta \in [0, 2\pi]\}$ 中元素都是投影算子便可得 $\{E_\theta | \theta \in [0, 2\pi]\}$ 是谱系.

对于任意两个实值函数 $P, Q \in \mathcal{T}_{2\pi}$, 以及任意 $x, y \in H$, 有

$$(P(U)x, Q(U)y) = \int_0^{2\pi} P(e^{i\theta}) d(E_\theta x, Q(U)y). \tag{6.77}$$

6.5 酉算子的谱分解

注意到 $Q(U)$ 的自伴性可得

$$(E_\theta x, Q(U)y) = (Q(U)E_\theta x, y) = \int_0^{2\pi} Q(e^{it})d(E_t E_\theta x, y). \tag{6.78}$$

故

$$(P(U)x, Q(U)y) = \int_0^{2\pi} P(e^{i\theta})d \int_0^{2\pi} Q(e^{it})d(E_t E_\theta x, y). \tag{6.79}$$

另一方面,

$$(P(U)x, Q(U)y) = (Q(U)P(U)x, y) = \int_0^{2\pi} P(e^{i\theta})Q(e^{i\theta})d(E_\theta x, y)$$

$$= \int_0^{2\pi} P(e^{i\theta})d\left[\int_0^\theta Q(e^{it})d(E_t x, y)\right]. \tag{6.80}$$

对比式 (6.79) 和式 (6.80), 并注意到 $\mathcal{T}_{2\pi}$ 在 $C([0, 2\pi])$ 中稠密可得

$$\int_0^\theta Q(e^{it})d(E_t x, y) = \int_0^{2\pi} Q(e^{it})d(E_t E_\theta x, y). \tag{6.81}$$

定义函数 $g_\theta(\cdot)$ 如下:

$$g_\theta(t) = \begin{cases} (E_t x, y), & t \leqslant \theta, \\ (E_\theta x, y), & t > \theta. \end{cases}$$

由式 (6.81) 有

$$\int_0^{2\pi} Q(e^{it})dg_\theta(t) = \int_0^{2\pi} Q(e^{it})d(E_t E_\theta x, y).$$

由于上式对任意 $Q \in \mathcal{T}_{2\pi}$ 成立, 有

$$g_\theta(t) = (E_t E_\theta x, y).$$

所以当 $t \leqslant \theta$ 时, $(E_t x, y) = (E_t E_\theta x, y)$. 取 $t = \theta$ 可得 $E_\theta = E_\theta^2$. 所以 E_θ 是投影算子, 进而可知 $\{E_\theta | \theta \in [0, 2\pi]\}$ 是谱系. 在式 (6.73) 中取 $P(e^{i\theta}) = e^{i\theta}$ 即得

$$(Ux, y) = \int_0^{2\pi} e^{i\theta}d(E_\theta x, y).$$

因此式 (6.69) 成立.

从上述证明过程可知使式 (6.69) 成立的谱系是唯一的. □

注记 6.4 定理 6.20 只在复空间中成立. 在实空间中, 式 (6.69) 右边的谱积分一般没有意义.

现在给出谱分解定理的一些应用.

推论 6.10 如果复数 ξ 满足 $|\xi| \neq 1$, 则 ξ 是酉算子 U 的正则点.

证明 因为 $U - \xi I = \int_0^{2\pi} (e^{i\theta} - \xi) dE_\theta$, 而 $\dfrac{1}{e^{i\theta}-\xi}$ 是 $[0, 2\pi]$ 上的连续函数, 由推论 6.7 知 $\int_0^{2\pi} \dfrac{1}{e^{i\theta} - \xi} dE_\theta$ 是 $U - \xi I$ 的逆算子. 从而 ξ 是 U 的正则点. □

推论 6.11 $e^{i\theta_0}, \theta_0 \in (0, 2\pi)$ 是酉算子 U 的正则点的充要条件是存在 $\delta > 0$ 使得 U 的谱系 E_θ 在 $(\theta_0 - \delta, \theta_0 + \delta)$ 中的取值与 θ 无关. 1 为 U 的正则点的充要条件是存在 $\delta > 0$, 使得当 $\theta \in (0, \delta)$ 时 $E_\theta = 0$; 当 $\theta \in (2\pi - \delta, 2\pi)$ 时 $E_\theta = I$.

证明 两个结论的证明是类似的, 因此这里只讨论 $\theta_0 \in (0, 2\pi)$ 的情况.

设 U 的谱系在 θ_0 的某个邻域 $(\theta_0 - \delta, \theta_0 + \delta)$ 中取值与 θ 无关. 设 $f \in C[0, 2\pi]$ 使得 $f(\theta) = e^{i\theta}, \theta \in (0, 2\pi) \backslash (\theta_0 - \delta, \theta_0 + \delta)$, 且 $f \neq e^{i\theta_0}, \theta \in (\theta_0 - \delta, \theta_0 + \delta)$.

由于
$$\int_{\theta_0 - \delta}^{\theta_0 + \delta} e^{i\theta} dE_\theta = \int_{\theta_0 - \delta}^{\theta_0 + \delta} f(\theta) dE_\theta = 0,$$

所以
$$U = \int_0^{2\pi} e^{i\theta} dE_\theta = \int_0^{2\pi} f(\theta) dE_\theta.$$

因为 $\dfrac{1}{f(\theta) - e^{i\theta_0}} \in C([0, 2\pi])$, $\int_0^{2\pi} \dfrac{1}{f(\theta) - e^{i\theta_0}} dE_\theta$ 是有界线性算子. 由推论 6.7 知它是 $\int_0^{2\pi}(f(\theta) - e^{i\theta_0}) dE_\theta = U - e^{i\theta_0} I$ 的逆算子. 所以 $e^{i\theta_0}$ 是 U 的正则点.

反之, 设在 θ_0 的任何邻域中 E_θ 不取常值. 那么必有 $\theta_n \to \theta_0$ 使得 $E_{\theta_n} \neq E_{\theta_0}$. 不妨设对任意 $n \in \mathbb{N}$, $\theta_n > \theta_0$. 取 $\{x_n\}_{n=1}^\infty$ 满足对任意 $n \in \mathbb{N}$, $\|x_n\| = 1$ 且 $x_n \in (E_{\theta_n} - E_{\theta_0})H$. 于是当 $\theta \geqslant \theta_n$ 时, $x_n \in E_{\theta_n} H \subset E_\theta H$; 而当 $\theta \leqslant \theta_0$ 时, 因 $x_n \perp E_{\theta_0} H$, 所以 $E_\theta H \subset E_{\theta_0} H$, 因而 $x_n \perp E_\theta H$. 因此有

$$(E_\theta x_n, x_n) = \begin{cases} 1, & \theta \geqslant \theta_n, \\ 0, & \theta \leqslant \theta_0. \end{cases}$$

所以
$$\|(U - e^{i\theta_0} I)x_n\|^2 = \int_0^{2\pi} |e^{i\theta} - e^{i\theta_0}|^2 d(E_\theta x_n, x_n)$$

6.5 酉算子的谱分解

$$\leqslant \int_{\theta_0}^{\theta_n} |e^{i\theta} - e^{i\theta_n}|^2 d(E_\theta x_n, x_n)$$

$$\leqslant \sup_{\theta \in [\theta_0, \theta_n]} |e^{i\theta} - e^{i\theta_0}|^2 \|x_n\|^2 \to 0, \quad n \to \infty,$$

然而, 如果 $e^{i\theta_0}$ 是 U 的正则点, 那么存在 $C > 0$ 使得对任意 $n \in \mathbb{N}$,

$$\|x_n\| \leqslant C \|(U - e^{i\theta_0} I) x_n\| \to 0, \quad n \to \infty,$$

与 $x_n = 1$ 矛盾! 因此 $e^{i\theta_0}$ 不可能是 U 的正则点. □

推论 6.12 $e^{i\theta_0}$ $(0 < \theta_0 \leqslant 2\pi)$ 是酉算子 U 的特征值的充要条件是

$$E_{\theta_0} \neq E_{\theta_0 - 0}.$$

证明 先证充分性. 如果 $E_{\theta_0 - 0} \neq E_{\theta_0}$, 那么有非零的 $x_0 \in E_{\theta_0} H$ 满足 $x_0 \perp E_{\theta_0 - 0} H$. 当 $\theta \geqslant \theta_0$ 时 $E_\theta x_0 = E_{\theta_0} x_0 = x_0$, 当 $\theta < \theta_0$ 时 $E_\theta x_0 = 0$. 因此

$$(Ux_0, y) = \int_0^{2\pi} e^{i\theta} d(E_\theta x_0, y) = (e^{i\theta_0} x_0, y), \quad y \in H,$$

即 $Ux_0 = e^{i\theta_0} x_0$.

下证必要性. 设 $e^{i\theta_0}$ 是 U 的特征值, x_0 是对应的特征向量, 那么 $Ux_0 = e^{i\theta_0} x_0$. 所以

$$0 = \|(U - e^{i\theta_0} I) x_0\|^2 = \int_0^{2\pi} |e^{i\theta} - e^{i\theta_0}|^2 d(E_\theta x_0, x_0). \tag{6.82}$$

注意到 $|e^{i\theta} - e^{i\theta_0}|^2 > 0, \theta \neq \theta_0$, $(E(A)x_0, x_0)$ 是 $([0, 2\pi], \Sigma)$ 上的测度. 因此要式 (6.82) 成立, 必须测度 $(E(A)x_0, x_0)$ 集中在单点集 $\{\theta_0\}$ 上. 由 $(E_\theta x_0, x_0)$ 的右连续性可知 $(E_\theta x_0, x_0)$ 在 $[\theta_0, 2\pi]$ 和 $[0, \theta_0)$ 上均为常数. 因此有

$$(E_\theta x_0, x_0) = \begin{cases} (E_{2\pi} x_0, x_0) = \|x_0\|^2, & \theta \in [\theta_0, 2\pi], \\ (E_0 x_0, x_0) = 0, & \theta \in [0, \theta_0). \end{cases}$$

从而,

$$E_\theta x_0 = \begin{cases} x_0, & \theta \in [\theta_0, 2\pi], \\ 0, & \theta \in [0, \theta_0). \end{cases}$$

结论得证. □

由以上证明我们发现, 如果 $\mathrm{e}^{\mathrm{i}\theta_0}$ 是 U 的特征值, 则相应的特征子空间为

$$\{x \in H | Ux = \mathrm{e}^{\mathrm{i}\theta_0}x\} = (E_{\theta_0} - E_{\theta_0 - 0})H.$$

下面给出谱系的一个重要性质.

推论 6.13 设 $\{E_\theta | \theta \in [0, 2\pi]\}$ 是复 Hilbert 空间中的酉算子 U 的谱系, E 是由该谱系决定的谱测度, 那么对于任何与 U 可交换的有界线性算子 A, E_θ 与 A 可交换.

证明 由 $AU = UA$ 可得 $AU^n = U^n A, n \in \mathbb{Z}$. 因此, 对任意三角多项式 $P(\mathrm{e}^{\mathrm{i}\theta}) = \sum_{\nu=-N}^{N} c_\nu \mathrm{e}^{\mathrm{i}\nu\theta}$ 总有 $AP(U) = P(U)A$. 则对任意 $x, y \in H$, 有

$$\int_0^{2\pi} P(\mathrm{e}^{\mathrm{i}\theta}) \mathrm{d}(E_\theta Ax, y) = (P(U)Ax, y) = (AP(U)x, y)$$
$$= (P(U)x, A^*y) = \int_0^{2\pi} P(\mathrm{e}^{\mathrm{i}\theta}) \mathrm{d}(E_\theta x, A^*y) = \int_0^{2\pi} P(\mathrm{e}^{\mathrm{i}\theta}) \mathrm{d}(AE_\theta x, y).$$

由泛函表示的唯一性可知对一切 $x, y \in H$ 都有 $(E_\theta Ax, y) = (AE_\theta x, y)$. 由此即得 $E_\theta A = AE_\theta$. □

由推论 6.10 知 Hilbert 空间 H 中酉算子 U 的谱 $\sigma(U)$ 是复平面单位圆周上的一个闭集. 令 $B_\sigma(U)$ 表示 $\sigma(U)$ 中的 (平面) Borel 集全体.

设 (Ω, Σ) 是可测空间, E 是 (Ω, Σ) 上的谱测度 (或数值测度), 如果 $S \in \Sigma$ 使得 $E(X \setminus S) = 0$, 则称 E 集中在 S 上.

定理 6.20 通过谱系给出了酉算子的分解. 利用谱系和谱测度的关系, 可得下面结果. 其证明留给读者.

定理 6.21 (酉算子的谱分解定理) 设 U 是复 Hilbert 空间 H 上的酉算子, 那么必有 $(\sigma(U), B_{\sigma(U)})$ 上唯一的谱测度 F 使得

$$U = \int_{\sigma(U)} \lambda \mathrm{d}F(\lambda). \tag{6.83}$$

进一步, 对于任何 $M \in B_{\sigma(U)}$ 及 H 中任意一个与 U 可交换的有界线性算子 A, $F(M)$ 与 A 也是可交换的.

有时, 也称 $(\sigma(U), B_{\sigma(U)}, F)$ 为酉算子决定的谱测度空间.

定义 6.13 设 A 是复 Hilbert 空间 H 上的一个线性算子, 如果存在 $B(\sigma(A), B_{\sigma(A)}) \to \mathcal{L}(H)$ 的映射 $f \mapsto f(A)$ 满足如下条件:

(i) (线性性) 当 $\alpha, \beta \in \mathbb{C}, f, h \in B(\sigma(A), B_{\sigma(A)})$ 时,

$$(\alpha f + \beta g)(A) = \alpha f(A) + \beta g(A);$$

(ii) (可乘性) 当 $f,g \in B(\sigma(A), B_{\sigma(A)})$ 时,
$$(fg)(A) = f(A)g(A);$$

(iii) 当 $f \equiv 1$ 时, $f(A) = I$;

(iv) 当 $f(\lambda) \equiv \lambda$ 时, $f(A) = A$,

那么称 $f \mapsto f(A)$ 是算子演算.

由谱积分的定理 6.21 和定义 6.13 可得如下结果.

定理 6.22 设 U 是复 Hilbert 空间 H 上的酉算子, $(\sigma(U), B_{\sigma(U)}, E)$ 是相应于 U 的谱测度空间, 对 $f \in B(\sigma(U), B_{\sigma(U)})$, 令

$$f(U) = \int_{\sigma(U)} f(\lambda) dE(\lambda),$$

那么 $f \mapsto f(U)$ 是算子演算.

6.5.3 L^2-Fourier 变换

本节中利用酉算子来研究 $L^2(\mathbb{R})$ 中元素的 Fourier 变换.

定理 6.23 对任意 $f \in L^2(\mathbb{R})$, 存在 $L^2(\mathbb{R})$ 中的函数

$$\hat{f}(x) = (强) \lim_{\lambda \to +\infty} \frac{1}{\sqrt{2\pi}} \int_{-\lambda}^{\lambda} e^{-ixy} f(y) dy, \tag{6.84}$$

而且 $U: f \mapsto \hat{f}$ 是 $L^2(\mathbb{R})$ 上的酉算子, 它的逆算子是

$$(U^{-1}f)(x) = (强) \lim_{\lambda \to +\infty} \frac{1}{\sqrt{2\pi}} \int_{-\lambda}^{\lambda} e^{ixy} f(y) dy. \tag{6.85}$$

证明 记有限区间的特征函数全体组成的集合为 Ξ, Ξ 中有限个元素的线性组合全体记为 $\mathcal{M}$. 定义 $\mathcal{M}$ 上算子如下: 对 $f \in \mathcal{M}$,

$$U_1 f \triangleq \frac{1}{\sqrt{2\pi}} \int_{-\infty}^{\infty} e^{-ixy} f(y) dy, \quad f \in \mathcal{M},$$

$$U_2 f \triangleq \frac{1}{\sqrt{2\pi}} \int_{-\infty}^{\infty} e^{ixy} f(y) dy, \quad f \in \mathcal{M}.$$

显然它们都是线性的. 当 $f, g \in \Xi$ 时, 利用积分公式

$$\int_{-\infty}^{\infty} \frac{1 - \cos \alpha x}{x^2} dx = \pi |\alpha|,$$

可得

$$(U_1f, U_1g) = (f,g), \quad (U_2f, U_2g) = (f,g), \quad (U_1f, g) = (f, U_2g). \tag{6.86}$$

因此 (6.86) 式对于 $f, g \in \mathcal{M}$ 也成立.

因为 $\mathcal{M}$ 在 $L^2(\mathbb{R})$ 中稠密, U_1, U_2 是 $\mathcal{M}$ 上的有界线性算子, 故 U_1, U_2 可以唯一地延拓成 $L^2(\mathbb{R})$ 上的有界线性算子, 仍记为 U_1 和 U_2. 由内积的连续性可知 (6.86) 式对 $f, g \in L^2(\mathbb{R})$ 也成立. 由 U_1, U_2 的保范性即知 $U_1^*U_1 = U_2^*U_2 = I$. 再由 $U_2 = U_1^*$ 得到 $U_1U_1^* = I$, 因此由引理 6.6 知 U_1 是酉算子. 从而 $U_2 = U_1^* = U_1^{-1}$ 也是酉算子.

对 $\lambda > 0$, 令

$$N_\lambda = \{f \in L^2(\mathbb{R}) \mid f(x) = 0, \ |x| > \lambda\}.$$

当 $f \in N_\lambda$ 时, 由 $U_1^* = U_2$ 和

$$U_2\chi_{[0,\alpha]} = \frac{1}{\sqrt{2\pi}} \frac{1}{-\mathrm{i}x}(\mathrm{e}^{-\mathrm{i}\alpha x} - 1), \quad \alpha > 0$$

可得

$$\int_0^\alpha (U_1f)(x)\mathrm{d}x = (U_1f, \chi_{[0,\alpha]}) = (f, U_2\chi_{[0,\alpha]})$$
$$= \frac{1}{\sqrt{2\pi}}\int_{-\lambda}^\lambda \frac{\mathrm{e}^{\mathrm{i}\alpha x} - 1}{\mathrm{i}x}f(x)\mathrm{d}x.$$

两边对 α 求导可得, 当 $f \in N_\lambda$ 时,

$$(U_1f)(\alpha) = \frac{1}{\sqrt{2\pi}}\int_{-\lambda}^\lambda \mathrm{e}^{-\mathrm{i}\alpha x}f(x)\mathrm{d}x. \tag{6.87}$$

类似地, 当 $f \in N_\lambda$ 时,

$$(U_2f)(\alpha) = \frac{1}{\sqrt{2\pi}}\int_{-\lambda}^\lambda \mathrm{e}^{\mathrm{i}\alpha x}f(x)\mathrm{d}x. \tag{6.88}$$

对 $f \in L^2(\mathbb{R})$, 因为 $f = (强)\lim\limits_{\lambda \to +\infty}(\chi_{[-\lambda,\lambda]}f)$, 由式 (6.87), (6.88) 以及 U_1, U_2 的连续性知 $U = U_1, U^{-1} = U_2$. □

定义 6.14 设 $f \in L^2(\mathbb{R})$, 函数

$$\hat{f}(\alpha) = (强)\lim_{\lambda \to +\infty}\frac{1}{\sqrt{2\pi}}\int_{-\lambda}^\lambda \mathrm{e}^{-\mathrm{i}\alpha x}f(x)\mathrm{d}x$$

称为 f 的 L^2-Fourier 变换, 也称 $f \mapsto \hat{f}$ 为 L^2-Fourier 变换. 公式 $(\hat{f}, \hat{g}) = (f, g)$ 称为 Parseval 公式.

现在研究 L^2-Fourier 变换 U 的谱分解. 为此, 引进 $L^2(\mathbb{R})$ 中的算子 J 如下:

$$(Jf)(x) = f(-x), \quad f \in L^2(\mathbb{R}).$$

显然 J 是酉算子, 而且在式 (6.84), (6.85) 中由变量替换 $x \mapsto -x$ 可得

$$U^{-1}J = U.$$

因此 $U^2 = J$. 但 $J^2 = I$, 所以 $U^4 = I$. 所以

$$\sigma(I) = \{\lambda^4 | \lambda \in \sigma(U)\},$$

但 $\sigma(I) = \{1\}$, 所以 $\sigma(U) \subset \{1, \mathrm{i}, -1, -\mathrm{i}\}$. 因而由酉算子的谱分解定理, 必有 $L^2(\mathbb{R})$ 中谱测度 E, 它集中在 $\{1, -1, \mathrm{i}, -\mathrm{i}\}$ 上而且

$$U = E(\{1\}) - E(\{-1\}) + \mathrm{i}E(\{\mathrm{i}\}) - \mathrm{i}E(\{-\mathrm{i}\}).$$

6.6 有界自伴算子的谱分解

本节利用酉算子的谱分解研究自伴算子的谱分解. 其基本思想源于以下类比: 如果把算子 A 看成复数 z, A^* 看成复数 $\bar{z}$, 那么自伴算子相当于实数, 酉算子相当于模为 1 的复数. 因为由分式线性变换可以自然地把实数变成模为 1 的复数, 所以考虑用分式线性变换把自伴算子变成酉算子.

定义 6.15 设 A 为 H 上的有界自伴算子, 称

$$U = (A - \mathrm{i}I)(A + \mathrm{i}I)^{-1} \tag{6.89}$$

为 A 的 Cayley (凯莱) 变换.

容易验证上述定义给出的算子 U 是酉算子.

引理 6.8 设 U 由式 (6.89) 给出, 那么 1 不是 U 的特征值.

证明 假设存在非零的 $x \in H$ 使得 $Ux = x$. 令 $y = (A + \mathrm{i}I)^{-1}x$, 则有 $(A - \mathrm{i}I)y = (A + \mathrm{i}I)y$. 由此可得 $y = 0$. 因而 $x = 0$. 矛盾. □

定理 6.24 设 H 是复 Hilbert 空间, A 是 H 上的自伴算子, 那么必有 H 中的谱系 $\{E_\lambda | \lambda \in \mathbb{R}\}$ 使得

$$A = \int_{\mathbb{R}} \lambda \mathrm{d}E_\lambda.$$

证明 令 $U = (A - \mathrm{i}I)(A + \mathrm{i}I)^{-1}$. 这时 $A = \mathrm{i}(I + U)(I - U)^{-1}$. 由酉算子的谱分解定理, 存在 $[0, 2\pi]$ 上的谱系 E_θ 使得

$$U = \int_0^{2\pi} \mathrm{e}^{\mathrm{i}\theta} \mathrm{d}E_\theta.$$

由引理 6.8, 1 不是 U 的特征值, 因而由推论 6.12 有

$$E_{2\pi-0} = \lim_{\theta \to 2\pi-0} E_\theta = I.$$

定义映射 $\theta \mapsto \lambda = -\cot\dfrac{\theta}{2} = \mathrm{i}\dfrac{1 + \mathrm{e}^{\mathrm{i}\theta}}{1 - \mathrm{e}^{\mathrm{i}\theta}}$, 则 $\theta: (0, 2\pi) \to \mathbb{R}$ 严格单增且连续. 其反函数亦然. 利用这个映射, 由谱系 $\{E_\theta | \theta \in (0, 2\pi)\}$ 构造谱系 $\{F_\lambda | \lambda \in \mathbb{R}\}$ 如下:

$$F_\lambda = E_\theta, \quad \lambda = -\cot\dfrac{\theta}{2}.$$

则 F_λ 单调且右连续. 由 $E_{+0} = 0$ 及 $E_{2\pi-0} = I$ 可知当 $\lambda \to \pm\|A\|$ 时 F_λ 分别趋于 I 及 0. 因此 $\{F_\lambda | \lambda \in \mathbb{R}\}$ 是 H 中的谱系. 由 $E_{0+} = 0$ 及 $E_{2\pi-0} = I$ 可得

$$U = \int_0^{2\pi} \mathrm{e}^{\mathrm{i}I\theta} \mathrm{d}E_\theta = (\text{强}) \lim_{\varepsilon \to 0} \int_\varepsilon^{2\pi-\varepsilon} \mathrm{e}^{\mathrm{i}\theta} \mathrm{d}E_\theta$$

$$= (\text{强}) \lim_{t \to \|A\|} \int_{-t}^t \mathrm{e}^{\mathrm{i}\theta} \mathrm{d}F_\lambda = \int_{-\|A\|}^{+\|A\|} \mathrm{e}^{\mathrm{i}\theta} \mathrm{d}F_\lambda.$$

设 $B = \displaystyle\int_{-\|A\|}^{+\|A\|} \lambda \mathrm{d}F_\lambda$, 根据推论 6.5 知 B 是 H 上自伴算子. 以下证明 $B = A$.

由于

$$\left|\dfrac{1}{1 - \mathrm{e}^{\mathrm{i}\theta}}\right| \leqslant \max(1, |\lambda|), \quad \lambda = -\cot\dfrac{\theta}{2},$$

因此对任意 $g \in H$ 有

$$\int_{-\|A\|}^{+\|A\|} \left|\dfrac{1}{1 - \mathrm{e}^{\mathrm{i}\theta}}\right|^2 \mathrm{d}\|F_\lambda g\|^2 < \infty.$$

设

$$h = 2\mathrm{i} \int_{\left|\frac{1}{1 - \mathrm{e}^{\mathrm{i}\theta}}\right| \leqslant n} \dfrac{1}{1 - \mathrm{e}^{\mathrm{i}\theta}} \mathrm{d}F_\lambda g,$$

6.6 有界自伴算子的谱分解

则

$$(I-U)h = 2\mathrm{i}\int_{-\|A\|}^{+\|A\|}(1-\mathrm{e}^{\mathrm{i}\theta})\mathrm{d}F_\lambda \int_{-\|A\|}^{+\|A\|}\frac{1}{1-\mathrm{e}^{\mathrm{i}\theta}}\mathrm{d}F_\lambda g$$

$$= 2\mathrm{i}\int_{-\|A\|}^{+\|A\|}\mathrm{d}F_\lambda g = 2\mathrm{i}g,$$

即 $g \in \mathcal{R}(I-U) = \mathcal{A}$. 根据 Cayley 变换 (6.89) 必有 $(I+U)h = 2Ag$.

直接计算，并利用 $\lambda = \mathrm{i}\dfrac{1+\mathrm{e}^{\mathrm{i}\theta}}{1-\mathrm{e}^{\mathrm{i}\theta}}$ 可得

$$(I+U)h = 2\int_{-\|A\|}^{+\|A\|}\lambda \mathrm{d}F_\lambda g = 2Bg.$$

因此 $Bg = \dfrac{1}{2}(I+U)h = Ag$. 从而 $B = A$. □

称由自伴算子 A 决定的谱系 $\{F_\lambda | \lambda \in (-\|A\|, +\|A\|)\}$ 所产生的谱测度 $(\mathbb{R}, \Sigma, F)$ 为由 A 决定的谱测度.

引理 6.9 设 A 是 H 上的有界自伴算子，U 是 A 的 Cayley 变换，$\varphi(z) = \dfrac{z-\mathrm{i}}{z+\mathrm{i}}$，则有

$$\varphi(\sigma(A)) = \sigma(U) \setminus \{1\}.$$

证明 设 $z \in \rho(A)$ 且 $z \neq -\mathrm{i}$. 令 $\lambda = \varphi(z)$, 则

$$\lambda I - U = \frac{z-\mathrm{i}}{z+\mathrm{i}}I - (A-\mathrm{i}I)(A+\mathrm{i}I)^{-1}$$

$$= \frac{1}{z+\mathrm{i}}[(z-\mathrm{i})(A+\mathrm{i}I) - (z+\mathrm{i})(A-\mathrm{i}I)](A+\mathrm{i}I)^{-1}$$

$$= \frac{2\mathrm{i}}{z+\mathrm{i}}(zI-A)(A+\mathrm{i}I)^{-1}.$$

由此可知 $\lambda \in \rho(U)$，从而 $\varphi(\rho(A) \setminus \{-\mathrm{i}\}) \subset \rho(U) \setminus \{1\}$.

反之，设 $\lambda \in \rho(U)$ 且 $\lambda \neq 1$. 记 $z = \varphi^{-1}(\lambda) = \mathrm{i}\dfrac{1+\lambda}{1-\lambda}$，则

$$zI - A = \mathrm{i}\left[\frac{1+\lambda}{1-\lambda}I - (I+U)(I-U)^{-1}\right]$$

$$= \frac{\mathrm{i}}{1-\lambda}[(1+\lambda)(I-U) - (1-\lambda)(I+U)](I-U)^{-1}$$

$$= \frac{2\mathrm{i}}{1-\lambda}(\lambda I - U)(I-U)^{-1},$$

所以 $(zI-A)^{-1} = \frac{1-\lambda}{2\mathrm{i}}(I-U)(\lambda I - U)^{-1}$, 即 $z \in \rho(A)$. 从而 $\varphi^{-1}(\rho(U)\setminus\{1\}) \subset \rho(U)\setminus\{-\mathrm{i}\}$. 由此即得 $\varphi(\rho(U)\setminus\{-\mathrm{i}\}) = \rho(U)\setminus\{1\}$. 注意到 $\varphi^{-1}(\mathrm{i}) = \infty$, φ 将实轴映为 $\{z \in \mathbb{C} | |z| = 1, z \neq 1\}$, 而 $\sigma(A)$ 与 $\sigma(U)$ 分别包含于实轴与单位圆周. 因此, $\varphi(\sigma(A)) = \sigma(U)\setminus\{1\}$. □

定理 6.25 设 A 是复 Hilbert 空间 H 上的自伴算子, 那么由 A 所决定的谱测度 $(\mathbb{R}, \Sigma, F)$ 集中在 $\sigma(A)$ 上, 即 $F(\sigma(A)) = I$, 而且 F 不能集中在比 $\sigma(A)$ 更小的闭集上.

证明 由引理 6.9, 映射 $\varphi^{-1} : \lambda \mapsto z = \mathrm{i}\frac{1+\lambda}{1-\lambda}$ 把 $\sigma(U)\setminus\{1\}$ 映射成 $\sigma(A)$. 又由于 φ^{-1} 是 $C = \{z \in \mathbb{C} | |z| = 1, z \neq 1\}$ 到 $\mathbb{R}$ 的连续双射, 而且在此映射下 $F_{l(\mathrm{e}^{\mathrm{i}\theta})} = E_\theta$, 容易看出, C 中的 Borel 集变成 $\mathbb{R}$ 上的 Borel 集, 反之亦然. 而且对 C 中任何 Borel 集 M,

$$F(l(M)) = E(M).$$

由 $E_{2\pi-0} = I$, $E_0 = 0$, 所以有 $E(\{1\}) = 0$. 因此

$$F(\sigma(A)) = E(\sigma(U)\setminus\{1\}) = E(\sigma(U)) = I.$$

所以

$$F(\sigma(A)) = I.$$

如果 F 集中在闭集 $\sigma_1 \subsetneq \sigma(A)$, 那么必有 $\lambda_0 \in \sigma(A)\setminus\sigma_1$. 由于 σ_1 是闭集, 必有 $\varepsilon > 0$ 使得 $(\lambda_0 - \varepsilon, \lambda_0 + \varepsilon) \cap \sigma_1 = \varnothing$. 所以函数 $\frac{1}{\lambda_0 - \lambda}$ 是 σ_1 上的有界连续函数. 定义算子

$$A_1 \triangleq \int_{\sigma_1} \frac{1}{\lambda_0 - \lambda} \mathrm{d}F_\lambda.$$

易知 $\lambda_0 I - A = \int_{\sigma_1}(\lambda_0 - \lambda)\mathrm{d}F_\lambda$. 所以

$$(\lambda_0 I - A)A_1 = \int_{\sigma_1}(\lambda_0 - \lambda)\mathrm{d}F_\lambda \int_{\sigma_1}\frac{1}{\lambda_0 - \lambda}\mathrm{d}F_\lambda = \int_{\sigma_1}\mathrm{d}F_\lambda = I.$$

类似地可以证明

$$A_1(\lambda_0 I - A)x = x, \quad x \in H.$$

因此 $\lambda_0 - A$ 是 H 到 H 的双射且 $(\lambda_0 I - A)^{-1} = A_1$ 是有界算子, 即 $\lambda_0 \in \rho(A)$, 矛盾. 因此 F 不可能集中在比 $\sigma(A)$ 更小的闭集上. □

6.6 有界自伴算子的谱分解

引理 6.10 设 A 是复 Hilbert 空间 H 上的有界自伴算子,那么

$$\sup_{\lambda\in\sigma(A)} \lambda = \sup_{\|x\|=1} (Ax,x), \tag{6.90}$$

$$\inf_{\lambda\in\sigma(A)} \lambda = \inf_{\|x\|=1} (Ax,x). \tag{6.91}$$

证明 只证式 (6.90). 记 $M = \sup\limits_{\lambda\in\sigma(A)} \lambda$. 由于

$$A = \int_{\sigma(A)} \lambda\mathrm{d}F_\lambda,$$

所以当 $\|x\| = 1$ 时,

$$(Ax,x) = \int_{\sigma(A)} \lambda\mathrm{d}(F_\lambda x,x) \leqslant M\int_{\sigma(A)} \mathrm{d}(F_\lambda x,x) = M\|x\|^2 = M.$$

因此 $\sup\limits_{\|x\|=1} (Ax,x) \leqslant M$.

另一方面, 由于 $\sigma(A)$ 是闭集, 则 $M \in \sigma(A)$. 对于任意 $\varepsilon > 0$, 都有 $F((M-\varepsilon,M]) \neq 0$. 否则 F 将集中在 $\sigma_1 = \sigma(A) \cap (-\infty, M-\varepsilon)$ 上. 任取 $x \in F((M-\varepsilon,M])H$ 满足 $\|x\| = 1$, 由于 $x \perp F_{M-\varepsilon}$, 因此当 $\lambda \leqslant M-\varepsilon$ 时, $F_\lambda x = 0$. 故

$$(Ax,x) = \int \lambda\mathrm{d}(F_\lambda x,x) = \int_{(M-\varepsilon,M]} \lambda\mathrm{d}(F_\lambda x,x) \geqslant M - \varepsilon.$$

则得到 $\sup\limits_{\|x\|=1} (Ax,x) \geqslant M - \varepsilon$. 由 ε 的任意性可知

$$\sup_{\|x\|=1} (Ax,x) \geqslant M.$$

由此可得 (6.90). □

推论 6.14 设 A 是复 Hilbert 空间 H 上的任一有界自伴算子. $(\sigma(A), B_{\sigma(A)}, F)$ 是 A 所决定的谱测度空间. 设 B 是任一与 A 可交换的有界线性算子, 那么对任意 $M \in B_{\sigma(A)}$, B 与 $F(M)$ 可交换.

证明 B 与 A 的 Cayley 变换 U 可交换. 因此由定理 6.21, B 与 U 所决定的谱测度的投影算子 $E(M), M \in B_{\sigma(U)}$ 可交换. 因此通过线性变换 l 可知 B 与 $F(l(M))$ 可交换. □

推论 6.15 设 A 是复 Hilbert 空间 H 上的自伴算子. F 是 A 所决定的谱测度. 令 $\mathcal{B}(\sigma(A))$ 是 $\sigma(A)$ 上的有界可测函数全体. 对每个 $f \in \mathcal{B}(\sigma(A))$, 定义有界线性算子

$$f(A) \triangleq \int_{\sigma(A)} f(\lambda) \mathrm{d}F(\lambda),$$

那么映射 $f \mapsto f(A)$ 有如下性质:

(i) (Hermite 性) $\bar{f}(A) = (f(A))^*$. 当 f 是实函数时, $f(A)$ 是自共轭的.

(ii) (线性性) 设 $\alpha, \beta \in \mathbb{F}$, $f, g \in \mathcal{B}(\sigma(A))$, 那么

$$(\lambda f + \beta g)(A) = \alpha f(A) + \beta g(A).$$

(iii) (可乘性) 设 $f, g \in \mathcal{B}(\sigma(A))$, 那么 $(fg)(A) = f(A)g(A)$.

推论 6.15 可以由定理 6.22 直接推出. 映射 $f \mapsto f(A)$ 即为自共轭算子 A 的算子演算. 此外, 我们还能得到如下范数估计.

推论 6.16 设 $f \in \mathcal{B}(\sigma(A))$, 那么

$$\|f(A)\| \leqslant \sup_{\lambda \in \sigma(A)} |f(\lambda)|.$$

推论 6.17 设 A 是复 Hilbert 空间 H 中的有界自伴算子, 如果 $A \geqslant 0$, 那么必存在唯一的有界线性算子 A_1 满足 $A_1 \geqslant 0$ 且 $A_1^2 = A$ (常记 $A_1 = A^{\frac{1}{2}}$).

证明 $A \geqslant 0$ 等价于对一切 $x \in H$, $(Ax, x) \geqslant (0x, x) = 0$. 则由推论 6.10, 有 $\sigma(A) \subset [0, \infty)$. 令

$$A = \int_{\sigma(A)} \lambda \mathrm{d}F_\lambda$$

是 A 的谱分解. 取 $A_1 = \int_{\sigma(A)} \sqrt{\lambda} \mathrm{d}F_\lambda$. 易知 $A_1 \geqslant 0$ 并且 $A_1^2 = A$.

下证唯一性. 如果另有 $A' \geqslant 0$ 使得 $A'^2 = A$, 那么对任意 $x \in H$, 记 $y = (A_1 - A')x$. 因为 $A'^2 = A$, 则 A' 与 A 可交换, 从而 A' 与 F_λ 可交换. 因此 A' 与 A_1 也可交换. 由于

$$(A_1 + A')y = (A_1 + A')(A_1 - A')x = (A_1^2 - A'^2)x = 0,$$

因此 $A_1 y = -A'y$. 由 $A_1, A' \geqslant 0$ 立即得到 $(A_1 y, y) = -(A'y, y) = 0$. 再由 A_1, A' 的谱分解可知 $y \in \mathcal{N}(A_1) \cap \mathcal{N}(A')$. 从而 $(A_1 - A')(A_1 - A')x = 0$, 即

$$0 = ((A_1 - A')(A_1 - A')x, x) = \|(A_1 - A')x\|^2. \qquad \square$$

6.6 有界自伴算子的谱分解

当可测空间 (Ω, Σ) 为 $(\mathbb{R}, \mathcal{B})$, 其中 $\mathcal{B}$ 是 $\mathbb{R}$ 上的 Borel 可测集组成的 σ-代数时, 记 $E_\lambda = E((-\infty, \lambda])$, 则 $\{E_\lambda | \lambda \in (-\infty, +\infty)\}$ 便是一个谱系. 此时, 也记 $\int_\Omega f \mathrm{d}E$ 为 $\int_\mathbb{R} f(\lambda) \mathrm{d}E_\lambda$ 或 $\int_{-\infty}^\infty f(\lambda) \mathrm{d}E_\lambda$.

下面介绍有界自伴算子的函数模型. 先引入如下概念.

定义 6.16 设 A 是 H 上的有界线性算子. 如果 $x_0 \in H$ 使得 $\{A^n x_0 | n = 0, 1, 2, \cdots\}$ 张成的闭线性子空间是 H, 那么称 x_0 是 A 的生成元或循环元.

定理 6.26 设 A 是复 Hilbert 空间 H 上的有界自伴算子, 它有生成元 x_0, 那么必有可测空间 $(\sigma(A), B_{\sigma(A)})$ 上全有限测度 μ, 又有 H 到 $L^2(\sigma(A), B_{\sigma(A)}, \mu)$ 的酉算子 U 使得 $\hat{A} = UAU^{-1}$ 是 $L^2(\sigma(A), B_{\sigma(A)}, \mu)$ 中的乘法算子, 且

$$(\hat{A}f)(t) = tf(t), \quad f \in L^2(\sigma(A), B_{\sigma(A)}, \mu), \tag{6.92}$$

而且 $Ux_0 = 1$.

证明 令 $E(\cdot)$ 是算子 A 所决定的谱测度, 它集中在 $\sigma(A)$ 上. 定义 $B_{\sigma(A)}$ 上的函数:

$$\mu(M) \triangleq (E(M)x_0, x_0), \quad M \in B_{\sigma(A)}.$$

显然 μ 是全有限的测度. 设 $L \triangleq \{p(A)x_0 | p \text{是多项式}\}$. 定义 L 到 $L^2(\sigma(A), B_{\sigma(A)}, \mu)$ 的算子:

$$Up(A)x_0 \triangleq p(\cdot).$$

首先证明上述算子是良定的. 如果有多项式 q 使得 $q(A)x_0 = p(A)x_0$, 则

$$(q(A)x_0 - p(A)x_0, q(A)x_0 - p(A)x_0)$$
$$= ((\bar{q}(A) - \bar{p}(A))(q(A) - p(A))x_0, x_0)$$
$$= \int_{\sigma(A)} |q(t) - p(t)|^2 \mathrm{d}\mu(t) = 0.$$

因此多项式 q 和 p 关于测度 μ 几乎处处相等, 它们可以看成 $L^2(\sigma(A), B_{\sigma(A)}, \mu)$ 中同一向量.

又由于

$$(p(A)x_0, p(A)x_0) = (\bar{p}(A)p(A)x_0, x_0) = \int_{\sigma(A)} |p(t)|^2 \mathrm{d}\mu(t)$$
$$= (Up(A)x_0, Up(A)x_0),$$

所以 U 是 L 到 $L^2(\sigma(A), B_{\sigma(A)}, \mu)$ 的保范算子. 由于 x_0 是生成元, 所以 L 在 H 中稠密. 因此 U 可以唯一地延拓为 H 到 $L^2(\sigma(A), B_{\sigma(A)}, \mu)$ 中的保范算子.

由 U 的保范性和 H 的完备性可知 UH 是 $L^2(\sigma(A), B_{\sigma(A)}, \mu)$ 中的完备子空间,从而是闭的. 而 UH 至少包含 $L^2(\sigma(A), B_{\sigma(A)}, \mu)$ 中的多项式全体, 因此 UH 在 $L^2(\sigma(A), B_{\sigma(A)}, \mu)$ 中稠密. 所以 $UH = L^2(\sigma(A), B_{\sigma(A)}, \mu)$ 且 U 是酉算子.

注意到 $Ux_0 = 1$, 以及 $Up(A)x_0 = p(\omega)$, $UAp(A)x_0 = tp(t)$, 所以对任意多项式 f, 式 (6.92) 成立. 由于 $\hat{A}$ 是有界线性算子, 而且多项式全体在 $L^2(\sigma(A), B_{\sigma(A)}, \mu)$ 中稠密, 不难证明对一切 $f \in L^2(\sigma(A), B_{\sigma(A)}, \mu)$, (6.92) 成立. □

定理 6.26 说明对于复 Hilbert 空间 H 上任何生成元 (循环元) 的有界自共轭算子 A, 除了一个酉等价外, 它是全有限测度空间 $(\sigma(A), B_{\sigma(A)}, \mu)$ 的 $L^2(\sigma(A), B_{\sigma(A)}, \mu)$ 中乘自变量算子. 对于不具生成元的情况也有类似推广. 感兴趣的读者可参见文献 [13].

习 题 6

如无专门强调, 以下用 H 和 X 分别表示复数域上 Hilbert 空间和 Banach 空间.

1. 设 A 是 l^2 上的左移位算子. 证明: 当 $|\lambda| > 1$ 时,
$$\|R(\lambda, A)\| = (|\lambda| - 1)^{-1}.$$

2. 设 $a \in C([0,1]; \mathbb{R})$ 上实值连续函数, 定义 $L^2(0,1)$ 上的算子如下:
$$(Af)(x) = a(x)f(x), \quad \forall f \in L^2(0,1).$$
证明 A 是 $L^2(0,1)$ 上自伴算子, 并求 $\sigma(A)$.

3. 设 λ 是 $A \in \mathcal{L}(H)$ 的特征值, 问 $\bar{\lambda}$ 是否为 A^* 的特征值?

4. 设 A 是有界自伴算子, $\{A_n\}_{n=1}^\infty$ 是有界自伴算子列且存在 $M > 0$ 使得对任意 $n \in \mathbb{N}$, $\|A_n\| \leqslant M$. 证明: 对任意 $\lambda \in \rho(A)$, $\{R_\lambda(A_n)\}_{n=1}^\infty$ 强收敛于 $R_\lambda(A)$ 当且仅当 $\{A_n\}_{n=1}^\infty$ 强收敛于 A.

5. 设 $A \in \mathcal{L}(X)$, $\lambda_0 \in \rho(A)$. 又设 $\{A_n\}_{n=1}^\infty \subset \mathcal{L}(X)$ 满足 $\lim\limits_{n\to\infty} \|A - A_n\| = 0$. 证明: 存在 $N > 0$ 使得对所有 $n > N$, $\lambda_0 \in \rho(A_n)$ 而且
$$\lim_{n\to\infty} \|(\lambda_0 I - A_n)^{-1} - (\lambda_0 I - A)^{-1}\| = 0.$$

6. 设 $A, B \in \mathcal{L}(X)$. 证明:
(i) $\Gamma(AB) = \Gamma(BA)$;
(ii) 当 A, B 可交换时, $\Gamma(A + B) \leqslant \Gamma(A) + \Gamma(B)$.
其中 $\Gamma(A)$ 是 A 的谱半径.

7. 当 A, B 不可交换时, 上题 (ii) 不等式是否成立?

8. 设 $A \in \mathcal{L}(H)$ 是自伴算子. 证明: 对任意 $x \in H$, $(Ax, x) \geqslant 0$ 当且仅当 $\sigma(A) \subset [0, \infty)$.

9. 设 $A \in \mathcal{L}(H)$ 是自伴算子, 对任意 $x \in H$, $(Ax, x) \geqslant 0$. 证明: 对 $x \in H$, $Ax = 0$ 当且仅当 $(Ax, x) = 0$.

10. 设 H 是无穷维 Hilbert 空间，$A \in \mathcal{L}(H)$ 且存在 $c_0 > 0$ 使得对任意 $x \in H$，$\|Ax\| \geq c_0\|x\|$. 证明: A 不是紧算子.

11. 设 $A \in \mathcal{L}(H)$，如果 $A^*A = AA^*$，则称 A 为正规算子. 证明: 对正规算子 A 总有

(i) $\|A^2\| = \|A\|^2$.

(ii) $\Gamma(A) = \|A\|$.

(iii) 如果 λ 与 μ 是 A 的互异的特征值，x, y 分别是 T 对应于 λ, μ 的特征向量，则 x 与 y 正交.

(iv) 如果 A 是紧算子，则必有 H 的一个正规正交基 $\{\varphi_n\}_{n \in \mathcal{J}} \cup \{\psi_n\}_{n \in \mathcal{I}}$ 使得

(a) 当 $n \in \mathcal{J}$ 时，$A\varphi_n = \lambda_n \varphi_n$，当 $n \in \mathcal{I}$ 时，$A\psi_n = 0$. 这里 $\mathcal{J}$ 是有限的或可数集. 如果 $\mathcal{J}$ 是可数的，则 $\lim\limits_{n \to \infty} \lambda_n = 0$.

(b) 对任意 $\psi \in H$，有展开式

$$A\psi = \sum_{n \in \mathcal{J}} \lambda_n (\psi, \varphi_n) \varphi_n,$$

这里右端级数是按范数收敛的.

12. 设 $A_1, A_2 \in \mathcal{L}(X)$ 且 $A_1 A_2 = A_2 A_1$. 证明: 如果 $\lambda \in \rho(A_1) \cap \rho(A_2)$，则

$$R(\lambda, A_1) - R(\lambda, A_2) = (A_1 - A_2) R(\lambda, A_1) R(\lambda, A_2).$$

13. 设 $A \in \mathcal{L}(X)$，$\alpha \in \rho(A)$，$B = R(\alpha, A)$. 证明:

(i) 如果 $\lambda, \mu \in \mathbb{C}$ 满足 $\mu(\alpha - \lambda) = 1$，则 $\mu \in \sigma(B)$ 当且仅当 $\lambda \in \sigma(A)$.

(ii) 如果 $\mu \in \rho(B)$ 且 $\mu(\alpha - \lambda) = 1$，则

$$R(\mu, B) = \frac{1}{\mu} + \frac{1}{\mu^2} R(\lambda, A).$$

14. 设 $\{A_n\}_{n=1}^\infty \subset \mathcal{L}(X)$，$A \in \mathcal{L}(X)$，$\lim\limits_{n \to \infty} \|A_n - A\| = 0$. 证明: 如果 $\lambda_0 \in \rho(A)$，则当 n 充分大时 $\lambda_0 \in \rho(A_n)$ 且

$$\lim_{n \to \infty} (\lambda_0 I - A_n)^{-1} = (\lambda_0 I - A)^{-1}.$$

15. 设 $A \in \mathcal{L}(X)$ 且 $A^2 = A$. 证明: 如果 $A \neq 0, I$，则 $\sigma(A) = \{0, 1\}$.

16. 设 $A \in \mathcal{L}(X)$，$n \in \mathbb{N}$，λ_0 是 A^n 的特征值，则必存在 λ_0 的某个 n 次根是 A 的特征值.

17. 设 F 是复平面上的有界无穷闭集. $\{\alpha_n\}_{n=1}^\infty$ 是 F 的一个可数稠密子集. 在 l^1 上定义算子 A 为

$$Ax \triangleq (\alpha_1 \xi_1, \alpha_2 \xi_2, \cdots, \alpha_n \xi_n, \cdots), \quad x = (\xi_1, \xi_2, \cdots, \xi_n \cdots) \in l^1.$$

证明:

(i) A 是 l^1 上的有界线性算子.

(ii) 每个 α_n 都是 A 的特征值.

(iii) $\sigma(A) = F$.

(iv) $F \setminus (\{\alpha_n\}_{n=1}^\infty) = \sigma_c(A)$.

18. 设 $A \in \mathcal{L}(X)$ 且存在 $n \in \mathbb{N}$ 使得 $A^n \in \mathcal{C}(X)$. 证明:
(i) $\sigma_p(A)$ 至多是可数集;
(ii) $\sigma_p(A)$ 的唯一可能聚点是 0.

19. 求出 H 上的紧自伴算子 A 的预解式 $R(\lambda, A)$.

20. 设 $A \in \mathcal{C}(X)$, $\lambda_0 \neq 0$ 是 A 的谱点. 取 $\varepsilon > 0$ 使得圆 $|\lambda - \lambda_0| < \varepsilon$ 内只含 A 的一个谱点 λ_0, 令
$$P_{\lambda_0} = \frac{1}{2\pi i} \int_{|\lambda - \lambda_0| \leqslant \varepsilon} (\lambda I - A)^{-1} d\lambda.$$
证明下列命题成立:
(i) P_{λ_0} 是紧算子, 而且 $P_{\lambda_0}^2 = P_{\lambda_0}$;
(ii) $P_{\lambda_0} X$ 是有限维空间, 并且所有相应于 λ_0 的特征向量全包含在 $P_{\lambda_0} X$ 中;
(iii) $P_{\lambda_0} A = A P_{\lambda_0}$;
(iv) $P_{\lambda_0}^* X'$ 是 A^* 的不变子空间, 并且 A^* 相应于 λ_0 的特征向量全包含在 $P_{\lambda_0}^* X'$ 中;
(v) $P_{\lambda_0}^* X' = (P_{\lambda_0} X)'$;
(vi) A 对应于 λ_0 的特征子空间的维数与 A^* 对应于 λ_0 的特征子空间维数相等.

21. 设 $A \in \mathcal{C}(X)$. 证明: 对任意非零 $\lambda_0 \in \sigma(A)$, 在 λ_0 的某邻域内成立展开式
$$R(\lambda, A) = \frac{C_{-n}}{(\lambda - \lambda_0)^n} + \cdots + \frac{C_{-1}}{\lambda - \lambda_0} + C_0 + \sum_{\nu=1}^{\infty} C_\nu (\lambda - \lambda_0),$$
其中 $\{C_\nu | \nu = -n, -n+1, \cdots, 0, 1, 2, \cdots\}$ 是有界线性算子.

22. 设 $U \in \mathcal{L}(H)$ 是酉算子. 证明:
(i) 如果 $P \in \mathcal{L}(H)$ 是正交投影, 则 $U^{-1} P U$ 也是正交投影.
(ii) 如果 $T \in \mathcal{L}(H)$ 是正规算子, 则 $U^{-1} T U$ 也是正规算子.
(iii) 如果 $A \in \mathcal{L}(H)$ 是正算子 (即对任意非零 $x \in H$, $(Ax, x) > 0$), 则 $U^{-1} A U$ 也是正算子.

23. 设 A 为 H 上的有界自伴算子, $\lambda \notin \mathbb{R}$. 证明: 算子 $(A + \lambda I)(A + \overline{\lambda} I)^{-1}$ 为酉算子.

24. 定义 $L^2(0,1)$ 上的算子:
$$Af(x) \triangleq \int_0^x f(t) dt.$$
(i) 求 $\|A\|$;
(ii) 证明: $A^* f(x) = \int_x^1 f(t) dt, f \in L^2(0,1)$;
(iii) 计算 AA^* 的谱半径.

25. 设 (Ω, Σ, E) 是 H 上的谱测度空间, f 是 $B(\Omega, \Sigma)$ 上的有界可测函数, $A = \int_\Omega f(\omega) dE(\omega)$. 证明: $\lambda \in \rho(A)$ 的充要条件是存在满足 $E(E_0) = 0$ 的 $E_0 \in \Sigma$ 使得 $\inf\limits_{\omega \in \Omega \setminus E_0} |f(\omega) - \lambda| > 0$.

26. 设 (Ω, Σ, E) 是 H 上的谱测度空间, f, g 是 $B(\Omega, \Sigma)$ 上的有界可测函数, 并且 $f(\omega) \cdot g(\omega) = 1$. 证明算子 $A = \int_\Omega f(\omega) dE(\omega)$ 可逆, 并且 $A^{-1} = \int_\Omega g(\omega) dE(\omega)$.

习题 6

27. 设 (Ω, Σ, E) 是 H 上的谱测度空间, f, g 是 $B(\Omega, \Sigma)$ 上的有界可测函数. 如果存在 $S \in \Sigma$, $E(S) = 0$, 且当 $\omega \notin S$ 时, $f(\omega) = g(\omega)$. 证明:
$$\int_\Omega f(\omega) \mathrm{d}E(\omega) = \int_\Omega g(\omega) \mathrm{d}E(\omega).$$

28. 设 (Ω, Σ, E) 是 H 上的谱测度空间, f, g_n $(n = 1, 2, \cdots)$ 是 $B(\Omega, \Sigma)$ 上的有界可测函数, 并且满足下列条件:

(i) 存在 $M > 0$ 使得对一切 $x \in \Omega$ 成立 $|g_n(\omega)| \leqslant M$;

(ii) 任意 $x \in \Omega$, $\lim\limits_{n \to \infty} g_n(x) = f(x)$.

证明: 算子序列 $\left\{ \int_\Omega g_n(x) \mathrm{d}E(x) \right\}_{n=1}^\infty$ 弱收敛于算子 $\int_\Omega f(x) \mathrm{d}E(x)$.

29. 对 $\alpha \in \mathbb{R}$, 作 $L^2(\mathbb{R})$ 上的算子 $U(\alpha), V(\alpha)$ 如下:
$$(U(\alpha)f)(x) = \mathrm{e}^{\mathrm{i}\alpha x}f(x), \quad f \in L^2(\mathbb{R}),$$
$$(V(\alpha)f)(x) = f(x + \alpha), \quad f \in L^2(\mathbb{R}).$$

设 $(\mathbb{R}, \mathcal{B}, P)$ 是取值于 H 上的谱测度空间, 其中 $\mathcal{B}$ 是 $\mathbb{R}$ 上的 Borel 可测集组成的 σ-代数. 如果存在 $a \in \mathbb{R}$ 使得对任意 $E \in \mathcal{B}$ 和 $f \in H$,
$$P(E)f = \chi_{\tau_a E}(x)f(x), \tag{6.93}$$

其中 $\tau_a E \triangleq \{x - a | x \in E\}, a \in \mathbb{R}$. 证明:
$$U(\alpha)P(E) = P(E)U(\alpha), \tag{6.94}$$
$$V(\alpha)P(E) = P(\tau_a E)V(\alpha). \tag{6.95}$$

30. 设 A 是 H 上的有界线性算子. 证明:

(i) 对任意多项式 p, $Ap(I - A^*A) = p(I - AA^*)A$;

(ii) 对任意 $\mathbb{R}$ 上的有界 Borel 可测函数 f,
$$Af(I - A^*A) = f(I - AA^*)A.$$

31. 证明下列论断等价:

(i) A 是 H 到复 Hilbert 空间 G 的 Hilbert-Schmidt 算子;

(ii) $(A^*A)^{\frac{1}{2}}$ 是 H 上的 Hilbert-Schmidt 算子;

(iii) 存在非负数列 $\{\lambda_n\}_{n=1}^\infty$, $\sum_{n=1}^\infty \lambda_n^2 < \infty$ 以及 H, G 中的标准正交基 $\{x_n\}_{n=1}^\infty \subset H$, $\{y_n\}_{n=1}^\infty \subset G$, 使得对一切 $x \in H$,
$$Ax = \sum_{n=1}^\infty \lambda_n (x, x_n) y_n.$$

32. 设 $A \in \mathcal{C}(H)$, 按递减顺序排列 $(A^*A)^{\frac{1}{2}}$ 的特征值 (计重数):
$$\lambda_1 \geqslant \lambda_2 \geqslant \cdots \geqslant \lambda_n \geqslant \cdots.$$

对 H 的一个闭子空间 M, 记 $A|_M$ 为 A 在 M 上的限制, 并用 R_n 表示 H 上秩不超过 n 的算子全体. 证明:

(i) $\lambda_n = \inf\{\|A|_{M^\perp}\| \,|\, \dim M = n\}$;

(ii) $\lambda_n = \inf\{\|A - B\| \,|\, B \in R_n\}$.

33. 设 $A_1, A_2 \in \mathcal{C}(H)$ 为正算子. 对 $j = 1, 2$, 记 $\lambda_n(A_j)$ 为按递减顺序排列的 A_j 的第 n 个的特征值 (计重数). 证明:

(i) $|\lambda_n(A_1) - \lambda_n(A_2)| \leqslant \|A_1 - A_2\|$;

(ii) $\lambda_{m+n}(A_1 + A_2) \leqslant \lambda_n(A_1) + \lambda_m(A_2)$;

(iii) $\lambda_{m+n}(A_1 A_2) \leqslant \lambda_n(A_1)\lambda_m(A_2)$;

(iv) 对任意 $A \in \mathcal{L}(H)$, $\lambda_n(A_1 A) \leqslant \lambda_n(A_1)\|A\|$, $\lambda_n(A A_1) \leqslant \|A\|\lambda_n(A_1)$;

(v) 对任意 H 上的酉算子 U, $\lambda_n(U^* A_1 U) = \lambda_n(A_1)$.

34. 记号同上题. 对 $j = 1, 2$, 记 $\sigma_N(A_j) = \sum_{n=0}^{N-1} \lambda_n(A_j)$. 证明:

(i) $\sigma_N(A_1 + A_2) \leqslant \sigma_N(A_1) + \sigma_N(A_2)$;

(ii) $\sigma_N(A_1 A_2) \leqslant \sigma_N(A_1) \cdot \|A_2\|$, $\sigma_N(A_1 A_2) \leqslant \|A_1\| \cdot \sigma_N(A_2)$.

35. 设 $0 \leqslant A \leqslant B$. 证明:

(i) 当 $0 \leqslant \alpha \leqslant 1$ 时, $A^\alpha \leqslant B^\alpha$;

(ii) 设 $r \geqslant 0, p \geqslant 0, q \geqslant 1, (1+2r)q \geqslant p+2r$, 则有

$$(B^r A^p B^r)^{\frac{1}{q}} \leqslant (B^r B^p B^r)^{\frac{1}{q}}, \quad (A^r A^p A^r)^{\frac{1}{q}} \leqslant (A^r B^p A^r)^{\frac{1}{q}}.$$

36. 上题结论 (i) 对 $\alpha > 1$ 是否成立?

37. 设 H, G 为可分的 Hilbert 空间, A 是 H 到 G 上的 Hilbert-Schmidt 算子, $\{\lambda_n\}_{n=1}^N$ ($N \in \mathbb{N} \cup \{\infty\}$) 是 $(A^* A)^{\frac{1}{2}}$ 的特征值. 证明:

$$\|A\|_2 = \left(\sum_{n=1}^N \lambda_n^2 \right)^{\frac{1}{2}}.$$

38. 设 $A, U \in \mathcal{L}(H)$, U 是酉算子, 令 $\widetilde{A} = U^{-1} A U$. 证明:

(i) $\|\widetilde{A}\| = \|A\|$;

(ii) $\sigma(\widetilde{A}) = \sigma(A)$.

39. 设 $A, U \in \mathcal{L}(H)$, A 是自伴算子, U 是酉算子, $\widetilde{A} = U^{-1} A U$. 证明: 对任意的有界 Borel 函数 f 都有

$$f(\widetilde{A}) = U^{-1} f(A) U,$$

这里 $f(\widetilde{A})$, $f(A)$ 分别表示 $\widetilde{A}$ 与 A 的函数演算.

40. 设 U 是 H 上的酉算子, 而且 $U - I$ 是紧的. 证明: 存在单位圆周上的有限个或可列个数 $\{\lambda_\nu\}_{\nu \in \mathcal{I}}$ 以及互相直交的投影算子 $\{P_\nu\}_{\nu \in \mathcal{I}}$ 使得 $I = \sum_{\nu \in \mathcal{I}} P_\nu$, $U = \sum_{\nu \in \mathcal{I}} \lambda_\nu P_\nu$, 并且 $\{\lambda_\nu\}_{\nu \in \mathcal{I}}$ 只以 1 为极限点.

41. 设 $\{E_\lambda \,|\, \lambda \in \mathbb{R}\}$ 是 H 中的谱系. 对 $t \in \mathbb{R}$, 定义 H 上的算子如下:

$$U(t) = \int_{\mathbb{R}} e^{it\lambda} dE_\lambda.$$

证明: $U(t)$ 是 H 中的酉算子, 而且 $\{U(t)|t \in \mathbb{R}\}$ 是 H 中的单参数群, 即

$$U(t_1 + t_2) = U(t_1)U(t_2), \quad t_1, t_2 \in \mathbb{R},$$

并且对任意 $t_0 \in (\mathbb{R})$ 和任意 $x \in H$,

$$\lim_{t \to t_0} \|(U(t) - U(t_0))x\| = 0.$$

42. 设 A 是 H 到 Hilbert 空间 G 的有界线性算子. 证明:
(i) A^*A, AA^* 分别是 H 和 G 上的自伴算子, 而且 $A^*A \geqslant 0$, $AA^* \geqslant 0$;
(ii) 存在 $\overline{\mathcal{R}(A^*)}$ 到 $\overline{\mathcal{R}(A)}$ 上的酉算子使得 $A = U(A^*A)^{\frac{1}{2}}$ (称为算子 A 的极坐标分解, 简称为极分解).

43. 设 P 是 $L^2(a,b)$ 上的投影算子且对 (a,b) 上任何有界可测函数 φ 都有

$$P(\varphi f) = \varphi P f, \quad f \in L^2(a,b).$$

证明: 存在 (a,b) 中可测子集 M 使得

$$PL^2(a,b) = \{f \in L^2(a,b) | f(x) = 0, \ x \notin M\}.$$

44. 设 A 是 H 上的有界自伴算子且满足下列条件:
(i) $\sigma(A)$ 是至多可列集;
(ii) $\sigma(A)$ 唯一可能的极限点为 0;
(iii) 如果 $\lambda \in \sigma(A)$, $\lambda \neq 0$, 则 $\dim E(\{\lambda\})H < +\infty$, 其中 E 是 A 对应的谱测度.
证明: A 是紧算子.

45. 设 A 是 H 中的有界自伴算子, E 是 A 的谱测度, $f(\lambda) = \sum_{n=1}^{\infty} \alpha_n \lambda^n$ 是 $|\lambda| < \Gamma(A) + \varepsilon, \varepsilon > 0$ 上的解析函数. 证明:

$$f(A) = \sum_{n=1}^{\infty} \alpha_n A^n = \int_{\sigma(A)} f(\lambda) \mathrm{d}E_\lambda.$$

第 7 章 Hilbert 空间上的无界算子

在前面各章节中, 我们考虑的都是有界线性算子. 这类算子的定义域一般是全空间. 然而在许多具体问题中, 特别是在量子力学和微分方程理论中, 我们经常碰到不是在全空间上的定义而且不是有界的线性算子.

例 7.1 考虑 $L^2(\mathbb{R})$ 的线性子空间

$$\mathcal{D} \triangleq \left\{ f \in L^2(\mathbb{R}) \,\middle|\, \int_{\mathbb{R}} |tf(t)|^2 \mathrm{d}t < \infty \right\},$$

以及以 $\mathcal{D}$ 为定义域的算子 A:

$$(Af)(t) = tf(t), \quad f \in \mathcal{D}. \tag{7.1}$$

显然 A 是线性算子. 设 $f_n(t)$ 是区间 $[n, n+1]$ 上的特征函数, 那么 $\|f_n\| = 1$. 但是

$$\|Af_n\|^2 = \int_n^{n+1} t^2 \mathrm{d}t = \frac{1}{3}[(n+1)^3 - n^3].$$

由 $\|Af_n\| \to +\infty, n \to \infty$ 可知 A 不是有界算子.

如果要求 A 的像集在 $L^2(\mathbb{R})$ 中, 那么 A 的定义域最大只能是 $\mathcal{D}$.

一般的无界算子研究起来很困难. 幸运的是, 许多源于物理和工程的无界算子都是 Hilbert 空间上的自伴算子. 本章我们主要研究这类算子. 本章中如无特别说明, H 都表示 Hilbert 空间.

我们首先引入几个定义.

定义 7.1 设 A, B 分别是以 H 的线性子空间 $\mathcal{D}(A), \mathcal{D}(B)$ 为定义域的线性算子, $\alpha, \beta \in \mathbb{F}$.

(i) 以 $\mathcal{D}(A)$ 为定义域的算子 $x \mapsto \alpha Ax$ 称为 α 与 A 的乘积, 记为 αA;

(ii) 以 $\mathcal{D}(A) \cap \mathcal{D}(B)$ 为定义域的算子 $x \mapsto Ax + Bx$ 称为 A 与 B 的和, 记为 $A + B$;

(iii) 以 $\mathcal{D} = \{x \in \mathcal{D}(A) | Ax \in \mathcal{D}(B)\}$ 为定义域的算子 $x \mapsto B(Ax)$ 称为 B 与 A 的积, 记为 BA;

(iv) 如果 $\mathcal{D}(A) \subset \mathcal{D}(B)$ 而且对于 $x \in \mathcal{D}(A), Ax = Bx$, 则称 B 是 A 的延拓或扩张, 记为 $A \subset B$;

(v) 如果 $A \subset B$ 且 $B \subset A$, 则称 A 和 B 相等.

设 A 是例 7.1 中的乘法算子, I 表示 $L^2(\mathbb{R})$ 中的单位算子, $A+I$ 的定义域仍为 $\mathcal{D}$, 而且 $(A+I)f = (t+1)f(t) (f \in \mathcal{D})$.

因为 $0A$ (数 0 乘上算子 A) 的定义域是 $\mathcal{D}$, 零算子的定义域是全空间, 所以 $0A \neq 0$, 而是 $0A \subset 0$, 但是算子 A 作用在零元素上等于零, 即 $A0 = 0$.

易知算子 $A^n = \overbrace{AA \cdots A}^{n\uparrow}$ 的定义域

$$\mathcal{D}(A^n) = \left\{ f \in L^2(\mathbb{R}) \middle| \int_{\mathbb{R}} |t^n f(t)|^2 \mathrm{d}t < \infty \right\},$$

而 $A^n f = t^n f(t), f \in \mathcal{D}(A^n)$.

7.1 对称算子和自伴算子

7.1.1 稠定算子的共轭算子

定义 7.2 设 $\mathcal{D}(A)$ 是 H 的线性子空间, A 是 $\mathcal{D}(A)$ 到 H 的线性算子. 如果 $\mathcal{D}(A)$ 在 H 中稠密, 则称 A 是 H 上的稠定算子.

定义 7.3 设 A 是 H 上的稠定线性算子,

$$\mathcal{D}(A^*) \triangleq \{y \in H | 存在 y^* \in H 使得对任意 x \in \mathcal{D}(A), (Ax, y) = (x, y^*)\}.$$

定义算子 $A^* : \mathcal{D}(A^*) \to H$ 如下:

$$y \mapsto y^*, \quad y \in \mathcal{D}(A^*).$$

称 A^* 为 A 的共轭算子, $\mathcal{D}(A^*)$ 为 A^* 的定义域.

定义中算子 A 稠定保证了其共轭算子 A^* 的唯一性, 反之亦然. 事实上, 我们有如下结果.

引理 7.1 设 A 是 H 上的线性算子, 那么对 $y \in H$, 满足等式

$$(Ax, y) = (x, y^*), \quad \forall x \in \mathcal{D}(A) \tag{7.2}$$

的 H 中向量 y^* 最多只有一个的充要条件是 A 稠定.

证明 充分性. 如果 H 中向量 y_1^* 及 y_2^* 都使 (7.2) 式成立, 即

$$(Ax, y) = (x, y_1^*) = (x, y_2^*), \quad \forall x \in \mathcal{D}(A),$$

则有 $y_1^* - y_2^* \perp \mathcal{D}(A)$. 由 $\overline{\mathcal{D}(A)} = H$ 可知 $y_1^* = y_2^*$. 所以使 (7.2) 式成立的 y^* 至多只有一个.

必要性. 如果 $\overline{\mathcal{D}(A)} \neq H$, 那么必有非零的 $z \in H$ 使得 $z \perp \overline{\mathcal{D}(A)}$. 因此 $y = 0, y^* = 0$ 及 $y^* = z$ 都使 (7.2) 成立. □

引理 7.1 只是讨论了唯一性. 然而, 即使 A 稠定, 也并不保证对每个 $y \in H$, 都能够找到使式 (7.2) 成立的 y^*. 事实上, 由 Riesz 表示定理可知 $y \in \mathcal{D}(A^*)$, 当且仅当存在 $M_y > 0$ (依赖于 y) 使得

$$|(Ax, y)| \leqslant M_y \|x\|, \quad \forall x \in \mathcal{D}(A).$$

引理 7.2 *共轭算子有下列性质:*
(i) H 上的稠定线性算子 A 的共轭算子 A^* 是线性算子;
(ii) 设 A, B 是 H 上的稠定线性算子, 而且 $\mathcal{D}(A) \cap \mathcal{D}(B)$ 也是 H 中稠密集, 那么 $\mathcal{D}(A+B)^* \subset \mathcal{D}(A^*) + \mathcal{D}(B^*)$, 记为 $(A+B)^* \subset A^* + B^*$;
(iii) 设 A, B 都是 H 上的稠定线性算子, 且 $A \subset B$, 那么 $A^* \supset B^*$;
(iv) 设 H 上的算子 A, B 和 AB 均为稠定的, 则

$$A^* B^* \subset (BA)^*.$$

特别地, 如果还有 $B \in \mathcal{L}(H)$, 则

$$A^* B^* = (BA)^*.$$

证明 (i) 设 $y_1, y_2 \in \mathcal{D}(A^*), \alpha, \beta \in \mathbb{F}$, 那么对任意 $x \in \mathcal{D}(A)$, 由

$$(Ax, y_1) = (x, A^* y_1), \quad (Ax, y_2) = (x, A^* y_2)$$

可得

$$(Ax, \alpha y_1 + \beta y_2) = \overline{\alpha}(Ax, y_1) + \overline{\beta}(Ax, y_2)$$
$$= \overline{\alpha}(x, A^* y_1) + \overline{\beta}(x, A^* y_2) = (x, \alpha A^* y_1 + \beta A^* y_2).$$

从而 A^* 是线性的.

(ii) 如果 $y \in \mathcal{D}(A^*) \cap \mathcal{D}(B^*) = \mathcal{D}(A^* + B^*)$, 那么对任意 $x \in \mathcal{D}(A) \cap \mathcal{D}(B) = \mathcal{D}(A+B)$, 有

$$(Ax, y) = (x, A^* y), \quad (Bx, y) = (x, B^* y),$$

则 $((A+B)x, y) = (x, A^* y + B^* y) = (x, (A^* + B^*)y)$, 即有 $y \in \mathcal{D}((A+B)^*)$ 且 $(A+B)^* y = (A^* + B^*)y$. 因此

$$(A+B)^* \subset A^* + B^*.$$

(iii) 由共轭算子定义显然可得.

(iv) 任取 $y \in \mathcal{D}(A^*B^*)$, 则 $y \in \mathcal{D}((BA)^*)$, 并且 $(AB)^*y = B^*A^*y$. 因此, $A^*B^* \subset (BA)^*$.

如果 $B \in \mathcal{L}(H)$, 任意取 $y \in \mathcal{D}((BA)^*)$. 因 $\mathcal{L}(B^*) = H$, 故而对任意 $x \in \mathcal{D}(A)$ 均有
$$(Ax, B^*y) = (BAx, y) = (x, (AB)^*y).$$
因此, $B^*y \in \mathcal{D}(A^*)$. 则 $y \in \mathcal{D}(A^*B^*)$, 从而 $A^*B^* = (BA)^*$. □

7.1.2 对称算子和自伴算子的定义

定义 7.4 设 A 是 H 上的稠定线性算子, 如果 $A \subset A^*$, 则称 A 为对称算子; 如果 $A = A^*$, 则称 A 为自伴算子.

例 7.2 在 $L^2(0,1)$ 上的定义算子 A_1, A_2, A_3 如下:
$$\mathcal{D}(A_1) = \{f \in L^2(0,1) | f \in AC[0,1], f' \in L^2(0,1)\},$$
$$\mathcal{D}(A_2) = \{f \in L^2(0,1) | f \in \mathcal{D}(A_1), f(0) = f(1)\},$$
$$\mathcal{D}(A_3) = \{f \in L^2(0,1) | f \in \mathcal{D}(A_1), f(0) = f(1) = 0\},$$
则 $\overline{\mathcal{D}(A_1)} \supset \overline{\mathcal{D}(A_2)} \supset \overline{\mathcal{D}(A_3)}$. 定义算子
$$A_k f = \mathrm{i} f', \quad f \in \mathcal{D}(A_k), \quad k = 1, 2, 3.$$
显然有 $A_3 \subset A_2 \subset A_1$.

注意到对 $f \in \mathcal{D}(A_m), g \in \mathcal{D}(A_n)$, 其中 $m + n = 4$, 有
$$(A_m f, g) = \int_0^1 (\mathrm{i} f') \overline{g} \mathrm{d}x = \int_0^1 f(\overline{\mathrm{i} g'}) \mathrm{d}x = (f, A_n g),$$
因此, $A_n \subset A_m^*$, 即
$$A_1 \subset A_3^*, \quad A_2 \subset A_2^*, \quad A_3 \subset A_1^*.$$

设 $g \in \mathcal{D}(A_k^*), \varphi = A_k^* g, \Phi(x) = \int_0^x \varphi(t) \mathrm{d}t$, 对 $f \in \mathcal{D}(A_k)$, 有
$$\int_0^1 \mathrm{i} f' \overline{g} \mathrm{d}x = (A_k f, g) = (f, A_k^* g) = (f, \varphi) = (f, \Phi') = f(1)\overline{\Phi(1)} - \int_0^1 f' \overline{\Phi} \mathrm{d}x,$$
即
$$\int_0^1 f'(\mathrm{i}\overline{g} + \overline{\Phi}) \mathrm{d}x = f(1)\overline{\Phi(1)}. \tag{7.3}$$

当 $k=1$ 或 $k=2$ 时, 因 $\mathcal{D}(A_k)$ 包含非零常数, 故由式 (7.3) 可得 $\Phi(1)=0$. 当 $k=3$ 时, $f(1)=0$. 因此总有

$$\int_0^1 f'(\mathrm{i}\overline{g}+\overline{\Phi})\mathrm{d}x=0.$$

因而

$$\mathrm{i}g-\Phi \in (\mathcal{R}(A_k))^\perp.$$

当 $k=1$ 时, 因 $\mathcal{R}(A_1)=L^2(0,1)$, 故 $-\mathrm{i}g=\Phi$. 所以 $g'=\mathrm{i}\varphi \in L^2(0,1)$. 又因 $\Phi(1)=\Phi(0)=0$, 故 $g(0)=g(1)=0$. 因此 $g\in\mathcal{D}(A_3)$, 即 $A_1^*\subset A_3$.

对 $k=2,3$, 当 $f\in\mathcal{D}(A_k)$ 时, $\int_0^1 A_k f \mathrm{d}x = \mathrm{i}\int_0^1 f'(x)\mathrm{d}x=0$, 故而

$$\mathcal{R}(A_k)=\left\{u\in L^2(0,1)\bigg|\int_0^1 u\mathrm{d}x=0\right\}=\{u\in L^2(0,1)|(u,1)=0\}.$$

因而 $\mathcal{R}(A_q)=\mathcal{R}(A_3)=Y^\perp$, 其中 Y 是由常值函数组成的一维子空间. 由此可得

$$\mathrm{i}g-\Phi=c.$$

当 $k=2,3$ 时, 由 $\mathrm{i}g-\Phi=c$ 得 g 是绝对连续函数, 所以 $g'=-\mathrm{i}\varphi\in L^2(0,1)$, 从而 $g\in\mathcal{D}(A_1)$, 这样 $A_2^*\subset A_1$, $A_3^*\subset A_1$.

当 $k=2$ 时, 因 $\Phi(0)=\Phi(1)=0$, 故 $\mathrm{i}g(0)=\mathrm{i}g(1)=c$, 即 $g(0)=g(1)$. 所以 $g\in\mathcal{D}(A_2)$, 即 $A_2^*\subset A_2$. 综上可得

$$A_1^*=A_3, \quad A_2^*=A_2, \quad A_3^*=A_1. \tag{7.4}$$

所以 $A_3\subset A_2=A_2^*\subset A_3^*$. 故 A_3 是对称算子, A_2 是 A_3 的自伴扩张, 但作为 A_2 扩张的 A_1 满足 $A_1=A_3^*\supset A_3=A_1^*$, 从而并非对称的.

虽然 $\{f'|f\in\mathcal{D}(A_2)\}$ 并不在 $L^2(0,1)$ 中稠密, 但它和 $L^2(0,1)$ 只相差一维. 事实上, 由于对 $\varphi\in L^2(0,1)$,

$$f(t)=\int_0^t \varphi(s)\mathrm{d}s - t\int_0^1 \varphi(s)\mathrm{d}s \in \mathcal{D}(A_2), \quad \varphi\in L^2(0,1)$$

且

$$f'(t)=\varphi(t)-\int_0^1 \varphi(t)\mathrm{d}t(=\varphi-(\varphi,1)1).$$

7.1 对称算子和自伴算子

反之, 对任意 $f \in \mathcal{D}(A_2)$, 令 $\varphi(t) = f'(t) - \int_0^1 f'(t)\mathrm{d}t$ 便有

$$\{f' | f \in \mathcal{D}(A_2)\} = \left\{\varphi - \int_0^1 \varphi(t)\mathrm{d}t \cdot 1 \,\Big|\, \varphi \in L^2[0,1]\right\},$$

其中 1 是 $L^2(0,1)$ 中元素. 因此

$$\{f' | f \in \mathcal{D}(A_2)\}^\perp = \{c \cdot 1\}.$$

引理 7.3 H 上的稠定线性算子 A 是对称算子的充要条件是对任意 $x, y \in \mathcal{D}(A)$, 都成立 $(Ax, y) = (x, Ay)$.

证明 必要性由定义 7.4 直接可得. 反过来, 由 A^* 的定义可知 $y \in \mathcal{D}(A^*)$ 而且 $A^*y = Ay$, 所以 $A \subset A^*$. $\square$

例 7.3 我们再考察例 7.1 中的乘法算子 A. 由引理 7.3 容易验证 A 是对称算子. 下面再证 $A^* \subset A$. 设 $g \in \mathcal{D}(A^*)$ 且 $A^*g = g^*$. 则有

$$(Af, g) = \int_{-\infty}^{\infty} tf(t)\overline{g(t)}\mathrm{d}t = \int_{-\infty}^{\infty} f(t)\overline{g^*(t)}\mathrm{d}t = (f, g^*), \quad f \in \mathcal{D}(A).$$

因此,

$$tg(t) = g^*(t), \quad \text{a.e. } t \in (0,1).$$

由此可得 $g \in \mathcal{D}(A)$. 所以 $A = A^*$.

引理 7.4 设 A, B 分别是 H 上的自伴算子和对称算子, 如果 $A \subset B$, 那么 $A = B$.

证明 由 $A \subset B$ 即得 $A^* \supset B^*$. 因而 $A = A^* \supset B^* \supset B \supset A$. 所以 $A = B$. $\square$

7.1.3 酉等价

引理 7.5 设 A, U 分别是 H 上的自伴算子和酉算子, 那么 UAU^{-1} 是 H 上的自伴算子.

证明 记 $B = UAU^{-1}$, 显然 $\mathcal{D}(B) = U\mathcal{D}(A)$. 因此 B 是 H 中的稠定线性算子. 当 $x, y \in \mathcal{D}(B)$ 时, $U^{-1}x, U^{-1}y \in \mathcal{D}(A)$ 且

$$(Bx, y) = (UAU^{-1}x, y) = (AU^{-1}x, U^{-1}y) = (U^{-1}x, AU^{-1}y)$$
$$= (x, UAU^{-1}y) = (x, By),$$

所以 B 是自伴的. 另一方面, 如果 $y \in \mathcal{D}(B^*)$, 那么有

$$(Bx, y) = (x, B^*y), \quad x \in \mathcal{D}(B).$$

因而

$$(AU^{-1}x, U^{-1}y) = (x, A^*y) = (U^{-1}x, U^{-1}A^*y).$$

但 $U^{-1}\mathcal{D}(B) = \mathcal{D}(A)$, 因此 $U^{-1}y \in \mathcal{D}(A^*)$ 且 $A^*U^{-1}y = U^{-1}A^*y$. 由 $A^* = A$ 可得 $y \in \mathcal{D}(B)$, $B^*y = UAU^{-1}y$. 从而有 $B^* \subset B$. 所以 B 是对称的. □

定义 7.5 设 A, U 分别是 H 上的线性算子和酉算子, 那么称算子 UAU^{-1} 和 A 是酉等价的.

这种酉等价的关系是算子的表示理论的基础. 我们常常把抽象空间中的算子表示成另一个具体空间中与原来抽象算子酉等价的具体算子, 即通过酉等价关系把 A 和 UAU^{-1} 同一化.

例 7.4 在复空间 $L^2(\mathbb{R})$ 中, 设

$$\mathcal{D}(A_1) = \{f \in L^2(\mathbb{R}) | f \in AC([a, b]), \forall [a, b] \subset \mathbb{R}, f' \in L^2(\mathbb{R})\}.$$

定义 $L^2(\mathbb{R})$ 上算子 D 如下:

$$A_1 f = \frac{1}{i}f', \quad f \in \mathcal{D}(A_1).$$

用 U 表示 $L^2(\mathbb{R})$ 上的 Fourier 变换, 它是酉算子. A_2 表示例 7.3 中的乘法算子. 它是自共轭算子, 定义域为

$$\mathcal{D}(A_2) \triangleq \left\{f \in L^2(\mathbb{R}) \middle| \int_{\mathbb{R}} |tf(t)|^2 \mathrm{d}t < \infty\right\}.$$

下面证明

$$A_1 = UA_2U^{-1}. \tag{7.5}$$

首先证明 $U\mathcal{D}(A_2) = \mathcal{D}(A_1)$. 设 $f \in \mathcal{D}(A_2)$, 记 $\varphi = A_2 f \in L^2(\mathbb{R})$, 令

$$\begin{aligned}\tilde{f}(\alpha) &= (\text{强}) \lim_{\lambda \to \infty} \frac{1}{\sqrt{2\pi}} \int_{-\lambda}^{\lambda} \mathrm{e}^{\mathrm{i}\alpha t} f(t)\mathrm{d}t, \\ \overline{\varphi}(\alpha) &= (\text{强}) \lim_{\lambda \to \infty} \frac{1}{\sqrt{2\pi}} \int_{-\lambda}^{\lambda} \mathrm{e}^{\mathrm{i}\alpha t} tf(t)\mathrm{d}t.\end{aligned} \tag{7.6}$$

从而可取 $\{\lambda_n\}_{n=1}^{\infty}$ 使得当 $n \to \infty$ 时 $\lambda_n \to \infty$ 且 (7.6) 中两式右边的函数列几乎处处收敛于左边函数.

7.1 对称算子和自伴算子

取 α_0 和 α 是收敛点,那么

$$\int_{\alpha_0}^{\alpha}\overline{\varphi}(x)\mathrm{d}x = \lim_{n\to\infty}\frac{1}{\sqrt{2\pi}}\int_{\alpha_0}^{\alpha}\int_{-\lambda_n}^{\lambda_n}\mathrm{e}^{\mathrm{i}xt}tf(t)\mathrm{d}t\mathrm{d}x$$

$$= \lim_{n\to\infty}\frac{1}{\mathrm{i}}\frac{1}{\sqrt{2\pi}}\int_{-\lambda_n}^{\lambda_n}(\mathrm{e}^{\mathrm{i}\alpha t} - \mathrm{e}^{\mathrm{i}\alpha_0 t})f(t)\mathrm{d}t$$

$$= -\mathrm{i}\left(\tilde{f}(\alpha) - \tilde{f}(\alpha_0)\right).$$

因而

$$\tilde{f}(\alpha) = \int_{\alpha_0}^{\alpha} \mathrm{i}\overline{\varphi}(x)\mathrm{d}x + \tilde{f}(\alpha_0).$$

由此可得 $\tilde{f} \in \mathcal{D}(A_1)$,即 $U\mathcal{D}(A_2) \subset \mathcal{D}(A_1)$,且有 $A_1 Uf = A_1\tilde{f}(\alpha) = \overline{\varphi}(\alpha) = UA_2f, f \in \mathcal{D}(A_2)$.

类似可证 $U^{-1}\mathcal{D}(A_1) \subset \mathcal{D}(A_2)$,即有 $A_1 U = UA_2$,从而 $A_1 = UA_2U^{-1}$. 由引理 7.5 即知 A_1 是自伴算子.

7.1.4 算子的图像

空间 $H \times H = \{\{a,b\}|a,b \in H\}$ 按内积

$$(\{a,b\},\{c,d\}) = (a,c) + (b,d)$$

仍是 Hilbert 空间,相应的范数为

$$\|\{a,b\}\|^2 = \|a\|^2 + \|b\|^2.$$

定义 $H \times H$ 上算子 V 如下:

$$V\{a,b\} = \{-b,a\},$$

则 V 便是 $H \times H$ 上的酉算子且满足 $V^2 = -I$.

对定义于 H 上的线性算子 A,其图像定义为 $G(A) \triangleq \{\{x, Ax\}|x \in \mathcal{D}(A)\}$.

引理 7.6 设 A 是 Hilbert 空间 H 上的稠定线性算子,则

$$G(A^*) = [VG(A)]^\perp.$$

上式右端即是指 $VG(A)$ 在 $H \times H$ 中的正交补.

证明 因为 $\{y,z\} \in G(A^*)$ 等价于

$$(Ax, y) = (x, z), \quad \forall x \in \mathcal{D}(A),$$

即
$$(\{-Ax, x\}, \{y, z\}) = 0, \quad \forall x \in \mathcal{D}(A),$$
所以
$$\{y, z\} \in [VG(A)]^\perp. \qquad \square$$

推论 7.1 如果 A 是 H 上的稠定闭算子, 则
$$H \times H = VG(A) \oplus G(A^*).$$

由于对 $M \subset H \times H$, $M^\perp$ 都是闭子空间, 因而有以下结论.

定理 7.1 设 A 是 H 上的稠定线性算子, 则 A^* 是闭算子. 特别地, 自伴算子是闭算子.

定理 7.2 设 A 是 H 上的稠定闭算子, 则 $\mathcal{D}(A^*)$ 也是 H 中的稠密集, 且 $A = A^{**}$.

证明 因 $V^2 = -I$, 故由推论 7.1 可得
$$H \times H = V[VG(A) \oplus G(A^*)] = G(A) \oplus VG(A^*). \tag{7.7}$$

设 $z \perp \mathcal{D}(A^*)$, 则对任意 $y \in \mathcal{D}(A^*)$, $(z, y) = 0$. 从而 $\overline{\mathcal{D}(A^*)} = H$, 因此由推论 7.1 可得
$$H \times H = VG(A^*) \oplus G(A^{**}). \tag{7.8}$$

对比 (7.7) 和 (7.8) 可得
$$G(A) = [VG(A^*)]^\perp = G(A^{**}),$$

因此, $A = A^{**}$. $\qquad \square$

7.1.5 对称算子为自伴算子的条件

下面的定理给出了对称算子为自伴算子的两个充分条件.

定理 7.3 设 A 是 H 上的对称算子.
(i) 如果 $\mathcal{D}(A) = H$, 则 A 是自伴的且 $A \in \mathcal{L}(H)$;
(ii) 如果 $\mathcal{R}(A) = H$, 则 A 是自伴的且 $A^{-1} \in \mathcal{L}(H)$.

证明 (i) 当 $\mathcal{D}(A) = H$ 时, $A = A^*$, 从而 A 是自伴的. 由闭图像定理可知 A 是有界的.

(ii) 如果 $Ax = 0$, 则
$$(x, Ay) = (Ax, y) = 0, \quad \forall y \in \mathcal{D}(A).$$

可知 $x \perp \mathcal{R}(A) = H$, 则有 $x = 0$, 因此 A^{-1} 存在, $\mathcal{D}(A^{-1}) = \mathcal{R}(A) = H$. 又对 $x, y \in H$, 记 $x_1 = A^{-1}x$, $y_1 = A^{-1}y$, 即得

$$(A^{-1}x, y) = (x_1, Ay_1) = (Ax_1, y_1) = (x, A^{-1}y),$$

因此, A^{-1} 是对称的. 由 (1) 可知 A^{-1} 是自伴且有界的.

注意到 $\mathcal{G}(A) = VG(-A^{-1})$, $VG(A) = G(-A^{-1})$, 利用 A^{-1} 自伴便得到

$$H \times H = VG(-A^{-1}) \oplus G(-A^{-1}) = G(A) \oplus VG(A).$$

而由推论 7.1 有 $H \times H = VG(A) \oplus G(A^*)$, 因此, $G(A) = G(A^*)$, 即

$$A = A^*. \qquad \square$$

设 A 为 H 上的对称算子. 直接计算可得

$$\|(A \pm \mathrm{i}I)x\|^2 = \|Ax\|^2 + \|x\|^2, \quad \forall x \in \mathcal{D}(A). \tag{7.9}$$

由此即得如下引理.

引理 7.7 设 A 为 H 上的对称算子, 则

$$\mathrm{Ker}(A \pm \mathrm{i}I) = \{0\}.$$

引理 7.8 设 A 为 H 上的闭对称算子, 则 $\mathcal{R}(A \pm \mathrm{i}I)$ 是闭的.

证明 设 $\{(A + \mathrm{i}I)x_n\}_{n=1}^{\infty}$ 收敛于 y, 则由式 (7.9) 可知 $\{x_n\}_{n=1}^{\infty}$ 是 H 中的 Cauchy 列. 设 $\lim\limits_{n \to \infty} x_n = x$. 于是 $\lim\limits_{n \to \infty} Ax_n = y = \mathrm{i}x$. 由 A 的闭性得 $x \in \mathcal{D}(A)$ 及 $Ax = y = \mathrm{i}x$. 从而 $(A + \mathrm{i}I)x = y$, 故 $\mathcal{R}(A + \mathrm{i}I)$ 是闭的. 同样可证明 $\mathcal{R}(A - \mathrm{i}I)$ 是闭的. $\square$

引理 7.9 设 A 是 H 上的稠定算子, 则

$$\mathrm{Ker}\, A^* = (\mathcal{R}(A))^{\perp}, \quad \overline{\mathcal{R}(A)} = (\mathrm{Ker}\, A^*)^{\perp}.$$

证明 当 $y \in \mathcal{D}(A^*)$ 时,

$$(Ax, y) = (x, A^*y), \quad \forall x \in \mathcal{D}(A),$$

从而 $y \in \mathcal{R}(A)^{\perp}$ 等价于 $A^*y = 0$, 即 $\mathrm{Ker}\, A^* = \mathcal{R}(A)^{\perp}$.

由于对任意线性子空间 M, $\overline{M} = (M^{\perp})^{\perp}$, 即得第二个关系式. $\square$

定理 7.4 设 A 为 Hilbert 空间 H 上的对称算子, 则以下三个命题等价:
(i) A 是自伴算子;

(ii) A 是闭算子, 且 $\mathrm{Ker}(A^* \pm iI) = \{0\}$;
(iii) $\mathcal{R}(A \mp iI) = H$.

证明 如果 (i) 成立, 则 $A = A^*$ 是闭算子. 由引理 7.7,
$$\mathrm{Ker}(A^* \pm iI) = \mathrm{Ker}(A \pm iI) = \{0\}.$$
即 (ii) 成立.

如果 (ii) 成立, 由引理 7.8 和引理 7.9 可得
$$\mathcal{R}(A \pm iI) = \overline{\mathcal{R}(A \pm iI)} = \mathrm{Ker}(A^* \mp iI)^\perp = \{0\}^\perp = H.$$
即得 (iii).

设 (iii) 成立. 今证明 $\mathcal{D}(A^*) \subset \mathcal{D}(A)$. 设 $y \in \mathcal{D}(A^*)$, 则存在 $z \in \mathcal{D}(A)$ 使得
$$(A^* - iI)y = (A - iI)z.$$
因 $A \subset A^*$, 故 $(A^* - iI)(y - z) = 0$. 由 (3), 利用引理 7.9 可得
$$y - z \in \mathrm{Ker}(A^* - iI) = \mathcal{R}(A + iI)^\perp = \{0\},$$
故 $y = z$, 即得 $y \in \mathcal{D}(A)$. □

7.2 自伴算子的谱

为建立自伴算子的谱分解定理, 我们首先讨论自伴算子的谱性质. 和有界自伴算子一样, 无界自伴算子的谱也完全分布在实轴上, 所不同的是无界自伴算子的谱不再是有界集.

首先我们将有界线性算子的预解集和谱的定义推广到一般的线性算子.

定义 7.6 设 X 是复数域 $\mathbb{C}$ 上的 Banach 空间, A 是 $\mathcal{D}(A) \subset X$ 到 X 的线性算子, I 是 X 上的恒等算子, 称
$$\rho(A) = \{\lambda \in \mathbb{C} \mid \lambda I - A \text{ 是双射且} (\lambda I - A)^{-1} \in \mathcal{L}(X)\}$$
为 A 的预解集; 称 $R(\lambda, A) \triangleq (\lambda I - A)^{-1}$ 为 A 的预解式或预解算子; 称 $\sigma(A) = \mathbb{C} \setminus \rho(A)$ 为 A 的谱集, $\sigma(A)$ 中的点称为 A 的谱点或谱.

定义 7.7 设 X 是复数域 $\mathbb{C}$ 上的 Banach 空间, A 是 $\mathcal{D}(A) \subset X$ 到 X 的闭线性算子. 对 $\lambda \in \mathbb{C}$,

(i) 如果 $\lambda I - A$ 不是单射, 则存在非零向量 $x \in X$ 使得
$$Ax = \lambda x.$$
称此 λ 为 A 的特征值或点谱, x 为 A 对应于 λ 的特征向量.

7.2 自伴算子的谱

(ii) 如果 $\lambda I - A$ 的值域 $\mathcal{R}(\lambda I - A) \neq X$, 但 $\overline{\mathcal{R}(\lambda I - A)} = X$, 则称 λ 为 A 的连续谱.

(iii) 如果 $\overline{\mathcal{R}(\lambda I - A)} \neq X$, 则称 λ 为 A 的剩余谱.

7.2.1 自伴算子的谱的基本性质

定理 7.5 设 A 是 H 上的自伴算子, 则 $\lambda \in \rho(A)$ 的充要条件是存在 $C > 0$ 使得
$$\|(\lambda I - A)x\| \geqslant C\|x\|, \quad \forall x \in \mathcal{D}(A).$$

证明 必要性是显然的. 只需证充分性. 记
$$H_0 = \{y | y = (\lambda I - A)x, \ x \in \mathcal{D}(A)\}.$$
于是, $\lambda I - A$ 是 $\mathcal{D}(A)$ 到 H_0 的双射. 记 $R_\lambda = (\lambda I - A)^{-1}$. 显然, R_λ 是线性算子, 且 $\|R_\lambda\| \leqslant \dfrac{1}{C}$.

下证 $H_0 = H$. 首先证明 $\overline{H_0} = H$. 否则, 有 $0 \neq y_0 \perp H_0$, 于是对任意 $x \in \mathcal{D}(A)$,
$$0 = ((\lambda I - A)x, y_0) = \lambda(x, y_0) - (Ax, y_0),$$
即 $(Ax, y_0) = (x, \overline{\lambda}y_0)$, 从而 $y_0 \in \mathcal{D}(A^*) = \mathcal{D}(A), Ay_0 = \overline{\lambda}y_0$. 由 A 自伴知 $\overline{\lambda} = \lambda$, 故 $Ay_0 = \lambda y_0$. 于是 $\|y_0\| \leqslant \dfrac{1}{C}\|(\lambda I - A)y_0\| = 0$. 矛盾. 所以 $\overline{H_0} = H$. 由此可得对任意 $y \in H$, 存在 $\{y_n\}_{n=1}^\infty \in H_0$ 使得 $\lim\limits_{n \to \infty} y_n = y_0$. 设 $y_n = (\lambda I - A)x_n$, 其中 $x_n \in \mathcal{D}(A)$. 因为
$$\|(\lambda I - A)(x_n - x_m)\| \geqslant C\|x_n - x_m\|,$$
故 $\{x_n\}_{n=1}^\infty$ 是 Cauchy 列. 设其极限为 x, 则 $\lim\limits_{n \to \infty}(\lambda I - A)x_n = \lim\limits_{n \to \infty} y_n = y$. 故 $\lim\limits_{n \to \infty} Ax_n = \lambda x - y$. 由自伴算子的闭性可得 $x \in \mathcal{D}(A), Ax = \lambda x - y$, 即
$$y = (\lambda I - A)x \in H_0. \qquad \square$$

推论 7.2 设 A 是 H 上的自伴算子, 则 $\sigma(A) \subset \mathbb{R}$.

证明 设 $\lambda = \alpha + \mathrm{i}\beta$. 对 $x \in \mathcal{D}(A)$,

$((\lambda I - A)x, (\lambda I - A)x)$

$= ((\alpha I + \mathrm{i}\beta I - A)x, (\alpha I + \mathrm{i}\beta I - A)x)$

$= \|(\alpha I - A)x\|^2 + \beta^2\|x\|^2 + ((\alpha I - A)x, \mathrm{i}\beta x) + (\mathrm{i}\beta x, (\alpha I - A)x)$

$$= \|(\alpha I - A)x\|^2 + \beta^2 \|x\|^2 + ((\alpha I - A)x, \mathrm{i}\beta x) - ((\alpha I - A)x, \mathrm{i}\beta x)$$

$$= \|(\alpha I - A)x\|^2 + \beta^2 \|x\|^2.$$

所以有

$$\|(\lambda I - A)x\| \geqslant |\beta| \|x\|.$$

由定理 7.5 即知 $\beta \neq 0$ 时 $\alpha + \mathrm{i}\beta \in \rho(A)$. 矛盾. 故 $\sigma(A) \subset \mathbb{R}$. □

7.2.2 Cayley 变换

下面我们讨论自伴算子和酉算子之间的关系.

引理 7.10 设 A 是复 Hilbert 空间 H 上的对称算子, 那么下列结论成立:

(i) 算子 $A \pm \mathrm{i}I$ 将 $\mathcal{D}(A)$ 一一地映到 $\mathcal{R}(A \pm \mathrm{i}I)$ 上, 并且 $(A \pm \mathrm{i}I)^{-1}$ 是 $\mathcal{R}(A \pm \mathrm{i}I)$ 到 $\mathcal{D}(A)$ 中的有界线性算子;

(ii) 当 A 是闭对称算子时, $\mathcal{R}(A \pm \mathrm{i}I)$ 是 H 的闭线性子空间;

(iii) 如果 A 是 H 上的自伴算子, 则 $\mathcal{R}(A \pm \mathrm{i}I) = H$.

证明 (i) 显然 $\mathcal{D}(A \pm \mathrm{i}I) = \mathcal{D}(A)$. 由于 A 是对称的, 所以对任意 $f \in \mathcal{D}(A)$, $(Af, f) = (f, Af)$, 从而 (Af, f) 是实数. 由此可得

$$\|(A \pm \mathrm{i}I)f\|^2 = ((A \pm \mathrm{i}I)f, (A \pm \mathrm{i}I)f) = (Af, Af) + (\mathrm{i}f, \mathrm{i}f)$$

$$= \|Af\|^2 + \|f\|^2 \geqslant \|f\|^2, \quad f \in \mathcal{D}(A). \tag{7.10}$$

因此 $A \pm \mathrm{i}I$ 是可逆的, 即 $(A \pm \mathrm{i}I)^{-1}$ 是 $\mathcal{R}(A \pm \mathrm{i}I) \to \mathcal{D}(A)$ 上的算子且 $\|(A \pm \mathrm{i}I)^{-1}\| \leqslant 1$.

(ii) 对任意 $g \in \overline{\mathcal{R}(A \pm \mathrm{i}I)}$, 存在 $\{g_n\}_{n=1}^{\infty} \subset \mathcal{R}(A \pm \mathrm{i}I)$ 使得 $\lim_{n \to \infty} g_n = g$. 从而存在 $\{f_n\}_{n=1}^{\infty} \in \mathcal{D}(A \pm \mathrm{i}I)$ 使得 $(A \pm \mathrm{i}I)f_n = g_n$. 由于

$$\|f_n - f_m\| = \|(A \pm \mathrm{i}I)^{-1}(g_n - g_m)\| \leqslant \|g_n - g_m\| \to 0, \quad n, m \to \infty,$$

所以 $\{f_n\}_{n=1}^{\infty}$ 是 Cauchy 列, 在 H 中收敛于 f, 因此 $\mathcal{R}(A \pm \mathrm{i}I)$ 是闭的.

(iii) 当 A 是自伴算子时, $A = A^*$ 是闭算子, 且 $(A \pm \mathrm{i}I)^* = A \mp \mathrm{i}I$. 由于 (i) 已证明 $\mathcal{N}(A \mp \mathrm{i}I) = \{0\}$, 则有 $\mathcal{R}(A \pm \mathrm{i}I)$ 在 H 中稠密. 然而由 (ii) 知 $\mathcal{R}(A \pm \mathrm{i}I)$ 是闭线性空间, 所以 $\mathcal{R}(A \pm \mathrm{i}I) = H$. □

定义 7.8 设 V 是 H 上的线性算子. 如果 V 满足

$$\|Vx\| = \|x\|, \quad \forall x \in \mathcal{D}(V),$$

则称 V 为等距算子.

7.2 自伴算子的谱

易知 V 为等距算子等价于对一切 $x, y \in \mathcal{D}(V)$, 有

$$(Vx, Vy) = (x, y).$$

下面两个定理建立了对称算子与等距算子间一种重要的变换关系.

定理 7.6 设 A 为 H 上的对称算子, 令

$$U = (A - \mathrm{i}I)(A + \mathrm{i}I)^{-1},$$

则下列结论成立:

(i) U 是从 $\mathcal{R}(A + \mathrm{i}I)$ 到 $\mathcal{R}(A - \mathrm{i}I)$ 的等距线性算子;

(ii) $1 \notin \sigma_p(U)$;

(iii) $A = \mathrm{i}(I + U)(I - U)^{-1}$;

(iv) 当 A 是闭算子时 U 也是闭算子, 特别地, 当 A 为自伴算子时, U 为 H 上的酉算子.

证明 (i) 设 $y \in \mathcal{R}(A + \mathrm{i}I)$, 则存在 $x \in \mathcal{D}(A)$ 使得 $y = (A + \mathrm{i}I)x$. 所以

$$Uy = (A - \mathrm{i}I)(A + \mathrm{i}I)^{-1} y = (A - \mathrm{i}I)x.$$

由此可得

$$\|Uy\|^2 = \|Ax\|^2 + \|x\|^2 = \|y\|^2.$$

(ii) 设 $y \in \mathcal{R}(A + \mathrm{i}I)$ 使得 $Uy = y$. 取 $x \in \mathcal{D}(A)$, 使得 $y = (A + \mathrm{i}I)x$. 于是 $Uy = (A - \mathrm{i}I)x$. 由 $(A - \mathrm{i}I)x = y = (A + \mathrm{i}I)x$ 可得 $x = 0$. 从而 $y = 0$, 所以 $1 \notin \sigma_p(U)$.

(iii) 由 $y = (A + \mathrm{i}I)x$ 时 $Uy = (A - \mathrm{i}I)x$ 可得

$$(I - U)y = 2\mathrm{i}x, \quad (I + U)y = 2Ax.$$

从而有 $\mathcal{R}(I - U) = \mathcal{D}(A)$. 当 $x \in \mathcal{D}(A)$ 时

$$(I + U)(I - U)^{-1} x = \frac{1}{\mathrm{i}} Ax,$$

所以 $A = \mathrm{i}(I + U)(I - U)^{-1}$.

(iv) 设 $y_n \in \mathcal{D}(U) = \mathcal{R}(A + \mathrm{i}I)$, 且 $y_n \to y$, $Uy_n = z_n \to z$. 取 $x_n \in \mathcal{D}(A)$ 使得 $(A + \mathrm{i}I)x_n = y_n$. 于是 $x_n = (A - \mathrm{i}I)z_n$. 因此有

$$\lim_{n \to \infty} x_n = \frac{1}{2\mathrm{i}} \lim_{n \to \infty} (y_n - z_n) = \frac{1}{2\mathrm{i}}(y - z),$$

$$\lim_{n\to\infty} Ax_n = \frac{1}{2}\lim_{n\to\infty}(y_n+z_n) = \frac{1}{2}(y+z).$$

记 $x = \dfrac{1}{2i}(y-z)$. 由于 A 是闭算子, 故 $x \in \mathcal{D}(A)$ 且 $Ax = \dfrac{1}{2}(y+z)$. 由此即得 $y = (A+iI)x$ 和 $z = (A-iI)x$. 故 $y \in \mathcal{D}(U)$ 且 $Uy = z$. 于是 U 为闭算子.

当 A 为自伴算子时, $\mathcal{R}(A \pm iI) = H$. 因而, $\mathcal{D}(U) = \mathcal{R}(U) = H$, 从而 U 为酉算子. □

定义 7.9 设 A 为 H 上的对称算子, 称

$$U = (A - iI)(A + iI)^{-1}$$

为 A 的 Cayley 变换.

推论 7.3 设 A 为对称算子, U 是 A 的 Cayley 变换, 则 $1 \in \rho(U)$ 的充要条件是 A 为有界自伴算子.

证明 当 $1 \in \rho(U)$ 时, $\mathcal{D}(A) = \mathcal{R}(I-U) = H$. 故 A 为自伴算子. 定义于全空间的自伴算子必有界.

反之, 如果 A 有界, 则对一切 $x \in H$,

$$Ax = i(I+U)(I-U)^{-1}x = 2i(I-U)^{-1}x - ix.$$

因此,

$$\|(I-U)^{-1}x\| \leqslant \frac{1}{2}(\|A\|+1)\|x\|.$$

所以, $1 \in \rho(U)$. □

事实上, 上述由对称算子构造等距算子的 Cayley 变换还可以逆向进行. 这就是下面的定理.

定理 7.7 设 U 是 H 上的等距算子, $\mathcal{R}(I-U)$ 在 H 中稠密, 则下列结论成立:

(i) $1 \notin \sigma_p(U)$;

(ii) $A = i(I+U)(I-U)^{-1}$ 是定义于 $\mathcal{R}(I-U)$ 上的对称算子, 其 Cayley 变换为 U;

(iii) 当 $\mathcal{D}(U)$ 是闭子空间时, A 是闭对称算子;

(iv) 如果 U 是酉算子, 则 A 是自伴算子.

证明 (i) 如果 $y \in \text{Ker}(I-U)$, 则对任意 $x \in \mathcal{D}(U)$ 有

$$((I-U)x, y) = (x, y) - (Ux, y) = (Ux, Uy) - (Ux, y)$$

$$= (Ux, (U-I)y) = 0,$$

7.2 自伴算子的谱

即 $y \in \mathcal{R}(I-U)^\perp = \{0\}$. 故 $1 \notin \sigma_p(U)$.

(ii) 显然, $A = \mathrm{i}(I+U)(I-U)^{-1}$ 是 $\mathcal{R}(I-U)$ 上的线性算子. 对 $x_1, x_2 \in \mathcal{D}(A)$, 取 $y_1 = (I-U)^{-1}x_1, y_2 = (I-U)^{-1}x_2$. 于是

$$(Ax_1, x_2) = (\mathrm{i}(I+U)y_1, (I-U)y_2) = \mathrm{i}[(Uy_1, y_2) - (y_1, Uy_2)]$$
$$= -\mathrm{i}((I-U)y_1, (I+U)y_2) = (x_1, Ax_2).$$

故 A 是对称算子. 直接计算可得

$$A + \mathrm{i}I = 2\mathrm{i}(I-U)^{-1}, \quad A - \mathrm{i}I = 2\mathrm{i}U(I-U)^{-1},$$

即得 $U = (A - \mathrm{i}I)(A + \mathrm{i}I)^{-1}$.

(iii) 设 $\{x_n\}_{n=1}^\infty \subset \mathcal{D}(A)$, $x_n \to x$, $Ax_n \to y$. 显然, $(A \pm \mathrm{i}I)x_n \to y \pm \mathrm{i}x$. 对任意 $n \in \mathbb{N}$, $U(A + \mathrm{i}I)x_n = (A - \mathrm{i}I)x_n$. 所以

$$\lim_{n \to \infty} U(y + \mathrm{i}x) = y - \mathrm{i}x.$$

从而

$$(I - U)(y + \mathrm{i}x) = 2\mathrm{i}x, \quad (I + U)(y + \mathrm{i}x) = 2y.$$

因此, $x \in \mathcal{R}(I - U) - \mathcal{D}(A)$ 且 $Ax = y$. 即 A 是闭算子.

(iv) 当 U 是酉算子时, 由于 $\mathcal{R}(A+\mathrm{i}I) = \mathcal{D}(U) = H$, $\mathcal{R}(A-\mathrm{i}I) = \mathcal{R}(U) = H$, 由定理 7.4 可知 A 是自伴算子. □

由引理 6.9 的证明知, 对一般的自伴算子, 引理 6.9 的结论仍然成立.

7.2.3 无界函数的谱积分

前面在酉算子谱分解的基础上获得了有界自伴算子的谱分解, 即 $A = \displaystyle\int_{\sigma(A)} \lambda \mathrm{d}E$. 利用谱系的概念, 也可把这个关于谱测度的积分表示为 $\displaystyle\int_{\mathbb{R}} \lambda \mathrm{d}E$. 但对有界自伴算子而言, 当 $\lambda < -\|A\|$ 时 $E_\lambda = 0$; 当 $\lambda > \|A\|$ 时 $E_\lambda = I$, 因而上述积分实际上集中于 $[-\|A\|, \|A\|]$, 即 $A = \displaystyle\int_{-\|A\|}^{\|A\|} \lambda \mathrm{d}E_\lambda$. 本节将证明对无界自伴算子, 也具有形如 $\displaystyle\int_{\mathbb{R}} \lambda \mathrm{d}E_\lambda$ 的谱分解, 只是谱系在任何有界区间外不再是常算子.

当 A 为无界自伴算子时, $\sigma(A)$ 是实直线上的无界集合, $f(\lambda) = \lambda$ 是 $\sigma(A)$ 上的无界函数. 为了讨论无界函数的谱积分, 先建立两个引理.

引理 7.11　设 $\{A_n\}_{n=1}^\infty$ 是 Hilbert 空间上的一列有界自伴算子, 而且 $\mathcal{R}(A_n)$ 相互直交. 定义算子 A 如下:

$$\begin{cases} \mathcal{D}(A) = \left\{ x \in H \,\Big|\, \sum_{n=1}^\infty \|A_n x\|^2 < +\infty \right\}, \\ Ax = \sum_{n=1}^\infty A_n x \left(= (强)\lim_{k \to \infty} \sum_{n=1}^k A_n x \right), \quad x \in \mathcal{D}(A), \end{cases}$$

则 A 为 H 上的自伴算子.

证明　对 $n \in \mathbb{N}$, 记 $P_n : H \to \overline{\mathcal{R}(A_n)}$ 为投影算子, 则 $\{P_n\}_{n=1}^\infty$ 两两正交. 记 $P = \sum_{n=1}^\infty P_n$, 则 P 和 $P_0 \triangleq I - P$ 均为投影算子, 且 $I = \sum_{n=0}^\infty P_n$. 因为 A_n 在 $\mathcal{R}(A_n)^\perp = \operatorname{Ker} A_n$ 上为 0, 故 $P_n H \subset \mathcal{D}(A)$, 即 $\mathcal{D}(A)$ 在 H 中稠密. 当 $x \in \mathcal{D}(A)$ 时, 因为 $\sum_{n=1}^\infty \|A_n x\|^2 < \infty$, 故 $(强)\lim_{k \to \infty} \sum_{n=1}^k A_n x$ 存在, 从而算子 A 是确定的.

对任意 $x, y \in \mathcal{D}$,

$$\begin{aligned} (Ax, y) &= \left(\sum_{n=1}^\infty A_n x, y \right) = \sum_{n=1}^\infty (A_n x, y) \\ &= \sum_{n=1}^\infty (x, A_n y) = \left(x, \sum_{n=1}^\infty A_n y \right) = (x, Ay), \end{aligned}$$

所以 $A \subset A^*$, 即 A 是对称的.

再证明 $\mathcal{D}(A^*) \subset \mathcal{D}(A)$. 设 $y \in \mathcal{D}(A^*)$. 因 $m \neq n$ 时 $\mathcal{R}(A_m) \perp \mathcal{R}(A_n)$, 故 $\mathcal{R}(A_m) \subset \mathcal{R}(A_n)^\perp = \operatorname{Ker} A_n$, 即 $A_n A_m = 0$. 因此, 对任意 $k \in \mathbb{N}$, $\sum_{n=1}^k A_n y \in \mathcal{D}(A)$ 且

$$\begin{aligned} \sum_{n=1}^k \|A_n y\|^2 &= \left(\sum_{n=1}^k A_n y, \sum_{n=1}^k A_n y \right) = \left(\sum_{n=1}^k A_n \left(\sum_{n=1}^k A_n y \right), y \right) \\ &= \left(A \left(\sum_{n=1}^k A_n y \right), y \right) = \left(\sum_{n=1}^k A_n y, A^* y \right) \leqslant \left(\sum_{n=1}^k \|A_n y\|^2 \right)^{\frac{1}{2}} \|A^* y\|, \end{aligned}$$

所以

$$\sum_{n=1}^k \|A_n y\|^2 \leqslant \|A^* y\|^2,$$

故 $y \in \mathcal{D}(A)$. $\square$

7.2 自伴算子的谱

下面, 设 (Ω, Σ, E) 是 Hilbert 空间 H 上的谱测度空间, 对 $x, y \in H, S \in \Sigma$, 记

$$E_{x,y}(S) = (E(S)x, y),$$

则 $E_{x,y}$ 是 (Ω, Σ) 上的广义测度.

引理 7.12 设 f 是 (Ω, Σ) 上可测函数,

$$\mathcal{D} = \left\{ x \in H \,\bigg|\, \int_\Omega |f|^2 \mathrm{d}E_{x,x} < +\infty \right\},$$

则必有定义于 $\mathcal{D}$ 的算子 A 使得 $x, y \in \mathcal{D}$ 时,

$$(Ax, y) = \int_\Omega f \mathrm{d}E_{x,y}$$

且

$$(\text{强}) \lim_{k \to \infty} \sum_{n=1}^{k} \left(\int_{n-1 \leqslant |f| < n} f \mathrm{d}E \right) x = Ax, \quad x \in \mathcal{D}.$$

当 f 是实值函数时, A 是自伴的.

证明 不妨设 f 为实值函数, 否则, 只要把 f 分解为它的实部和虚部即可. 令

$$f_n(\lambda) = \begin{cases} f(\lambda), & n - 1 \leqslant |f(\lambda)| < n \\ 0, & \text{其他}. \end{cases}$$

f_n 便是 Ω 上的有界可测函数. 作谱积分

$$A_n = \int_\Omega f_n \mathrm{d}E.$$

由推论 6.5, A_n 是 H 上的有界自伴算子, 且

$$\|A_n x\|^2 = \int_\Omega |f_n|^2 \mathrm{d}E_{x,x}.$$

因此

$$\mathcal{D} = \left\{ x \in H \,\bigg|\, \sum_{n=1}^{\infty} \|A_n x\|^2 < +\infty \right\}.$$

显然, 当 $n \neq m$ 时, $\mathcal{R}(A_n) \perp \mathcal{R}(A_m)$. 由引理 7.11, 存在自伴算子 A 使得

$$Ax = \sum_{n=1}^{\infty} A_n x, \quad x \in \mathcal{D}.$$

从而当 $x \in \mathcal{D}$ 时, 由 Schwarz 不等式, 有
$$\left(\int_\Omega f \mathrm{d} E_{x,x} \right)^2 \leqslant \int_\Omega |f|^2 \mathrm{d} E_{x,x} \int_\Omega \mathrm{d} E_{x,x}.$$

由于 $|f| = \sum_{n=1}^\infty |f_n|$, 则由 Lebesgue 控制收敛定理可得
$$(Ax, x) = \sum_{n=1}^\infty (A_n x, x) = \int_\Omega \sum_{n=1}^\infty f_n \mathrm{d} E_{x,x} = \int_\Omega f \mathrm{d} E_{x,x}.$$

因此有
$$(Ax, y) = \int_\Omega f \mathrm{d} E_{x,y}, \quad x, y \in \mathcal{D}. \qquad \square$$

定义 7.10 在引理 7.12 的条件下, 称定义在
$$\mathcal{D} = \left\{ x \in H \,\middle|\, \int_\Omega |f|^2 \mathrm{d} E_{x,x} < +\infty \right\}$$

上的算子 A:
$$Ax = (\text{强}) \lim_{n \to \infty} \left(\int_{|f| \leqslant n} f \mathrm{d} E \right) x$$

为 f 关于谱测度 E 的谱积分, 记作
$$A = \int_\Omega f \mathrm{d} E.$$

7.2.4 自伴算子的谱分解定理

最后, 我们来介绍自伴算子的谱分解定理.

定理 7.8 (自伴算子谱分解定理) 设 A 是 H 上的自伴算子, 则必有 H 上的谱系 $\{E_\lambda | \lambda \in \mathbb{R}\}$ 使得
$$A = \int_\mathbb{R} \lambda \mathrm{d} E_\lambda.$$

证明 定义酉算子如下:
$$U = (A - \mathrm{i} I)(A + \mathrm{i} I)^{-1},$$

则 $1 \notin \sigma_p(U)$, $A = \mathrm{i}(I + U)(I - U)^{-1}$. 于是, 由推论 6.11 知, 有对应于 U 的谱测度 F 和谱系 $\{F_\theta\}$ 使得
$$U = \int_{\sigma(U)} \lambda \mathrm{d} F = \int_0^{2\pi} \mathrm{e}^{\mathrm{i}\theta} \mathrm{d} F_\theta,$$

7.2 自伴算子的谱

而且 $F_0 = 0$, $F_\theta = F(\{e^{i\alpha} \in \sigma(U) | 0 < \alpha \leqslant \theta\})$. 又因 $1 \notin \sigma_p(U)$, 所以有

$$\lim_{\theta \to 2\pi - 0} F_\theta = I.$$

定义函数 $\psi : (0, 2\pi) \to \mathbb{R}$ 如下:

$$\psi(\theta) = -\cot \frac{\theta}{2},$$

对 $\lambda = \psi(\theta)$, 令

$$E_\lambda = F_\theta,$$

则由 ψ 严格单增且连续知 $\{E_\lambda | \lambda \in \mathbb{R}\}$ 是单增的投影算子族, 而且

$$E_{\lambda_0}^+ = (\text{强}) \lim_{\mu \to \lambda_0^+} E_\mu = E_{\lambda_0},$$

$$(\text{强}) \lim_{\lambda \to -\infty} E_\lambda = 0, \quad (\text{强}) \lim_{\lambda \to +\infty} E_\lambda = I.$$

因此, $\{E_\lambda | \lambda \in \mathbb{R}\}$ 便是 $\mathbb{R}$ 上的谱系. 相应地, 对 $\mathbb{R}$ 上任何 Borel 可测集 S, 记

$$E(S) = F(\{\exp(2i \operatorname{arccot}(-\lambda)) | \lambda \in S\} \cap \sigma(U)),$$

则 E 就是定义在 $(\mathbb{R}, \mathcal{B})$ 上的谱测度. 从而 $E_\lambda = E((-\infty, \lambda] \cap \sigma(A))$.

令 $B = \int_{\mathbb{R}} \lambda dE_\lambda$, 由引理 7.12 知 B 是 H 上的自伴算子, 其定义域为

$$\mathcal{D} = \left\{ x \in H \, \bigg| \, \int_{\mathbb{R}} \lambda^2 dE_{x,x} < +\infty \right\}.$$

下证 $B = A$.

由定义 $E_\lambda = F_\theta$ 有

$$U = \int_0^{2\pi} e^{i\theta} dF_\theta = \int_{\mathbb{R}} e^{i\theta(\lambda)} dE_\lambda,$$

其中 $\theta(\lambda) = \psi^{-1}(\lambda)$. 因此, 对于 $x \in \mathcal{D}$, 因为当 $\lambda = -\cot \frac{\theta}{2}$ 时,

$$\left| \frac{1}{1 - e^{i\theta}} \right| \leqslant \max\{1, |\lambda|\},$$

由引理 7.12,

$$x \in \mathcal{D}\left(\int_{\mathbb{R}} \frac{1}{1 - e^{i\theta}} dE \right).$$

记 $y = \int_{\mathbb{R}} \dfrac{\mathrm{i} \mathrm{d} E}{1-\mathrm{e}^{\mathrm{i}\theta}} x$,则 $(I-U)y = \mathrm{i}x$. 故 $x \in \mathcal{R}(I-U) = \mathcal{D}(A)$. 由 Cayley 变换可得

$$(I-U)y = Ax.$$

又因为

$$(I-U)y = \int_{\mathbb{R}} \mathrm{i} \dfrac{1+\mathrm{e}^{\mathrm{i}\theta}}{1-\mathrm{e}^{\mathrm{i}\theta}} \mathrm{d} E x = \int_{\mathbb{R}} \lambda \mathrm{d} E_\lambda x = Bx,$$

所以

$$Bx = Ax.$$

这样, $B \subset A$. 因为 A, B 均为自伴算子, 故 $A = B$. □

下面接着讨论例 7.1 所给出的乘法算子 A.

命题 7.1 对乘法算子 A, 有

$$\sigma_p(A) = \sigma_r(A) = \varnothing, \quad \sigma_c(A) = \sigma(A) = \mathbb{R}.$$

证明 如果 $\sigma_p(A) \neq \varnothing$, 则存在 $\lambda \in \sigma_p(A)$ 及 $x \neq 0$ 使得 $Ax = \lambda x$. 由 $\lambda \in \mathbb{R}$ 有

$$0 = \|(A-\lambda I)x\|^2 = \int_{\mathbb{R}} |(t-\lambda)x(t)|^2 \mathrm{d}t.$$

因此 $(t-\lambda)x(t) = 0$, a.e. $t \in \mathbb{R}$, 即 $x = 0$. 矛盾.

$\sigma_r(A) \neq \varnothing$ 是显然的.

设 $v_n = \chi\left(\lambda, \lambda+\dfrac{1}{n}\right)$, 则 $\|v_n\| = \sqrt{\dfrac{1}{n}}$. 令 $x_n = \dfrac{v_n}{\|v_n\|}$, 则 $\|x_n\| = 1$ 且 $x_n \in \mathcal{D}(A)$,

$$\|(\lambda I - A)x_n\| = \int_{\lambda}^{\lambda+\frac{1}{n}} |t-\lambda|^2 |x_n(t)|^2 \mathrm{d}t \leqslant \dfrac{1}{n}, \quad \forall \lambda \in \mathbb{R}.$$

由定理 7.5 知 $\mathbb{R} \subset \sigma(A)$, 故 $\sigma(A) = \mathbb{R}$. □

命题 7.2 定义 $E_\lambda : L^2(\mathbb{R}) \to L^2(\mathbb{R})$ 如下:

$$E_\lambda f = \chi_{(-\infty, \lambda]} f,$$

则 $\{E_\lambda | \lambda \in \mathbb{R}\}$ 为乘法算子 A 对应的谱系, 即 $A = \int_{\mathbb{R}} \lambda \mathrm{d} E_\lambda$.

证明 对任意 $x \in \mathcal{D}(A), y \in L^2(\mathbb{R})$,直接计算可得

$$\int_{\mathbb{R}} \lambda^2 \mathrm{d}\|E_\lambda x\|^2 = \int_{\mathbb{R}} \lambda^2 \mathrm{d}\int_{-\infty}^{\lambda} |x(t)|^2 \mathrm{d}t$$

$$= \int_{\mathbb{R}} \lambda^2 |x(\lambda)|^2 \mathrm{d}\lambda = \|Ax\|^2,$$

$$\int_{\mathbb{R}} \lambda \mathrm{d}(E_\lambda x, y) = \int_{\mathbb{R}} \lambda \mathrm{d}\int_{-\infty}^{\lambda} x(t)\overline{y(t)}\mathrm{d}t$$

$$= \int_{\mathbb{R}} \lambda x(\lambda)\overline{y(\lambda)}\mathrm{d}\lambda = (Ax, y).$$

从而 $A = \int_{\mathbb{R}} \lambda \mathrm{d}E_\lambda$. □

习 题 7

以下均假设 H 是 Hilbert 空间.

1. 设 A 是 H 上的稠定线性算子. 证明: $\mathcal{D}(A^*) = \{0\}$ 当且仅当 A 的图像在 $H \times H$ 中稠密.

2. 设 A 是 H 上的对称算子. 证明:
(i) 如果 A 是自伴算子且是单射, 则 $\mathcal{R}(A)$ 在 H 中稠密且 A^{-1} 是自伴的;
(ii) 如果 $\mathcal{R}(A)$ 在 H 中稠, 则 A 是单射.

3. 定义算子 $A : C^2([-1,1]) \to C([-1,1])$ 如下:

$$\mathcal{L}u(x) = -\frac{\mathrm{d}}{\mathrm{d}x}\left[(1-x^2)\frac{\mathrm{d}u}{\mathrm{d}x}\right], \quad x \in [-1,1].$$

求出 A 的特征值和特征向量.

4. 设 $H = L^2(\mathbb{R})$, 算子 A 定义如下:

$$\begin{cases} \mathcal{D}(A) = \left\{x \in H \;\middle|\; \int_{\mathbb{R}} t^2|x(t)|^2 \mathrm{d}t < +\infty \right\}, \\ (Ax)(t) = tx(t), \quad \forall x \in \mathcal{D}(A). \end{cases}$$

证明: A 是一个闭的无界算子.

5. 设 A_1, A_2, A_3 由例 7.2 给出. 证明:
(i) $\sigma_p(A_1) = \mathbb{C}$;
(ii) $\sigma_p(A_2) = \sigma(A_2) = \{2n\pi | n \text{ 为整数}\}$;
(iii) 对任意 $\lambda \in \mathbb{C}$, $\mathcal{R}(A_3 - \lambda I)$ 的余维数为 1, $\sigma(A_3) = \mathbb{C}$, $\sigma_p(A_3) = \varnothing$.

6. 设 A 是 H 上的对称算子. 证明:
(i) A 是闭算子当且仅当 $A = A^{**} \subset A^*$;
(ii) A 是自伴算子当且仅当 $A = A^{**} = A^*$.

7. 设 A 是 H 上的对称算子,而且对任意 $x \in \mathcal{D}(A)$ 均有 $(Ax, x) \geqslant 0$. 证明:

(i) $\|(A+I)x\|^2 \geqslant \|x\|^2 + \|Ax\|^2$;

(ii) A 是闭算子的充要条件是 $\mathcal{R}(A+I)$ 是闭集.

8. 设 A_1, A_2 是 H 上的算子,其中 A_1 为对称算子,$A_1 \supset A_2$ 且 $\mathcal{R}(A_1+\mathrm{i}I) = \mathcal{R}(A_2+\mathrm{i}I)$. 证明:$A_1 = A_2$.

9. 定义 l^2 上算子如下:

$$\begin{cases} \mathcal{D}(A) = \left\{ x = (a_1, a_2, \cdots, a_n, \cdots) \middle| \exists N, \text{使得} \sum_{n=0}^{N} a_n = 0 \text{ 且} a_n = 0, n > N \right\}, \\ (Ax)_n = \mathrm{i}\left(\sum_{k=0}^{n-1} a_k + \sum_{k=0}^{n} a_k\right), \quad \forall x = (a_1, a_2, \cdots, a_n, \cdots) \in \mathcal{D}(A). \end{cases}$$

证明:(i) $\mathcal{D}(A)$ 在 l^2 中稠密;

(ii) A 是对称算子;

(iii) $\mathcal{R}(A+\mathrm{i}I)$ 在 l^2 中稠密;

(iv) $(1, 0, \cdots) \in \mathcal{D}(A^*)$ 且 $(A^* + \mathrm{i}I)(1, 0, \cdots) = 0$;

(v) A 没有自伴扩张.

10. 设 A 是 H 上的稠定闭算子,线性算子 B 满足 $\|Bx\| \leqslant a\|Ax\| + b\|x\|, \forall x \in \mathcal{D}(A)$, $a, b \in \mathbb{R}^+$. 又设 $\lambda \in \rho(A)$ 满足 $a\|AR_\lambda(A)\| + b\|R_\lambda(A)\| < 1$. 证明:$A+B$ 是闭算子,$\lambda \in \rho(A+B)$ 且

$$\|R_\lambda(A+B)\| \leqslant \|R_\lambda(A)\|(1 - a\|AR_\lambda(A)\| - b\|R_\lambda(A)\|)^{-1}.$$

11. 设 A 和 A_n $(n = 1, 2, \cdots)$ 是 H 上的自伴算子.

(i) 设对一切 $x, y \in H$ 和非实复数 λ,

$$\lim_{n \to \infty} (R_\lambda(A_n)x, y) = (R_\lambda(A), y).$$

证明:$\{R_\lambda(A_n)\}_{n=1}^\infty$ 强收敛于 $R_\lambda(A)$;

(ii) 如果对虚部小于零的 λ,$\{R_\lambda(A_n)\}_{n=1}^\infty$ 强收敛于 $R_\lambda(A)$,则对虚部大于零的 λ,$\{R_\lambda(A_n)\}_{n=1}^\infty$ 强收敛于 $R_\lambda(A)$.

12. 设 A 和 $\{A_n\}_{n=1}^\infty$ 均为正自伴算子. 证明:$\{R_\lambda(A_n)\}_{n=1}^\infty$ 强收敛于 $R_\lambda(A)$ 当且仅当 $\{(A_n+I)^{-1}\}_{n=1}^\infty$ 强收敛于 $(A+I)^{-1}$.

13. 设 A 是闭对称算子且 $\rho(A)$ 中至少包含一个实数. 证明:A 必是自伴的.

14. 设 (Ω, Σ, E) 是 H 上的谱测度空间. 又设存在 $x_0 \in H$ 使得 $\{P(E)x_0 | E \in \mathbb{R}\}$ 张成 H. 证明:存在 (Ω, Σ) 上的全有限测度 μ,以及 H 到 $L^2(\Omega, \Sigma, \mu)$ 上的满足对任意 $x \in H$,$\|Ux\| = \|x\|$ 的线性同构 U 使得当 $E \in \Sigma$ 时,$P(E) = UP(E)U^{-1}$ 是投影算子

$$(P(E)f)(x) = \chi_E(x)f(x), \quad \forall f \in L^2(\Omega, \Sigma, \mu),$$

其中 $\chi_E(\cdot)$ 是集合 E 的特征函数.

第 8 章 广义函数与 Sobolev 空间

广义函数是古典函数概念的推广, 被广泛地应用于数学、物理、力学的各个分支, 如微分方程、随机过程等. 广义函数的严格数学基础是由 L. Schwartz 等在 20 世纪 40 年代末奠定的, 它使微分学摆脱了由于不可微函数的存在而带来的某些困难, 从而为在更广的 "函数类" 中研究偏微分方程等奠定了基础. L. Schwartz 定义广义函数的关键工具是拓扑线性空间的对偶理论. 其基本思想是我们不再通过定义域内每一个点对应的函数值来定义函数 f, 而是通过 f 对某些好的函数所起的作用来定义函数. 通过前面的学习, 读者对这一思想本身应该并不陌生. 比如当 $\dfrac{1}{p}+\dfrac{1}{q}=1$ 时, 我们证明了 $L^p(0,1)$ 上的连续线性泛函与 $L^q(0,1)$ 中元素一一对应, 换句话说, $L^q(0,1)$ 中元素可通过 $L^p(0,1)$ 上的连续线性泛函来定义. 若 $p\in(2,+\infty)$, 则 $q\in(1,2)$, 此时 $L^p(0,1)\subset L^q(0,1)$. 也就是说, 我们通过对偶的方法得到了更大的函数类. 进一步, 可以看到, 当 $L^p(0,1)$ 作为一个集合越小时, 其对偶 $L^q(0,1)$ 作为一个集合越大. 在上述例子中, 我们所遇到的 $L^p(0,1)$ 是一个 Banach 空间, 其上的对偶理论大家相对熟悉. 但为了得到广义函数, 我们需要对一类非常好的函数来作对偶. 遗憾的是, 这类函数构成的线性空间不是一个 Banach 空间. 因此需要拓扑线性空间的对偶理论. 本章中我们将给出广义函数的一个非常初步的介绍, 希望能让读者对广义函数有一个初步的印象. 限于篇幅, 我们尽量避免在正文中出现拓扑线性空间相关的内容. 关于广义函数的详细介绍可参见文献 [2,5,8,9].

本章的另外一个主题是 Sobolev 空间. 该空间是现代偏微分方程的基本工具. 正如 L. Hörmander 所指出的, 连续可微函数构成的空间在研究偏微分方程时不好用, 因此人们引入 Sobolev 空间作为替代. 同广义函数类似, 我们只能给出 Sobolev 空间的一个非常初步的介绍. 感兴趣的读者可参看文献 [1].

8.1 辅 助 材 料

在这一节中, 我们先介绍一些常用记号, 之后简单介绍一下线性空间上半范数的概念和基本性质.

8.1.1 记号

设 $\mathbb{F} = \mathbb{R}$ 或 $\mathbb{C}$. 对每个非负整 n 元数 $\alpha = (\alpha_1, \alpha_2, \cdots, \alpha_n)$, 记 D^α 是阶数为 $|\alpha| = \alpha_1 + \alpha_2 + \cdots + \alpha_n$ 的偏微分算子

$$\frac{\partial^{|\alpha|}}{\partial x_1^{\alpha_1} \partial x_2^{\alpha_2} \cdots \partial x_n^{\alpha_n}}.$$

设区域 $\Omega \subset \mathbb{R}^n$. 记

$$C(\Omega) \triangleq \{f \mid \Omega \to \mathbb{R} : f \text{ 连续}\},$$

$C^m(\Omega) \triangleq \{f \in C(\Omega) \mid \text{对任意满足 } |\alpha| \leqslant m \text{ 的非负整 } n \text{ 元数} \alpha, D^\alpha f \in C(\Omega)\}, m \geqslant 0,$

$$C^\infty(\Omega) = \bigcap_{m \geqslant 1} C^m(\Omega).$$

设 $f \in C(\Omega)$, 称集合 $\{x \in \Omega \mid f(x) \neq 0\}$ 的闭包为 f 的支集, 记为 $\mathrm{supp}\,(f)$. $C_0(\Omega)$ 是 $C(\Omega)$ 中有紧支集的函数全体构成的集合. 类似地, 定义 $C_0^m(\Omega) = C^m(\Omega) \cap C_0(\Omega), m \geqslant 1, C_0^\infty(\Omega) = C^\infty(\Omega) \cap C_0(\Omega).$

设 $\Omega_1 \subset \Omega$. 记 $f|_{\Omega_1}$ 为函数 f 在 Ω_1 中的限制. 令

$$C^m(\overline{\Omega}) \triangleq \{f|_{\overline{\Omega}} \mid f \in C_0^m(\mathbb{R}^n)\}, \quad C^\infty(\overline{\Omega}) \triangleq \{f|_{\overline{\Omega}} \mid f \in C_0^\infty(\mathbb{R}^n)\}.$$

8.1.2 半范数

定义 8.1 设 V 是一个线性空间, $p : V \to \mathbb{R}$. 若对于任给 $\alpha \in \mathbb{F}, p(\alpha v) = |\alpha| p(v), p(v_1 + v_2) \leqslant p(v_1) + p(v_2), \forall v, v_1, v_2 \in V$, 则泛函 p 称为 V 上的半范数. 相应地, (V, p) 称为半范数空间.

由定义可知如果半范数 p 满足对 $x \neq \theta, p(x) > 0$, 则其为一个范数.

引理 8.1 设 (V, p) 是一个半范数空间, 则

(i) $|p(v_1) - p(v_2)| \leqslant p(v_1 - v_2), \forall v_1, v_2 \in V$;

(ii) $p(v_1) \geqslant 0, \forall v_1 \in V$;

(iii) 核 $\mathrm{Ker}(p)$ 是 V 的一个子空间;

(iv) 如果 $T \in \mathcal{L}(W, V)$, 则 $p \circ T : W \to \mathbb{R}$ 是 W 上的一个半范数;

(v) 如果 p_j 是 V 上的一个半范数且 $\alpha_j \geqslant 0, 1 \leqslant j \leqslant n$, 则 $\sum_{j=1}^n \alpha_j p_j$ 是 V 上的一个半范数.

证明 由于

$$p(x) = p(x - y + y) \leqslant p(x - y) + p(y),$$

$$p(x) - p(y) \leqslant p(x-y),$$

同样可得

$$p(y) - p(x) \leqslant p(y-x) = p(x-y).$$

因此, (i) 成立.

令 (i) 中 $v_2 = 0$, 且注意到 $p(0) = 0$ 可得 (ii).

(iii) 和 (v) 由定义直接可得.

对任意 $w \in W$,

$$p \circ T(\alpha w) = p(T(\alpha w)) = p(\alpha T(w)) = |\alpha| p(T(w)) = |\alpha| p \circ T(w).$$

对任意 $w_1, w_2 \in W$,

$$p \circ T(w_1 + w_2) = p(T(w_1 + w_2)) \leqslant p(T(w_1)) + p(T(w_2)) = p \circ T(w_1) + p \circ T(w_2). \quad \square$$

例 8.1 对每个 $K \subset \Omega$, 定义 $p_K : C(\Omega) \to \mathbb{R}$ 为 $p_K(f) = \sup\limits_{x \in K} |f(x)|$, 则 p_K 是 $C(\Omega)$ 上的一个半范数.

对满足 $0 \leqslant j \leqslant k$ 的整数 j 以及 $K \subset \Omega$, 通过 $p_{j,K}(f) = \sup\{|D^\alpha f(x)| : x \in K, |\alpha| \leqslant j\}$ 可定义 $C^k(\Omega)$ 上的一个半范数.

定义 8.2 设 $\{v_k\}_{k=1}^\infty \subset V$, $v \in V$. 如果 $\lim\limits_{k \to \infty} p(v_k - v) = 0$, 则称序列 $\{v_k\}_{k=1}^\infty$ 在 V 中关于 p 收敛到 v, 记为在 (V, p) 中 $v_k \to v$, 当不致混淆时省略 p.

设 $S \subset V$. S 在 (V, p) 中的闭包定义为

$$\bar{S} = \{v \in V : 存在 S 中的序列 \{v_n\}_{n=1}^\infty, 使得在 (V, p) 中 v_n \to v\}.$$

S 的闭包 $\bar{S}$ 是包含 $\{S : S \subset \bar{S}\}$ 的最小闭集, $\bar{S} = \bar{\bar{S}}$, 如果 $S \subset K = \bar{K}$, 则 $\bar{S} \subset K$.

引理 8.2 设 (V, p) 是一个半范数空间, M 是 V 的一个子空间, 则 $\bar{M}$ 是 V 的一个子空间.

证明 设 $v_1, v_2 \in \bar{M}$, 则存在 M 中的序列 $\{v_{1,k}\}_{k=1}^\infty, \{v_{2,k}\}_{k=1}^\infty$, 使得 $v_{1,k} \to v_1$, $v_{2,k} \to v_2$. 因而有

$$p((v_1 + v_2) - (v_{1,k} + v_{2,k})) \leqslant p(v_1 - v_{1,k}) + p(v_2 - v_{2,k}) \to 0,$$

由此可得

$$(v_{1,k} + v_{2,k}) \to v_1 + v_2.$$

因为对任意 $k \in \mathbb{N}$, $v_{1,k} + v_{2,k} \in M$, 所以有 $v_1 + v_2 \in \bar{M}$. 类似地, 对 $\alpha \in \mathbb{K}$ 有 $p(\alpha v_1 - \alpha v_{1,k}) = |\alpha| p(v_1 - v_{1,k}) \to 0$, 从而 $\alpha v_1 \in \bar{M}$. $\quad \square$

定义 8.3 设 (V,p) 和 (W,q) 为两个半范数空间, $T: V \to W$ (不必要是线性的). 设 $x \in V$, 若对任意 $\varepsilon > 0$, 存在 $\delta > 0$, 使得对满足 $p(x-y) < \delta$ 的 $y \in V$, 有 $q(T(x) - T(y)) < \varepsilon$ 成立, 则称 T 在 x 点连续. 如果对于每个 $x \in V$, T 都是连续的, 则称其 (在 V 上) 连续.

定理 8.1 T 在 x 点连续当且仅当对任意 $\{x_k\}_{k=1}^\infty \subset V$, 若 $x_k \to x$, 则 $Tx_k \to Tx$.

证明 必要性显然. 下证充分性. 如果 T 在 x 点不连续, 则存在一个 $\varepsilon > 0$ 使得对每一个 $n \geqslant 1$ 都存在一个满足 $p(x_n - x) < 1/n$ 和 $q(Tx_n - Tx) \geqslant \varepsilon$ 的 $x_n \in V$. 即在 (V,p) 中 $x_n \to x$, 但在 (W,q) 中 $\{Tx_n\}_{n=1}^\infty$ 不收敛于 Tx. 矛盾. □

引理 8.3 如果 (V,p) 是一个半范数空间, 泛函 $(\alpha, x) \mapsto \alpha x : \mathbb{K} \times V \to V$, $(x,y) \mapsto x + y : V \times V \to V$, 以及 $p : V \to \mathbb{R}$ 都连续.

设 p 和 q 是线性空间 V 上的半范数. 如果对于 V 中的任意序列 $\{x_k\}_{k=1}^\infty$, 由 $p(x_k) \to 0$ 可得 $q(x_k) \to 0$, 则称 p 比 q 强 (或 q 比 p 弱).

定理 8.2 如下三个结论是等价的:
(i) p 比 q 强;
(ii) 恒等算子 $I : (V,p) \to (V,q)$ 是连续的;
(iii) 存在常数 $K \geqslant 0$ 使得

$$q(x) \leqslant Kp(x), \quad \forall x \in V.$$

证明 由定理 8.1, (i) 与 (ii) 等价. 如果 (iii) 成立, 则对任意 $x, y \in V$, $q(x-y) \leqslant Kp(x-y)$. 从而 (ii) 成立.

下面由反证法证明 (i) 可推出 (iii). 如果 (iii) 不成立, 则对每个整数 $n \in \mathbb{N}$, 存在一个 $x_n \in V$ 使得 $q(x_n) > np(x_n)$. 令 $y_n = (1/q(x_n))x_n, n \in \mathbb{N}$, 可得序列使得 $\{q(y_n) = 1\}_{n=1}^\infty$ 及 $\lim_{n \to \infty} p(y_n) \to 0$. 这与 (i) 矛盾. □

定理 8.3 设 $(V,p), (W,q)$ 是半范数空间, $T : V \to W$ 是线性映射. 如下三个结论等价:
(i) T 在 $\theta \in V$ 连续;
(ii) T 连续;
(iii) 存在常数 $K \geqslant 0$ 使得

$$q(T(x)) \leqslant Kp(x), \quad x \in V.$$

证明 由定理 8.2, 这三条等价于在 V 中半范数 p 比 $q \circ T$ 强. □

如果 $(V,p), (W,q)$ 是半范数, 记 $\mathcal{L}(V,W)$ 为从 V 到 W 的连续线性算子构成的集合.

定理 8.4 设 $(V,p), (W,q)$ 是半范数空间. 对每个 $T \in \mathcal{L}(V,W)$, 令
$$|T|_{p,q} \triangleq \sup\{q(T(x))|\ x \in V, p(x) \leqslant 1\},$$
则
$$|T|_{p,q} = \sup\{q(T(x))|\ x \in V, p(x) = 1\} = \inf\{K > 0 : q(T(x)) \leqslant Kp(x),\ \forall x \in V\}$$
且 $|\cdot|_{p,q}$ 是 $\mathcal{L}(V,W)$ 上的半范数. 进一步, 对任意 $x \in V$, $q(T(x)) \leqslant |T|_{p,q} \cdot p(x)$; 当 q 是范数时, $|\cdot|_{p,q}$ 也是范数.

定义 8.4 设 $(V,p), (W,q)$ 为半范数空间, 若 $|T|_{p,q} \leqslant 1$, 则称 $T \in \mathcal{L}(V,W)$ 为一个压缩; 若 $|T|_{p,q} = 1$, 则称 T 为一个等距同构.

定义 8.5 半范数空间 (V,p) 的对偶是赋范数
$$|f|_{V'} = \sup\{|f(x)|\ |\ x \in V,\ p(x) \leqslant 1\}$$
的线性空间 $V' = \{f \in V'|\ f\ 连续\ \}$.

设 (V,p) 是半范数空间, (W,q) 是完备半范数空间, $T : V \to W$ 是一个线性单射, 其中 $\mathcal{R}(T)$ 在 W 中稠密, T 对所有 $x \in V$ 保持半范数, 即 $q(T(x)) = p(x)$, 则称 (W,q) 是 (V,p) 的完备化.

正如所有赋范空间都可以完备化一样, 我们有如下结果.

定理 8.5 每个半范数空间都可以完备化.

证明 设 (V,p) 为半范数空间. 记 W 为 (V,p) 中的所有 Cauchy 列构成的集合. 定义泛函 $\bar{p} : W \to \mathbb{R}$ 如下:
$$\bar{p}(\{x_n\}_{n=1}^\infty) = \lim_{n \to \infty} p(x_n), \quad \forall \{x_n\}_{n=1}^\infty \in W.$$

易知 $\bar{p}$ 是 W 上的一个半范数. 对每一 $x \in V$, 设 $Tx = \{x, x, x, \cdots\}$. 则 $T : (V,p) \to (W,\bar{p})$ 是一个线性保半范数的单射. 若 $\{x_n\}_{n=1}^\infty \in W$, 则对于任意 $\varepsilon > 0$, 存在一个整数 N 使得
$$p(x_n - x_N) < \varepsilon/2, \quad \forall n \geqslant N,$$
从而有
$$\bar{p}(\{x_n\}_{n=1}^\infty - T(x_N)) \leqslant \varepsilon/2 < \varepsilon.$$

因此, $\mathcal{R}(T)$ 在 W 中稠密. 最后, 我们验证 $(W,\bar{p})$ 是完备的. 设 $\{\bar{x}_n\}_{n=1}^\infty$ 是 $(W,\bar{p})$ 中的一个 Cauchy 列. 对每一 $k \geqslant 1$, 选取满足 $\bar{p}(\bar{x}_k - T(x_k)) < 1/k$ 的 $x_k \in V$. 定义 $\bar{x}_0 = \{x_1, x_2, x_3, \cdots\}$. 由
$$p(x_m - x_k) = \bar{p}(Tx_m - Tx_k) \leqslant 1/m + \bar{p}(\bar{x}_m - \bar{x}_k) + 1/k,$$

可知 $\bar{x}_0 \in W$. 由

$$\bar{p}(\bar{x}_k - \bar{x}_0) \leqslant \bar{p}(\bar{x}_k - Tx_k) + \bar{p}(Tx_k - \bar{x}_0) < 1/k + \lim_{m\to\infty} p(x_k - x_m),$$

可得在 $(W,\bar{p})$ 中有 $\bar{x}_k \to \bar{x}_0$. $\square$

8.2 具紧支集的光滑函数

回忆 $C^k(\mathbb{R}^n)$ 空间. $C^0(\mathbb{R}^n) = BC(\mathbb{R}^n)$ 是 $\mathbb{R}^n$ 上有界连续函数 $f: \mathbb{R}^n \to \mathbb{C}$ 组成的 Banach 空间, 其范数定义为

$$\|f\|_{C^0(\mathbb{R}^n)} \triangleq \sup_{x\in\mathbb{R}^n} |f(x)|.$$

更一般地, 对任意非负整数 k, 可定义所有 k 次连续可微且各阶导数均有界的函数集合为 Banach 空间 $C^k(\mathbb{R}^n)$, 其范数为

$$\|f\|_{C^k(\mathbb{R}^n)} \triangleq \sum_{j=0}^{k} \sum_{|\alpha|=j} \sup_{x\in\mathbb{R}^n} |\partial^\alpha f(x)|.$$

注记 8.1 在某些文献中, $C^k(\mathbb{R}^n)$ 也被用来记 k 次连续可微的函数集. 这类函数有可能是无界的. 如 $e^x \in C^k(\mathbb{R})$. 这里, 我们将记这类函数 (有无界导数) 的集合为 $C^k_{\mathrm{loc}}(\mathbb{R}^n)$.

如果 $f \in C^k(\Omega)$, $g \in C^l(\Omega)$, 则 $fg \in C^{\min(k,l)}(\Omega)$, 且乘子映射从 $C^k(\Omega) \times C^l(\Omega)$ 到 $C^{\min(k,l)}(\Omega)$ 是连续的.

记 $C^\infty(\mathbb{R}^n) \triangleq \bigcap_{k=1}^{\infty} C^k(\mathbb{R}^n)$ (光滑函数, 且所有阶导数均有界).

显然有如下结论

$$C^0(\mathbb{R}^n) \supset C^1(\mathbb{R}^n) \supset C^2(\mathbb{R}^n) \supset \cdots.$$

对任意 $m \geqslant 0$ 阶常系数偏微分算子

$$L = \sum_{|\alpha|\leqslant m} c_\alpha \frac{\partial^\alpha}{\partial x_1^{\alpha_1} \cdots \partial x_d^{\alpha_d}},$$

容易验证, 对任意 $k \geqslant 0$, L 是从 $C^{k+m}(\mathbb{R}^n)$ 到 $C^k(\mathbb{R}^n)$ 的有界线性算子.

记 $C_c^\infty(\mathbb{R}^n)$ 为所有光滑且有紧支集的函数 $f: \mathbb{R}^n \to \mathbb{C}$ 的集合 (在某些文献中, 这一空间也被记为 $C_0^\infty(\mathbb{R}^n)$).

8.2 具紧支集的光滑函数

设 $f: \mathbb{R} \to \mathbb{R}$ 定义为

$$f(t) = \begin{cases} e^{-1/t}, & t > 0, \\ 0, & t \leqslant 0. \end{cases}$$

令 $a = \int_{\mathbb{R}^n} f(1-|x|^2) dx$, 则 $\varphi_1(x) = a^{-1} f(1-|x|^2) \in C_c^\infty(\mathbb{R}^n)$. 对 $\varepsilon > 0$, 令 $\varphi_\varepsilon(x) = \varepsilon^{-n} \varphi_1(x/\varepsilon)$.

对任意 $\varepsilon > 0$, $\varphi_\varepsilon \in C_0^\infty(\mathbb{R}^n)$ 满足

$$\varphi_\varepsilon \geqslant 0, \quad \mathrm{supp}\,(\varphi_\varepsilon) \subset \{x \in \mathbb{R}^n : |x| \leqslant \varepsilon\}, \quad \int_{\mathbb{R}^n} \varphi_\varepsilon dx = 1.$$

这类函数称为磨光化子.

令 $f \in L^1(\Omega)$, 其中 Ω 为 $\mathbb{R}^n$ 中开集. 若 f 的支集满足 $\mathrm{supp}\,(f) \subset\subset \Omega$, 则从 $\mathrm{supp}\,(f)$ 到 $\partial\Omega$ 的距离是一个正数 δ. 对 f 在 Ω 的补集上作零延拓, 将延拓到 $\mathbb{R}^n$ 新函数也记为 f. 对 $\varepsilon > 0$, 定义函数如下:

$$f_\varepsilon(x) = \int_{\mathbb{R}^n} f(x-y) \varphi_\varepsilon(y)\, dy, \quad x \in \mathbb{R}^n. \tag{8.1}$$

引理 8.4 对每个 $\varepsilon > 0$, $\mathrm{supp}\,(f_\varepsilon) \subset \mathrm{supp}\,(f) + \{y \in \mathbb{R}^n : |y| \leqslant \varepsilon\}$ 且 $f_\varepsilon \in C_c^\infty(\mathbb{R}^n)$.

证明 第二个结论可由 Leibnitz (莱布尼茨) 法则及

$$f_\varepsilon(x) = \int_{\mathbb{R}^n} f(z) \varphi_\varepsilon(x-z) dz$$

得到. 对于第一个结论, 注意到 $f_\varepsilon(x) \neq 0$ 仅当 $x \in \mathrm{supp}\,(f) + \{y : |y| \leqslant \varepsilon\}$ 时成立. 因为 $\mathrm{supp}\,(f)$ 是闭的且 $\{y : |y| \leqslant \varepsilon\}$ 是紧的, 可知这些集合之和也是闭的, 从而包含 $\mathrm{supp}\,(f_\varepsilon)$. □

引理 8.5 如果 $f \in C^0(\Omega)$, 则 f_ε 在 Ω 上一致收敛到 f. 如果 $f \in L^p(\Omega)$, $1 \leqslant p < \infty$, 则 $\|f_\varepsilon\|_{L^p(\Omega)} \leqslant \|f\|_{L^p(\Omega)}$ 且 $\|f_\varepsilon - f\|_{L^p(\Omega)} \to 0$.

证明 由估计

$$|f_\varepsilon(x) - f(x)| \leqslant \int_{\mathbb{R}^n} |f(x-y) - f(x)| \varphi_\varepsilon(y)\, dy$$

$$\leqslant \sup\{|f(x-y) - f(x)| \mid x \in \mathrm{supp}\,(f), |y| \leqslant \varepsilon\}$$

和 f 在其支集上一致连续可得 f_ε 在 Ω 上一致收敛到 f.

当 $p = 1$ 时, 对任意 $y \in \mathbb{R}^n$ 都有 $\int_{\mathbb{R}^n} |f(x-y)|\,\mathrm{d}x = \int_{\mathbb{R}^n} |f(x)|\,\mathrm{d}x$, 由 Fubini (富比尼) 定理可知

$$\|f_\varepsilon\|_{L^1(\Omega)} \leqslant \int_{\mathbb{R}^n} \int_{\mathbb{R}^n} |f(x-y)|\varphi_\varepsilon(y)\mathrm{d}y\mathrm{d}x = \int_{\mathbb{R}^n} \varphi_\varepsilon \mathrm{d}x \int_{\mathbb{R}^n} |f(x)|\mathrm{d}x,$$

从而 $\|f_\varepsilon\|_{L^1(\Omega)} \leqslant \|f\|_{L^1(\Omega)}$. 若 $p > 1$, 令 q 满足 $\dfrac{1}{p} + \dfrac{1}{q} = 1$. 对 $\psi \in L^q(\Omega)$,

$$\left| \int_{\mathbb{R}^n} f_\varepsilon(x)\psi(x)\mathrm{d}x \right| \leqslant \int_{\mathbb{R}^n} \int_{\mathbb{R}^n} |f(x-y)\psi(x)|\mathrm{d}x \varphi_\varepsilon(y)\mathrm{d}y$$

$$\leqslant \int_{\mathbb{R}^n} \|f\|_{L^p(\Omega)} \|\psi\|_{L^q(\Omega)} \varphi_\varepsilon(y)\,\mathrm{d}y$$

$$= \|f\|_{L^p(\Omega)} \|\psi\|_{L^q(\Omega)}, \tag{8.2}$$

从而 $\|f_\varepsilon\|_{L^p(\Omega)} \leqslant \|f\|_{L^p(\Omega)}$.

以下验证 f_ε 在 $L^p(\Omega)$ 中的收敛性. 任给 $\eta > 0$, 存在 $g \in C^0(\Omega)$ 满足 $\|f - g\|_{L^p} \leqslant \eta/3$. 由 $\|f_\varepsilon - g_\varepsilon\|_{L^p(\Omega)} \leqslant \|f - g\|_{L^p} \leqslant \eta/3$ 可得

$$\|f_\varepsilon - f\|_{L^p(\Omega)} \leqslant \|f_\varepsilon - g_\varepsilon\|_{L^p(\Omega)} + \|g_\varepsilon - g\|_{L^p(\Omega)} + \|g - f\|_{L^p(\Omega)}$$

$$\leqslant \frac{2\eta}{3} + \|g_\varepsilon - g\|_{L^p(\Omega)}.$$

对足够小的 ε, $g_\varepsilon - g$ 的支集是有界的 (一致), 且 g_ε 在 Ω 上一致收敛到 g, 故最后一项当 $\varepsilon \to 0$ 时收敛于零. □

由如上分析可得如下结论.

定理 8.6 $C_0^\infty(\Omega)$ 在 $L^p(\Omega)$ $(p \in [1, \infty))$ 中稠密.

注记 8.2 上述结论对 $p = \infty$ 不成立. 请读者尝试给出证明.

如果 $f \in C_c^\infty(\mathbb{R}^n)$, $g: \mathbb{R}^n \to \mathbb{R}$ 绝对可积且有紧支集, 则卷积 $f * g \in C_c^\infty(\mathbb{R}^n)$.

命题 8.1 (C^∞ Urysohn (乌雷松) 引理) 设 K 是 $\mathbb{R}^n$ 的一个紧子集, 令 U 为 K 的一个开邻域. 则存在函数 $f \in C_c^\infty(\mathbb{R}^n)$, 其支集在 U 中且在 K 中等于 1.

证明 设 $\delta \triangleq \mathrm{dist}\,(K, \partial U)$. 通过对 K 和 U 的选取可知 $\delta > 0$. 设 $K_\delta \triangleq \{x \in \mathbb{R}^n | \mathrm{dist}\,(x, K) \leqslant \delta/2\}$. 令 $r = \delta/4$. 则 $\chi_{K_\delta} * \varphi_r$ 为所求函数. □

显然可知, $C_c^\infty(\mathbb{R}^n)$ 是一个线性空间. 现在我们定义其上的一个拓扑.

8.2 具紧支集的光滑函数

令 K 是 $\mathbb{R}^n$ 上的一个紧子集. 序列 $\{f_n\}_{n=1}^\infty \in C^\infty(K)$ 在 $C_c^\infty(K)$ 中收敛于 $f \in C^\infty(K)$ 当且仅当对所有 $j = 0, 1, \cdots$, $\nabla^j f_n$ 一致收敛于 $\nabla^j f$, 这里我们视 $\nabla^j f(x)$ 为一个 d^j 维向量.

如果 $K \subset K'$ 是紧集, 则 $C^\infty(K)$ 是 $C^\infty(K')$ 的一个子空间, 且前一个空间上的拓扑是后一个空间拓扑在其上的限制.

下面我们给空间 $C_c^\infty(\Omega)$ 上赋以拓扑.

定义 8.6 设 $\{f_k\}_{k=1}^\infty \subset C_c^\infty(\Omega)$, $f \in C_c^\infty(\Omega)$. 称 $\{f_k\}_{k=1}^\infty$ 在 $C_c^\infty(\Omega)$ 中收敛于 f 当且仅当存在一个紧集 K 使得 f_n, f 的支集都在 K 中, 且 f_n 在 $C^\infty(K)$ 中收敛于 f.

上述定义拓扑的方式与我们之前的课程中见到的都不一样. 一般而言, 我们是通过内积、范数、度量等诱导出拓扑结构, 要么是给出该拓扑对应的开集族. 遗憾的是, $C_c^\infty(\Omega)$ 上没有一个好的度量能用于后面广义函数的研究. 直接给出开集族的方式进行定义, 虽然在数学上是严密的, 但需要很多准备知识. 由于篇幅所限, 我们没办法采用这一方式. 因为在本章中我们定义拓扑的目的主要是讨论广义函数的连续性, 而这可以归结为极限运算, 因而我们采用定义 8.6 的方式给出 $C_c^\infty(\Omega)$ 上的拓扑. 严格说来, 我们需要回答下述问题:

(1) 满足定义 8.6 的拓扑是否存在? 是否唯一? 是否完备?
(2) 为什么这个拓扑可以被认为是函数空间 $C_c^\infty(\Omega)$ 上的好的拓扑?

第一个问题的详细解答可参见文献 [2,5,8]. 对第二个问题的答案见仁见智, 我们可简单理解为它不但刻画了 $C_c^\infty(\Omega)$ 函数的各阶导数, 也反映了其各阶导数的连续性.

当 $C_c^\infty(\Omega)$ 上赋予上述收敛所诱导出的拓扑后, 我们记其为 $\mathcal{D}(\Omega)$. 该集合称为试验函数空间. $f \in C_c^\infty(\mathbb{R}^n)$ 称为试验函数. 在不引起混淆的情况下, 我们有时也用 $C_c^\infty(\Omega)$ 表示试验函数空间.

命题 8.2 设 $K \subset \mathbb{R}^n$ 是一个紧集. X 是一个赋范线性空间, 线性映射 $T: C_c^\infty(K) \to X$ 连续当且仅当存在 $k \geq 0$, $C > 0$ 使得对任意 $f \in C_c^\infty(K)$ 都有

$$\|Tf\|_X \leq C\|f\|_{C^k(K)}.$$

命题 8.3 设 $K, K' \subset \mathbb{R}^n$ 为紧集. 线性映射 $T: C_c^\infty(K) \to C_c^\infty(K')$ 连续当且仅当任给 $k \geq 0$ 都存在 $k' \geq 0$ 和常数 $C_k > 0$, 使得对所有 $f \in C_c^\infty(K)$ 都有

$$\|Tf\|_{C^k(K')} \leq C_k \|f\|_{C^{k'}(K)}.$$

命题 8.4 对任意 $1 \leq p \leq \infty$, 从 $C_c^\infty(\Omega)$ 到 $L^p(\Omega)$ 的嵌入映射都是连续单射.

命题 8.5 映射 $T: C_c^\infty(\Omega) \to C_c^\infty(\Omega)$ 连续当且仅当对每个紧集 $K \subset \Omega$, 存在紧集 K' 使得 T 是 $C_c^\infty(K)$ 到 $C_c^\infty(K')$ 的连续映射.

命题 8.6 光滑系数的线性微分算子都是 $C_c^\infty(\Omega)$ 上的线性连续算子.

8.3 广义函数

本节我们将定义广义函数.

定义 8.7 (广义函数) 我们称 $\lambda : \mathcal{D}(\Omega) \to \mathbb{C}$ 的连续线性泛函为 Ω 上的广义函数.

注记 8.3 由定义 8.7 可知广义函数本质上是个连续线性泛函. 它的定义域是特定的函数空间.

记 Ω 上的广义函数构成的集合为 $\mathcal{D}'(\Omega)$. 由命题 8.2 可知, 若对任意紧集 $K \subset \mathbb{R}^n$, 存在 $k \geqslant 0$ 和 $C > 0$ 使得对任意 $f \in C_c^\infty(K)$ 都有

$$|\lambda(f)| \leqslant C \|f\|_{C^k(K)}, \tag{8.3}$$

则该线性泛函 $\lambda : \mathcal{D}(\mathbb{R}^n) \to \mathbb{C}$ 是一个广义函数.

定义 8.8 (广义函数) 设 $\{\lambda_k\}_{k=1}^\infty \subset \mathcal{D}'(\Omega), \lambda \in \mathcal{D}'(\Omega)$. 若对任意 $f \in \mathcal{D}(\Omega)$, $\lambda_k(f) \to \lambda(f)$, 则我们称 $\{\lambda_k\}_{k=1}^\infty$ (在 $\mathcal{D}'(\Omega)$ 中) 收敛到 λ.

定义 8.9 如果对于任一实值试验函数 f, $\lambda(f)$ 是实的, 则称广义函数 λ 是实的.

每一广义函数 λ 都可唯一地表示为 $\mathrm{Re}(\lambda) + i\mathrm{Im}(\lambda)$, 其中 $\mathrm{Re}(\lambda), \mathrm{Im}(\lambda)$ 均为实广义函数.

例 8.2 设 $g \in L_{\mathrm{loc}}^1(\Omega)$, 定义 $\mathcal{D}(\Omega)$ 上泛函 λ_g 如下:

$$\lambda_g(f) \triangleq \int_{\mathbb{R}^n} f(x)\overline{g(x)}\, dx, \quad \forall f \in \mathcal{D}(\Omega).$$

则 λ_g 是 Ω 上的广义函数. 在不引起混淆的情况下, 我们直接称 g 是 Ω 上的广义函数.

注记 8.4 并不是所有的函数都是广义函数. 事实上, 普通的不可测函数并不能看成广义函数. 换句话说, 广义函数只是局部可积函数的推广. 每一个局部可积函数按照例 8.2 的方式对应一个广义函数. 值得注意的是, 这种对应并非到上的, 即 $\mathcal{D}'(\Omega)$ 含有比 $L_{\mathrm{loc}}^1(\Omega)$ 更多的元素. 正因为如此, 我们才把 $\mathcal{D}'(\Omega)$ 中的元素称为广义函数.

例 8.3 任一复 Radon (拉东) 测度 μ 可看成一个广义函数. 事实上, 记 $\mu(f) \triangleq \int_{\mathbb{R}^n} f(x)\, d\overline{\mu}$, 其中 $\overline{\mu}$ 是 μ 的复共轭 (因此 $\overline{\mu}(E) \triangleq \overline{\mu(E)}$). 如 Dirac 测度 δ 在原点就是一个广义函数, 因为对所有的试验函数 f, $\delta(f) = f(0)$. 特别地, $C_c^\infty(\mathbb{R}^n)$ 和 $L^p(\mathbb{R}^n)(1 \leqslant p \leqslant \infty)$ 都包含于 $\mathcal{D}'(\mathbb{R}^n)$.

8.3 广义函数

定义 8.10 如果对任意非负试验函数 f, $\lambda(f)$ 都是非负的, 则广义函数 λ 称为是非负的.

Jordan 分解对广义函数无效, 即非 Radon 测度的广义函数都不满足 Radon 分解定理, 也就是说不能分解为两个非负广义函数的差.

例 8.4 设 $n=1$. 泛函

$$\delta' : \mathcal{D}(\Omega) \to \mathbb{C}, \quad \delta'(f) = -f'(0), \quad \forall f \in \mathcal{D}(\Omega)$$

是一个既不是局部可积又不是 Radon 测度的广义函数.

例 8.5 设 $n=1$. 通过

$$\text{p.v.}\frac{1}{x}(f) \triangleq \lim_{\varepsilon \to 0} \int_{|x|>\varepsilon} \frac{f(x)}{x} \mathrm{d}x$$

定义的泛函 p.v.$1/x$ 是一个广义函数, 它既不是局部可积函数, 也不是 Radon 测度. (注意到 $1/x$ 不是一个局部可积函数!)

例 8.6 设 $n=1$. 对任意 $r>0$, 证明由公式

$$\lambda_r(f) \triangleq \int_{|x|<r} \frac{f(x)-f(0)}{|x|} \mathrm{d}x + \int_{|x| \geqslant r} \frac{f(x)}{|x|} \mathrm{d}x$$

定义的泛函 λ_r 是一个广义函数, 其既不是局部可积函数又不是 Radon 测度.

由定义很容易知道, 如果一个局部可积函数序列在 $L^1_{\text{loc}}(\Omega)$ 中收敛到一个极限, 则它们也在广义函数的意义下收敛. 类似地, 如果一列复 Radon 测度收敛, 则它们也在广义函数的意义下收敛. 因此, 在广义函数的意义下收敛是分析学里面收敛中最弱的一种收敛概念.

设 $h \in C^\infty(\Omega)$, $\lambda \in \mathcal{D}'(\Omega)$, 定义乘积 $h\lambda$ 如下:

$$h\lambda(f) \triangleq \lambda(\overline{h}f), \quad \forall f \in \mathcal{D}(\Omega).$$

容易看出, 以上定义了一个广义函数 $h\lambda$, 且这个运算与已有的局部可积函数 (或 Radon 测度) 与光滑函数的乘积是相容的.

令 $n=1$. 则对任意光滑函数 f 和试验函数 g,

$$g\delta(f) = \delta(f\bar{g}) = f(0)\bar{g}(0).$$

特别地, 如果我们稍微滥用记号, 则有

$$x\delta = 0,$$

其中 x 表示恒等函数 $x \mapsto x$.

练习 8.3.1 (a) 设 $n=1$. 证明 $x\left(\text{p.v.}\dfrac{1}{x}\right)$ 等于 1.

(b) 根据例 8.6 中的 λ_r, 证明 $x\lambda_r = \text{sgn}$, 其中 sgn 是符号函数.

定义 8.11 设 $\lambda \in \mathcal{D}'(\Omega), K \subset \Omega$ 为闭集. 若对任意在 K 的某个开邻域内恒为 0 的试验函数 f 都有 $\lambda(f)=0$, 则称广义函数 λ 的支集为 K.

注记 8.5 在定义 8.11 中, 值得注意的是, f 在 K 的一个邻域内变为零而不是在 K 本身上. 例如, 在一维情形下, 设试验函数 f 使得 $f(0)=0$ 及 $f'(0) \neq 0$. 则 $\delta'(f) \neq 0$.

命题 8.7 每个广义函数都是一列紧支广义函数的极限.

证明 不失一般性, 我们假设 $\Omega = \mathbb{R}^n$. 设 $\lambda \in \mathcal{D}(\mathbb{R}^n)$. 设 $\{\alpha_n\}_{n=1}^{\infty} \subset C_0^{\infty}(\mathbb{R}^n)$ 是一个函数列, 其元素都满足 $\alpha_n(x)=1, |x| \leqslant n$ 及 $\alpha_n(x)=0, |x| \geqslant n+1$. 设 $\lambda_n = \alpha_n \lambda$. 则对于任意 $f \in C_0^{\infty}(\mathbb{R}^n)$,

$$\lim_{n \to \infty} \lambda_n(f) = \lambda(f). \qquad \square$$

当 $\Omega = \mathbb{R}^n$ 时, 定义广义函数与具紧支集的绝对可积函数的卷积 $h * \lambda$ 为

$$h * \lambda(f) \triangleq \lambda(f * \tilde{h}), \quad \forall f \in \mathcal{D}(\mathbb{R}^n), \tag{8.4}$$

其中 $\tilde{h}(x) \triangleq \overline{h(-x)}$. 通过该定义给的卷积是一个广义函数 $h * \lambda$, 且与通常的函数卷积概念相容.

例 8.7 对于任给试验函数 f 有 $f * \delta = f$. 一维情形下, 有 $f * \delta' = -f'$, 因此微分可以看成与某一广义函数的卷积.

引理 8.6 设 $\lambda \in \mathcal{D}'(\mathbb{R}^n), h \in \mathcal{D}(\mathbb{R}^n)$, 则 $h * \lambda$ 等于一个光滑函数.

证明 由式 (8.4) 可知

$$\lambda * h(f) = \lambda(f * \tilde{h}) = \lambda\left(\int_{\mathbb{R}^n} f(x) h_x \mathrm{d}x\right),$$

其中 $h_x(y) \triangleq \overline{h}(x-y)$. 因为

$$\sum_k f(x_k) \lambda(h_{x_k}) \Delta x = \lambda\left(\sum_k f(x_k) h_{x_k} \Delta x\right),$$

其中 x_k 取某些范围中的值, Δx 是基本区域的体积, 对划分取极限可得

$$\int_{\mathbb{R}^n} f(x) \lambda(h_x) \mathrm{d}x = \lambda\left(\int_{\mathbb{R}^n} f(x) h_x \mathrm{d}x\right),$$

8.3 广义函数

所以，对任意 $f \in \mathcal{D}(\mathbb{R}^n)$,

$$h * \lambda(f) = \int_{\mathbb{R}^n} f(x) \lambda(h_x) \mathrm{d}x.$$

从而,

$$h * \lambda(x) = \overline{\lambda(h_x)}. \tag{8.5}$$

当 $h \in \mathcal{D}(\mathbb{R}^n)$ 时，很容易知道 h_x 的任意 $C^k(\mathbb{R}^n)$ 范数光滑依赖于 x. 因此，$\overline{\lambda(h_x)}$ 是 x 的光滑函数. □

以下是很重要的一个推论:

引理 8.7 每一广义函数都是一列试验函数的极限. 特别地，$\mathcal{D}(\mathbb{R}^n)$ 在 $\mathcal{D}'(\mathbb{R}^n)$ 中稠密.

证明 由性质 8.7, 不妨设 λ 为紧支集广义函数. 由式 (8.4) 可知

$$\lim_{r \to 0^+} \lambda * \varphi_r(f) = \lim_{r \to 0^+} \lambda(f * \tilde{\varphi}_r) = \lim_{r \to 0^+} \lambda(f),$$

其中 $\tilde{\varphi}_r(x) \triangleq \overline{\varphi_r(-x)}$. 因此，$\lambda * g_r$ 在广义函数的意义下收敛到 λ. 由引理 8.6, $\lambda * \varphi_r$ 是光滑函数. 由于 λ 和 φ_r 都是紧支的，$\lambda * \varphi_r$ 也是紧支的. □

下面，我们介绍广义函数的微分. 对任意试验函数 f, g 以及 $j = 1, \cdots, n$, 分部积分可得

$$\left\langle f, \frac{\partial}{\partial x_j} g \right\rangle_{L^2(\Omega)} = -\left\langle \frac{\partial}{\partial x_j} f, g \right\rangle_{L^2(\Omega)}.$$

受此启发，定义广义函数 λ 的偏导数 $\frac{\partial}{\partial x_j} \lambda$ 为

$$\frac{\partial}{\partial x_j} \lambda(f) \triangleq -\lambda\left(\frac{\partial}{\partial x_j} f\right).$$

可验证，广义函数的偏导数也是一个广义函数，且微分算子在广义函数上连续. 更一般地，对于任意具光滑系数的线性微分算子 P, 可通过公式

$$P\lambda(f) \triangleq \lambda(P^* f)$$

定义广义函数 $P\lambda$, 其中 P^* 是 P 的对偶微分算子.

现在我们计算一些广义函数的导数.

例 8.8 如果 $f \in C^m(\mathbb{R}^n)$, $|\alpha| \leqslant m$, 那么

$$\partial^\alpha f(\varphi) = (-1)^{|\alpha|} \int_{\mathbb{R}^n} \overline{f(x)} \partial^\alpha \varphi(x) \mathrm{d}x = \int_{\mathbb{R}^n} \overline{\partial^\alpha f(x)} \varphi(x) \mathrm{d}x, \quad \varphi \in C_0^\infty(\mathbb{R}^n).$$

因此, f 的广义函数意义下的导数即 f 经典意义下的导数.

例 8.9 设

$$r(x) = \begin{cases} x_1 x_2 \cdots x_k, & \text{若 } x_j \geqslant 0, \\ 0, & \text{其他}, \end{cases}$$

则

$$\partial_{x_1} r(\varphi) = -r(\partial_{x_1}\varphi) = -\int_0^\infty \cdots \int_0^\infty (x_1 \cdots x_n) \partial_{x_1}\varphi \mathrm{d}x_1 \cdots \mathrm{d}x_n$$
$$= \int_0^\infty \cdots \int_0^\infty x_2 \cdots x_k\, \varphi(x) \mathrm{d}x_1 \cdots \mathrm{d}x_n.$$

类似地,

$$\partial_{x_2}\partial_{x_1} r(\varphi) = \int_0^\infty \cdots \int_0^\infty x_3 \cdots x_n \varphi(x) \mathrm{d}x,$$

$$\partial^{(1,1,\cdots,1)} r(\varphi) = \int_{\mathbb{R}^n} H(x)\varphi(x)\mathrm{d}x = H(\varphi),$$

其中 H 是 Heaviside (赫维赛德) 函数

$$H(x) = \begin{cases} 1, & \text{若 } x_j \geqslant 0, \\ 0, & \text{其他}. \end{cases}$$

例 8.10

$$\partial_{x_1} H(\varphi) = -\int_0^\infty \cdots \int_0^\infty \partial_{x_1}\varphi(x)\mathrm{d}x = \int_0^\infty \cdots \int_0^\infty \varphi(0, x_2, \cdots, x_n)\mathrm{d}x_2 \cdots \mathrm{d}x_n$$

是一个广义函数, 其值由 φ 在 $\{0\} \times \mathbb{R}^{n-1}$ 的限制确定,

$$\partial_{x_2}\partial_{x_1} H(\varphi) = \int_0^\infty \cdots \int_0^\infty \varphi(0, 0, x_3, \cdots, x_n)\mathrm{d}x_3 \cdots \mathrm{d}x_n$$

是一个广义函数, 其值由 φ 在 $\{0\} \times \{0\} \times \mathbb{R}^{n-2}$ 的限制确定, 类似地,

$$\partial^{(1,1,\cdots,1)} H(\varphi) = \varphi(0) = \delta(\varphi).$$

8.3 广义函数

例 8.11 设 S 是 $\mathbb{R}^n$ 中的一个 $(n-1)$ 维 C^1 曲面,$f \in C^\infty(\mathbb{R}^n \setminus S)$,$f$ 在 S 上的每一点沿 S 的每一边极限存在;对每个 j,$1 \leqslant j \leqslant n$,$f$ 在曲面 S 上在 x_j 增长方向上的跳跃为 $\sigma_j(\bar{f})$. 则

$$\partial_{x_j} f(\varphi) = -f(\partial_{x_j}\varphi) = -\int_{\mathbb{R}^n} \overline{f(x)} \partial_{x_j}\varphi(x)\mathrm{d}x$$
$$= \int_{\mathbb{R}^n} (\partial_{x_j}\bar{f})(x)\varphi(x)\mathrm{d}x + \int_S \sigma_j(\bar{f})\cos(\theta_j)\varphi \mathrm{d}S,$$

其中 θ_j 是 x_j 轴与 S 的法向 ν 的夹角.

例 8.12 设 Ω 是 $\mathbb{R}^n$ 中的一个有界区域,其边界 $\partial\Omega$ 是 $n-1$ 维的 C^1 曲面. 在每个 $s \in \partial\Omega$ 存在一个分量为方向余弦的单位法向量 $\nu = (\nu_1, \nu_2, \cdots, \nu_n)$,即,$\nu_j = \cos(\theta_j)$,其中 θ_j 是 ν 和 x_j 轴之间的夹角. 设 $f \in C^\infty(\overline{\Omega})$. 当 $x \notin \overline{\Omega}$ 时,规定 $f(x) = 0$. 由此将 f 延拓到 $\mathbb{R}^n$. 在 $\mathcal{D}(\mathbb{R}^n)$ 中有

$$\left(\sum_{j=1}^n \partial_{x_j}^2 f\right)(\varphi) = \int_\Omega \bar{f}\left(\sum_{j=1}^n \partial_{x_j}^2 \varphi\right)\mathrm{d}x$$
$$= \int_\Omega \sum_{j=1}^n (\partial_{x_j}\bar{f})\varphi\mathrm{d}x + \int_{\partial\Omega}\left(\bar{f}\frac{\partial\varphi}{\partial\nu} - \varphi\frac{\partial\bar{f}}{\partial\nu}\right)\mathrm{d}S, \quad \varphi \in C_0^\infty(\mathbb{R}^n),$$

其中 $\dfrac{\partial f}{\partial \nu} = \nabla f \cdot \nu$ 是法向导数. 此后我们也令

$$\Delta_n = \sum_{j=1}^n \partial_j^2$$

为 $\mathcal{D}(\mathbb{R}^n)$ 中的 Laplace (拉普拉斯) 微分算子.

例 8.13 由如上定义可知,例 8.4 中定义的广义函数 δ' 是 δ 的导数.

经典微积分中用的很多等式在广义函数意义下也成立. 例如:

命题 8.8 (乘法法则) 设 $\lambda \in \mathcal{D}'(\mathbb{R}^n)$,$f \in C^\infty(\Omega)$ 光滑. 对任意 $j = 1, \cdots, d$,有

$$\frac{\partial}{\partial x_j}(f\lambda) = f\left(\frac{\partial}{\partial x_j}\lambda\right) + \left(\frac{\partial}{\partial x_j}f\right)\lambda.$$

如果一个局部可积函数有一个局部可积的广义导数,我们称后者为前者的弱导数. 例如,$|x|$ 的弱导数是 $\mathrm{sgn}(x)$,但 $\mathrm{sgn}(x)$ 没有弱导数 (尽管 (在经典意义下) 它是几乎处处可微的),因为该函数的广义函数导数 2δ 不是局部可积函数.

命题 8.9　设 $n \geqslant 1$. 对任意 $1 \leqslant i,j \leqslant n$, 以及任意的 $\lambda \in \mathcal{D}'(\mathbb{R}^n)$, 有

$$\frac{\partial}{\partial x_i}\frac{\partial}{\partial x_j}\lambda = \frac{\partial}{\partial x_j}\frac{\partial}{\partial x_i}\lambda. \tag{8.6}$$

注记 8.6　式 (8.6) 与经典导数对于非光滑函数求导不能交换次序不同. 例如, 在原点 $(x,y) = 0$ 处, $\dfrac{\partial}{\partial x}\dfrac{\partial}{\partial y}\dfrac{xy^3}{x^2+y^2} \neq \dfrac{\partial}{\partial y}\dfrac{\partial}{\partial x}\dfrac{xy^3}{x^2+y^2}$, 尽管这两个导数都有定义. 一般说来, 弱导数的运算性质比经典导数好, 但缺点是弱导数并不总是微商的极限.

定理 8.7　(a) 设 $x \in \mathbb{R}$, $a < b$. 如果 $\lambda \in \mathcal{D}'((a,b))$, 则存在 $\mu \in \mathcal{D}'((a,b))$ 使得 $\mu' = \lambda$.

(b) 如果 $\lambda_1, \lambda_2 \in \mathcal{D}'((a,b))$ 且 $\lambda_1' = \lambda_2'$, 则 $\lambda_1 - \lambda_2$ 是常数.

证明　首先, 由广义导数的定义可得 $\mu' = \lambda$ 当且仅当

$$\mu(\psi') = -\lambda(\psi), \quad \psi \in C_0^\infty(\mathbb{R}).$$

设 $H = \{\psi' : \psi \in \mathcal{D}((a,b))\}$. H 是 $\mathcal{D}'((a,b))$ 的一个子空间. 对 $\zeta \in \mathcal{D}((a,b))$, $\zeta \in H$ 当且仅当 $\int_{\mathbb{R}} \zeta \mathrm{d}x = 0$. 选取 $\varphi_0 \in \mathcal{D}'((a,b))$ 满足 $\int_a^b \varphi_0 = 1$.

我们断言 $\mathcal{D}'((a,b)) = H \oplus \mathbb{C}\varphi_0$, 即, 每一个 φ 可唯一分解为 $\zeta \in H$ 和常数与 φ_0 乘积之和.

为证唯一性, 设 $\zeta_1 + c_1 \varphi_0 = \zeta_2 + c_2 \varphi_0$, 其中 $\zeta_1, \zeta_2 \in H$. 两边同时在 (a,b) 上积分可得 $c_1 = c_2$, 因此 $\zeta_1 = \zeta_2$.

为证存在性, 对 $\varphi \in \mathcal{D}((a,b))$, 取 $c = \int \varphi \mathrm{d}x$, $\zeta = \varphi - c\varphi_0$, 则 $\zeta \in H$.

定义 $\mu \in \mathcal{D}'((a,b))$ 如下:

$$\mu(\zeta) = -\lambda(\psi), \quad \psi(x) = \int_a^x \zeta(r)\mathrm{d}r, \quad \zeta \in H$$

且 $\mu(\varphi_0) = 0$, 则 $\mu \in \mathcal{D}(\mathbb{R})$ 且 $\mu' = -\lambda$.

最后, 由线性性, 且 $\lambda' = 0$ 当且仅当 λ 在 H 上为零, 从而可得 (b). □

设 $f:(a,b) \to \mathbb{R}$ 绝对连续, 则由 Lebesgue 微分定理可知存在 $g \in L^1_{\mathrm{loc}}((a,b))$ 使得对 a.e. $x \in (x)$, $g(x) = f'(x)$. 因此在 $\mathcal{D}'(\mathbb{R})$ 中 $f' = g$. 如下结果总结了该结论的逆命题.

定理 8.8　如果 $\lambda \in \mathcal{D}'((a,b))$ 且 $\lambda' \in L^1_{\mathrm{loc}}((a,b))$, 则存在绝对连续函数 f 使得 $\lambda = f$, $\lambda' = f'$.

8.3 广义函数

证明 设 $g = \lambda' \in L^1_{\text{loc}}((a,b))$. 令 $h(x) = \int_a^x g(r) \mathrm{d}r$, $x \in (a,b)$. 则 h 绝对连续, 且有 $h' = g$. 因为 $(\lambda - h)' = 0$, 由定理 8.7 可知, $\lambda = h + c$, 其中 $c \in \mathbb{C}$, 且有 $f(x) = h(x) + c$, $x \in \mathbb{R}$. □

定义 8.12 设 $k \in \mathbb{N}$. 若泛函 $f \mapsto \lambda(f)$ 在 $C^k(\Omega)$ 范数下连续, 则称 $\lambda \in \mathcal{D}'(\Omega)$ 有至多 k 阶.

例如, δ 至多 0 阶, δ' 至多 1 阶.

命题 8.10 (1) 如果 $\lambda \in \mathcal{D}'(\mathbb{R}^n)$ 至多 0 阶, 则其为紧支 Radon 测度.

(2) 如果 $\lambda \in \mathcal{D}'(\mathbb{R}^n)$ 至多 k 阶, 则 λ' 至多 $k+1$ 阶.

(3) 如果 $\lambda \in \mathcal{D}'(\mathbb{R}^n)$ 至多 $k+1$ 阶, 则存在至多 k 阶的 $\rho, \nu \in \mathcal{D}'(\mathbb{R}^n)$ 使得 $\lambda = \rho' + \nu$.

(4) 任意 $\lambda \in \mathcal{D}'(\mathbb{R}^n)$ 都可表示为一个紧支 Radon 测度的 (广义) 导数的线性组合.

(5) 对任一固定 k, 任意 $\lambda \in \mathcal{D}'(\mathbb{R}^n)$ 都可表示为一个 $C^k_c(\mathbb{R})$ 中元素的 (广义) 导数的线性组合.

记 $\tau_x f(y) \triangleq f(y - x)$, 其中 $x \in \mathbb{R}^n$. 对 $\lambda \in \mathcal{D}'(\mathbb{R}^n)$, 定义 $\tau_x \lambda$ 如下:

$$\langle f, \tau_x \lambda \rangle \triangleq \langle \tau_{-x} f, \lambda \rangle.$$

下面我们考虑广义函数的变量替换.

定义 8.13 (变量的线性变换) 设 $L \in \mathcal{L}(\mathbb{R}^n)$. 给定 $\lambda \in \mathcal{D}'(\Omega)$, 对任意试验函数 f, $\lambda \circ L$ 是由

$$\lambda \circ L(f) \triangleq \frac{1}{|\det L|} \lambda(f \circ L^{-1})$$

定义的广义函数.

命题 8.11 对任意 $L \in \mathcal{L}(\mathbb{R}^n)$, $\delta \circ L = \dfrac{1}{|\det L|} \delta$.

命题 8.12 (广义函数的张量积) 设 $n, n' \in \mathbb{N}$, $\Omega \subset \mathbb{R}^n$, $\Omega' \subset \mathbb{R}^{n'}$ 为区域, $\lambda \in \mathcal{D}'(\Omega)$, $\rho \in \mathcal{D}'(\Omega')$, 则存在唯一的广义函数 $\lambda \otimes \rho \in \mathcal{D}'(\mathbb{R}^{n+n'})$ 使得

$$\lambda \otimes \rho(f \otimes g) = \lambda(f)\rho(g), \quad \forall f \in \mathcal{D}(\Omega), \quad g \in \mathcal{D}(\Omega'), \tag{8.7}$$

其中 $f \otimes g : \mathcal{D}(\mathbb{R}^{n+n'})$ 是 f 和 g 的张量积 $f \otimes g(x, x') \triangleq f(x)g(x')$.

我们称命题 8.12 中的广义函数 $\lambda \otimes \rho$ 为 λ 和 ρ 的张量积.

尽管许多算子可以作用在广义函数上, 但一般来说, 仍有两种类型算子不能作用到一般的广义函数上:

(1) 非线性算子, 如对广义函数取绝对值.

(2) 对广义函数乘以任意非无穷次可微的函数. 比如, Dirac delta 函数的平方 δ^2 没有一个有意义的定义.

注记 8.7　$\varphi_{1/n}$ 在广义函数的意义下收敛到 δ, 但 $\varphi_{1/n}^2$ 在广义函数的意义下不收敛 ($\varphi_{1/n}^2$ 与在原点非零的试验函数乘积的积分当 $n \to \infty$ 时将变为无穷大).

8.4　缓增分布与 Fourier 变换

Fourier 变换提供了在频域空间 (频率变量 ξ 的空间) 中而不是在物理空间 (物理变量 x 的空间) 中研究函数 $f(x)$ 的方法. 函数 f 在物理空间中的给定性质有可能转换到频域空间中 $\hat{f}$ 的性质. 典型的例子包括:

(1) 物理空间中 f 的光滑性对应于频域空间中 $\hat{f}$ 的衰减, 反之亦然.

(2) 物理空间中的卷积对应于频域空间中的逐点乘法, 反之亦然.

(3) 物理空间中的常系数微分算子对应于频域空间中的多项式的乘法, 反之亦然.

在本节中, 我们简要讨论广义函数 Fourier 变换的一般理论. 不幸的是, 对一般广义函数尚不能定义其 Fourier 变换. 事实上, 我们希望对广义函数 λ 的 Fourier 变换 $\mathcal{F}\lambda = \hat{\lambda}$ 满足

$$\mathcal{F}\lambda(f) \triangleq \lambda(\mathcal{F}f). \tag{8.8}$$

遗憾的是, 一般说来, 试验函数的 Fourier 变换不再是试验函数. 为了解决这个问题, 我们需要使用比 $\mathcal{D}'(\mathbb{R}^n)$ 更小的空间, 即缓增分布空间.

8.4.1　Fourier 变换

设 $n \geqslant 1$ 是给定整数. 函数 $f \in L^1(\mathbb{R}^n)$ 的 Fourier 变换 $\hat{f} : \mathbb{R}^n \to \mathbb{C}$ 为

$$\hat{f}(\xi) \triangleq \int_{\mathbb{R}^n} f(x) \mathrm{e}^{-2\pi \mathrm{i} \xi \cdot x} \mathrm{d}x. \tag{8.9}$$

容易证明 $\hat{f}$ 连续. 进一步, 我们有如下 Riemann-Lebesgue 引理.

命题 8.13 (Riemann-Lebesgue 引理)　$\lim\limits_{|\xi| \to \infty} \hat{f}(\xi) = 0$.

Riemann-Lebesgue 引理给出了函数 f 的可积性与 $\hat{f}$ 在 $|\xi| \to +\infty$ 时的渐近行为之间的关系. 更一般地, 我们有如下结果.

命题 8.14　设 $1 \leqslant j \leqslant d$, 设 $f, x_j f$ 属于 $L^1(\mathbb{R}^n)$, 则 $\hat{f}$ 对变量 ξ_j 连续可微, 且

$$\frac{\partial}{\partial \xi_j} \hat{f}(\xi) = -2\pi \mathrm{i} \widehat{x_j f}(\xi).$$

证明 设 $\xi^j = (0, \cdots, \xi_j, \cdots, 0)$. 由 Lebesgue 控制收敛定理, 有

$$\lim_{\delta \to 0} \frac{\hat{f}(\xi + \delta \xi^j) - \hat{f}(\xi)}{\delta}$$

$$= \lim_{\delta \to 0} \frac{1}{\delta} \left(\int_{\mathbb{R}^n} f(x) e^{-2\pi i (\xi + \delta \xi^j) \cdot x} \, dx - \int_{\mathbb{R}^n} f(x) e^{-2\pi i \xi \cdot x} \, dx \right)$$

$$= \int_{\mathbb{R}^n} f(x) \lim_{\delta \to 0} \frac{1}{\delta} \left(e^{-2\pi i (\xi + \delta \xi^j) \cdot x} - e^{-2\pi i \xi \cdot x} \right) dx$$

$$= -2\pi i \int_{\mathbb{R}^n} x_j f e^{-2\pi i \xi \cdot x} \, dx. \qquad \square$$

命题 8.15 设 $1 \leqslant j \leqslant n$, 设 $f \in L^1(\mathbb{R}^n)$ 在 $L^1(\mathbb{R}^n)$ 中对 a.e. $x_1, \cdots, x_k$ 有导数 $\dfrac{\partial f}{\partial x_j}$, 则

$$\widehat{\frac{\partial f}{\partial x_j}}(\xi) = 2\pi i \xi_j \hat{f}(\xi).$$

特别地, 可得当 $|\xi| \to \infty$ 时 $|\xi_j| \hat{f}(\xi)$ 收敛于零.

命题 8.15 的证明与命题 8.14 的类似. 关键点在于利用 Lebesgue 控制收敛定理. 我们留给读者证明.

8.4.2 Schwartz 函数类

受命题 8.14 和命题 8.15 的启发, 我们引入如下函数类.

定义 8.14 (Schwartz 类) 设 $f \in C^\infty(\mathbb{R}^n; \mathbb{C})$, 若对任意重指标 α, β 都有

$$\lim_{|x| \to \infty} x^\alpha \partial^\beta f = 0,$$

则称 f 为速降函数. 所有速降函数组成的空间记为 $\mathcal{S}(\mathbb{R}^n)$, 称为速降函数空间或 Schwartz 空间.

速降函数也称为 Schwartz 函数. 任一紧支光滑函数 $f \in \mathcal{D}(\mathbb{R}^n)$ 都是速降函数. 一个典型的不在 $\mathcal{D}(\mathbb{R}^n)$ 中的速降函数是

$$f(x) = a e^{2\pi i \theta} e^{2\pi i \xi_0 \cdot x} e^{-\pi |x - x_0|^2}.$$

设 $k, n \in \mathbb{N}$, $\alpha_1 + \cdots + \alpha_n = k$. $\mathcal{S}(\mathbb{R}^n)$ 上一个半范数如下:

$$\|f\|_{k,n} \triangleq \sup_{x \in \mathbb{R}^n} |x|^n |\partial_{x_1}^{\alpha_1} \cdots \partial_{x_n}^{\alpha_n} f(x)|.$$

$\mathcal{S}(\mathbb{R}^n)$ 中收敛规定如下:

设 $\{f_j\}_{j=1}^\infty \subset \mathcal{S}(\mathbb{R}^n)$, $f \in \mathcal{S}(\mathbb{R}^n)$. 若对任意 $k, n \in \mathbb{N}$, $\|f_j - f\|_{k,n} \to 0$, 则称 $\{f_j\}_{j=1}^\infty$ 在 $\mathcal{S}(\mathbb{R}^n)$ 中收敛于 f.

Schwartz 空间的优势在于它对各类常见运算都是封闭的.

命题 8.16 (1) Schwartz 函数的导数也是 Schwartz 函数.

(2) Schwartz 函数与多项式的乘积仍是 Schwartz 函数.

(3) 设 $f, g \in \mathcal{S}(\mathbb{R}^n)$. 乘积映射 $f, g \mapsto fg$ 是从 $\mathcal{S}(\mathbb{R}^n) \times \mathcal{S}(\mathbb{R}^n)$ 到 $\mathcal{S}(\mathbb{R}^n)$ 的连续映射.

(4) 设 $f, g \in \mathcal{S}(\mathbb{R}^n)$. 卷积映射 $f, g \mapsto f * g$ 是从 $\mathcal{S}(\mathbb{R}^n) \times \mathcal{S}(\mathbb{R}^n)$ 到 $\mathcal{S}(\mathbb{R}^n)$ 的连续映射.

(5) Fourier 变换 $\mathcal{F}: f \mapsto \hat{f}$ 是从 $\mathcal{S}(\mathbb{R}^n)$ 到 $\mathcal{S}(\mathbb{R}^n)$ 的连续映射.

(6) 对任意 $1 \leqslant p < \infty$, $\mathcal{S}(\mathbb{R}^n)$ 在 $L^p(\mathbb{R}^n)$ 中稠密.

由定义, Fourier 变换 $\mathcal{F}$ 的伴随算子 (也称为伴随 Fourier 变换) $\mathcal{F}^*: \mathcal{S}(\mathbb{R}^n) \to \mathcal{S}(\mathbb{R}^n)$ 是

$$\mathcal{F}^* f(x) \triangleq \int_{\mathbb{R}^n} e^{2\pi i \xi \cdot x} \hat{f}(\xi) \, d\xi.$$

由

$$\mathcal{F}^* f = \overline{\mathcal{F}\bar{f}}, \tag{8.10}$$

可见 $\mathcal{F}^*$ 具有与命题 8.16 给出的 $\mathcal{F}$ 几乎相同的性质.

命题 8.17 $\mathcal{F}: \mathcal{S}(\mathbb{R}^n) \to \mathcal{S}(\mathbb{R}^n)$ 可逆, 且 $\mathcal{F}^{-1} = \mathcal{F}^*$.

证明 直接计算可得对任意 $f, g \in \mathcal{S}(\mathbb{R}^n)$, $\mathcal{F}^*\mathcal{F}(f * g) = f * \mathcal{F}^*\mathcal{F}g$. 设 $g_r(x) \triangleq r^{-n} e^{-\pi|x|^2/r^2}$. 则

$$\hat{g}_r(\xi) = \int_{\mathbb{R}^n} e^{-2\pi i \xi \cdot x} r^{-n} e^{-\pi|x|^2/r^2} dx$$

$$= \int_{\mathbb{R}^n} e^{-2\pi|x - ir^2\xi|^2/r^2} r^{-n} e^{-\pi r^2|\xi|^2} dx = e^{-\pi r^2|\xi|^2}.$$

设 $f \in \mathcal{S}(\mathbb{R}^n)$, 则

$$(f * g_r)(x) - f(x) = \int_{\mathbb{R}^n} f(x - y) g_r(y) dy - \int_{\mathbb{R}^n} f(x) g_r(y) dy$$

$$= \int_{\mathbb{R}^n} (f(x - y) - f(x)) g_r(y) dy. \tag{8.11}$$

设 $\varepsilon > 0$. 由 $f \in \mathcal{S}(\mathbb{R}^n)$ 知存在一个常数 $C_f > 0$ 使得

$$\max_{x \in \mathbb{R}^n} |f(x)| \leqslant C_f \tag{8.12}$$

8.4 缓增分布与 Fourier 变换

且存在 $\delta_1 > 0$ 使得

$$\max_{x \in \mathbb{R}^n} \max_{y \in B_{\delta_1}(x)} |f(x-y) - f(x)| < \frac{\varepsilon}{2}. \tag{8.13}$$

由 g_r 的定义可知, 存在 $\delta_2 > 0$ 使得对于所有 $r \in (0, \delta_2]$,

$$\int_{\mathbb{R}^n \setminus B_r(0)} g_r(y) \mathrm{d}y < \frac{\varepsilon}{4C_f}. \tag{8.14}$$

设 $\delta_0 = \min\{\delta_1, \delta_2\}$. 由式 (8.11)—(8.14) 可知对任意 $r \in (0, \delta_0]$,

$$|(f * g_r)(x) - f(x)| = \left| \int_{\mathbb{R}^n} (f(x-y) - f(x)) g_r(y) \mathrm{d}y \right|$$

$$\leqslant \left| \int_{B_r(x)} (f(x-y) - f(x)) g_r(y) \mathrm{d}y \right| + \left| \int_{\mathbb{R}^n \setminus B_r(x)} (f(x-y) - f(x)) g_r(y) \mathrm{d}y \right|$$

$$\leqslant \frac{\varepsilon}{2} \int_{B_r(0)} g_r(y) \mathrm{d}y + 2C_f \int_{\mathbb{R}^n \setminus B_r(0)} g_r(y) \mathrm{d}y < \varepsilon. \tag{8.15}$$

因此, 当 $r \to 0^+$ 时 $f * g_r$ 在 $\mathcal{S}(\mathbb{R}^n)$ 中收敛于 f.

由 $\frac{\partial}{\partial x_j}(f * g_r) = \left(\frac{\partial}{\partial x_j} f\right) * g_r$ 可知当 $r \to 0^+$ 时, $\frac{\partial}{\partial x_j}(f * g_r)$ 在 $C(\mathbb{R}^n)$ 中收敛于 $\frac{\partial}{\partial x_j} f$.

直接计算可得

$$x_j(f * g_r) = (x_j f) * g_r + f * (x_j g_r). \tag{8.16}$$

设 $\varepsilon > 0$. 由 g_r 的定义可知, 存在 $\delta_3 > 0$ 使得对于任意 $r \in (0, \delta_3]$,

$$\int_{\mathbb{R}^n \setminus B_{\delta_3}(0)} y_j g_r(y) \mathrm{d}y < \frac{\varepsilon}{2C_f}. \tag{8.17}$$

设 $\delta_4 = \min\{\delta_3, \varepsilon/2C_f\}$, 则对于任意 $r \in (0, \delta_4]$,

$$|f * (x_j g_r)(x)| = \left| \int_{\mathbb{R}^n} f(x-y) y_j g_r(y) \mathrm{d}y \right|$$

$$\leqslant \left| \int_{\mathbb{R}^n \setminus B_r(0)} f(x-y) y_j g_r(y) \mathrm{d}y \right| + \left| \int_{B_r(0)} f(x-y) y_j g_r(y) \mathrm{d}y \right|$$

$$\leqslant C_f \int_{\mathbb{R}^n \setminus B_r(0)} y_j g_r(y) \mathrm{d}y + C_f \times \frac{\varepsilon}{2C_f} \left| \int_{B_r(0)} g_r(y) \mathrm{d}y \right| \leqslant \varepsilon.$$

因此, 当 $r \to 0$ 时, $f * (x_j g_r)$ 在 $\mathbb{R}^n$ 中一致收敛于 0. 由该结果与式 (8.16) 可知, 当 $r \to 0$ 时, $x_j(f*g_r)$ 在 $\mathcal{S}(\mathbb{R}^n)$ 中收敛于 $x_j f$. 归纳可知, 当 $r \to 0$ 时 $f*g_r$ 在 $\mathcal{S}(\mathbb{R}^n)$ 中收敛于 f.

注意到对所有 $r > 0$ 和 $f \in \mathcal{S}(\mathbb{R}^n)$,
$$\mathcal{F}^*\mathcal{F}(f*g_r) = f*g_r,$$
当 $r \to 0$ 时取极限可得
$$\mathcal{F}^*\mathcal{F}f = f,$$
即对任意 $x \in \mathbb{R}^n$,
$$f(x) = \int_{\mathbb{R}^n} \hat{f}(\xi) e^{2\pi i \xi \cdot x} d\xi. \tag{8.18}$$
$\square$

由式 (8.10) 可得
$$\mathcal{F}\mathcal{F}^* f = f.$$
与 $g \in \mathcal{S}(\mathbb{R}^n)$ 作内积可得 Parseval 等式
$$\langle \mathcal{F}f, \mathcal{F}g \rangle_{L^2(\mathbb{R}^n)} = \langle f, g \rangle_{L^2(\mathbb{R}^n)}.$$
特别地, 对所有 $f \in \mathcal{S}(\mathbb{R}^n)$ 有 Plancherel (普朗歇尔) 等式
$$\|\mathcal{F}f\|_{L^2(\mathbb{R}^n)} = \|f\|_{L^2(\mathbb{R}^n)} = \|\mathcal{F}^*f\|_{L^2(\mathbb{R}^n)}.$$

定理 8.9 (Plancherel 定理)   Fourier 变换 $\mathcal{F}: \mathcal{S} \to \mathcal{S}$ 可被唯一地延拓为 $\mathcal{F}: L^2(\mathbb{R}^n) \to L^2(\mathbb{R}^n)$ 的酉算子.

注意到存在 $L^2(\mathbb{R}^n)$ 但不是 $L^1(\mathbb{R}^n)$ 的函数 (如函数 $(1+|x|)^{-n}$). 此时不能通过式 (8.9) 直接定义 f 的 Fourier 变换.

注记 8.8   对 $L^2(\mathbb{R}^n) \cap L^1(\mathbb{R}^n)$ 中的函数, 由 Plancherel 定理定义的 $L^2(\mathbb{R}^n)$ 上的 Fourier 变换与由式 (8.9) 定义的 $L^1(\mathbb{R}^n)$ 的 Fourier 变换是一致的. 证明留给读者.

定理 8.9 的一个直接推论:

推论 8.1   设 $f \in L^2(\mathbb{R}^n)$, 则函数 $\hat{f}_R(\xi) = \int_{|x| \leqslant R} f(x) e^{-2\pi i \xi \cdot x} dx$ 当 $R \to \infty$ 时在 $L^2(\mathbb{R}^n)$ 中收敛于 $\hat{f}$.

命题 8.18 (变量线性变化下的 Fourier 变换)   设 $L \in \mathcal{L}(\mathbb{R}^n)$ 可逆, $f \in \mathcal{S}(\mathbb{R}^n)$, $f_L(x) \triangleq f(Lx)$, 则 f_L 的 Fourier 变换为
$$\hat{f}_L(\xi) = \frac{1}{|\det L|} \hat{f}((L^*)^{-1}\xi),$$

其中 L^* 是 L 的伴随算子.

命题 8.19 (具有限制和投影的 Fourier 变换) 设 $1 \leqslant r \leqslant n$, $f \in \mathcal{S}(\mathbb{R}^n)$. 将 $\mathbb{R}^n$ 表示成 $\mathbb{R}^r \times \mathbb{R}^{n-r}$.

(1) 设 $g \in \mathcal{S}(\mathbb{R}^r)$. 若 $g(x) \triangleq f(x,0)$ 是 f 在 $\mathbb{R}^r \equiv \mathbb{R}^r \times \{0\}$ 的限制, 则对所有 $\xi \in \mathbb{R}^r$, $\hat{g}(\xi) = \int_{\mathbb{R}^{n-r}} \hat{f}(\xi, \eta)\, \mathrm{d}\eta$.

(2) 如果 $h \in \mathcal{S}(\mathbb{R}^r)$ 是 f 在 $\mathbb{R}^r \equiv \mathbb{R}^n / \mathbb{R}^{n-r}$ 的投影 $h(x) \triangleq \int_{\mathbb{R}^{n-r}} f(x, y)\, \mathrm{d}y$, 则对所有 $\xi \in \mathbb{R}^r$, $\hat{h}(\xi) = \hat{f}(\xi, 0)$.

8.4.3 缓增分布

定义 8.15 (缓增分布) 称 Schwartz 空间 $\mathcal{S}(\mathbb{R}^n)$ 的对偶空间 $\mathcal{S}'(\mathbb{R}^n)$ 中的元素为缓增分布空间; $\mathcal{S}'(\mathbb{R}^n)$ 中的元素称为缓增分布.

由于 $\mathcal{D}(\mathbb{R}^n)$ 连续嵌入到 $\mathcal{S}(\mathbb{R}^n)$ (像稠密), 可知 $\mathcal{S}'(\mathbb{R}^n)$ 可嵌入到 $\mathcal{D}'(\mathbb{R}^n)$. 但是, 不是每个广义函数都是缓增分布:

例 8.14 $\mathrm{e}^x \in \mathcal{D}'(\mathbb{R}^n)$ 不是缓增的. 事实上, 设 $\psi = \chi_{[-1,1]} * \varphi_{1/2}$. 函数序列 $\mathrm{e}^{-n}\psi(x-n)$ 在 Schwartz 空间中收敛于零, 但 $\langle \mathrm{e}^{-n}\psi(x-n), \mathrm{e}^x \rangle$ 不收敛于零, 因此这个广义函数不是缓增分布.

注记 8.9 "缓增"可粗略地看成"多项式增长". 但是存在非多项式增长的缓增分布, 如 $\mathrm{e}^x \cos(\mathrm{e}^x)$.

命题 8.20 (1) 缓增分布的导数也是缓增分布.

(2) 缓增分布与紧支广义函数的卷积也是缓增分布.

(3) 若对任意 $k = 0, 1, 2, \cdots$, 可测函数 f 满足 $|x|^k f(x) \in L^\infty(\mathbb{R}^n)$, 则缓增分布与 f 的卷积也是缓增分布.

(4) 如果 f 是一个 C^∞ 函数, 且 f 及其所有导数都至多多项式增长, 则缓增分布与 f 的乘积也是缓增分布.

(5) 缓增分布的平移也是缓增分布.

定义 8.16 任给 $\lambda \in \mathcal{S}'(\mathbb{R}^n)$, 其 Fourier 变换定义为如下缓增分布:

$$(\mathcal{F}\lambda)(f) = \lambda(\mathcal{F}f), \quad \forall f \in \mathcal{S}(\mathbb{R}^n).$$

不难将 Schwartz 函数的 Fourier 变换的许多性质扩展到缓增分布.

命题 8.21 设 $\lambda \in \mathcal{S}'(\mathbb{R}^n)$, $f \in \mathcal{S}(\mathbb{R}^n)$.

(1) (反演公式) $\mathcal{F}^*\mathcal{F}\lambda = \mathcal{F}\mathcal{F}^*\lambda = \lambda$.

(2) $\mathcal{F}(\lambda f) = (\mathcal{F}\lambda) * (\mathcal{F}f)$, $\mathcal{F}(\lambda * f) = (\mathcal{F}\lambda)(\mathcal{F}f)$.

(3) 对任意 $x_0 \in \mathbb{R}^n$, $\mathcal{F}(\tau_{x_0}\lambda) = e_{-x_0}\mathcal{F}\lambda$, 其中 $e_{-x_0}(\xi) \triangleq \mathrm{e}^{-2\pi\mathrm{i}\xi \cdot x_0}$.

(4) 对任意 $\xi_0 \in \mathbb{R}^n$, 有 $\mathcal{F}(e_{\xi_0}\lambda) = \tau_{\xi_0}\mathcal{F}\lambda$.

(5) (线性变换) 对任意可逆线性变换 $L: \mathbb{R}^n \to \mathbb{R}^n$,
$$\mathcal{F}(\lambda \circ L) = \frac{1}{|\det L|}(\mathcal{F}\lambda) \circ (L^*)^{-1}.$$

(6) 任给 $1 \leqslant j \leqslant n$, $\mathcal{F}\left(\dfrac{\partial}{\partial x_j}\lambda\right) = 2\pi\mathrm{i}\xi_j \mathcal{F}\lambda$, 其中 x_j 和 ξ_j 分别是物理空间和频域空间中的第 j 个分量函数, 类似地 $\mathcal{F}(-2\pi\mathrm{i}x_j\lambda) = \dfrac{\partial}{\partial \xi_j}\mathcal{F}\lambda$.

(7) $\mathcal{F}\delta = 1$, $\mathcal{F}1 = \delta$.

缓增分布的这些性质可用来求解常系数偏微分方程. 我们首先考虑如下 $\mathbb{R}^3$ Poisson (泊松) 方程:
$$\Delta u = f, \tag{8.19}$$

其中 f 是 Schwartz 函数, $\Delta = \sum_{j=1}^3 \dfrac{\partial^2}{\partial x_j^2}$ 是 Laplace 算子.

首先考虑如下方程:
$$\Delta K = \delta. \tag{8.20}$$

若该方程有解, 将其与 f 作卷积, 并利用等式 $(\Delta K)*f = \Delta(K*f)$ 可知 $u = K*f$ 是 (8.19) 的缓增分布解. 对方程 (8.20) 作 Fourier 变换可得
$$-4\pi^2|\xi|^2\hat{K}(\xi) = 1.$$

于是有
$$\hat{K}(\xi) = \frac{1}{-4\pi^2|\xi|^2}. \tag{8.21}$$

因此, $K(x) = \dfrac{-1}{4\pi|x|}$. 由此可得
$$u(x) \triangleq f*K(x) = -\frac{1}{4\pi}\int_{\mathbb{R}^3}\frac{f(y)}{|x-y|}\mathrm{d}y. \tag{8.22}$$

注记 8.10 基本解 K 不是唯一的.

练习 8.4.1 证明 $n=1$ 时的一个基本解是局部可积函数 $K(x) = |x|/2$.

证明 $n=2$ 时的一个基本解由局部可积函数 $K(x) = \dfrac{1}{2\pi}\log|x|$ 给出. 可见, 对于 Poisson 方程, $n=2$ 是一个 "关键" 维度, 需要对常规公式进行对数修正.

证明 $n \geqslant 3$ 时 Poisson 方程的一个基本解 K 由局部可积函数
$$K(x) = \frac{1}{n(n-2)\omega_n}\frac{1}{|x|^{n-2}}$$

8.4 缓增分布与 Fourier 变换

给出, 其中 $\omega_n = \pi^{n/2}/\Gamma\left(\dfrac{n}{2}+1\right)$ 是 n 维空间中单位球的体积.

我们考虑如下热方程:

$$\begin{aligned}\partial_t u &= \Delta u, \quad (t,x) \in (0,+\infty) \times \mathbb{R}^n, \\ u(0,x) &= f(x), \quad x \in \mathbb{R}^n,\end{aligned} \tag{8.23}$$

其中 $f \in \mathcal{S}(\mathbb{R}^n)$. 利用类似于上面的计算可得对 $t > 0$, 方程 (8.23) 的解 $u: \mathbb{R}^+ \times \mathbb{R}^n \to \mathbb{C}$ 为 $u(t) = f * K_t$, 其中 K_t 是热核

$$K_t(x) = \frac{1}{(4\pi t)^{n/2}} \mathrm{e}^{-|x|^2/4t}.$$

考虑如下 Schrödinger (薛定谔) 方程:

$$\begin{aligned}\partial_t u &= \mathrm{i}\Delta u, \quad (t,x) \in (0,+\infty) \times \mathbb{R}^n, \\ u(0,x) &= f(x), \quad x \in \mathbb{R}^n,\end{aligned} \tag{8.24}$$

其中 $f \in \mathcal{S}(\mathbb{R}^n)$. 对 $t \neq 0$, 方程 (8.24) 的解 $u: \mathbb{R}^+ \times \mathbb{R}^n \to \mathbb{C}$ 为 $u(t) = f * K_t$, 其中 K_t 为 Schrödinger 核

$$K_t(x) = \frac{1}{(4\pi \mathrm{i} t)^{n/2}} \mathrm{e}^{\mathrm{i}|x|^2/4t}.$$

考虑如下波方程:

$$\begin{aligned}\partial_{tt} u &= \Delta u, \quad (t,x) \in (0,+\infty) \times \mathbb{R}^n, \\ u(0,x) &= f, \quad u_t(0,x) = g, \quad x \in \mathbb{R}^n,\end{aligned} \tag{8.25}$$

其中 $f, g \in \mathcal{S}(\mathbb{R}^3)$. 对 $t \neq 0$, 方程 (8.25) 的解为

$$u(t) = f * \partial_t K_t + g * K_t,$$

其中 K_t 是广义函数

$$\langle f, K_t \rangle \triangleq \frac{t}{4\pi} \int_{S^2} f(t\omega)\, \mathrm{d}\omega,$$

这里 ω 是球面 S^2 上的 Lebesgue 测度.

注记 8.11 缓增分布理论对于研究变系数线性偏微分方程也非常有效. 此时需引入拟微分算子和 Fourier 积分算子.

8.5　Hölder 空间

设 $\Omega \subset \mathbb{R}^n$ 有界. 我们首先介绍 Hölder 空间 $C^{k,\alpha}(\Omega)$ ($k \in \mathbb{N} \cup \{0\}, \alpha \in [0,1]$) 的一些基本理论. 令

$$C^{0,\alpha}(\Omega) \triangleq \left\{ f \in C^0(\Omega) \,\bigg|\, \|f\|_{C^{0,\alpha}(\Omega)} \triangleq \|f\|_{C^0(\Omega)} + \sup_{x,y \in \Omega, x \neq y} \frac{|f(x)-f(y)|}{|x-y|^\alpha} < \infty \right\}.$$

$C^{0,\alpha}(\Omega)$ 是 $f \in C^0(\Omega)$ 的子空间, 其范数为

$$\|f\|_{C^{0,\alpha}(\Omega)} \triangleq \|f\|_{C^0(\Omega)} + \sup_{x,y \in \Omega, x \neq y} \frac{|f(x)-f(y)|}{|x-y|^\alpha}.$$

容易验证, 若 $f \in C^{0,\alpha}(\Omega)$, 则存在 $C > 0$ 使得对任意 $x, y \in \Omega$,

$$|f(x) - f(y)| \leqslant C|x-y|^\alpha.$$

注记 8.12　$C^{0,0}(\Omega)$ 即为通常的连续函数空间 $C^0(\Omega)$. 空间 $C^{0,1}(\Omega)$ 是 Ω 上的所有 Lipschitz 函数, 也被记为 $\mathrm{Lip}(\Omega)$ ($C^{0,1}$ 范数也被称为 Lipschitz 范数).

进一步, 容易得到以下结果.

命题 8.22　对任意 $0 \leqslant \alpha \leqslant 1$, $C^{0,\alpha}(\Omega)$ 为 Banach 空间.

命题 8.23　对任意 $0 \leqslant \alpha \leqslant \beta \leqslant 1$, $C^{0,\alpha}(\Omega) \supset C^{0,\beta}(\Omega)$, 且嵌入是连续的.

命题 8.24　如果 $\alpha > 1$, 则函数 f 的 $C^{0,\alpha}(\Omega)$ 范数有限当且仅当 f 是常值的.

命题 8.24 解释了为什么一般情况下限制 Hölder 指标 α 小于等于 1.

对 $k \in \mathbb{N}$ 和 $0 \leqslant \alpha \leqslant 1$, 空间 $C^{k,\alpha}(\Omega)$ 定义如下:

$$C^{k,\alpha}(\Omega) \triangleq \left\{ f \in C^0(\Omega) \,\bigg|\, \|f\|_{C^{k,\alpha}(\Omega)} \triangleq \sum_{|\beta| \leqslant k} \|\partial^\beta f\|_{C^{0,\alpha}(\Omega)} < \infty \right\},$$

其范数为

$$\|f\|_{C^{k,\alpha}(\Omega)} \triangleq \sum_{|\beta| \leqslant k} \|\partial^\beta f\|_{C^{0,\alpha}(\Omega)}.$$

命题 8.25　$C^{k,\alpha}(\Omega)$ 是 Banach 空间, 且 $C^{k+1}(\Omega) \subset C^{k,\alpha}(\Omega) \subset C^k(\Omega)$.

设 $k, l \in \mathbb{N}$, $0 \leqslant \alpha, \beta \leqslant 1$. 若 $f \in C^{k,\alpha}(\Omega)$, $g \in C^{l,\beta}(\Omega)$, $k + \alpha \leqslant l + \beta$, 由定义易得 $fg \in C^{k,\alpha}(\Omega)$, 且该乘法算子从 $C^{k,\alpha}(\Omega) \times C^{l,\beta}(\Omega)$ 到 $C^{k,\alpha}(\Omega)$ 连续.

命题 8.26　设 L 是具 $C^\infty(\Omega)$ 系数的 m 阶变系数微分算子. 对任意 $k \geqslant 0$ 及 $0 \leqslant \alpha \leqslant 1$, L 映 $C^{m+k,\alpha}(\Omega)$ 到 $C^{k,\alpha}(\Omega)$.

记 $C_0^{k,\alpha}(\Omega)$ 是 $C^{k,\alpha}(\Omega)$ 中紧支函数构成集合的闭包.

注记 8.13 $C_0^{k,\alpha}(\Omega)$ 是 $C^{k,\alpha}(\Omega)$ 的真子集. 如 $C_0^{0,\alpha}((0,1))$ 中的函数必定在端点 $\{0,1\}$ 等于 0, 但 $C^{k,\alpha}((0,1))$ 中的函数没有这一性质.

练习 8.5.1 证明: 对任意 $k \in \mathbb{N}$ 及 $0 \leqslant \alpha \leqslant 1$, $C_c^\infty(\mathbb{R}^n)$ 是 $C_0^{k,\alpha}(\mathbb{R}^n)$ 的稠子集.

Hölder 空间在椭圆偏微分方程中非常有用. 下面给出一个典型例子:

设 $0 < \alpha < 1$, 设 $f \in C^{0,\alpha}(\mathbb{R}^3)$ 且支集为 $B(0,1)$. 设 u 是 Possion 方程 $\Delta u = f$ 的解

$$u(x) \triangleq \frac{1}{4\pi} \int_{\mathbb{R}^3} \frac{f(y)}{|x-y|} \, \mathrm{d}y.$$

则 $u \in C^{2,\alpha}(\mathbb{R}^3)$, 且满足 Schauder 估计

$$\|u\|_{C^{2,\alpha}(\mathbb{R}^3)} \leqslant C_\alpha \|f\|_{C^{0,\alpha}(\mathbb{R}^3)},$$

其中 C_α 仅依赖于 α.

注记 8.14 Schauder 估计当 $\alpha = 0$ 时不成立. 这也解释了为什么要引入 Hölder 空间.

命题 8.27 设 $0 \leqslant \alpha < \beta \leqslant 1$. 若有界函数序列 $\{f_n\}_{n=1}^\infty \subset C^{0,\beta}(\Omega)$ 的支集都包含在 Ω 的同一个紧子集中, 则该序列在 $C^{0,\alpha}(\Omega)$ 中有一个收敛的子列.

命题 8.27 可由 Arzelá-Ascoli 定理直接得到. 证明留给读者.

8.6 整数阶 Sobolev 空间

定义 8.17 设 $f \in L^p(\Omega)$, $\alpha \in \mathbb{N}^n$ 且 $\varphi \in C_0^\infty(\Omega)$. 如果存在一个 $g \in L^1(\Omega)$ 满足

$$\int_\Omega f \partial^\alpha \varphi \mathrm{d}x = (-1)^{|\alpha|} \int_\Omega g\varphi \mathrm{d}x,$$

则称 g 是 f 的 α 阶弱导数.

今后若不需要强调 α, 我们省略 α.

注记 8.15 由广义函数的导数定义可知, f 的弱导数也是 f 的广义导数. 注意到广义导数不需要可积性, 所以广义导数不一定是弱导数. 这也是我们专门引入弱导数定义的原因.

定义 8.18 设 $1 \leqslant p \leqslant \infty$, $m \in \mathbb{N}$. Sobolev 空间 $W^{m,p}(\Omega)$ 定义如下:

$$W^{m,p}(\Omega) \triangleq \{f \in L^p(\Omega) : \partial^\alpha f \in L^p(\Omega), |\alpha| \leqslant m\}.$$

$W^{m,p}(\Omega)$ 中的范数定义为

$$\|f\|_{W^{m,p}(\Omega)} \triangleq \sum_{|\alpha|\leqslant m} \|\partial^\alpha f\|_{L^p(\Omega)}.$$

注记 8.16 $W^{0,p}(\Omega)$ 即为 $L^p(\Omega)$. 容易看出, 对任意 k,p, $W^{m,p}(\Omega) \supset W^{m+1,p}(\Omega)$.

例 8.15 函数 $|\sin x|$ 在 $W^{1,\infty}(\mathbb{R})$ 中, 但并不在经典意义下处处可微.

引理 8.8 设 $1 \leqslant p < \infty$, $k \geqslant 0$, 则试验函数空间 $C_c^\infty(\mathbb{R}^n)$ 是 $W^{k,p}(\mathbb{R}^n)$ 的稠密子集.

证明 设 $f \in W^{k,p}(\mathbb{R}^n)$, 则对任意 $\varepsilon > 0$, 存在有界区域 $\Omega_\varepsilon \subset \mathbb{R}^n$ 使得

$$\|f\|_{W^{k,p}(\mathbb{R}^n \setminus \Omega_\varepsilon)} \leqslant \frac{\varepsilon}{2}. \tag{8.26}$$

设 $\eta_\varepsilon \in C_c^\infty(\mathbb{R}^n)$ 满足在 Ω_ε 中 $\eta = 1$. 由 $\eta_\varepsilon f \in L^p(\mathbb{R}^n)$ 可得当 $r \to 0^+$ 时 $\eta_\varepsilon f * \varphi_r$ 在 $L^p(\mathbb{R}^n)$ 中收敛于 f. 更一般地, 由于对 $0 \leqslant |\alpha| \leqslant k$, $\partial^\alpha(\eta_\varepsilon f)$ 在 $L^p(\mathbb{R}^n)$ 中, 可见 $\partial^\alpha(\eta_\varepsilon f) * \varphi_r$ 在 $L^p(\mathbb{R}^n)$ 中收敛于 $\alpha^\alpha(\eta_\varepsilon f)$. 因此可知 $(\eta_\varepsilon f) * \varphi_r$ 在 $W^{k,p}(\mathbb{R}^n)$ 中收敛于 $\eta_\varepsilon f$. 从而, 存在 $r_0 > 0$ 使得对任意 $r \in (0, r_0]$ 都有

$$\|(\eta_\varepsilon f) * \varphi_r - \eta_\varepsilon f\|_{W^{k,p}(\mathbb{R}^n \setminus \Omega_\varepsilon)} \leqslant \frac{\varepsilon}{2}. \tag{8.27}$$

由式 (8.26) 和 (8.27) 可得

$$\|(\eta_\varepsilon f) * \varphi_r - f\|_{W^{k,p}(\mathbb{R}^n \setminus \Omega_\varepsilon)} \leqslant \varepsilon.$$

另一方面, 因为 φ_r 光滑, $(\eta_\varepsilon f) * \varphi_r \in C_c^\infty(\mathbb{R}^n)$. □

下面, 我们描述一种技术, 可以从 $W^{m,p}(\mathbb{R}_+^n)$ 的性质得到 $W^{m,p}(\Omega)$ 的性质, 其中 $\mathbb{R}_+^n$ 有一个相对简单的边界. 设 $\Omega \subset \mathbb{R}^n$ 是区域, 且 (局部上) 位于边界 $\partial\Omega$ 的一侧. 我们设 $\partial\Omega$ 为一个 $n-1$ 维 C^m-流形. 设 $Q = \{y \in \mathbb{R}^n : |y_j| \leqslant 1, 1 \leqslant j \leqslant n\}$, $Q_0 = \{y \in Q : y_n = 0\}$, 以及 $Q_+ = \{y \in Q : y_n > 0\}$. 回忆: 我们有以下单位分解.

存在一族区域 $\{\Omega_j\}_{1 \leqslant j \leqslant N} \subset \mathbb{R}^n$ (如果 Ω 无界, N 可为 $+\infty$) 使得下列事实成立:

(1) $\partial\Omega \subset \bigcup\{\Omega_j\}_{1 \leqslant j \leqslant N}$;

(2) 任给 $1 \leqslant j \leqslant N$, 存在 $\varphi_j \in C^m(Q, \Omega_j)$ 使得 φ_j 分别是 Q, Q_+ 和 Q_0 到 Ω_j, $\Omega_j \cap \Omega$, $\Omega_j \cap \partial\Omega$ 的双射且 φ_j 对应的 Jacobi 矩阵 $J(\varphi_j)$ 正定.

任给 $1 \leqslant j \leqslant N$, (φ_j, Ω_j) 称为边界 $\partial\Omega$ 的一个坐标卡.

8.6 整数阶 Sobolev 空间

给定如上定义的坐标卡集合 $\{(\varphi_j, \Omega_j)\}_{1 \leqslant j \leqslant N}$, 选择 $\mathbb{R}^n$ 中相应的开集列 $\{F_j\}_{1 \leqslant j \leqslant N}$ 满足 $\bar{F}_j \subset \Omega_j$ 及

$$\bigcup_{1 \leqslant j \leqslant N} F_j \supset \partial\Omega.$$

令 $\Omega_0 = \Omega$, $F_0 = \Omega \setminus \bigcup_{1 \leqslant j \leqslant N} \bar{F}_j$, 则 $\bar{F}_0 \subset \Omega_0$,

$$\bar{\Omega} \subset \Omega \cup \bigcup_{1 \leqslant j \leqslant N} F_j$$

及

$$\Omega \subset \bigcup_{1 \leqslant j \leqslant N} \bar{F}_j.$$

对任意 $0 \leqslant j \leqslant N$, 选取 $\alpha_j \in C_0^\infty(\mathbb{R}^n)$ 满足

$$\begin{cases} 0 \leqslant \alpha_j(x) \leqslant 1, & \forall x \in \mathbb{R}^n, \\ \operatorname{supp}(\alpha_j) \subset \Omega_j, \\ \alpha_j(x) = 1, & \forall x \in \bar{F}_j. \end{cases}$$

任给 $0 \leqslant j \leqslant N$, 令

$$\beta_j(x) = \begin{cases} \left(\sum_{k=0}^N \alpha_k(x)\right)^{-1} \alpha_j(x), & x \in \bigcup_{0 \leqslant j \leqslant N} \bar{F}_j, \\ 0, & x \in \mathbb{R}^n \setminus \bigcup\{\bar{F}_j : 1 \leqslant j \leqslant N\}, \end{cases}$$

则有 $\beta_j \in C_0^\infty(\mathbb{R}^n)$, $\operatorname{supp} \beta_j \subset \Omega_j$, 对任意 $x \in \mathbb{R}^n$, $\beta_j(x) \geqslant 0$ 和

$$\sum_{j=1}^N \beta_j(x) = 1, \quad \forall\, x \in \overline{\Omega}.$$

设 $u \in W^{m,p}(\Omega)$, 则有

$$u = \sum_{j=0}^N \beta_j u$$

且可以证明 $\beta_j u$ 在 Ω 中支集为 $\Omega \cap \Omega_j$. 由此定义了一个从 $W^{m,p}(\Omega)$ 到 $W^{m,p}(\Omega) \times \prod_{j=1}^N W^{m,p}(\Omega \cap \Omega_j)$ 的映射, 其中 $u \mapsto (\beta_0 u, \beta_1 u, \cdots, \beta_N u)$. 该映射显然是线性

的, 且从 $\sum_{j=0}^{N}\beta_j = 1$ 可知其是单射. 另外, 因为对每个 $1 \leqslant j \leqslant N$, $\beta_j u$ 支集在 $\Omega \cap \Omega_j$ 中, 且属于 $W^{m,p}(\Omega \cap \Omega_j)$, 可知复合函数 $(\beta_j u) \circ \varphi_j$ 属于 $W^{m,p}(Q^+)$, 支集包含于 Q. 因此, 我们可定义一个线性单射如下:

$$\Lambda : W^{m,p}(\Omega) \longrightarrow W^{m,p}(\Omega) \times \left[W^{m,p}(Q^+)\right]^N$$
$$u \longmapsto \left(\beta_0 u, (\beta_1 u) \circ \varphi_1, \cdots, (\beta_N u) \circ \varphi_N\right).$$

进一步, 我们可以证明

$$\|\Lambda u\|_{W^{m,p}(\Omega) \times [W^{m,p}(Q^+)]^N} = \|\beta_0 u\|_{W^{m,p}(\Omega)} + \sum_{j=1}^{N} \|(\beta_j u) \circ \varphi_j\|_{W^{m,p}(Q^+)}$$

与 u 的范数等价, 从而 Λ 是 $W^{m,p}(\Omega)$ 到 $W^{m,p}(\Omega) \times \left[W^{m,p}(Q^+)\right]^N$ 的一个连续线性单射.

借助上述技术, 我们可以定义 $\partial\Omega$ 上几类典型的函数空间. 首先,

$$C^m(\partial\Omega) \triangleq \{f : \partial\Omega \to \mathbb{R} : \forall 1 \leqslant j \leqslant N, (\beta_j f) \circ \varphi_j \in C^m(Q_0)\},$$

流形 $\partial\Omega$ 上函数的积分定义为

$$\int_{\partial\Omega} f \mathrm{d}s = \sum_{j=1}^{N} \int_{\partial\Omega \cap \Omega_j} (\beta_j f) \mathrm{d}s = \sum_{j=1}^{N} \int_{Q_0} (\beta_j f) \circ \varphi_j(y') \det J(\varphi_j) \mathrm{d}y',$$

这里 $J(\varphi_j)$ 是 Jacobi 矩阵, $\mathrm{d}y'$ 是 $Q_0 \subset \mathbb{R}^{n-1}$ 上通常的 (Lebesgue) 测度. 接下来, 对 $1 \leqslant p < \infty$, 可定义 $L^p(\partial\Omega)$ 为 $C^m(\partial\Omega)$ 在如下范数下的完备化:

$$\|f\|_{L^p(\partial\Omega)} \triangleq \left(\int_{\partial\Omega} |f|^p \mathrm{d}s\right)^{1/p}.$$

类似地, 我们有如线性单射:

$$\lambda : L^2(\partial\Omega) \longrightarrow \left[L^2(Q_0)\right]^N$$
$$f \longmapsto ((\beta_1 f) \circ \varphi_1, \cdots, (\beta_N f) \circ \varphi_N)$$

且 λ 和它的逆都是连续的.

现在我们可以证明如下结果.

定理 8.10 设 Ω 是 $\mathbb{R}^n$ 中有光滑边界的一个区域. 则 $W^{m,p}(\Omega)$ 是 $C^\infty(\overline{\Omega})$ 关于 $W^{m,p}(\Omega)$ 范数的完备化.

8.6 整数阶 Sobolev 空间

证明 记 $\mathcal{W}^{m,p}(\Omega)$ 为 $C^\infty(\overline{\Omega})$ 的关于 $W^{m,p}(\Omega)$ 范数的完备化. 仅需证明 $\mathcal{W}^{m,p}(\Omega) = W^{m,p}(\Omega)$.

容易知道 $\mathcal{W}^{m,p}(\Omega)$ 是一个与 $W^{m,p}(\Omega)$ 上范数定义相同的 Banach 空间, 且 $\mathcal{W}^{m,p}(\Omega) \subset W^{m,p}(\Omega)$. 因此, 我们仅需要证明 $W^{m,p}(\Omega) \subset \mathcal{W}^{m,p}(\Omega)$. 证明被分为 4 步.

第一步, 先考虑当 $\Omega = \mathbb{R}_+^n$ 的情形. 我们仅需证明任给 $u \in W^{m,p}(\mathbb{R}_+^n)$ 都可被 $C^\infty(\overline{\mathbb{R}_+^n})$ 中函数逼近.

设 $\varepsilon > 0$, 对 $x = (x', x_n), x' \in \mathbb{R}^{n-1}, x_n > -\varepsilon$, 令 $u_\varepsilon(x) = u(x', x_n + \varepsilon)$. 则当 $\varepsilon \to 0$ 时 u_ε 在 $W^{m,p}(\mathbb{R}_+^n)$ 中收敛于 u. 设 $\theta \in C^\infty(\mathbb{R})$ 单调, $x \leqslant -\varepsilon$ 时 $\theta(x) = 0$, $x > 0$ 时 $\theta(x) = 1$. 令

$$\theta u_\varepsilon = \begin{cases} \theta(x_n) u_\varepsilon(x), & x_n > -\varepsilon, \\ 0, & x_n \leqslant -\varepsilon, \end{cases}$$

则 $\theta u_\varepsilon \in W^{m,p}(\mathbb{R}^n)$ 且在 $\mathbb{R}_+^n$ 上 $\theta u_\varepsilon = u_\varepsilon$. 由引理 8.8, 存在在 $W^{m,p}(\mathbb{R}^n)$ 中收敛于 θu_ε 的序列 $\{\varphi_k\}_{k=1}^\infty \subset C_0^\infty(\mathbb{R}^n)$. 该序列中元素在 $\mathbb{R}_+^n$ 上的限制组成的序列 $\{\varphi_k|_{\mathbb{R}_+^n}\}_{k=1}^\infty \subset C^\infty(\overline{\mathbb{R}_+^n})$ 且在 $W^{m,p}(\mathbb{R}_+^n)$ 中收敛于 θu_ε.

第二步, 在本步骤中我们将证明存在一个算子 $\mathcal{P} \in \mathcal{L}(W^{m,p}(\mathbb{R}_+^n); W^{m,p}(\mathbb{R}^n))$ 使得 $(\mathcal{P}u)(x) = u(x)$ 对 $x \in \mathbb{R}_+^n$ a.e. 成立.

设数 $\lambda_1, \lambda_2, \cdots, \lambda_m$ 是方程组

$$\begin{cases} \lambda_1 + \lambda_2 + \cdots + \lambda_m = 1, \\ -(\lambda_1 + \lambda_2/2 + \cdots + \lambda_m/m) = 1, \\ \cdots\cdots \\ (-1)^{m-1}(\lambda_1 + \lambda_2/2^{m-1} + \cdots + \lambda_m/m^{m-1}) = 1 \end{cases} \tag{8.28}$$

的解. 对任意 $u \in C^m(\overline{\mathbb{R}_+^n})$, 令

$$\mathcal{P}u(x) = \begin{cases} u(x), & x_n \geqslant 0 \\ \lambda_1 u(x', -x_n) + \lambda_2 u\left(x', -\dfrac{x_n}{2}\right) + \cdots + \lambda_m u\left(x', -\dfrac{x_n}{m}\right), & x_n < 0. \end{cases}$$

方程 (8.28) 恰好是 $\partial_n^j(\mathcal{P}u)$ 在 $x_n = 0$ 对 $j = 0, 1, \cdots, m-1$ 连续的条件. 从而显然可见 $\mathcal{P}u \in W^{m,p}(\mathbb{R}^n)$. 由定义可直接验证

$$\|\mathcal{P}u\|_{W^{m,p}(\mathbb{R}^n)} \leqslant C\|u\|_{W^{m,p}(\mathbb{R}_+^n)}, \quad \forall u \in C^m(\overline{\mathbb{R}_+^n}).$$

由第一步中证明的稠密性知 $\mathcal{P}$ 可唯一延拓到 $W^{m,p}(\mathbb{R}^n_+)$ (仍用 $\mathcal{P}$ 来记延拓后的算子) 上且 $\mathcal{P} \in \mathcal{L}(W^{m,p}(\mathbb{R}^n_+); W^{m,p}(\mathbb{R}^n))$.

第三步, 本步骤将证明存在一个算子 $\mathcal{P}_\Omega \in \mathcal{L}(W^{m,p}(\Omega), W^{m,p}(\mathbb{R}^n))$ 使得对任意 $u \in W^{m,p}(\Omega)$ 都有 $(\mathcal{P}_\Omega u)|_\Omega = u$.

设 $\{(\varphi_k, \Omega_k)\}_{1 \leqslant k \leqslant N}$ 是 $\partial\Omega$ 上的一个坐标卡, $\{\beta_k\}_{0 \leqslant k \leqslant N}$ 是一个划分. 从而对 $u \in W^{m,p}(\Omega)$ 有 $u = \sum_{j=0}^{N}(\beta_j u)$. 第一项 $\beta_0 u$ 有一个到 $W^{m,p}(\mathbb{R}^n)$ 中元素的平凡延拓. 设 $1 \leqslant k \leqslant N$, 考虑 $\beta_k u$. 坐标映射 $\varphi_k : Q \to \Omega_k$ 通过 $\varphi_k^*(v) = v \circ \varphi_k$ 给出了 $\varphi_k^* : W^{m,p}(\Omega_k \cap \Omega) \to W^{m,p}(Q_+)$ 的同构. $\varphi_k^*(\beta_k u)$ 的支集在 Q 中, 故可以在 $\mathbb{R}^n_+ \setminus Q$ 中作零延拓得到一个 $W^{m,p}(\mathbb{R}^n_+)$ 中的元素. 由第二步结论可知其可以延拓为 $W^{m,p}(\mathbb{R}^n)$ 中支集在 Q 中的元素 $\mathcal{P}(\varphi_k^*(\beta_k u))$. 从而 $\beta_k u$ 的延拓可由 $\mathcal{P}(\varphi_k^*(\beta_k u)) \circ \varphi_k^{-1}$ 在 Ω_k 外作零延拓得到. 因此可根据

$$\mathcal{P}_\Omega u = \beta_0 u + \sum_{k=1}^{N} \left(\mathcal{P}(\beta_k u) \circ \varphi_k\right) \circ \varphi_i^{-1}$$

定义所需要的算子, 其中, 每一项如以上作零延拓.

第四步, 由第一步到第三步的结论可得 $W^{m,p}(\Omega) \subset \mathcal{W}^{m,p}(\Omega)$. □

作为定理 8.10 的推论, 我们有如下结果.

推论 8.2 对任意 $1 \leqslant p \leqslant \infty$ 和 $m \in \mathbb{N}$, $W^{m,p}(\Omega)$ 是 Banach 空间.

作为该引理的一个推论我们发现, Schwartz 函数空间 $\mathcal{S}(\mathbb{R}^n)$ 在 $W^{k,p}(\mathbb{R}^n)$ 中稠密.

练习 8.6.1 证明引理 8.8 不能推广到 $p = \infty$.
(提示: 设 $k \geqslant 0$. 证明 $C_c^\infty(\mathbb{R}^n)$ 在 $W^{k,\infty}(\mathbb{R}^n)$ 中的闭包包含于 $C^k(\mathbb{R}^n)$ 中.)

练习 8.6.2 证明引理 8.8 不能推广到 $W^{k,p}(\Omega)$.

8.7 Sobolev 嵌入定理

本节将介绍 Sobolev 嵌入定理. 该类定理给出了函数正则性与可积性的关系. 我们首先给出如下简单例子.

例 8.16 空间 $W^{1,1}(\mathbb{R})$ 连续嵌入到 $W^{0,\infty}(\mathbb{R}) = L^\infty(\mathbb{R})$ 中, 因此一阶正则性可换来 L^∞ 可积性.

为证明如上结果, 需要证明存在一个常数 $C > 0$, 对所有试验函数 $f \in C_c^\infty(\mathbb{R})$ 使得

$$\|f\|_{L^\infty(\mathbb{R})} \leqslant C \|f\|_{W^{1,1}(\mathbb{R})}. \tag{8.29}$$

一旦证明了(8.29), 由引理 8.8, 通过取极限可说明对所有 $f \in W^{1,1}(\mathbb{R})$, (8.29) 成立.

8.7 Sobolev 嵌入定理

任给 $x \in \mathbb{R}$, 由微积分基本定理和 f 的支集为紧集可得

$$|f(x)| = \left| \int_{-\infty}^{x} f'(t) \, dt \right| \leqslant \|f'\|_{L^1(\mathbb{R})} \leqslant \|f\|_{W^{1,1}(\mathbb{R})}.$$

因此有

$$\|f\|_{L^\infty(\mathbb{R})} \leqslant \|f\|_{W^{1,1}(\mathbb{R})}. \tag{8.30}$$

由于 $C_c^\infty(\mathbb{R})$ 在 $L^\infty(\mathbb{R})$ 中的闭包是 $C_0(\mathbb{R})$, 事实上我们可以得到一个更强的嵌入, 即 $W^{1,1}(\mathbb{R})$ 连续嵌入到 $C_0(\mathbb{R})$.

现在转向 $k = 1$ 时的 Sobolev 嵌入定理.

定理 8.11 (一阶导数的 Sobolev 嵌入定理) 设 $\Omega \subset \mathbb{R}^n$ 是有光滑边界的区域, $1 \leqslant p < n$, 则 $W^{1,p}(\Omega) \subset L^{\frac{np}{n-p}}(\Omega)$. 进一步, 该嵌入在如下意义下连续: 存在 $C(n, p, \Omega)$ 使得对所有 $f \in W^{1,p}(\Omega)$,

$$\|f\|_{L^{\frac{np}{n-p}}(\Omega)} \leqslant C\|f\|_{W^{1,p}(\Omega)}. \tag{8.31}$$

证明 我们仅考虑 $\Omega = \mathbb{R}^n$ 的情形. 更一般的情形的证明可借助上一节中证明定理 8.10 所用到的分解技术结合 $\Omega = \mathbb{R}^n$ 的结论来证明. 我们将它留给读者完成.

由引理 8.8 及前述极限讨论, 只需对所有试验函数 $f \in C_c^\infty(\mathbb{R}^n)$ 建立 Sobolev 嵌入不等式 (8.31), 其中 $C_{p,q,n}$ 仅依赖于 p, q, n.

先考虑 $p = 1$ 的情形. 由微积分基本定理及 f 的支集为紧可知对所有 $x \in \mathbb{R}^n$ 及 $1 \leqslant k \leqslant n$,

$$f(x) = \int_{-\infty}^{x_k} \partial_{x_k} f(x_1, \cdots, r, \cdots, x_n) dr.$$

因此,

$$|f(x)| \leqslant \int_{-\infty}^{x_k} |\partial_{x_k} f(x_1, \cdots, r, \cdots, x_n)| dr \leqslant \int_{-\infty}^{\infty} |\partial_{x_k} f(x_1, \cdots, r, \cdots, x_n)| dx_k.$$

取这些项的乘积可得

$$|f(x)|^{\frac{n}{n-1}} \leqslant \prod_{k=1}^{n} \left(\int_{-\infty}^{\infty} |\partial_{x_k} f(x_1, \cdots, x_k, \cdots, x_n)| dx_k \right)^{\frac{1}{n-1}}. \tag{8.32}$$

对式 (8.32) 关于 x_1 在 $\mathbb{R}$ 上积分, 接着应用 Hölder 不等式可得

$$\int_{-\infty}^{\infty} |f(x)|^{\frac{n}{n-1}} dx_1 \leqslant \int_{-\infty}^{\infty} \prod_{k=1}^{n} \left(\int_{-\infty}^{\infty} |\partial_{x_k} f| dx_k \right)^{\frac{1}{n-1}} dx_1$$

$$= \left(\int_{-\infty}^{\infty}|\partial_{x_1}f|\mathrm{d}x_1\right)^{\frac{1}{n-1}}\int_{-\infty}^{\infty}\prod_{k=2}^{n}\left(\int_{-\infty}^{\infty}|\partial_{x_k}f|\mathrm{d}x_k\right)^{\frac{1}{n-1}}\mathrm{d}x_1$$

$$\leqslant \left(\int_{-\infty}^{\infty}|\partial_{x_1}f|\mathrm{d}x_1\right)^{\frac{1}{n-1}}\prod_{k=2}^{n}\left(\int_{-\infty}^{\infty}\int_{-\infty}^{\infty}|\partial_{x_k}f|\mathrm{d}x_k\mathrm{d}x_1\right)^{\frac{1}{n-1}}.$$

在上不等式两边关于 x_2 积分可得

$$\int_{-\infty}^{\infty}\int_{-\infty}^{\infty}|f(x)|^{\frac{n}{n-1}}\mathrm{d}x_1\mathrm{d}x_2$$

$$\leqslant \int_{-\infty}^{\infty}\left(\int_{-\infty}^{\infty}|\partial_{x_1}f|\mathrm{d}x_1\right)^{\frac{1}{n-1}}\prod_{k=2}^{n}\left(\int_{-\infty}^{\infty}\int_{-\infty}^{\infty}|\partial_{x_k}f|\mathrm{d}x_k\mathrm{d}x_1\right)^{\frac{1}{n-1}}\mathrm{d}x_2$$

$$\leqslant \left(\int_{-\infty}^{\infty}\int_{-\infty}^{\infty}|\partial_{x_2}f|\mathrm{d}x_1\mathrm{d}x_2\right)^{\frac{1}{n-1}}\int_{-\infty}^{\infty}\left(\int_{-\infty}^{\infty}|\partial_{x_1}f|\mathrm{d}x_1\right)$$

$$\times \prod_{k=3}^{n}\left(\int_{-\infty}^{\infty}\int_{-\infty}^{\infty}|\partial_{x_k}f|\mathrm{d}x_k\mathrm{d}x_1\right)^{\frac{1}{n-1}}\mathrm{d}x_2$$

$$\leqslant \left(\int_{-\infty}^{\infty}\int_{-\infty}^{\infty}|\partial_{x_2}f|\mathrm{d}x_1\mathrm{d}x_2\right)^{\frac{1}{n-1}}\left(\int_{-\infty}^{\infty}\int_{-\infty}^{\infty}|\partial_{x_1}f|\mathrm{d}x_1\mathrm{d}x_2\right)^{\frac{1}{n-1}}$$

$$\times \left(\prod_{k=3}^{n}\left(\int_{-\infty}^{\infty}\int_{-\infty}^{\infty}\int_{-\infty}^{\infty}|\partial_{x_k}f|\mathrm{d}x_k\mathrm{d}x_1\mathrm{d}x_1\right)^{\frac{1}{n-1}}\right).$$

重复如上步骤可得

$$\int_{\mathbb{R}^n}|f(x)|^{\frac{n}{n-1}}\mathrm{d}x_1\cdots\mathrm{d}x_n \leqslant \prod_{k=1}^{n}\left(\int_{\mathbb{R}^n}|\partial_{x_k}f|\mathrm{d}x_1\cdots\mathrm{d}x_n\right)^{\frac{1}{n-1}}.$$

注意到 f 的支集在 Ω 中, 可得

$$\int_{\Omega}|f(x)|^{\frac{n}{n-1}}\mathrm{d}x \leqslant \prod_{k=1}^{n}\left(\int_{\Omega}|\partial_{x_k}f|\mathrm{d}x\right)^{\frac{1}{n-1}}.$$

从而,

$$|f(x)|_{L^{\frac{n}{n-1}}(\Omega)} \leqslant \prod_{k=1}^{n}\left(\int_{\Omega}|\partial_{x_k}f|\mathrm{d}x\right)^{\frac{1}{n}} \leqslant \frac{1}{n}\sum_{k=1}^{n}\int_{\Omega}|\partial_{x_k}f|\mathrm{d}x \leqslant |\nabla f|_{L^1(\Omega)}.$$

8.7 Sobolev 嵌入定理

现在我们考虑 $1 < p < n$ 的情形. 设 $\gamma > 1$ 是一个将在后面确定的常数. 由以上情形可知

$$\||f|^\gamma\|_{L^{\frac{n}{n-1}}(\Omega)} \leqslant \int_\Omega |\nabla|f|^\gamma| \mathrm{d}x \leqslant \gamma \int_\Omega |f|^{\gamma-1}|\nabla f| \mathrm{d}x.$$

设 $q = \dfrac{p}{p-1}$. 由 Hölder 不等式我们知道

$$\||f|^\gamma\|_{L^{\frac{n}{n-1}}(\Omega)}^{\frac{n}{n-1}} \leqslant \gamma \left(\int_\Omega |f|^{(\gamma-1)q} \mathrm{d}x\right)^{\frac{1}{q}} \left(\int_\Omega |\nabla f|^p \mathrm{d}x\right)^{\frac{1}{p}}.$$

选取 $\gamma = \dfrac{n-1}{n-p}p$, 则有 $(\gamma-1)q = \dfrac{n}{n-1}\gamma$. 从而,

$$\int_\Omega |f|^{\frac{n-1}{n-p}p \cdot \frac{n}{n-1}} \mathrm{d}x \leqslant \gamma \left(\int_\Omega |f|^{(\frac{n-1}{n-p}p-1)\frac{p}{p-1}} \mathrm{d}x\right)^{\frac{1}{q}} \left(\int_\Omega |\nabla f|^p \mathrm{d}x\right)^{\frac{1}{p}}.$$

因此,

$$\|f\|_{L^{\frac{np}{n-p}}(\Omega)}^{\frac{n}{n-1}} = \left(\int_\Omega |f|^{\frac{np}{n-p}} \mathrm{d}x\right)^{\frac{n-1}{n}-\frac{p-1}{p}} \leqslant \frac{n-1}{n-p}p \left(\int_\Omega |\nabla f|^p \mathrm{d}x\right)^{\frac{1}{p}}. \qquad \square$$

定理 8.12 (Morrey (莫里) 不等式) 设 $\Omega \subset \mathbb{R}^n$ 是有光滑边界的区域, $p > n$, 则对 $\alpha = 1 - n/p$ 有 $W^{1,p}(\Omega) \subset C^{0,\alpha}(\Omega)$. 进一步, 该嵌入在如下意义下连续: 存在 $C(n,p,\Omega)$ 使得对所有 $f \in W_0^{1,p}(\Omega)$,

$$\|f\|_{C^{0,\alpha}(\Omega)} \leqslant C\|f\|_{W^{1,p}(\Omega)}.$$

另外, 如果 Ω 有界, 则

$$\sup_{x \in \Omega} |f(x)| \leqslant C|\Omega|^{\frac{1}{n}-\frac{1}{p}} \|f\|_{W^{1,p}(\Omega)}. \tag{8.33}$$

在证明定理 8.12 前, 我们给出一个辅助结果.

引理 8.9 设 Ω 是一个有界区域, $B(x,R) \subset \Omega$ 是一个球心为 x, 半径为 R 的球, $f \in W^{1,1}(\Omega)$, 则对所有 $x \in \Omega$,

$$\left| f(x) - \frac{1}{|B(x,R)|} \int_{B(x)} f \mathrm{d}x \right| \leqslant C \int_{B(x,R)} \frac{|\nabla f(y)|}{|x-y|^{n-1}} \mathrm{d}y. \tag{8.34}$$

证明 仅需对 $f \in C_c^\infty(\Omega)$ 证明式 (8.34). 设 $x, y \in \Omega$, $\omega \triangleq \dfrac{y-x}{|y-x|}$, 则

$$f(y) - f(x) = \int_0^{|x-y|} \frac{\mathrm{d}}{\mathrm{d}r} f(x+r\omega) \mathrm{d}r.$$

在球 $B(x,R)$ 上积分可得

$$f(x)|B(x,R)| - \int_{B(x,R)} f(y)\mathrm{d}y = \frac{1}{\omega}\int_{B(x,R)}\int_0^{|x-y|}\frac{\mathrm{d}}{\mathrm{d}r}f(x+r\omega)\mathrm{d}r\mathrm{d}y.$$

设

$$g(x+r\omega) = \begin{cases} \dfrac{\mathrm{d}}{\mathrm{d}r}f(x+r\omega), & x \in \Omega, \\ 0, & x \notin \Omega. \end{cases}$$

交换积分顺序, 再换为球坐标积分可得

$$\left|f(x) - \frac{1}{|B(x,R)|}\int_{B(x,R)} f(y)\mathrm{d}y\right|$$

$$\leqslant \frac{1}{|B(x,R)|}\int_{|x-y|<2R}\int_0^\infty |g(x+r\omega)|\mathrm{d}r\mathrm{d}y$$

$$= \frac{1}{|B(x,R)|}\int_0^\infty\int_0^{2R}\int_{S^{n-1}} |g(x+r\omega)|\rho^{n-1}\mathrm{d}S^{n-1}\mathrm{d}\rho\mathrm{d}r$$

$$= \frac{(2R)^n}{n|B(x,R)|}\int_0^\infty\int_{S^{n-1}} |g(x+r\omega)|\mathrm{d}S^{n-1}\mathrm{d}r$$

$$= \frac{(2R)^n}{n|B(x,R)|}\int_0^\infty\int_{S^{n-1}} \frac{|g(x+r\omega)|}{r^{n-1}}r^{n-1}\mathrm{d}S^{n-1}\mathrm{d}r$$

$$= \frac{(2R)^n}{n|B(x,R)|}\int_{\mathbb{R}^n} \frac{|g(z)|}{|x-z|^{n-1}}\mathrm{d}z$$

$$\leqslant \frac{(2R)^n}{n|B(x,R)|}\int_\Omega \frac{|g(z)|}{|x-z|^{n-1}}\mathrm{d}z. \qquad \Box$$

定理 8.12 的证明 由 Hölder 不等式, 对 $q = \dfrac{p}{p-1}$,

$$\int_{B_R} |x-y|^{1-n}|\nabla f(y)|\mathrm{d}y$$

$$\leqslant \left(\int_{B_R} |x-y|^{(1-n)q}\mathrm{d}y\right)^{\frac{1}{q}}|\nabla f|_{L^p(B_R)}$$

$$\leqslant \sup_{x\in\Omega}\left(\int_{B_R} |x-y|^{(1-n)q}\mathrm{d}y\right)^{\frac{1}{q}}|\nabla f|_{L^p(B_R)}$$

$$\leqslant \left(\int_{B_R} |x_0-y|^{(1-n)q}\mathrm{d}y\right)^{\frac{1}{q}}|\nabla f|_{L^p(B_R)}$$

8.7 Sobolev 嵌入定理

$$= C\left(\int_0^R r^{(1-n)q}r^{n-1}\mathrm{d}r\right)^{\frac{1}{q}}|\nabla f|_{L^p(B_R)}$$

$$= C\left(\int_0^R r^{\frac{n-1}{1-p}}\mathrm{d}r\right)^{\frac{1}{q}}|\nabla f|_{L^p(B_R)}$$

$$\leqslant C\left(\frac{n-1}{1-p}+1\right)R^{(\frac{n-1}{1-p}+1)/q}|\nabla f|_{L^p(B_R)}$$

$$= C(n,p)R^{\frac{p-n}{p}}|\nabla f|_{L^p(B_R)}.$$

借助于三角不等式及引理 8.9, 选取 $R=|x-y|$, 我们有

$$|f(x)-f(y)| \leqslant \left|f(x)-\frac{1}{|B|}\int_B f(x)\mathrm{d}x\right| + \left|f(y)-\frac{1}{|B|}\int_B f(y)\mathrm{d}y\right|$$

$$\leqslant C\int_B \frac{|\nabla f(y)|}{|x-y|^{n-1}}\mathrm{d}y \leqslant C(n,p)|x-y|^{1-\frac{n}{p}}|\nabla f|_{L^p(B)}. \tag{8.35}$$

由于不等式(8.35)对任意 $x,y\in\Omega$ 及 $f\in W^{1,p}(\Omega)$ 成立, 所以有 $f\in C^{1-\frac{n}{p}}(\Omega)$.

由三角不等式,

$$|f(x)| \leqslant \left|f(x)-\frac{1}{|B|}\int_B f(x)\mathrm{d}x\right| + \left|\frac{1}{|B|}\int_B f(x)\mathrm{d}x\right|$$

$$\leqslant C\int_\Omega \frac{|\nabla f(y)|}{|x-y|^{n-1}}\mathrm{d}y + C(n,p)\mathrm{diam}\,(\Omega)^{1-\frac{n}{p}}|f|_{W^{1,p}(B)}$$

$$\leqslant C(n,p)|\Omega|^{1-\frac{n}{p}}|f|_{W^{1,p}(B)},$$

可得式 (8.33). □

由定理 8.11 和定理 8.12, 可得到 $k\geqslant 2$ 时的 Sobolev 嵌入定理.

定理 8.13 设 Ω 是 $\mathbb{R}^n$ 中有光滑边界的区域, 则

$$W^{k,p}(\Omega) \subset \begin{cases} L^{\frac{np}{n-kp}}(\Omega), & kp<n, \\ C^{m,\alpha}(\Omega), & 0\leqslant m\leqslant k-\frac{n}{p},\quad \alpha=k-\frac{n}{p}-m. \end{cases}$$

证明 我们仅证明 $k=2, 2p<n$ 的情形. 其他情形留给读者. 如果 $f\in W^{2,p}(\Omega)$, 则 $f\in W^{1,p}(\Omega), \nabla f\in W^{1,p}(\Omega;\mathbb{R}^n)$. 由定理 8.11, 我们有 $f\in L^{\frac{np}{n-p}}(\Omega)$, $\nabla f\in L^{\frac{np}{n-p}}(\Omega;\mathbb{R}^n)$. 即再利用 $k=1$ 的情形有 $f\in W^{1,\frac{np}{n-p}}(\Omega;\mathbb{R}^n)$, 则 $f\in$

$W^{1,p'}(\Omega)$, 其中

$$p' = \frac{n\dfrac{np}{n-p}}{n - \dfrac{np}{n-p}} = \frac{np}{n-2p}.\qquad\square$$

注记 8.17 当 $n=1$ 时, $(p,q)=(1,\infty)$ 的 Sobolev 端点定理可由微积分基本定理得到. 当 $n \geqslant 2$ 时, Sobolev 端点估计对 $(p,q)=(n,\infty)$ 无效.

在上述嵌入中, 我们仅假设 $\Omega \subset \mathbb{R}^n$ 是有光滑边界的区域. 若进一步再假设 Ω 是有界的, 则我们可以得到嵌入映射是紧算子. 由于篇幅的限制, 下面我们仅讨论一种简单情形: $W^{m,p}(\Omega)$ 到 $L^q(\Omega)$ 的紧嵌入. 为此, 我们先给出一个 $L^q(\Omega)$ 中集合为紧集的条件.

引理 8.10 设 Ω 为具有光滑边界的有界开集, B 为 $L^q(\Omega)$ $(1 \leqslant q < \infty)$ 中的有界集合. 如果对任意 $\varepsilon > 0$, 存在 $\delta > 0$ 与一个紧集 $K \subset \Omega$ 使得

(1)
$$\int_{\Omega\setminus K} |u|^q \mathrm{d}x \leqslant \varepsilon, \quad \forall u \in B; \tag{8.36}$$

(2) 对任意 $|h| < \delta$ 都有

$$\|\tau_h \tilde{u} - \tilde{u}\|_{L^q(\mathbb{R}^n)} < \varepsilon, \quad \forall u \in B, \tag{8.37}$$

其中 $\tilde{u}$ 为 u 在 Ω 外作零延拓后所得之函数, τ_h 为平移算子, $\tau_h \tilde{u}(x) = \tilde{u}(x-h)$, 则 B 为 $L^q(\Omega)$ 中的预紧集 (即 B 的闭包 $\bar{B}$ 为紧集).

证明 由 Hölder 不等式知

$$\begin{aligned}
|\varphi_r * \tilde{u}(x) - \tilde{u}(x)|^q &= \left| \int_{\mathbb{R}^n} \varphi_r(y)(\tilde{u}(x-y) - \tilde{u}(x)) \mathrm{d}y \right|^q \\
&\leqslant \left(\int_{\mathbb{R}^n} \varphi_r(y) \mathrm{d}y \right)^{\frac{q}{q'}} \left(\int_{\mathbb{R}^n} \varphi_r(y) |\tilde{u}(x-y) - \tilde{u}(x)|^q \mathrm{d}y \right)^{\frac{q}{q}} \\
&\leqslant \int_{\mathbb{R}^n} \varphi_r(y) |\tau_{-y}\tilde{u}(x) - \tilde{u}(x)|^q \mathrm{d}y. \tag{8.38}
\end{aligned}$$

将不等式 (8.38) 两边对 x 积分可得

$$\|\varphi_r u - u\|_{L^q(\mathbb{R}^n)} \leqslant \sup_{|h|\leqslant \eta} \|\tau_h u - u\|_{L^q(\mathbb{R}^n)}.$$

由 (8.37) 式知对 $u \in B$, 一致地有 $\lim\limits_{h \to 0} \|\tau_h u - u\|_{L^q(\mathbb{R}^n)} = 0$. 因此, 对 $u \in B$, 一致地有 $\|\varphi_r u - u\|_{L^q(\mathbb{R}^n)} \to 0$.

8.7 Sobolev 嵌入定理

现在选取 $r > 0$ 使对一切 $u \in B$ 都有

$$\|\varphi_r u - u\|_{L^q(\mathbb{R}^n)} < \varepsilon. \tag{8.39}$$

以下证明 $\{\varphi_r u\}_{u \in B}$ 在 K 上一致有界并等度连续. 首先, 类似于式 (8.38) 可得

$$|\varphi_r \tilde{u}(x)| \leqslant \left(\int_{\mathbb{R}^n} \varphi_r(x-y) |\tilde{u}(y)|^q dy \right)^{\frac{1}{q}}$$

$$\leqslant (\sup \varphi_r)^{\frac{1}{q}} \|u\|_{L^2(\mathbb{R}^n)}, \tag{8.40}$$

故 $\{\varphi_r u\}_{u \in B}$ 是一致有界的. 类似地,

$$|\varphi_r \tilde{u}(x+h) - \varphi_r \tilde{u}(x)| \leqslant (\sup \varphi_r)^{\frac{1}{q}} \|\tau_\eta u - u\|_{L^q(\mathbb{R}^n)}, \tag{8.41}$$

故 $\{\varphi_r u\}_{u \in B}$ 是等度连续的. 因此, 对固定的 r, $\{\varphi_r u\}_{u \in B}$ 在 $C^0(K)$ 中为预紧集. 因此可在 $C^0(K)$ 中选取有限集 $\{\psi_1, \cdots, \psi_l\}$ 使得对任意 $u \in B$, 存在某个 $j \leqslant l$ 使得

$$|\psi_j(x) - (\varphi_r u)(x)|^q < \varepsilon, \quad x \in K. \tag{8.42}$$

将 ψ_j 在 K 外作零延拓, 在不引起混淆的前提下将延拓后的函数仍记为 ψ_j, 则由式 (8.39) 和 (8.42) 知

$$\|u - \psi_j\|_{L^q(\Omega)} \leqslant \|u\|_{L^q(\Omega \setminus K)} + \|u - \psi_j\|_{L^q(K)}$$

$$< \varepsilon + \|u - \varphi_r u\|_{L^q(K)} + \|\varphi_r u - \psi_j\|_{L^q(K)}$$

$$< 3\varepsilon.$$

故 $\{\psi_1, \cdots, \psi_l\}$ 在 $L^q(\Omega)$ 中构成 B 的一个有限 3ε-网, 从而知 B 为预紧集. $\square$

定理 8.14 设 $\Omega \subset \mathbb{R}^n$ 是一个具有光滑边界的有界区域, 则当 $n > p$ 时, 对任意 $q < \dfrac{np}{n-p}$, $W^{1,p}(\Omega)$ 到 $L^q(\Omega)$ 的嵌入映射为紧的; 当 $n \leqslant p$ 时, 对任意 $q \in [1, \infty)$, $W^{1,p}(\Omega)$ 到 $L^q(\Omega)$ 的嵌入映射为紧的.

证明 我们只考虑 $n > p$ 的情况, 而将 $n \leqslant p$ 的情形留给读者. 由引理 8.10 知, 只需证明 (8.36) 和 (8.37) 对于 $W^{1,p}(\Omega)$ 中的单位球的像集 B 成立.

取紧集 K, 使得 $\operatorname{meas}(\Omega \setminus K)$ 充分小. 记 $q_0 = \dfrac{np}{n-p}, \rho = \dfrac{q_0}{q} > 1, \dfrac{1}{\rho'} + \dfrac{1}{\rho} = 1$, 则

$$\int_{\Omega \setminus K} |u|^q dx \leqslant \left(\int_{\Omega \setminus K} |u|^{q_0} dx \right)^{\frac{1}{\rho}} \left(\int_{\Omega \setminus K} dx \right)^{\frac{1}{\rho'}}$$

即为充分小, 从而式 (8.36) 成立.

为证式 (8.37) 成立, 先选取 $K \subset \Omega$ 使得

$$\|u\|_{L^q(\Omega\setminus K)} < \frac{\varepsilon}{3}, \quad \forall u \in B. \tag{8.43}$$

再取 Ω 中紧集 K_1 使得 $K_1 \supset\supset K$, 并取 $r > 0$, 使对 $x \in K_1^c$ (K_1 的补集), $|h| \leqslant r$ 必有 $x - h \in K^c$. 于是, 对 $|h| \leqslant r$ 也有

$$\|\tau_h \tilde{u}\|_{L^q(\Omega\setminus K_1)} < \frac{\varepsilon}{3}, \quad \forall u \in B. \tag{8.44}$$

取 $\varphi \in C_0^\infty(\Omega), 0 \leqslant \varphi \leqslant 1$, 并在 K_1 上恒等于 1, 则 $1 - \varphi$ 支集在 $\Omega\setminus K_1$ 中,

$$\|\tau_h \tilde{u} - \tilde{u}\|_{L^q(\mathbb{R}^n)} \leqslant \|\tau_h(\varphi\tilde{u}) - \varphi\tilde{u}\|_{L^q(\mathbb{R}^n)} + \|\tau_h(1-\varphi)\tilde{u}\|_{L^q(\mathbb{R}^n)}$$
$$+ \|(1-\varphi)\tilde{u}\|_{L^q(\mathbb{R}^n)}, \tag{8.45}$$

已知不等式右边最后两项均小于 $\frac{\varepsilon}{3}$, 故只需考虑第一项. 注意到 $\varphi\tilde{u} \in W^{1,p}(\mathbb{R}^n)$, 故取 G 为包含所有 $\tau_h\overline{\Omega}(|h| \leqslant 1)$ 的有界开集, 则 $\tau_h(\varphi\tilde{u}) - \varphi\tilde{u}$ 的支集在 G 中. 故

$$\|\tau_h(\varphi\tilde{u}) - \varphi\tilde{u}\|_{L^1(\mathbb{R}^n)} \leqslant |h| \cdot \|\varphi\tilde{u}\|_{H^{1,1}(G)} \leqslant C|h| \cdot \|\varphi\tilde{u}\|_{H^{1,p}(G)}. \tag{8.46}$$

另一方面, 由 Hölder 不等式知, 若取 θ 与 r, 使 $q\theta r = 1, q(1-\theta)r' = q_0, \frac{1}{r} + \frac{1}{r'} = 1$, 则对于任意函数 f,

$$\int |f|^q \mathrm{d}x \leqslant \left(\int |f|^{q\theta r}\mathrm{d}x\right)^{\frac{1}{r}} \left(\int |f|^{q(1-\theta)r'}\mathrm{d}x\right)^{\frac{1}{r'}}$$
$$\leqslant \left(\int |f|\mathrm{d}x\right)^{\frac{1}{r}} \left(\int |f|^{q_0}\mathrm{d}x\right)^{\frac{1}{r'}}.$$

于是, 取 $f = \tau_h\varphi\tilde{u} - \varphi\tilde{u}$, 由定理 8.13 知 $\int |f|^{q_0}\mathrm{d}x$ 有界. 故利用式 (8.46) 与定理 8.13 即知

$$\|\tau_h(\varphi\tilde{u}) - \varphi\tilde{u}\|_{L^q(\mathbb{R}^n)} \leqslant C|h|^{\frac{1}{rq}} = C|h|^\theta.$$

取 h 充分小以使得 $C|h|^\theta < \frac{\varepsilon}{3}$, 由此可得式 (8.37), 从而得到嵌入映射的紧致性. $\square$

由于连续线性算子与紧算子的复合算子仍为紧算子, 故对于一般的 $W^{m,p}(\Omega)$ 空间, 有如下结论.

若 $1 \geqslant \dfrac{1}{p} > \dfrac{k}{n}, k \leqslant m, \dfrac{1}{q_0} = \dfrac{1}{p} - \dfrac{k}{n}, q < q_0$，则从 $W^{m,p}(\Omega)$ 到 $W^{m-k,q}(\Omega)$ 的嵌入映射为紧算子.

若 $\dfrac{1}{p} \leqslant \dfrac{k}{n}, k \leqslant m$，则对任意实数 q，从 $W^{m,p}(\Omega)$ 到 $W^{m-k,q}(\Omega)$ 的嵌入映射为紧算子.

推论 8.3 作为上述结论的特例，对于非负整数 m_1, m_2，若 $m_1 > m_2$，则 $W^{m_1,p}(\Omega)$ 到 $W^{m_2,p}(\Omega)$ 的嵌入映射是紧算子.

注记 8.18 在紧嵌入定理中，区域 Ω 的有界性十分重要. 否则结论一般不对.

8.8 实指数 Sobolev 空间

8.6 节中定义的整数阶 Sobolev 空间 $W^{k,p}(\Omega)$ 可以推广为更一般的实指数 Sobolev 空间 $W^{s,p}(\Omega)$，这里 $s \in \mathbb{R}$. 对一般的 $p \in [1, \infty)$ 需要奇异积分理论，超出了本课程的范围. 这里我们将仅考虑 $p=2$ 的情形和 $\Omega = \mathbb{R}^n$. 此时理论相对简单的原因是 Fourier 变换的 Plancherel 定理. 借助该定理，我们可以利用频域空间的工具工作来避免奇异积分.

首先回忆 Plancherel 恒等式

$$\int_{\mathbb{R}^n} |f(x)|^2 \, \mathrm{d}x = \int_{\mathbb{R}^n} |\hat{f}(\xi)|^2 \mathrm{d}\xi, \quad \forall f \in L^2(\mathbb{R}^n).$$

对任意 $f \in \mathcal{S}(\mathbb{R}^n)$，我们有

$$\int_{\mathbb{R}^n} \left| \frac{\partial f}{\partial x_j}(x) \right|^2 \, \mathrm{d}x = \int_{\mathbb{R}^n} (2\pi|\xi_j|)^2 |\hat{f}(\xi)|^2 \, \mathrm{d}\xi.$$

从而可得

$$\int_{\mathbb{R}^n} |\nabla f(x)|^2 \, \mathrm{d}x = \int_{\mathbb{R}^n} (2\pi|\xi|)^2 |\hat{f}(\xi)|^2 \mathrm{d}\xi.$$

类似可得

$$\int_{\mathbb{R}^n} |\nabla^j f(x)|^2 \mathrm{d}x = \int_{\mathbb{R}^n} (2\pi|\xi|)^{2j} |\hat{f}(\xi)|^2 \mathrm{d}\xi.$$

因此，对任意 $k \geqslant 0$ 和 $f \in \mathcal{S}(\mathbb{R}^n)$ 都有

$$\|f\|^2_{W^{k,2}(\mathbb{R}^n)} = \int_{\mathbb{R}^n} \sum_{j=0}^{k} (2\pi|\xi|)^{2j} |\hat{f}(\xi)|^2 \, \mathrm{d}\xi. \tag{8.47}$$

由于 Schwartz 空间在 $W^{k,2}(\mathbb{R}^n)$ 中稠密, 可知以上公式对所有的 $f \in W^{k,2}(\mathbb{R}^n)$ 也成立.

注意到
$$C_1\langle\xi\rangle^{2k} \leqslant \sum_{j=0}^{k} \left(2\pi|\xi|\right)^{2j} \leqslant C_2\langle\xi\rangle^{2k},$$

其中 $\langle\xi\rangle \triangleq (1+|\xi|^2)^{1/2}$, 由 (8.47) 我们有
$$C_1\|\langle\xi\rangle^k \hat{f}(\xi)\|_{L^2(\mathbb{R}^n)} \leqslant \|f\|_{W^{k,2}(\mathbb{R}^n)} \leqslant C_2\|\langle\xi\rangle^k \hat{f}(\xi)\|_{L^2(\mathbb{R}^n)}. \tag{8.48}$$

由 (8.48), 对任意实数 s, 定义空间 $H^s(\mathbb{R}^n)$ 如下:
$$H^s(\mathbb{R}^n) \triangleq \{f \in \mathcal{S}'(\mathbb{R}^n) : \langle\xi\rangle^s \hat{f}(\xi) \in L^2(\mathbb{R}^n)\},$$
其上范数定义为
$$\|f\|_{H^s(\mathbb{R}^n)} \triangleq \|\langle\xi\rangle^s \hat{f}(\xi)\|_{L^2(\mathbb{R}^n)}.$$

命题 8.28 对任意 $s \in \mathbb{R}$, $\mathcal{S}(\mathbb{R}^n)$ 是 $H^s(\mathbb{R}^n)$ 的稠密子空间. 因此, 对所有非负整数 k 有 $W^{k,2}(\mathbb{R}^n) = H^k(\mathbb{R}^n)$, 且范数等价.

显然, $H^0(\mathbb{R}^n) \equiv L^2(\mathbb{R}^n)$, 且当 $s > s'$ 时 $H^s(\mathbb{R}^n) \subset H^{s'}(\mathbb{R}^n)$. $H^s(\mathbb{R}^n)$ 空间也是 (复) Hilbert 空间, 其上内积为
$$\langle f, g\rangle_{H^s(\mathbb{R}^n)} \triangleq \int_{\mathbb{R}^n} \langle\xi\rangle^{2s} f(\xi)\overline{g(\xi)}\mathrm{d}\xi.$$

作为 Hilbert 空间, $H^s(\mathbb{R}^n)$ 与其对偶 $H^s(\mathbb{R}^n)^*$ 同构 (更精确地说, 是该对偶的复共轭). 下面另一个对偶关系也是有用的.

命题 8.29 设 $s \in \mathbb{R}$, $f \in H^s(\mathbb{R}^n)$. 对任意连续线性泛函 $\lambda : H^s(\mathbb{R}^n) \to \mathbb{C}$, 存在唯一 $g \in H^{-s}(\mathbb{R}^n)$ 使得对所有 $f \in H^s(\mathbb{R}^n)$,
$$\lambda(f) = \langle f, g\rangle_{L^2(\mathbb{R}^n)} \triangleq \int_{\mathbb{R}^n} \hat{f}(\xi)\overline{\hat{g}(\xi)}\,\mathrm{d}\xi.$$

进一步, 对所有 $f \in H^s(\mathbb{R}^n)$,
$$\|f\|_{H^s(\mathbb{R}^n)} \triangleq \sup\{|\langle f, g\rangle_{L^2(\mathbb{R}^n)} : g \in \mathcal{S}(\mathbb{R}^n); \|g\|_{H^{-s}(\mathbb{R}^n)} \leqslant 1\}.$$

$H^s(\mathbb{R}^n)$ 也有类似于整数阶 Sobolev 空间的嵌入性质. 其证明与之前介绍的 Ω 上的嵌入相比更为简单, 我们仅列出结果, 证明留给读者.

定理 8.15 如果 $0 < s < n/2$, 则当 $\dfrac{n}{2} - s \leqslant \dfrac{n}{q} \leqslant \dfrac{n}{2}$ 时, $H^s(\mathbb{R}^n)$ 连续嵌入到 $L^q(\mathbb{R}^n)$.

8.8 实指数 Sobolev 空间

定理 8.16 如果 $s > n/2$, 则当 $0 < \alpha \leqslant \min\left(s - \dfrac{n}{2}, 1\right)$ 时 $H^s(\mathbb{R}^n)$ 连续嵌入到 $C^{0,\alpha}(\mathbb{R}^n)$.

练习 8.8.1 (i) 证明如果 $f \in H^s(\mathbb{R}^n)$, $s \in \mathbb{R}$, $g \in C^\infty(\mathbb{R}^n)$, 则 $fg \in H^s(\mathbb{R}^n)$ (注意到当 s 为负值时该乘积是定义在缓增分布意义下的), 映射 $f \mapsto fg$ 从 $H^s(\mathbb{R}^n)$ 到 $H^s(\mathbb{R}^n)$ 连续.

(ii) 设 L 是一个系数为 $C^\infty(\mathbb{R}^n)$ 函数的 m 阶偏微分算子 ($m \geqslant 0$). 证明对任意 $s \in \mathbb{R}$, $L \in \mathcal{L}(H^s(\mathbb{R}^n); H^{s-m}(\mathbb{R}^n))$.

设 $m \geqslant 0$, 令

$$L = \sum_{j_1,\cdots,j_n \geqslant 0; j_1+\cdots+j_n = m} c_{j_1,\cdots,j_n} \frac{\partial^n}{\partial x_{j_1} \cdots \partial x_{j_n}}$$

是一个 m 阶常系数齐次微分算子. L 的象征 $l: \mathbb{R}^n \to \mathbb{C}$ 定义为

$$l(\xi_1, \cdots, \xi_n) \triangleq \sum_{j_1,\cdots,j_n \geqslant 0; j_1+\cdots+j_n = m} c_{j_1,\cdots,j_n} \xi_{j_1} \cdots \xi_{j_n}.$$

如果对所有 $\xi \in \mathbb{R}^n$ 和某些常数 $c > 0$, 象征有下界

$$l(\xi) \geqslant c|\xi|^m,$$

则称 L 是 m 阶椭圆算子.

例 8.17 Laplace 算子是 2 阶椭圆算子. $\mathbb{R}^2$ 中的 Cauchy-Riemann (柯西–黎曼) 算子 $\dfrac{\partial}{\partial x_1} - \mathrm{i}\dfrac{\partial}{\partial x_2}$ 是 1 阶椭圆算子. 另一方面, 热算子 $\dfrac{\partial}{\partial t} - \Delta$, Schrödinger 算子 $\mathrm{i}\dfrac{\partial}{\partial t} + \Delta$, 波算子 $-\dfrac{\partial^2}{\partial t^2} + \Delta$ 在 $\mathbb{R}^{1+n}$ 上不是椭圆的.

练习 8.8.2 如果 L 是一个 m 阶椭圆算子, f 是满足 $f, Lf \in H^s(\mathbb{R}^n)$ 的缓增分布, 则 $f \in H^{s+m}(\mathbb{R}^n)$, 且有如下估计:

$$\|f\|_{H^{s+m}(\mathbb{R}^n)} \leqslant C(\|f\|_{H^s(\mathbb{R}^n)} + \|Lf\|_{H^s(\mathbb{R}^n)}), \tag{8.49}$$

其中 C 依赖于 s, m, n, L.

注记 8.19 如果 L 是一个 m 阶非椭圆算子, 则估计 (8.49) 不成立.

练习 8.8.3 设 $f \in L^2_{\mathrm{loc}}(\mathbb{R}^n)$, L 是一个 m 阶椭圆算子. 证明: 如果 $Lf = 0$, 则 f 光滑.

8.9 迹 定 理

注意到 $H^m(\Omega) = W^{2,m}(\Omega)$ 的元素与 $L^2(\Omega)$ 的元素类似, 是在几乎处处意义下定义的. 所以一般说来, $H^m(\Omega)$ 中的元素在一个零测集上取值没有意义. 在本节中, 我们将证明当 $m \geqslant 1$ 时, $H^m(\Omega)$ 中元素在 $\partial \Omega$ 取值有意义. 首先, 考虑 Ω 是半平面 $\mathbb{R}^n_+ = \{(x_1, x_2, \cdots, x_k) : x_k > 0\}$ 的情形. 一般情形也可以像 8.6 节中一样局部化为这种情形.

当 $\Omega = \mathbb{R}^n_+ = \{x = (x', x_n) : x' \in \mathbb{R}^{n-1}, x_n > 0\}$ 时, 对任意 $\varphi \in C^1(\overline{\Omega}) \cap H^1(\Omega)$ 及 $x' \in \mathbb{R}^{n-1}$, 我们有

$$|\varphi(x', 0)|^2 = -\int_0^\infty \partial_{x_n}\big(|\varphi(x', x_n)|^2\big) \mathrm{d}x_n.$$

对上述等式在 $\mathbb{R}^{n-1}$ 上积分可得

$$\|\varphi(\cdot, 0)\|^2_{L^2(\mathbb{R}^{n-1})} \leqslant \int_{\mathbb{R}^n_+} \big[(\partial_{x_n}\varphi \cdot \bar{\varphi} + \varphi \cdot \partial_{x_n}\bar{\varphi}_n)\big] \mathrm{d}x$$

$$\leqslant 2\|\partial_{x_n}\varphi\|_{L^2(\mathbb{R}^n_+)} \|\varphi\|_{L^2(\mathbb{R}^n_+)}$$

$$\leqslant \|\varphi\|^2_{L^2(\mathbb{R}^n_+)} + \|\partial_{x_n}\varphi\|^2_{L^2(\mathbb{R}^n_+)}.$$

由于 $C^1(\overline{\mathbb{R}^n_+})$ 在 $H^1(\mathbb{R}^n_+)$ 中稠密, 上述计算给出了如下结果.

定理 8.17 定义迹算子 $\gamma_0 : C^1(\overline{\mathbb{R}^n_+}) \to C^0(\partial \mathbb{R}^n_+)$ 如下:

$$\gamma_0(\varphi)(x') = \varphi(x', 0), \quad \varphi \in C^1(\overline{\mathbb{R}^n_+}), \quad x' \in \partial \mathbb{R}^n_+,$$

则 γ_0 可以唯一延拓为 $H^1(\mathbb{R}^n_+)$ 到 $L^2(\partial \mathbb{R}^n_+)$ 的有界线性算子 (仍用 γ_0 记延拓后的算子). 进一步有

$$\gamma_0(\beta \cdot u) = \gamma_0(\beta) \cdot \gamma_0(u), \quad \beta \in C^1(\overline{\Omega}), \quad u \in H^1(\Omega).$$

若 $\Omega \subset \mathbb{R}^n$ 是有光滑边界的区域. 记 $\{G_j : 0 \leqslant j \leqslant N\}$, $\{\varphi_j : 1 \leqslant j \leqslant N\}$, $\{\beta_j : 0 \leqslant j \leqslant N\}$ 分别为局部映射的开覆盖和单位分解. 回忆 2.3 节中的线性单射 Λ, λ, 由定理 8.17, 可定义映射 $\gamma_0 : H^1(\Omega) \to L^2(\partial \Omega)$ 如下:

$$\gamma_0(u) = \sum_{j=1}^N \Big(\gamma_0\big((\beta_j u) \circ \varphi_j\big)\Big) \circ \varphi_j^{-1}$$

8.9 迹定理

$$= \sum_{j=1}^{N} \gamma_0(\beta_j) \cdot \left(\gamma_0(u \circ \varphi_j)\varphi_j^{-1}\right).$$

借助局部化技术和定理 8.17, 我们可证明如下结果.

定理 8.18 设 $\Omega \subset \mathbb{R}^n$ 是有光滑边界的区域. 定义迹算子 $\gamma_0 : C^1(\overline{\Omega}) \to C^0(\partial\Omega)$ 如下:

$$\gamma_0(\varphi)(x') = \varphi(x', 0), \quad \varphi \in C^1(\overline{\Omega}), \quad x' \in \partial\Omega,$$

则 γ_0 可以唯一延拓为 $H^1(\Omega)$ 到 $L^2(\partial\Omega)$ 的有界线性算子 (仍用 γ_0 记延拓后的算子). 进一步, 我们有

$$\gamma_0(\beta \cdot u) = \gamma_0(\beta) \cdot \gamma_0(u), \quad \beta \in C^1(\overline{\Omega}), \quad u \in H^1(\Omega).$$

下面我们讨论更一般的迹定理. 对函数 $u \in C^m(\overline{\Omega})$ 定义法向导数

$$\gamma_j(u) = \left.\frac{\partial^j u}{\partial \nu^j}\right|_{\partial\Omega}, \quad 0 \leqslant j \leqslant m-1$$

的各种迹. 这里 ν 是 G 边界上的单位外法向. 当 $\Omega = \mathbb{R}_+^n$ 时, 则 $\partial u/\partial \nu = -\partial_n u|_{x_n=0}$. 每一 γ_j 可由连续性延拓为整个 $H^m(\Omega)$, 从而有如下结果.

定理 8.19 $\Omega \subset \mathbb{R}^n$ 是有光滑边界的区域, 则存在唯一的从 $H^m(\Omega)$ 到 $\prod_{j=0}^{m-1} H^{m-1-j}(\partial\Omega)$ 的有界线性算子 γ 使得

$$\gamma(u) = \left(\gamma_0 u, \gamma_1 u, \cdots, \gamma_{m-1}(u)\right), \quad u \in C^m(\overline{\Omega}).$$

定义

$$H_0^m(\Omega) \triangleq \{u \in H^m(\Omega) : (\gamma_0 u, \gamma_1 u, \cdots, \gamma_{m-1}(u)) = (0, \cdots, 0)\}.$$

命题 8.30 $C_0^\infty(\Omega)$ 在 $H_0^m(\Omega)$ 中稠密.

由于 $C_0^\infty(\Omega)$ 在 $H_0^m(\Omega)$ 中稠密, $H^{-m}(\Omega) \triangleq H_0^m(\Omega)'$ 中的每一元素决定了一个 Ω 上的广义函数 (通过限制到 $C_0^\infty(\Omega)$), 并且该映射是单射. 因此能够将 $H^{-m}(\Omega)$ 与 Ω 上的一个广义函数空间恒等, 这些广义函数如下定义.

定理 8.20 $H^{-m}(\Omega)$ 等于由集合

$$\{\partial^\alpha f : |\alpha| \leqslant m, \ f \in L^2(\Omega)\}$$

所张成的 Ω 上的广义函数空间的子空间.

证明 如果 $f \in L^2(\Omega)$, $|\alpha| \leqslant m$, 则
$$|\partial^\alpha f(\varphi)| \leqslant \|f\|_{L^2(\Omega)} \|\varphi\|_{H_0^m(\Omega)}, \quad \varphi \in C_0^\infty(\Omega).$$

因此 $\partial^\alpha f$ 有 (唯一) 到 $H_0^m(\Omega)$ 的线性延拓. 反过来, 如果 $\lambda \in H^{-m}(\Omega)$, 则存在 $h \in H_0^m(\Omega)$ 使得
$$\lambda(\varphi) = (h, \varphi)_{H^m(\Omega)}, \quad \varphi \in C_0^\infty(\Omega).$$

从而 $\lambda = \sum_{|\alpha| \leqslant m} (-1)^{|\alpha|} \partial^\alpha (\partial^\alpha h)$. □

定理 8.21 (Poincaré (庞加莱) 不等式) 设 Ω 是 $\mathbb{R}^n$ 中满足 $\sup\{|x_1| | (x_1, x_2, \cdots, x_n) \in \Omega\} = K < \infty$ 的开集. 则
$$\|\varphi\|_{L^2(\Omega)} \leqslant 2K \|\partial_1 \varphi\|_{L^2(\Omega)}, \quad \varphi \in H_0^1(\Omega).$$

证明 由于 $C_0^\infty(\Omega)$ 在 $H_0^1(\Omega)$ 中稠密, 不失一般性, 可设 $\varphi \in C_0^\infty(\Omega)$. 在 Ω 上积分等式
$$\partial_{x_1}(x_1 \cdot |\varphi(x)|^2) = |\varphi(x)|^2 + x_1 \cdot \partial_{x_1}(|\varphi(x)|^2),$$

由散度定理可得
$$\int_\Omega |\varphi(x)|^2 \mathrm{d}x = -\int_\Omega x_1 \left(\partial_{x_1}\varphi(x) \cdot \bar\varphi(x) + \varphi(x) \cdot \partial_{x_1}\bar\varphi(x) \right) \mathrm{d}x$$
$$\leqslant 2K \|\partial_{x_1} \varphi\|_{L^2(\Omega)} \|\varphi\|_{L^2(\Omega)}.$$

得证. □

注记 8.20 本节中我们介绍了一个非常初级的迹定理. 其主要想法是正则性能够带来对某些零测集上值的限制. 更精细的迹定理可参考 (文献 [1,7]).

习 题 8

1. 证明 $C^k(\mathbb{R}^n)$ 是一个 Banach 空间.
2. 证明对每个 $n \geqslant 1$, $k \geqslant 0$, $C^k(\mathbb{R}^n)$ 范数与如下范数
$$\|f\|_{\tilde{C}^k(\mathbb{R}^n)} \triangleq \|f\|_{L^\infty(\mathbb{R}^n)} + \sum_{|\alpha|=k} \sup_{x \in \mathbb{R}^n} |\partial^\alpha f|_{L^\infty(\mathbb{R}^n)}$$

等价: 存在常数 $C > 0$ (依赖于 k 和 n) 使得
$$C^{-1} \|f\|_{C^k(\mathbb{R}^n)} \leqslant \|f\|_{\tilde{C}^k(\mathbb{R}^n)} \leqslant C \|f\|_{C^k(\mathbb{R}^n)}$$

对所有 $f \in C^k(\mathbb{R}^n)$ 成立.

3. 证明: 空间 $C_c^\infty(\mathbb{R}^n)$ 是完备的.

4. 证明: 任一具 $C^\infty(\mathbb{R}^n)$ 系数的微分算子 $P(x,\partial)$ 都是 $C_0^\infty(\mathbb{R}^n) \to C_0^\infty(\mathbb{R}^n)$ 的线性连续映射.

5. 对 $\lambda \neq 0$, 计算 $(\partial - \lambda)(H(x)\mathrm{e}^{\lambda x})$ 和 $(\partial^2 + \lambda^2)(\lambda^{-1}H(x)\sin(\lambda x))$.

6. 设 $u(x) = \begin{cases} 1, & |x| < 1, \\ 0, & |x| \geqslant 1. \end{cases}$ 试问 $u(\cdot)$ 作为广义函数支集是什么?

7. 设 $f \in L^1(\mathbb{R})$, 能否定义 f 与 δ 的乘积?

8. 设 $\{f_m\}_{k=1}^\infty \subset C(\mathbb{R}^n)$, $f_m(x) \geqslant 0$ 且对于任意的 $r > 0, R > 0$, 在 $(-R,-r), (r,R)$ 上 f_m 一致趋于零, 并有 $\int_{-r}^r f_m(x)\mathrm{d}x \to 1$, 则 $m \to \infty$ 时在 $D'(\mathbb{R}^n)$ 中 $f_m \to \delta$.

9. 在广义函数意义下求下列极限:

(1) $\lim\limits_{\varepsilon \to 0} \dfrac{\varepsilon}{(\varepsilon^2 + x^2)}$;

(2) $\lim\limits_{\varepsilon \to 0} \dfrac{1}{\sqrt{\pi\varepsilon}} \mathrm{e}^{-\frac{x^2}{\varepsilon}}$.

10. 计算下列诸式 (均设 $\varphi(x) \in C_0^\infty(\mathbb{R})$):

(1) $x\delta'$;

(2) $x^2 \delta''$;

(3) $\Delta_n(1/|x|^{n-2})$;

(4) $\langle x^k \delta^{(m)}(x), \varphi(x)\rangle$, $k, m \in \mathbb{N}$;

(5) $\langle \delta(ax), \varphi(x)\rangle$, $a \in \mathbb{R}$ 为常数;

(6) $\lim\limits_{m\to\infty} \langle \sum_{\nu=1}^m \cos \nu x, \varphi(x)\rangle$;

(7) $\dfrac{\partial^2 H}{\partial x \partial y}$, 其中 $H(x,y)$ 在第一象限中为 1, 其余为 0;

(8) $x\dfrac{\partial u}{\partial x} + y\dfrac{\partial u}{\partial y}$, 其中 u 为 $\mathbb{R}^2$ 中单位圆的特征函数.

11. 设 $n = 1$. 证明下列结论:

(1) 符号函数 $\mathrm{sgn}(x)$ 的导数等于 2δ.

(2) 局部可积函数 $\ln|x|$ 的导数等于 $\mathrm{p.v.}\dfrac{1}{x}$.

(3) 局部可积函数 $\ln|x|\mathrm{sgn}(x)$ 的导数等于例 8.6 中的广义函数 λ_1.

(4) $|x|$ 的导数是 $\mathrm{sgn}(x)$.

12. 设 $\lambda \in D'(\mathbb{R}^n)$. 证明: 若 λ 的导数为零, 则 λ 必为常数.

13. 证明: 若 $\lambda \in D'(\mathbb{R}^n)$ 的导数是连续函数, 则 $\lambda \in C^1(\mathbb{R}^n)$.

14. 设 $f_\varepsilon(x) = (x + \mathrm{i}\varepsilon)^{-1} + (x - \mathrm{i}\varepsilon)^{-1}$. 证明: 极限 $\lim\limits_{\varepsilon \to 0} f_\varepsilon$ 属于 $D'(\mathbb{R}^n)$.

15. 设 $\{f_m\}_{k=1}^\infty \subset C(\mathbb{R}^n)$, $f \in C(\mathbb{R}^n)$. 则在下列哪些条件下能得到 f_m 在 $\mathcal{D}'(\mathbb{R}^n)$ 中收敛到 f?

(1) f_m 在 $L^2(\mathbb{R}^n)$ 中收敛到 f;

(2) f_m 点点收敛于 f;

(3) f_m 一致收敛于 f.

16. 设 $\varphi(x,y) \in C_0^\infty(\mathbb{R}_x^n \times \mathbb{R}_y^m)$, $T_y \in D'(\mathbb{R}_y^m)$. 证明: $\langle T_y, \varphi(x,y)\rangle \in C_0^\infty(\mathbb{R}_x^n)$.

17. 计算下列函数的 Fourier 变换:

(1) $e^{-a|x|}$;

(2) $\dfrac{1}{a^2+x^2}$;

(3) e^{-ax^2};

(4) $2x^2+x+1$;

(5) $x^a H(x)$;

(6) $\ln|x|$;

(7) $P(x)e^{ax}$ ($P(x)$ 为 x 的多项式);

(8) $H(x)H(y)$;

(9) $\dfrac{y}{(1+x^2)(1+y^2)}$;

(10) $xe^{-\pi y^2}$;

(11) $\delta'(x)e^{-\frac{y^2}{2}}$;

(12) $\dfrac{\sin^3 x}{x^3}$.

18. 证明: 若 $\phi, \psi \in \mathcal{S}(\mathbb{R}^n)$, 则 $\phi\psi \in \mathcal{S}(\mathbb{R}^n)$.

19. 设 $f \in \mathcal{S}'(\mathbb{R}^n)$, 试证下列诸条件等价:

(1) $D^\alpha f \in L^2(\mathbb{R}^n), \forall |\alpha| \leqslant m$;

(2) $\xi^\alpha \hat{f}(\xi) \in L^2(\mathbb{R}^n), \forall |\alpha| \leqslant m$;

(3) $P(\xi)\hat{f}(\xi) \in L^2(\mathbb{R}^n)$, 对所有次数 $\leqslant m$ 的多项式 $P(\xi)$ 成立;

(4) $(1+|\xi|^2)^{\frac{m}{2}} \hat{f}(\xi) \in L^2(\mathbb{R}^n)$.

20. 利用 Fourier 变换求解以下方程:

$$\begin{cases} -\Delta u(x,y) = 0, & (x,y) \in \mathbb{R}_+^2 = (-\infty,\infty)\times(0,\infty), \\ u(x,0) = g(x), & x \in \mathbb{R}, \\ u(x,y) \to 0, & \text{若 } |(x,y)| \to \infty. \end{cases} \tag{8.50}$$

21. 考虑如下偏微分方程:

$$-u_{xx}(x,y) + u_{yyyy}(x,y) + u(x,y) = f(x,y), \quad (x,y) \in \mathbb{R}^2.$$

证明: 若 $f \in L^2(\mathbb{R}^2)$, 则 u, u_x, u_{yy}, u_{xyy} 都属于 $L^2(\mathbb{R}^2)$.

22. Heaviside 函数

$$H(x) = \begin{cases} 0 & x < 0, \\ 1 & x \geqslant 0 \end{cases}$$

是否有弱导数?

23. 设 $u \in H^2(\mathbb{R}^n)$. 证明: $|\nabla u|_{L^2(\mathbb{R}^n)} \leqslant |\Delta u|_{L^2(\mathbb{R}^n)}^{\frac{1}{2}} |u|_{L^2(\mathbb{R}^n)}^{\frac{1}{2}}$.

24. 设 $\Omega_1 \subset \Omega_2 \subset \mathbb{R}^n$. 证明: $H_0^m(\Omega_1)$ 与 $H_0^m(\Omega_2)$ 的一个闭子空间等距同构.

习 题 8

25. 设 $u \in H^m(\Omega)$, $\beta \in C^\infty(\overline{\Omega})$. 证明: $\beta u \in H^m(\Omega)$. 若 $\beta \in C_0^\infty(\Omega)$, 证明: $\beta u \in H_0^m(\Omega)$.

26. 证明在一般的无界区域上 Poincaré 不等式不成立.

27. 给出一个属于 $H^{1/2}(\mathbb{R})$ 但不属于 $L^\infty(\mathbb{R})$ 的函数的例子.

28. 设 $k \in \mathbb{N}$. 求使得 $\dfrac{1}{|x|^k} \in H^{-m}(\mathbb{R}^n)$ 的最小自然数 m.

29. 设 $k \in \mathbb{N}$. 是否存在最大实数 s 使得 $\dfrac{1}{|x|^k} \in H^s(\mathbb{R}^n)$.

30. 设 $\Omega = \{x \in \mathbb{R}^n : |x| < 1\}$. 求使得 $\ln\ln\left(1 + \dfrac{1}{|x|}\right) \in W^{1,j}(\Omega)$ 的最小自然数 j.

31. 设 $\Omega \subset \mathbb{R}^n$ 是有界区域, $F \in C^1(\mathbb{R})$ 且 $u \in W^{1,p}(\Omega)$. 证明: $v = F(u) \in W^{1,p}(\Omega)$.

32. 设 $u \in W^{1,p}(\mathbb{R}^n)$. 证明: $|u|, u^+ = \max\{u,0\}, u^- = \min\{u,0\} \in W^{1,p}(\mathbb{R}^n)$.

33. 设 $u \in W^{2,1}(\Omega)$, 其中 $\Omega \subset \mathbb{R}^4$ 是边界光滑的有界区域. 证明: $u \in L^2(\Omega)$.

34. 设 $\Omega \subset \mathbb{R}^n$ 是有光滑边界的有界区域. 证明: 存在常数 $C > 0$ 使得对任意 $u \in H^2(\Omega) \cap H_0^1(\Omega)$,

$$\int_\Omega |\nabla u|^2 \mathrm{d}x \leqslant C \left(\int_\Omega u^2 \mathrm{d}x\right)^{\frac{1}{2}} \left(\int_\Omega |D^2 u|^2 \mathrm{d}x\right)^{\frac{1}{2}}.$$

第 9 章 L^p 空间插值

9.1 函数插值

以下为 Hölder 不等式的一个直接推论.

引理 9.1 (L^p 范数的对数凸性) 设 $1 \leqslant p_0 < p_1 \leqslant \infty$, $f \in L^{p_0}(a,b) \cap L^{p_1}(a,b)$, 则对所有 $p_0 \leqslant p \leqslant p_1$, $f \in L^p(a,b)$. 进一步, 对所有 $0 \leqslant \theta \leqslant 1$ 有

$$\|f\|_{L^{p_\theta}(a,b)} \leqslant \|f\|_{L^{p_0}(a,b)}^{1-\theta} \|f\|_{L^{p_1}(a,b)}^{\theta},$$

其中 p_θ 满足 $1/p_\theta \triangleq (1-\theta)/p_0 + \theta/p_1$.

证明 若 $p_1 \neq \infty$, 由 Hölder 不等式,

$$\|f\|_{L^{p_\theta}(a,b)}^{p_\theta} = \int_a^b |f|^{(1-\theta)p_\theta} |f|^{\theta p_\theta} \, \mathrm{d}x$$

$$\leqslant \| |f|^{(1-\theta)p_\theta} \|_{L^{p_0/((1-\theta)p_\theta)}(a,b)} \| |f|^{\theta p_\theta} \|_{L^{p_1/(\theta p_\theta)}(a,b)}.$$

$p_1 = \infty$ 的证明更为简单. 我们将其留给读者. □

下面我们考虑引理 9.1 的推广. 首先引入空间 $L^{p,\infty}$. 给定可测函数 $f|(a,b) \to \mathbb{R}$, 定义分布函数 $\lambda_f : \mathbb{R}^+ \to [0, +\infty]$ 为

$$\lambda_f(t) \triangleq \mu(\{x \in X : |f(x)| \geqslant t\}) = \int_X \mathbf{1}_{|f| \geqslant t} \, \mathrm{d}\mu.$$

于是有

$$|f(x)|^p = p \int_0^\infty \mathbf{1}_{|f| \geqslant t} t^p \, \frac{\mathrm{d}t}{t}.$$

由 Fubini 定理可得, 对 $1 \leqslant p < \infty$,

$$\|f\|_{L^p(a,b)}^p = p \int_0^\infty \lambda_f(t) t^p \, \frac{\mathrm{d}t}{t}, \tag{9.1}$$

而对 $p = \infty$,

$$\|f\|_{L^\infty(a,b)} = \inf\{t \geqslant 0 : \lambda_f(t) = 0\}.$$

由式 (9.1) 及 Lebesgue 积分定义可得如下结论.

9.1 函数插值

命题 9.1 存在两个常数 c_p 和 C_p 使得对任意 $f \in L^p(a,b)$ $(1 \leqslant p < \infty)$,

$$c_p \sum_{n \in \mathbb{Z}} \lambda_f(2^n) 2^{np} \leqslant \|f\|_{L^p(x)}^p \leqslant C_p \sum_{n \in \mathbb{Z}} \lambda_f(2^n) 2^{np}.$$

注记 9.1 命题 9.1 虽然很简单, 但它建立了 f 的 $L^p(a,b)$ 范数与分布函数 $\lambda_f(2^n)$ 的关系, 即对任意 $1 \leqslant p \leqslant \infty$, $\|f\|_{L^p(a,b)}$ 与序列 $n \mapsto 2^n \lambda_f(2^n)^{1/p}$ 的 $\ell^p(\mathbb{Z})$ 范数可互相估计.

对任意 $t > 0$ 我们有

$$\|f\|_{L^p(a,b)}^p = \int_X |f|^p \, \mathrm{d}\mu \geqslant \int_{|f| \geqslant t} t^p \, \mathrm{d}\mu = t^p \lambda_f(t),$$

因而可得 Chebyshev (切比雪夫) 不等式

$$\lambda_f(t) \leqslant \frac{1}{t^p} \|f\|_{L^p(x)}^p.$$

对 $1 \leqslant p < \infty$, 定义 $f|(a,b) \to \mathbb{R}$ 的弱 L^p 范数 $\|f\|_{L^{p,\infty}(a,b)}$ 如下:

$$\|f\|_{L^{p,\infty}(a,b)} \triangleq \sup_{t>0} t \lambda_f(t)^{1/p}.$$

记 $L^{p,\infty}(a,b)$ 为满足 $\|f\|_{L^{p,\infty}(a,b)} < \infty$ 的可测函数 $f|(a,b) \to \mathbb{C}$ 所构成的空间.

由 Chebyshev 不等式可得

$$\|f\|_{L^{p,\infty}(a,b)} \leqslant \|f\|_{L^p(a,b)}.$$

因此, $L^p(a,b) \subset L^{p,\infty}(a,b)$. 如果 $X = \mathbb{R}^n$ 具通常的 Lebeague 测度, 且 $0 < p < \infty$, 则函数 $f(x) \triangleq |x-a|^{-n/p}$ 属于 $L^{p,\infty}(a,b)$, 但不属于 $L^p(a,b)$. 因此

$$L^p(a,b) \subsetneq L^{p,\infty}(a,b).$$

如果 $f, g \in L^{p,\infty}(a,b)$, 则有如下包含关系:

$$\{|f+g| \geqslant t\} \subset \{|f| \geqslant t/2\} \cup \{|g| \geqslant t/2\}.$$

因而

$$\lambda_{f+g}(t) \leqslant \lambda_f(t/2) + \lambda_g(t/2).$$

由此可得拟三角不等式

$$\|f+g\|_{L^{p,\infty}(a,b)} \leqslant C_p \big(\|f\|_{L^{p,\infty}(a,b)} + \|g\|_{L^{p,\infty}(a,b)}\big),$$

其中 C_p 是仅依赖于 p 的常数.

Lorentz (洛伦兹) 空间自然出现在实际插值方法的更精细的应用中, 并且对于某些利用 Lebesgue 空间失败的 "端点" 估计可以通过使用 Lorentz 空间来补救. 这里不再详细介绍.

命题 9.2 设 $1 \leqslant p_0 < p_1 \leqslant \infty$, $f \in L^{p_0,\infty}(a,b) \cap L^{p_1,\infty}(a,b)$, 则对所有 $p_0 \leqslant p \leqslant p_1$ 都有 $f \in L^{p,\infty}(a,b)$. 进一步, 对所有 $0 \leqslant \theta \leqslant 1$,

$$\|f\|_{L^{p_\theta,\infty}(a,b)} \leqslant \|f\|^{\theta}_{L^{p_0,\infty}(a,b)} \|f\|^{1-\theta}_{L^{p_0,\infty}(a,b)}, \tag{9.2}$$

其中指数 p_θ 定义为 $1/p_\theta \triangleq (1-\theta)/p_0 + \theta/p_1$.

证明 由定义可知对所有 $t > 0$,

$$\lambda_f(t) \leqslant \frac{\|f\|^{p_0}_{L^{p_0,\infty}(a,b)}}{t^{p_0}}$$

且

$$\lambda_f(t) \leqslant \frac{\|f\|^{p_1}_{L^{p_1,\infty}(a,b)}}{t^{p_1}}.$$

从而对所有 $0 < \theta < 1$ 成立

$$\lambda_f(t) \leqslant \frac{\|f\|^{p_0\theta}_{L^{p_1,\infty}(a,b)} \|f\|^{p_1(1-\theta)}_{L^{p_1,\infty}(a,b)}}{t^{p_0\theta + p_1(1-\theta)}}. \tag{9.3}$$

$\square$

下面是比命题 9.2 更强的一个结论.

命题 9.3 设 $1 \leqslant p_0 < p_1 \leqslant \infty$, $f \in L^{p_0,\infty}(a,b) \cap L^{p_1,\infty}(a,b)$, 则对所有 $p_0 < p < p_1$ 都有 $f \in L^p(a,b)$. 进一步, 对所有 $0 < \theta < 1$ 都有

$$\|f\|_{L^{p_\theta}(a,b)} \leqslant C_{p_0,p_1,\theta} \|f\|^{\theta}_{L^{p_0,\infty}(a,b)} \|f\|^{1-\theta}_{L^{p_0,\infty}(a,b)}, \tag{9.4}$$

其中指数 p_θ 定义为 $1/p_\theta \triangleq (1-\theta)/p_0 + \theta/p_1$, 常数 $C_{p_0,p_1,\theta}$ 与 f 无关.

证明 设 t_0 是使得

$$\frac{\|f\|^{p_0}_{L^{p_0,\infty}(a,b)}}{t^{p_0}} = \frac{\|f\|^{p_1}_{L^{p_1,\infty}(a,b)}}{t^{p_1}}$$

成立的唯一 t. 将式 (9.3) 中的 θ 替换为 $\theta - \varepsilon$ 和 $\theta + \varepsilon$, 其中 $\varepsilon \in [0,\theta] \cap [0,1-\theta]$, 则有

$$\lambda_f(t) \leqslant \frac{\|f\|^{p_0(\theta-\varepsilon)}_{L^{p_1,\infty}(a,b)} \|f\|^{p_1(1-\theta+\varepsilon)}_{L^{p_1,\infty}(a,b)}}{t^{p_0(\theta-\varepsilon) + p_1(1-\theta+\varepsilon)}}$$

及
$$\lambda_f(t) \leqslant \frac{\|f\|_{L^{p_1,\infty}(a,b)}^{p_0(\theta+\varepsilon)}\|f\|_{L^{p_1,\infty}(a,b)}^{p_1(1-\theta-\varepsilon)}}{t^{p_0(\theta+\varepsilon)+p_1(1-\theta-\varepsilon)}}.$$

因此,
$$\lambda_f(t) \leqslant \min\left\{\frac{\|f\|_{L^{p_1,\infty}(a,b)}^{p_0(\theta-\varepsilon)}\|f\|_{L^{p_1,\infty}(a,b)}^{p_1(1-\theta+\varepsilon)}}{t^{p_0(\theta-\varepsilon)+p_1(1-\theta+\varepsilon)}}, \frac{\|f\|_{L^{p_1,\infty}(a,b)}^{p_0(\theta+\varepsilon)}\|f\|_{L^{p_1,\infty}(a,b)}^{p_1(1-\theta-\varepsilon)}}{t^{p_0(\theta+\varepsilon)+p_1(1-\theta-\varepsilon)}}\right\}$$
$$\leqslant \frac{\|f\|_{L^{p_1,\infty}(a,b)}^{p_0\theta}\|f\|_{L^{p_1,\infty}(a,b)}^{p_1(1-\theta)}}{t^{p_0\theta+p_1(1-\theta)}} \min\left\{\frac{t^{p_0\varepsilon}\|f\|_{L^{p_1,\infty}(a,b)}^{p_1\varepsilon}}{t^{p_1\varepsilon}\|f\|_{L^{p_1,\infty}(a,b)}^{p_0\varepsilon}}, \frac{t^{p_1\varepsilon}\|f\|_{L^{p_1,\infty}(a,b)}^{p_0\varepsilon}}{t^{p_0\varepsilon}\|f\|_{L^{p_1,\infty}(a,b)}^{p_1\varepsilon}}\right\}$$

结合 t_0 的选取可得对某些依赖于 p_0, p_1, ε 的 $\delta > 0$ 有
$$\lambda_f(t) \leqslant \frac{\|f\|_{L^{p_1,\infty}(a,b)}^{p_0\theta}\|f\|_{L^{p_1,\infty}(a,b)}^{p_1(1-\theta)}}{t^{p_0\theta+p_1(1-\theta)}} \min\left\{\frac{t}{t_0}, \frac{t_0}{t}\right\}^\delta.$$

因此,
$$\lambda_f(t)t^{p_0\theta+p_1(1-\theta)}\frac{1}{t} \leqslant \|f\|_{L^{p_1,\infty}(a,b)}^{p_0\theta}\|f\|_{L^{p_1,\infty}(a,b)}^{p_1(1-\theta)} \min\left\{\frac{t}{t_0}, \frac{t_0}{t}\right\}^\delta \frac{1}{t}. \tag{9.5}$$

对式 (9.5) 两边关于 t 从 0 到 ∞ 积分可得, 存在常数 $C_{p_0,p_1,\theta}$ 使得
$$\|f\|_{L^{p_\theta}(a,b)} \leqslant C_{p_0,p_1,\theta} B_\theta. \tag{9.6}$$

$\square$

注记 9.2 如果 $p_0 \neq \infty$, 当 $\theta \to 0$ 时常数 $C_{p_0,p_1,\theta}$ 必定发散到无穷, 否则推出函数的 L^{p_0} 范数可被 $L^{p_0,\infty}$ 范数控制. 类似地, 若 $p_1 \neq \infty$, 该常数在 $\theta \to 1$ 时必然发散.

9.2 算子插值

定理 9.1 (Riesz-Thorin (里斯–托林) 定理) 设 $1 \leqslant p_0 \leqslant p_1 \leqslant \infty, 1 \leqslant q_0, q_1 \leqslant \infty$. 设算子 $T \in \mathcal{L}(L^{p_0}(a,b); L^{q_0}(a,b))$ 且 T 在 $L^{p_1}(a,b)$ 上的限制 (在不引起混淆的情况下, 我们仍然用 T 来表示 T 在 $L^{p_1}(x)$ 上的限制) 属于 $\mathcal{L}(L^{p_1}(a,b); L^{q_1}(a,b))$. 取 $C_0, C_1 > 0$ 使得
$$\|Tf\|_{L^{q_0}(a,b)} \leqslant C_0 \|f\|_{L^{p_0}(a,b)}, \quad \forall f \in L^{p_0}(a,b) \tag{9.7}$$

及
$$\|Tf\|_{L^{q_1}(a,b)} \leqslant C_1 \|f\|_{L^{p_1}(a,b)}, \quad \forall f \in L^{p_1}(a,b), \tag{9.8}$$

则对任意 $0 < \theta < 1$ 都有
$$\|Tf\|_{L^{q_\theta}(a,b)} \leqslant C_\theta \|f\|_{L^{p_\theta}(a,b)}, \quad \forall f \in L^{p_\theta}(a,b), \tag{9.9}$$

其中 $1/p_\theta \triangleq 1 - \theta/p_0 + \theta/p_1$, $1/q_\theta \triangleq 1 - \theta/q_0 + \theta/q_1$, $C_\theta \triangleq C_0^{1-\theta} C_1^\theta$.

在证明定理 9.1 之前, 作为一个辅助结果, 我们先给出 Lindelöf (林德勒夫) 定理.

引理 9.2 (Lindelöf 定理) 设 $s \mapsto f(s)$ 是带型区域 $S \triangleq \{\sigma + \mathrm{i}t : 0 \leqslant \sigma \leqslant 1; t \in \mathbb{R}\}$ 上的解析函数, 满足如下条件:

(1) 存在常数 $C, \delta > 0$ 使得对所有 $\sigma + \mathrm{i}t \in S$ 都有
$$|f(\sigma + \mathrm{i}t)| \leqslant C \exp(\exp((\pi - \delta)|t|)); \tag{9.10}$$

(2) 存在常数 $C_0, C_1 > 0$ 使得对所有的 $t \in \mathbb{R}$ 有 $|f(0 + \mathrm{i}t)| \leqslant C_0$ 及 $|f(1 + \mathrm{i}t)| \leqslant C_1$.

则对所有 $0 \leqslant \theta \leqslant 1$ 和 $t \in \mathbb{R}$ 成立 $|f(\theta + \mathrm{i}t)| \leqslant C_\theta \triangleq C_0^{1-\theta} C_1^\theta$.

Lindelöf 定理的证明虽然需要构造新的解析函数, 但本质上仅使用了解析函数的最大模原理. 其证明可在大多数标准的复变函数教材上找到, 如文献 [3].

定理 9.1 的证明 如果 $C_0 C_1 = 0$ 或 $p_0 = p_1$, 结果是平凡的. 因此只需要考虑 $p_0 \neq p_1$ 及 $C_0 C_1 \neq 0$ 的情形. 若 $\max\{C_0, C_1\} > 1$, 则令 $\widetilde{T} = T/\max\{C_0, C_1\}$, 然后对算子 $\widetilde{T}$ 证明式 (9.9) 即可. 因此我们可直接假设 $C_0 = C_1 = 1$. 从而也有 $C_\theta = 1$.

由 Hölder 不等式及式 (9.7), 我们知对任意 $f \in L^{p_0}(a,b)$ 和 $g \in L^{q_0'}(a,b)$ 都有
$$\left| \int_a^b (Tf) g \, \mathrm{d}x \right| \leqslant \|f\|_{L^{p_0}(a,b)} \|g\|_{L^{q_0'}(a,b)}, \tag{9.11}$$

其中 q_0' 满足 $1/q_0 + 1/q_0' = 1$. 类似可得对所有 $f \in L^{p_1}(a,b)$ 及 $g \in L^{q_1'}(a,b)$ 都有
$$\left| \int_a^b (Tf) g \, \mathrm{d}x \right| \leqslant \|f\|_{L^{p_1}(a,b)} \|g\|_{L^{q_1'}(a,b)}. \tag{9.12}$$

我们只需证明对所有 $f \in L^{p_1}(a,b)$ 及 $g \in L^{q_1'}(a,b)$ 都有
$$\left| \int_a^b (Tf) g \, \mathrm{d}x \right| \leqslant \|f\|_{L^{p_\theta}(a,b)} \|g\|_{L^{q_\theta'}(a,b)}. \tag{9.13}$$

9.2 算子插值

由 T 的线性性, 我们不妨设 $\|f\|_{L^{p_\theta}(x)} = \|g\|_{L^{q'_\theta}(x)} = 1$. 注意到 $f = |f|\mathrm{sgn}(f)$, $g = |g|\mathrm{sgn}(g)$. 设

$$F(s) \triangleq \int_Y \left(T[|f|^{(1-s)p_\theta/p_0 + sp_\theta/p_1}\mathrm{sgn}(f)]\right)\left[|g|^{(1-s)q'_\theta/q'_0 + sq'_\theta/q'_1}\mathrm{sgn}(g)\right] \mathrm{d}x$$

(按照惯例, 在端点 $q'_0 = q'_1 = q'_\theta = \infty$ 时, 规定 $q'_\theta/q'_0, q'_\theta/q'_1 = 1$) 可知 F 是至多指数增长的一个解析函数, 且当 $s = \theta$ 时其函数值等于 $\int_a^b (Tf)g\,\mathrm{d}x$. 当 $s = 0 + \mathrm{i}t$ 时, 由式 (9.11) 可得 $|F(s)| \leqslant 1$; 类似地, 由式 (9.12) 可得 $s = 1 + \mathrm{i}t$ 时 $|F(s)| \leqslant 1$. 所以由引理 9.2 可得式 (9.13). $\square$

现在我们给出了 Riesz-Thorin 定理的实插值对应, 即如下插值定理.

定理 9.2 (Marcinkiewicz (马钦凯维奇) 插值定理) 设 $1 \leqslant p_0 \leqslant p_1 \leqslant \infty$, $1 \leqslant q_0, q_1 \leqslant \infty$, $q_0 \neq q - 1$. 设算子 $T \in \mathcal{L}(L^{p_0}(a,b); L^{q_0,\infty}(a,b))$ 且 T 在 $L^{p_1}(a,b)$ 上的限制 (在不引起混淆的情况下, 我们仍然用 T 来表示 T 在 $L^{p_1}(a,b)$ 上的限制) 属于 $\mathcal{L}(L^{p_1}(a,b); L^{q_1,\infty}(a,b))$. 设 p_θ 满足 $1/p_\theta \triangleq 1 - \theta/p_0 + \theta/p_1$, q_θ 满足 $1/q_\theta \triangleq 1 - \theta/q_0 + \theta/q_1$, 则 T 在 $L^{p_\theta}(a,b)$ 上的限制 (在不引起混淆的情况下, 我们仍然用 T 来表示 T 在 $L^{p_\theta}(a,b)$ 上的限制) 属于 $\mathcal{L}(L^{p_\theta}(a,b); L^{q_\theta}(a,b))$.

注记 9.3 与 Riesz-Thorin 定理不同, 为简便起见, 这里我们没有给出 $|T|_{\mathcal{L}(L^{p_\theta}(a,b); L^{q_\theta}(a,b))}$ 的估计. 对此感兴趣的读者可参看文献 [10].

证明 我们仅考虑 q_0, q_1 为有限的情形; q_0, q_1 之一为 ∞ 的证明是类似的. 我们将其留给读者.

由假设, 存在 $C_0, C_1 > 0$ 使得对所有 (a,b) 上的简单函数 f 及所有 $t > 0$ 都有

$$\lambda_{Tf}(t) \leqslant \frac{C_0^{q_0}\|f\|_{L^{p_0}(a,b)}^{q_0}}{t^{q_0}} \tag{9.14}$$

及

$$\lambda_{Tf}(t) \leqslant \frac{C_1^{q_1}\|f\|_{L^{p_1}(a,b)}^{q_1}}{t^{q_1}}. \tag{9.15}$$

在证明的剩余部分, 记 C 为依赖于 $p_0, p_1, q_0, q_1, \theta, C_0, C_1$ 的常数, 可能逐行变化. 由式 (9.1), 只需证明

$$\int_0^\infty \lambda_{Tf}(t) t^{q_\theta} \frac{\mathrm{d}t}{t} \leqslant C\|f\|_{L^{p_\theta}(a,b)}^{q_\theta}.$$

不失一般性, 可假设 $\|f\|_{L^{p_\theta}(a,b)} = 1$. 由性质 9.1, 仅需证明

$$\sum_{n \in \mathbb{Z}} \lambda_{Tf}(2^n) 2^{q_\theta n} \leqslant C. \tag{9.16}$$

由假设 $\|f\|_{L^{p_\theta}(a,b)} = 1$ 可知

$$\sum_{m \in \mathbb{Z}} \lambda_{Tf}(2^m) 2^{p_\theta m} \leqslant C. \tag{9.17}$$

当 $p_0 = p_1$ 时, 结论可由直接代入式 (9.12), (9.15) 得到. 因此只需考虑 $p_0 \neq p_1$ 的情形. 于是 $p_0 < p_\theta < p_1$. 显然,

$$f = \sum_{m \in \mathbb{Z}} f_m,$$

其中 $f_m = f \chi_{2^m \leqslant |f| < 2^{m+1}}$. 由于假设 f 是简单函数, 从而仅有有限多个 f_m 不为零.

由线性性可得逐点估计

$$Tf \leqslant \sum_{m \in \mathbb{Z}} Tf_m,$$

从而

$$\lambda_{Tf}(2^n) \leqslant \sum_{m \in \mathbb{Z}} \lambda_{Tf_m}(c_{n,m} 2^n),$$

这里 $c_{n,m}$ 是满足 $\sum_{m \in \mathbb{Z}} c_{n,m} = 1$ 的正常数, 但可自由选取. 我们将暂时搁置 $c_{n,m}$ 的最佳选择的问题.

由式 (9.12) 及 (9.15) 可得

$$\lambda_{Tf_m}(c_{n,m} 2^n) \leqslant C c_{n,m}^{-q_0} 2^{-nq_0} \|f_m\|_{L^{p_0}(x)}^{q_0}$$

及

$$\lambda_{Tf_m}(c_{n,m} 2^n) \leqslant C c_{n,m}^{-q_1} 2^{-nq_1} \|f_m\|_{L^{p_1}(x)}^{q_1}.$$

由 f_m 的结构可知

$$\|f_m\|_{L^{p_0}(x)} \leqslant C 2^m \lambda_f(2^m)^{1/p_0}, \quad \|f_m\|_{L^{p_1}(x)} \leqslant C 2^m \lambda_f(2^m)^{1/p_1}.$$

因此可得对 $i = 0, 1$,

$$\lambda_{Tf_m}(c_{n,m} 2^n) \leqslant C c_{n,m}^{-q_i} 2^{-nq_i} 2^{mq_i} \lambda_f(2^m)^{q_i/p_i}.$$

为证明式 (9.16), 只需证明

$$\sum_n 2^{nq_\theta} \sum_m \min_{i=0,1} \{c_{n,m}^{-q_i} 2^{-nq_i} 2^{mq_i} \lambda_f(2^m)^{q_i/p_i}\} \leqslant C.$$

9.2 算子插值

由于 $p_i \leqslant q_i$，则 $(\lambda_f(2^m)2^{mp_\theta})^{q_i/p_i} \leqslant C\lambda_f(2^m)2^{mp_\theta}$. 因此，只需找到对所有 n 满足 $\sum_{m\in\mathbb{Z}} c_{n,m} \leqslant 1$ 的常数 $c_{n,m}$ 使得对所有 m 成立

$$\sum_n 2^{nq_\theta} \sum_m \min_{i=0,1} c_{n,m}^{-q_i} 2^{-nq_i} 2^{mq_i} 2^{-mq_i p_\theta/p_i} \leqslant C. \tag{9.18}$$

对 $x_0 > 0 > x_1$ 及 $\alpha \in \mathbb{R}$，记

$$\frac{1}{p_i} = \frac{1}{p_\theta} + x_i; \quad \frac{1}{q_i} = \frac{1}{q_\theta} + \alpha x_i.$$

则式 (9.18) 左边等于

$$\sum_{m\in\mathbb{Z}} \min_{i=0,1} (c_{n,m}^{-1} 2^{n\alpha q_\theta - m p_\theta})^{q_i x_i}.$$

注意到 $q_0 x_0$ 为正，且 $q_1 x_1$ 是负的. 如果取 $c_{n,m}$ 是 $2^{|n\alpha q_\theta - m p_\theta|/2}$ 的足够小的乘子，对几何级数求和可得要证结论. $\square$

引理 9.3 (Schur (舒尔) 测试) 设 $K: (a,b) \times (a,b) \to \mathbb{R}$ 是可测函数且满足

$$\|K(x,\cdot)\|_{L^{q_0}(a,b)} \leqslant C_0, \quad \text{a.e. } x \in (a,b)$$

和

$$\|K(\cdot,y)\|_{L^{p_1'}(a,b)} \leqslant C_1, \quad \text{a.e. } y \in (a,b),$$

其中 $1 \leqslant p_1, q_0 \leqslant \infty$, $C_0, C_1 > 0$，则对任意 $0 < \theta < 1$，如下定义的算子 T:

$$Tf(y) \triangleq \int_a^b K(x,y)f(x)\mathrm{d}x, \quad f \in L^{p_\theta}(x),$$

则有

$$\|Tf\|_{L^{q_\theta}(x)} \leqslant C_\theta \|f\|_{L^{p_\theta}(x)}, \quad \forall f \in L^{p_\theta}(a,b),$$

其中 $q_\theta = q_0/(1-\theta)$, $p_\theta' = p_1'/\theta$, $C_\theta \triangleq C_0^{1-\theta} C_1^\theta$.

证明 由 $\|K(x,\cdot)\|_{L^{q_0}(Y)} \leqslant C_0$ 及 Minkowski 不等式可得对所有 $f \in L^1(a,b)$,

$$\|Tf\|_{L^{q_0}(a,b)} \leqslant C_0 \|f\|_{L^1(a,b)}.$$

类似地，由 Hölder 不等式可知对 $f \in L^{p_1}(x)$,

$$\|Tf\|_{L^\infty(Y)} \leqslant C_1 \|f\|_{L^{p_1}(a,b)}.$$

由 Riesz-Thorin 定理可得

$$\|Tf\|_{L^{q_\theta}(Y)} \leqslant C_\theta \|f\|_{L^{p_\theta}(a,b)}, \quad f \in L^{p_\theta}(a,b). \tag{9.19}$$

$\square$

Schur 测试的一个有用的推论是 Young (杨) 不等式.

推论 9.1 (Young 不等式) 设 $1 \leqslant p,q,r \leqslant \infty$ 满足 $\dfrac{1}{p}+\dfrac{1}{q}=\dfrac{1}{r}+1$. 证明: 如果 $f \in L^p(\mathbb{R}^n)$, $g \in L^q(\mathbb{R}^n)$, 则 $f*g$ 几乎处处有定义, 且属于 $L^r(\mathbb{R}^n)$, 进一步,

$$\|f*g\|_{L^r(\mathbb{R}^n)} \leqslant \|f\|_{L^p(\mathbb{R}^n)}\|g\|_{L^q(\mathbb{R}^n)}.$$

证明 在引理 9.3 中令 $K(x,y) \triangleq g(x-y)$ 即可得推论 9.1. □

9.3 几个重要的不等式

引理 9.4 设 $p,q > 1, \dfrac{1}{p}+\dfrac{1}{q}=1$, 则 $\forall A,B \geqslant 0$, 必有

$$AB \leqslant \frac{A^p}{p} + \frac{B^q}{q}. \tag{9.20}$$

证明 考虑函数

$$f(x) = \frac{1}{p}x^p + \frac{1}{q} - x, \quad x \geqslant 0,$$

则 $f(x)$ 在 $x=1$ 取到最小值. 因此, 在不等式 $f(x) \geqslant f(1)$ 中令 $x = \dfrac{A \cdot B}{B^q}$ 并注意 $p+q = p \cdot q$, 即可得式 (9.20). □

引理 9.5 (Hölder 不等式) 设 $p,q > 1, \dfrac{1}{p}+\dfrac{1}{q}=1$, 则

(1) 级数形式: 对任给复数列 $\{\xi_k\}_{k=1}^\infty, \{\eta_k\}_{k=1}^\infty$, 假设级数 $\sum_{k=1}^\infty |\xi_k|^p, \sum_{k=1}^\infty |\eta_k|^q$ 均收敛, 则不等式

$$\sum_{k=1}^\infty |\xi_k \eta_k| \leqslant \left(\sum_{k=1}^\infty |\xi_k|^p\right)^{\frac{1}{p}} \left(\sum_{k=1}^\infty |\eta_k|^q\right)^{\frac{1}{q}} \tag{9.21}$$

成立.

(2) 积分形式: 对任给 $f \in L^p(a,b)$ 和 $g \in L^q(a,b)$, 成立

$$\int_a^b |x(t)y(t)|\mathrm{d}t \leqslant \left(\int_a^b |x(t)|^p \mathrm{d}t\right)^{\frac{1}{p}} \left(\int_a^b |y(t)|^q \mathrm{d}t\right)^{\frac{1}{q}}. \tag{9.22}$$

证明 (1) 若式 (9.21) 右端为零, 结论显然成立. 下面只考虑其不为零的情形. 在引理 9.4 中令

$$A = \frac{|\xi_k|}{\left(\sum_{k=1}^{\infty}|\xi_k|^p\right)^{\frac{1}{p}}}, \quad B = \frac{|\eta_k|}{\left(\sum_{k=1}^{\infty}|\eta_k|^q\right)^{\frac{1}{q}}},$$

有

$$\frac{|\xi_k||\eta_k|}{\left(\sum_{k=1}^{\infty}|\xi_k|^p\right)^{\frac{1}{p}}\left(\sum_{k=1}^{\infty}|\eta_k|^q\right)^{\frac{1}{q}}} \leqslant \frac{|\xi_k|^p}{p\cdot\sum_{k=1}^{\infty}|\xi_k|^p} + \frac{|\eta_k|^q}{q\cdot\sum_{k=1}^{\infty}|\eta_k|^q}, \quad k=1,2,\cdots.$$

将上式关于 k 求和, 再化简即可得到结论.

(2) 若式 (9.22) 右端为零, 则结论显然成立. 下面只考虑右端不为零的情形. 在引理 9.4 中令

$$A = \frac{|f(t)|}{\left(\int_a^b |f(t)|^p \mathrm{d}t\right)^{\frac{1}{p}}}, \quad B = \frac{|g(t)|}{\left(\int_a^b |g(t)|^q \mathrm{d}t\right)^{\frac{1}{q}}},$$

可得

$$\frac{|f(t)||g(t)|}{\left(\int_a^b |f(t)|^p \mathrm{d}t\right)^{\frac{1}{p}}\left(\int_a^b |g(t)|^q \mathrm{d}t\right)^{\frac{1}{q}}} \leqslant \frac{|f(t)|^p}{p\int_a^b |f(t)|^p \mathrm{d}t} + \frac{|f(t)|^q}{q\int_a^b |g(t)|^q \mathrm{d}t}.$$

由上面的不等式右端是可积函数可知左端亦是可积函数. 将上式两边积分可得

$$\frac{\int_a^b |f(t)||g(t)|\mathrm{d}t}{\left(\int_a^b |f(t)|^p \mathrm{d}t\right)^{\frac{1}{p}}\left(\int_a^b |g(t)|^q \mathrm{d}t\right)^{\frac{1}{q}}} \leqslant \frac{1}{p} + \frac{1}{q} = 1,$$

即有

$$\int_a^b |f(t)||g(t)|\mathrm{d}t \leqslant \left(\int_a^b |f(t)|^p \mathrm{d}t\right)^{\frac{1}{p}}\left(\int_a^b |g(t)|^q \mathrm{d}t\right)^{\frac{1}{q}}. \quad \Box$$

引理 9.6 (Minkowski 不等式) 设 $p \geqslant 1$.

(1) 级数形式: 对任给复数列 $\{\xi_k\}_{k=1}^{\infty}, \{\eta_k\}_{k=1}^{\infty}$, 假设级数 $\sum_{k=1}^{\infty}|\xi_k|^p, \sum_{k=1}^{\infty}|\eta_k|^p$ 均收敛, 则不等式

$$\left(\sum_{k=1}^{\infty}|\xi_k + \eta_k|^p\right)^{\frac{1}{p}} \leqslant \left(\sum_{k=1}^{\infty}|\xi_k|^p\right)^{\frac{1}{p}} + \left(\sum_{k=1}^{\infty}|\eta_k|^p\right)^{\frac{1}{p}} \tag{9.23}$$

成立.

(2) 积分形式: 对任给 $f \in L^p(a,b)$ 和 $g \in L^q(a,b)$, 下列不等式成立:

$$\left(\int_a^b |f(t)+g(t)|^p \mathrm{d}t\right)^{\frac{1}{p}} \leqslant \left(\int_a^b |f(t)|^p \mathrm{d}t\right)^{\frac{1}{p}} + \left(\int_a^b |g(t)|^p \mathrm{d}t\right)^{\frac{1}{p}}. \quad (9.24)$$

证明 当 $p=1$ 时, 由绝对值的三角不等式可得结论. 下证 $p>1$ 的情形.

(1) 如果 $\left(\sum_{k=1}^{\infty} |\xi_k+\eta_k|^p\right)^{\frac{1}{q}} = 0$, 则式 (9.23) 是显然的. 下面只需考虑该式不为 0 的情形. 由 $(p-1)q=p$ 知级数 $\sum_{k=1}^{\infty}(|\xi_k|^{p-1})^q$ 收敛, 所以 $\left[\sum_{k=1}^{\infty}(|\xi_k|^{p-1})^q\right]^{\frac{1}{q}} < \infty$. 从而,

$$\sum_{k=1}^{\infty} |\xi_k+\eta_k|^p \leqslant \sum_{k=1}^{\infty} |\xi_k+\eta_k|^{p-1} |\xi_k| + \sum_{k=1}^{\infty} |\xi_k+\eta_k|^{p-1} |\eta_k|,$$

分别对右端两式应用引理 9.5(1) 可得到

$$\sum_{k=1}^{\infty} |\xi_k+\eta_k|^p \leqslant \left(\sum_{k=1}^{\infty} |\xi_k+\eta_k|^{(p-1)q}\right)^{\frac{1}{q}} \left[\left(\sum_{k=1}^{\infty} |\xi_k|^p\right)^{\frac{1}{p}} + \left(\sum_{k=1}^{\infty} |\eta_k|^p\right)^{\frac{1}{p}}\right]$$

$$= \left(\sum_{k=1}^{\infty} |\xi_k+\eta_k|^p\right)^{\frac{1}{q}} \left[\left(\sum_{k=1}^{\infty} |\xi_k|^p\right)^{\frac{1}{p}} + \left(\sum_{k=1}^{\infty} |\eta_k|^p\right)^{\frac{1}{p}}\right].$$

将上面的不等式两端除以 $\left(\sum_{k=1}^{\infty} |\xi_k+\eta_k|^p\right)^{\frac{1}{q}}$, 并注意到 $1-\frac{1}{q}=\frac{1}{p}$ 即可得 (9.23).

类似地可证明 (2). $\square$

习 题 9

1. 对任意 $0 < p, q \leqslant \infty$, $f: X \to \mathbb{C}$, 定义 (二元) Lorentz 范数 $\|f\|_{L^{p,q}(x)}$ 为序列 $n \mapsto 2^n \lambda_f(2^n)^{1/p}$ 的 $\ell^q(\mathbb{Z})$ 范数, 定义 Lorentz 空间 $L^{p,q}(x)$ 是满足 $\|f\|_{L^{p,q}(x)}$ 为有限的函数 f 的空间, 模几乎处处相等. 证明: $L^{p,q}(x)$ 是拟赋范空间, 当 $q = \infty$ 时等价于 $L^{p,\infty}(x)$, 当 $q = p$ 时等价于 $L^p(x)$.

2. 证明: 设 $1 \leqslant p < \infty$, 存在常数 $C_\phi > 0$ 使得对任意 $f \in L^p(x)$,

$$\|f\|_{L^{p,\infty}(x)} \leqslant \|f\|_{L^p(x)} \leqslant C_p \ln(1+|x|) \|f\|_{L^{p,\infty}(x)}.$$

参 考 文 献

[1] Adams R A. Sobolev Spaces. New York: Academic Press, 1975.

[2] J. 巴罗斯–尼托. 广义函数引论. 欧阳光中, 朱学炎, 译. 上海: 上海科学技术出版社, 1981.

[3] Conway J B. Functions of One Complex Variable. New York, Berlin: Springer-Verlag, 1978.

[4] Enflo P. A counterexample to the approximation problem in Banach spaces. Acta Math., 1973, 130: 309-317.

[5] Gel'fand I M, Shilov G E. Generalized Functions, Volume: 1: Properties and Operations. Providence, RI: AMS Chelsea Publishing, 2016.

[6] Grothendieck A. Produits tensoriels topologiques et espaces nucléaires. Mem. Amer. Math. Soc., 1955, 16: Chapter 1: 196 pp.; Chapter 2: 140 pp.

[7] Lions J L, Magenes E. Non-Homogeneous Boundary Value Problems and Applications. Vol. 1. New York, Heidelberg: Springer-Verlag, 1972.

[8] Schwartz L. Théorie des Distributions. Tome I. (French) Publ. Inst. Math. Univ. Strasbourg, 9. Actualités Scientifiques et Industrielles, No. 1091. Paris: Hermann & Cie, 1950.

[9] Schwartz L. Théorie des Distributions. Tome II. (French) Publ. Inst. Math. Univ. Strasbourg, 10. Actualités Scientifiques et Industrielles, No. 1122. Paris: Hermann & Cie, 1951.

[10] Stein E M. Harmonic Analysis: Real-variable Methods, Orthogonality, and Oscillatory Integrals. Princeton, NJ: Princeton University Press, 1993.

[11] 汪林. 泛函分析中的反例. 北京: 高等教育出版社, 2014.

[12] 钟玉泉. 复变函数论. 5 版. 北京: 高等教育出版社, 2021.

[13] 夏道行, 吴卓人, 严绍宗, 等. 实变函数论与泛函分析: 下册. 2 版. 北京: 高等教育出版社, 2010.